普通高等职业教育数学精品教材

应 用 数 学

主　编　姜淑莲　朱双荣

副主编　韩新社

主　审　朱春浩

U0193909

华中科技大学出版社

中国·武汉

内容提要

本书是根据高职高专教育高等数学课程教学基本要求编写而成的. 本书注重培养学生应用数学概念、数学思想及方法来消化、吸收工程概念及工程原理的能力，强化学生应用所学的数学知识求解数学问题的能力，特别是增加数学实验的内容，可极大地提高学生利用计算机求解数学模型的能力. 本书主要内容包括级数、微分方程及其应用、复变函数初步与积分变换、矩阵与行列式、线性规划初步、概率与数理统计、数学实验.

本书可作为高职高专工科教材，也可作为工程技术人员的高等数学知识更新的自学用书.

图书在版编目(CIP)数据

应用数学/姜淑莲，朱双荣主编.—武汉：华中科技大学出版社，2010.9
ISBN 978-7-5609-6563-5

Ⅰ.①应…　Ⅱ.①姜…　②朱…　Ⅲ.①应用数学　Ⅳ.①O29

中国版本图书馆 CIP 数据核字(2010)第 177173 号

应用数学　　　　　　　　　　　　　　　　　　　姜淑莲　朱双荣　主编

策划编辑：周芬娜
责任编辑：王汉江
封面设计：刘　卉
责任校对：李　琴
责任监印：周治超
出版发行：华中科技大学出版社(中国·武汉)　　电话：(027)81321913
　　　　　武汉市东湖新技术开发区华工科技园　　邮编：430223
录　　排：武汉市洪山区佳年华文印部
印　　刷：武汉科源印刷设计有限公司
开　　本：710mm×1000mm　1/16
印　　张：19.5
字　　数：380 千字
版　　次：2019 年 1 月第 1 版第 9 次印刷
定　　价：49.00 元

前　　言

随着高等教育的蓬勃发展,高校教学改革正在不断地深入进行.本教材是为了适应高等职业教育快速发展的要求和高等职业教育培养高技能人才的需要,适应高等职业教育大众化发展趋势的现状,以我们从事多年高职教学实践和经验及在认真总结全国高职高专院校理工类各专业高等数学课程教学改革经验的基础上编写而成的.

本书在编写过程中我们努力遵循了以下原则.

1. 本书注重以实例引入概念,并最终回到数学应用的思想,加强对学生的数学应用意识、兴趣及能力培养.培养学生用数学的原理和方法消化、吸收工程概念、工程原理的能力,以及消化、吸收专业知识的能力.本书加强数学建模教学内容,将工程问题转化为数学问题的思想贯穿各章,注重与实际应用联系较多的基础知识、基本方法和基本技能的训练,但不追求过分复杂的计算和变换.

2. 缓解课时少与教学内容多的矛盾,适当地把握教学内容的深度和广度,遵循基础课理论知识以"必需、够用"为度的教学原则,不过分追求理论上的严密性,尽可能显示数学的直观性与应用性,适度注意保持教学自身的系统性与逻辑性.

3. 为培养学生应用计算机及相应数学软件求解数学问题的能力,结合具体教学内容,不但极大地提高了学生利用计算机求解数学问题的能力,而且提高了学生学数学、用数学的积极性.

4. 充分考虑高职高专学生的特点,在内容编排上兼顾对学生抽象概括能力、逻辑推理能力、自学能力,以及较熟练的运算能力和综合运用所学知识分析问题、解决问题的能力培养.对课程的每一主题都尽量从几何、数值、解析和语言四个方面加以体现,避免只注重解析推导.

5. 在各个章节的开始,用尽可能短的语言点题,以便读者了解本章或本节所研究问题的来龙去脉,起到承上启下的作用,增加可读性.每章的最后都有数学史话,能使读者更多地了解数学的发展史.

全书内容包括级数、微分方程及其应用、复变函数初步与积分变换、矩阵与行列式、线性规划初步、概率与数理统计、数学实验共 7 章,每节后附有习题,并在书后给出了答案或提示,此外在书后附有 7 个附录,便于读者查阅.

本书第 1、2 章由阮淑萍副教授编写,第 3 章由姜淑莲副教授编写,第 4 章由王文平副教授编写,第 5 章由彭立新副教授编写,第 6 章由朱双荣副教授编写,第 7 章由韩新社副教授编写.

　　本书由姜淑莲和朱双荣任主编,韩新社任副主编,朱春浩任主审.全书由朱双荣和姜淑莲负责统稿、定稿.

　　本书在编写过程中,得到了武汉船舶职业技术学院教务处及其他部门的大力支持,在此向他们谨致谢意.由于作者水平有限,不妥与错误在所难免,敬请专家、同仁和广大读者批评指正,以便我们修订提高.

编　者
2010 年 7 月

目　录

第1章 级 数

级数是高等数学的重要内容,它是表示函数、研究函数的性质及进行数值计算的一种工具.在科学领域中有着广泛的应用.它主要包括数项级数和函数项级数两部分.本章先介绍数项级数的一些基本内容,然后讨论函数项级数,着重讨论如何将函数展开成幂级数和将周期函数展开为傅里叶级数的问题.

1.1 级数的概念及其性质

1.1.1 级数的概念

定义 1.1 给定一个数列 $\{u_n\}:u_1,u_2,\cdots,u_n,\cdots$,则表达式

$$u_1+u_2+\cdots+u_n+\cdots \tag{1-1}$$

称为**无穷级数**,简称**级数**,简记为 $\sum\limits_{n=1}^{\infty}u_n$,即 $\sum\limits_{n=1}^{\infty}u_n=u_1+u_2+\cdots+u_n+\cdots$,其中,$u_n$ 称为级数的**一般项**或**通项**. u_n 是常数的级数称为**常数项级数**,简称**数项级数**;u_n 是函数的级数称为**函数项级数**.

例如,

$$1+\frac{1}{2}+\frac{1}{3}+\cdots+\frac{1}{n}+\cdots,$$

$$\frac{3}{10}+\frac{3}{10^2}+\frac{3}{10^3}+\cdots+\frac{3}{10^n}+\cdots,$$

$$1-1+1-1+\cdots+(-1)^{n-1}+\cdots,$$

$$1-\frac{1}{2}+\frac{1}{3}-\frac{1}{4}+\cdots+(-1)^{n-1}\frac{1}{n}+\cdots$$

都是数项级数.又如

$$1-x+x^2-x^3+\cdots+(-1)^{n-1}x^{n-1}+\cdots,$$

$$\sin x+\sin 2x+\sin 3x+\cdots+\sin nx+\cdots$$

都是函数项级数.本节只讨论数项级数.

上面数项级数的定义是纯粹的形式上的定义.它指出级数是无穷多项的累加.但是,无穷多项相加是怎么加,能否有"和",定义并没有指出.事实上,有限个数相加,其和是确定的,无限多个数相加就不一定有意义了.为此,下面从有限项的和出发再经过极限过程来讨论无限项的情形.

定义 1.2 无穷级数 $\sum\limits_{n=1}^{\infty} u_n$ 的前 n 项之和 $s_n = u_1 + u_2 + \cdots + u_n$,称为该级数的**部分和**. 当 n 依次取 $1,2,3,\cdots$ 时,得到一个新的数列 $s_1, s_2, s_3, \cdots, s_n, \cdots$,这个数列称为级数 $\sum\limits_{n=1}^{\infty} u_n$ 的**部分和数列**.

如果当 $n \to \infty$ 时,此 s_n 的极限存在,即 $\lim\limits_{n \to \infty} s_n = s$,则称 s 为该级数的和,即

$$s = \sum_{n=1}^{\infty} u_n = u_1 + u_2 + \cdots + u_n + \cdots,$$

此时称级数 $\sum\limits_{n=1}^{\infty} u_n$ 是**收敛**的. 如果当 $n \to \infty$ 时,s_n 的极限不存在,则称级数 $\sum\limits_{n=1}^{\infty} u_n$ 是**发散**的,发散的级数没有和.

当级数 $\sum\limits_{n=1}^{\infty} u_n$ 收敛时,其部分和 s_n 是级数的和 s 的近似值,它们之间的差值 $R_n = s - s_n = u_{n+1} + u_{n+2} + \cdots$ 称为**级数的余项**,用近似值 s_n 代替和 s 所产生的误差是这个余项的绝对值 $|R_n|$. 这为借助级数作近似计算提供了基本依据.

例 1 判断级数 $\dfrac{1}{1 \cdot 2} + \dfrac{1}{2 \cdot 3} + \dfrac{1}{3 \cdot 4} + \cdots + \dfrac{1}{n(n+1)} + \cdots$ 是否收敛?若收敛,求其和.

解 由于级数的一般项 $u_n = \dfrac{1}{n(n+1)} = \dfrac{1}{n} - \dfrac{1}{n+1}$,因此部分和为

$$s_n = \frac{1}{1 \cdot 2} + \frac{1}{2 \cdot 3} + \cdots + \frac{1}{n(n+1)}$$

$$= \left(1 - \frac{1}{2}\right) + \left(\frac{1}{2} - \frac{1}{3}\right) + \cdots + \left(\frac{1}{n} - \frac{1}{n+1}\right)$$

$$= 1 - \frac{1}{n+1}.$$

又因 $\lim\limits_{n \to \infty} s_n = \lim\limits_{n \to \infty} \left(1 - \dfrac{1}{n+1}\right) = 1$,所以此级数收敛,它的和为 1.

例 2 判断级数 $\ln\dfrac{2}{1} + \ln\dfrac{3}{2} + \ln\dfrac{4}{3} + \cdots + \ln\dfrac{n+1}{n} + \cdots$ 的敛散性.

解 由于部分和

$$s_n = \ln\frac{2}{1} + \ln\frac{3}{2} + \ln\frac{4}{3} + \cdots + \ln\frac{n+1}{n}$$

$$= \ln\left(\frac{2}{1} \cdot \frac{3}{2} \cdot \frac{4}{3} \cdot \cdots \cdot \frac{n+1}{n}\right) = \ln(n+1),$$

又因 $\lim\limits_{n \to \infty} s_n = \lim\limits_{n \to \infty} \ln(n+1) = \infty$,因此该级数发散.

例 3 讨论等比级数(又称几何级数)

$$\sum_{n=1}^{\infty} aq^{n-1} = a + aq + aq^2 + \cdots + aq^{n-1} + \cdots$$

的敛散性,其中 $a \neq 0, q$ 是级数的公比.

解 （1）若 $|q| \neq 1$,则部分和

$$s_n = a + aq + \cdots + aq^{n-1} = \frac{a(1-q^n)}{1-q}.$$

当 $|q| < 1$ 时,由于 $\lim\limits_{n\to\infty} q^n = 0$, $\lim\limits_{n\to\infty} s_n = \dfrac{a}{1-q}$,所以级数收敛,其和 $s = \dfrac{a}{1-q}$.

当 $|q| > 1$ 时,由于 $\lim\limits_{n\to\infty} q^n$ 不存在,因而当 $n \to \infty$ 时,s_n 的极限不存在,这时级数发散.

（2）若 $|q| = 1$,则分以下两种情况讨论.

当 $q = 1$ 时,由于 $\lim\limits_{n\to\infty} s_n = \lim\limits_{n\to\infty} na = \infty$,因而级数发散.

当 $q = -1$ 时,s_n 交替地取 a 和 0 两个数值,所以当 $n \to \infty$ 时,s_n 的极限不存在,此时级数发散.

综上所述,对于等比级数 $\sum\limits_{n=1}^{\infty} aq^{n-1}$,若 $|q| < 1$,级数收敛;若 $|q| \geqslant 1$,级数发散.

特别地,当 $a = 1, q = x$ 且 $|x| < 1$ 时,有

$$1 + x + x^2 + \cdots + x^{n-1} + \cdots = \frac{1}{1-x}.$$

这个结果今后会经常用到.

例 4 证明调和级数 $\sum\limits_{n=1}^{\infty} \dfrac{1}{n} = 1 + \dfrac{1}{2} + \dfrac{1}{3} + \cdots + \dfrac{1}{n} + \cdots$ 是发散的.

证 直接考察级数的部分和.

$$s_1 = 1, \quad s_2 = 1 + \frac{1}{2},$$

$$s_4 = 1 + \frac{1}{2} + \frac{1}{3} + \frac{1}{4} > 1 + \frac{1}{2} + \left(\frac{1}{4} + \frac{1}{4}\right) = 1 + \frac{2}{2},$$

$$s_8 = 1 + \frac{1}{2} + \left(\frac{1}{3} + \frac{1}{4}\right) + \left(\frac{1}{5} + \frac{1}{6} + \frac{1}{7} + \frac{1}{8}\right)$$

$$> 1 + \frac{1}{2} + \left(\frac{1}{4} + \frac{1}{4}\right) + \left(\frac{1}{8} + \frac{1}{8} + \frac{1}{8} + \frac{1}{8}\right)$$

$$= 1 + \frac{3}{2}.$$

类似地,有 $s_{16} > 1 + \dfrac{4}{2}$, $s_{32} > 1 + \dfrac{5}{2}, \cdots$. 用数学归纳法可得不等式

$$s_{2^n} > 1 + \frac{n}{2} \quad (n \in \mathbf{N}),$$

所以部分和数列 $\{s_n\}$ 必发散,故调和级数发散.

1.1.2　级数的性质

性质 1　若级数 $\sum\limits_{n=1}^{\infty} u_n$ 收敛,则 $\lim\limits_{n\to\infty} u_n = 0$.

证　由 $s_n = u_1 + u_2 + \cdots + u_n = s_{n-1} + u_n$,得

$$u_n = s_n - s_{n-1}.$$

由于级数 $\sum\limits_{n=1}^{\infty} u_n$ 收敛,显然 s_n 和 s_{n-1} 有相同的极限 s,故

$$\lim_{n\to\infty} u_n = \lim_{n\to\infty}(s_n - s_{n-1}) = \lim_{n\to\infty} s_n - \lim_{n\to\infty} s_{n-1} = s - s = 0.$$

据性质 1 知,若 $\lim\limits_{n\to\infty} u_n = 0$ 不成立,即 $\lim\limits_{n\to\infty} u_n \neq 0$,则级数 $\sum\limits_{n=1}^{\infty} u_n$ 发散. 我们经常用这个结论来证明级数发散.

例如,级数 $1 + 2 + 4 + \cdots + 2^{n-1} + \cdots$,因为 $\lim\limits_{n\to\infty} u_n = \lim\limits_{n\to\infty} 2^{n-1} \neq 0$,所以这个级数是发散的.

注意　$\lim\limits_{n\to\infty} u_n = 0$ 是级数 $\sum\limits_{n=1}^{\infty} u_n$ 收敛的必要条件,但不是充分条件.

例如,从例 2 可以看出,尽管 $\lim\limits_{n\to\infty} u_n = \lim\limits_{n\to\infty} \ln\frac{n+1}{n} = 0$,但是该级数是发散的. 又例如,调和级数 $\sum\limits_{n=1}^{\infty} \frac{1}{n}$,尽管 $\lim\limits_{n\to\infty} u_n = \lim\limits_{n\to\infty} \frac{1}{n} = 0$,此级数也是发散的.

性质 2　若级数 $\sum\limits_{n=1}^{\infty} u_n = s$,则 $\sum\limits_{n=1}^{\infty} Cu_n = Cs$（$C$ 为常数,且 $C \neq 0$）.

即级数的每一项同乘以一个不为零的常数后,它的敛散性不变.

性质 3　若 $\sum\limits_{n=1}^{\infty} u_n = A$,$\sum\limits_{n=1}^{\infty} v_n = B$,则 $\sum\limits_{n=1}^{\infty}(u_n \pm v_n) = A \pm B$.

即两个收敛级数可以逐项相加与逐项相减.

性质 4　一个级数增加或减少有限项,不改变级数的敛散性,但收敛级数的和一般会改变.

例如,等比级数 $1 + \frac{1}{2} + \frac{1}{4} + \frac{1}{8} + \cdots$ 是收敛的,其和 $s = \frac{1}{1-1/2} = 2$,去掉它的前两项得到的等比级数 $\frac{1}{4} + \frac{1}{8} + \frac{1}{16} + \cdots$ 仍是收敛的,但其和 $s = \frac{1/4}{1-1/2} = \frac{1}{2}$.

例 5　级数 $\sum\limits_{n=1}^{\infty} \frac{2+(-1)^n}{\mathrm{e}^n}$ 是否收敛?若收敛,求其和.

解 由例 3 得 $\sum\limits_{n=1}^{\infty}\dfrac{2}{e^n}$ 是公比为 $q=\dfrac{1}{e}$ 的等比级数,它是收敛的,且其和为

$$\frac{2/e}{1-1/e}=\frac{2}{e-1};$$

又 $\sum\limits_{n=1}^{\infty}\dfrac{(-1)^n}{e^n}$ 是公比 $q=-\dfrac{1}{e}$ 的等比级数,它也是收敛的,且其和为

$$\frac{-1/e}{1-(-1/e)}=-\frac{1}{e+1}.$$

所以,由性质 3 可知,级数

$$\sum_{n=1}^{\infty}\frac{2+(-1)^n}{e^n}=\sum_{n=1}^{\infty}\left[\frac{2}{e^n}+\frac{(-1)^n}{e^n}\right]$$

收敛,其和为

$$\sum_{n=1}^{\infty}\frac{2+(-1)^n}{e^n}=\sum_{n=1}^{\infty}\frac{2}{e^n}+\sum_{n=1}^{\infty}\frac{(-1)^n}{e^n}=\frac{2}{e-1}+\frac{-1}{e+1}=\frac{e+3}{e^2-1}.$$

习 题 1.1

1. 写出下列级数的一般项.

(1) $\dfrac{2}{1}-\dfrac{3}{2}+\dfrac{4}{3}-\dfrac{5}{4}+\dfrac{6}{5}+\cdots$;

(2) $1+\dfrac{1}{2}+3+\dfrac{1}{4}+5+\dfrac{1}{6}+\cdots$;

(3) $\dfrac{1}{2}+\dfrac{3}{5}+\dfrac{5}{10}+\dfrac{7}{17}+\cdots$;

(4) $\dfrac{\sqrt{x}}{3}-\dfrac{x}{5}+\dfrac{x\sqrt{x}}{7}-\dfrac{x^2}{9}+\cdots$;

(5) $\dfrac{1}{\ln 2}+\dfrac{1}{2\ln 3}+\dfrac{1}{3\ln 4}+\cdots$;

(6) $\dfrac{a^2}{3}-\dfrac{a^3}{5}+\dfrac{a^4}{7}-\dfrac{a^5}{9}+\cdots$.

2. 根据定义判断下列级数的敛散性.

(1) $\sum\limits_{n=1}^{\infty}\dfrac{1}{(2n-1)(2n+1)}$;

(2) $\sum\limits_{n=1}^{\infty}(\sqrt{n+1}-\sqrt{n})$.

1.2 数项级数的审敛法

用级数收敛和发散的定义及级数的性质可以判断级数是否收敛,但求部分和及其极限并非易事,因此需要建立级数敛散性的判别法,本节将介绍几种常用的数项级数的审敛法.

1.2.1 正项级数的审敛法

定义 1.3 设级数 $\sum\limits_{n=1}^{\infty}u_n$,若 $u_n\geqslant 0(n=1,2,\cdots)$,则称级数 $\sum\limits_{n=1}^{\infty}u_n$ 为**正项级数**.

1. 比较审敛法

定理 1.1　设有正项级数 $\sum\limits_{n=1}^{\infty} u_n$ 和 $\sum\limits_{n=1}^{\infty} v_n$，且 $u_n \leqslant v_n (n=1,2,\cdots)$，则有下述结论.

（1）如果级数 $\sum\limits_{n=1}^{\infty} v_n$ 收敛，则级数 $\sum\limits_{n=1}^{\infty} u_n$ 也收敛；

（2）如果级数 $\sum\limits_{n=1}^{\infty} u_n$ 发散，则级数 $\sum\limits_{n=1}^{\infty} v_n$ 也发散.

例 6　讨论 p 级数 $\sum\limits_{n=1}^{\infty} \dfrac{1}{n^p}$ 的敛散性，其中 p 为常数.

解　当 $p \leqslant 1$ 时，有 $\dfrac{1}{n^p} \geqslant \dfrac{1}{n}$ $(n=1,2,\cdots)$，而调和级数 $\sum\limits_{n=1}^{\infty} \dfrac{1}{n}$ 是发散的，由比较审敛法的结论即定理 1.1(2) 可知，此时 p 级数发散.

当 $p > 1$ 时，顺次把 p- 级数的第 1 项、第 2 项到第 3 项、第 4 项到第 7 项、第 8 项到第 15 项 …… 括在一起，得

$$1 + \left(\frac{1}{2^p} + \frac{1}{3^p}\right) + \left(\frac{1}{4^p} + \frac{1}{5^p} + \frac{1}{6^p} + \frac{1}{7^p}\right) + \left(\frac{1}{8^p} + \cdots + \frac{1}{15^p}\right) + \cdots.$$

显然，它的各项小于以下级数对应的各项：

$$1 + \left(\frac{1}{2^p} + \frac{1}{2^p}\right) + \left(\frac{1}{4^p} + \frac{1}{4^p} + \frac{1}{4^p} + \frac{1}{4^p}\right) + \left(\frac{1}{8^p} + \cdots + \frac{1}{8^p}\right) + \cdots$$

$$= 1 + \frac{1}{2^{p-1}} + \left(\frac{1}{2^{p-1}}\right)^2 + \left(\frac{1}{2^{p-1}}\right)^3 + \cdots.$$

上式是公比为 $q = \dfrac{1}{2^{p-1}} < 1$ 的等比级数，于是当 $p > 1$ 时，p 级数是收敛的.

综上所述，p 级数 $\sum\limits_{n=1}^{\infty} \dfrac{1}{n^p}$ 当 $p \leqslant 1$ 时发散，当 $p > 1$ 时收敛.

在利用比较审敛法判定正项级数的敛散性时，首先要选定一个已知其敛散性的级数与之相比较，而 p- 级数和几何级数则是常被选用的级数.

例 7　判定正项级数 $\sum\limits_{n=1}^{\infty} \dfrac{n+1}{n^2+3n+1}$ 的敛散性.

解　　$\dfrac{n+1}{n^2+3n+1} > \dfrac{n}{5n^2} = \dfrac{1}{5} \cdot \dfrac{1}{n}$ $(n=1,2,\cdots)$，

因调和级数 $\sum\limits_{n=1}^{\infty} \dfrac{1}{n}$ 发散，由级数性质可知，$\dfrac{1}{5} \sum\limits_{n=1}^{\infty} \dfrac{1}{n}$ 也发散，所以正项级数 $\sum\limits_{n=1}^{\infty} \dfrac{n+1}{n^2+3n+1}$ 发散.

例 8　判定正项级数 $\sum\limits_{n=1}^{\infty} \dfrac{1}{(n+1)\sqrt[3]{n}}$ 的敛散性.

解　因为 $(n+1)\sqrt[3]{n} > n\sqrt[3]{n}$ $(n=1,2,\cdots)$,所以

$$\frac{1}{(n+1)\sqrt[3]{n}} < \frac{1}{n\sqrt[3]{n}} \quad (n=1,2,\cdots).$$

而级数 $\sum\limits_{n=1}^{\infty} \dfrac{1}{n\sqrt[3]{n}}$ 是 $p=\dfrac{4}{3}$ 的 p-级数,它是收敛的,由比较审敛法知,级数

$\sum\limits_{n=1}^{\infty} \dfrac{1}{(n+1)\sqrt[3]{n}}$ 收敛.

作为正项级数的判定方法,比较审敛法用起来简单、快捷,它的基本思想是把某个已知敛散性的级数作为比较对象,通过比较对应项的大小,来判断给定级数的敛散性.但是在实际判定过程中,要找一个已知敛散性的级数作为比较的对象往往是比较困难的,因此有必要从级数本身出发,寻求判定级数敛散性的方法.下面介绍正项级数的比值审敛法.

2. 比值审敛法

定理 1.2　设有正项级数 $\sum\limits_{n=1}^{\infty} u_n$,如果 $\lim\limits_{n\to\infty}\dfrac{u_{n+1}}{u_n}=\rho$,则

(1) 当 $\rho<1$ 时,级数收敛;

(2) 当 $\rho>1$ 时,级数发散;

(3) 当 $\rho=1$ 时,不能用此法判定级数的敛散性.

例 9　判别下列级数的敛散性:

(1) $\sum\limits_{n=1}^{\infty} \dfrac{n!}{5^n}$;　　　　(2) $\sum\limits_{n=1}^{\infty} \dfrac{n^n}{n!}$;　　　　(3) $\sum\limits_{n=1}^{\infty} \dfrac{1}{(2n+1)3^{2n+1}}$.

解　(1) 因为

$$\lim_{n\to\infty}\frac{u_{n+1}}{u_n}=\lim_{n\to\infty}\left[\frac{(n+1)!}{5^{n+1}}\cdot\frac{5^n}{n!}\right]=\lim_{n\to\infty}\frac{n+1}{5}=\infty,$$

由比值审敛法知,所给级数发散.

(2) 因为

$$\lim_{n\to\infty}\frac{u_{n+1}}{u_n}=\lim_{n\to\infty}\left[\frac{(n+1)^{n+1}}{(n+1)!}\cdot\frac{n!}{n^n}\right]=\lim_{n\to\infty}\frac{(n+1)^n}{n^n}$$
$$=\lim_{n\to\infty}\left(1+\frac{1}{n}\right)^n=\mathrm{e}>1,$$

由比值审敛法知,所给级数发散.

(3) 因为

$$\lim_{n\to\infty}\frac{u_{n+1}}{u_n}=\lim_{n\to\infty}\left[\frac{1}{(2n+3)3^{2n+3}}\bigg/\frac{1}{(2n+1)3^{2n+1}}\right]$$

$$= \frac{1}{9} \lim_{n \to \infty} \frac{2n+1}{2n+3} = \frac{1}{9} < 1,$$

由比值审敛法知,所给级数收敛.

1.2.2　交错级数的审敛法

定义 1.4　设 $u_n > 0 \ (n=1,2,\cdots)$,形如 $u_1 - u_2 + u_3 - \cdots + (-1)^{n-1} u_n + \cdots$ 的级数称为**交错级数**.

定理 1.3(莱布尼兹审敛法)　若交错级数 $\sum_{n=1}^{\infty} (-1)^{n-1} u_n$ 满足条件

(1) $u_n \geqslant u_{n+1} \quad (n=1,2,\cdots)$,

(2) $\lim_{n \to \infty} u_n = 0$,

则级数 $\sum_{n=1}^{\infty} (-1)^{n-1} u_n$ 收敛,且其和 $s \leqslant u_1$.(证明从略)

例 10　判定级数 $\sum_{n=1}^{\infty} (-1)^{n-1} \frac{1}{n}$ 的敛散性.

解　级数 $\sum_{n=1}^{\infty} (-1)^{n-1} \frac{1}{n}$ 为交错级数.

由于 $u_n = \frac{1}{n} > \frac{1}{n+1} = u_{n+1} \quad (n=1,2,\cdots), \lim_{n \to \infty} u_n = \lim_{n \to \infty} \frac{1}{n} = 0$,由莱布尼兹审敛法即定理 1.3 可知,级数 $\sum_{n=1}^{\infty} (-1)^{n-1} \frac{1}{n}$ 收敛.

1.2.3　任意项级数的敛散性

若在数项级数 $\sum_{n=1}^{\infty} u_n$ 中,$u_n (n=1,2,\cdots)$ 为任意实数,则称这样的级数为**任意项级数**.对于任意项级数,将其各项取绝对值后,得到相应的正项级数 $\sum_{n=1}^{\infty} |u_n|$,这两个级数的敛散性之间存在着怎样的关系呢?

定理 1.4　如果级数 $\sum_{n=1}^{\infty} |u_n|$ 收敛,则级数 $\sum_{n=1}^{\infty} u_n$ 也收敛.

证　令

$$v_n = \frac{1}{2}(u_n + |u_n|) = \begin{cases} u_n, & u_n \geqslant 0, \\ 0, & u_n < 0, \end{cases}$$

则 $\sum_{n=1}^{\infty} v_n$ 为正项级数.

由于 $v_n \leqslant |u_n|$，而 $\sum\limits_{n=1}^{\infty} |u_n|$ 收敛，所以由比较审敛法可知，正项级数 $\sum\limits_{n=1}^{\infty} v_n$ 收敛.又由于 $u_n = 2v_n - |u_n|$，而级数 $\sum\limits_{n=1}^{\infty} v_n$ 和 $\sum\limits_{n=1}^{\infty} |u_n|$ 都收敛，所以 $\sum\limits_{n=1}^{\infty} u_n$ 也收敛.

值得注意的是，此定理的逆命题不一定成立，即当 $\sum\limits_{n=1}^{\infty} u_n$ 收敛时，$\sum\limits_{n=1}^{\infty} |u_n|$ 未必收敛.例如，交错级数 $\sum\limits_{n=1}^{\infty} (-1)^{n-1} \dfrac{1}{n}$ 是收敛的，但 $\sum\limits_{n=1}^{\infty} \left| (-1)^{n-1} \dfrac{1}{n} \right| = \sum\limits_{n=1}^{\infty} \dfrac{1}{n}$ 为调和级数却是发散的.

定义 1.5　设有任意项级数 $\sum\limits_{n=1}^{\infty} u_n$，如果级数 $\sum\limits_{n=1}^{\infty} |u_n|$ 收敛，则称级数 $\sum\limits_{n=1}^{\infty} u_n$ 为**绝对收敛**；如果 $\sum\limits_{n=1}^{\infty} |u_n|$ 发散，而 $\sum\limits_{n=1}^{\infty} u_n$ 收敛，则称级数 $\sum\limits_{n=1}^{\infty} u_n$ 为**条件收敛**.

由定义 1.5 可知，级数 $\sum\limits_{n=1}^{\infty} (-1)^{n-1} \dfrac{1}{n}$ 是条件收敛的.

判定任意项级数敛散性时，应先考察 $\sum\limits_{n=1}^{\infty} |u_n|$ 是否收敛，若收敛，则 $\sum\limits_{n=1}^{\infty} u_n$ 必收敛，且为绝对收敛；若 $\sum\limits_{n=1}^{\infty} |u_n|$ 发散，则再用其他方法考察 $\sum\limits_{n=1}^{\infty} u_n$ 的敛散性.

例 11　判定级数 $\sum\limits_{n=1}^{\infty} \dfrac{\sin n\alpha}{2^n}$ 的敛散性.

解　先考察 $\sum\limits_{n=1}^{\infty} \left| \dfrac{\sin n\alpha}{2^n} \right|$ 的敛散性.由于 $\left| \dfrac{\sin n\alpha}{2^n} \right| \leqslant \dfrac{1}{2^n}$，而等比级数 $\sum\limits_{n=1}^{\infty} \dfrac{1}{2^n}$ 收敛，所以由比较审敛法可知，级数 $\sum\limits_{n=1}^{\infty} \left| \dfrac{\sin n\alpha}{2^n} \right|$ 收敛.由定理 1.4 知，级数 $\sum\limits_{n=1}^{\infty} \dfrac{\sin n\alpha}{2^n}$ 是收敛的，且为绝对收敛.

例 12　判断下列级数的敛散性，如果收敛，指出是绝对收敛还是条件收敛.

(1) $\sum\limits_{n=1}^{\infty} (-1)^{n-1} \dfrac{n^3}{2^n}$；　　　　　　　　　(2) $\sum\limits_{n=1}^{\infty} (-1)^{n-1} \dfrac{1}{\sqrt{n}}$.

解　(1) 先考察 $\sum\limits_{n=1}^{\infty} \left| (-1)^{n-1} \dfrac{n^3}{2^n} \right|$ 的敛散性.因为

$$\rho = \lim_{n \to \infty} \left| \frac{u_{n+1}}{u_n} \right| = \lim_{n \to \infty} \frac{(n+1)^3}{2^{n+1}} \cdot \frac{2^n}{n^3} = \lim_{n \to \infty} \frac{1}{2} \left(\frac{n+1}{n} \right)^3 = \frac{1}{2} < 1,$$

所以级数 $\sum\limits_{n=1}^{\infty} \left| (-1)^{n-1} \dfrac{n^3}{2^n} \right|$ 收敛，从而级数 $\sum\limits_{n=1}^{\infty} (-1)^{n-1} \dfrac{n^3}{2^n}$ 绝对收敛.

(2) 因为级数 $\sum\limits_{n=1}^{\infty} \left| (-1)^{n-1} \dfrac{1}{\sqrt{n}} \right| = \sum\limits_{n=1}^{\infty} \dfrac{1}{\sqrt{n}}$，它是 $p = \dfrac{1}{2} < 1$ 的 p- 级数，是发散

的,而由莱布尼兹审敛法可知,原级数是收敛的,所以级数 $\sum\limits_{n=1}^{\infty}(-1)^{n-1}\dfrac{1}{\sqrt{n}}$ 是条件收敛的.

习　题　1.2

1. 用比较审敛法,判断下列级数的敛散性.

(1) $\sum\limits_{n=1}^{\infty}\dfrac{1}{n\sqrt{n+1}}$;　　　　(2) $\sum\limits_{n=1}^{\infty}\sin\dfrac{\pi}{4^n}$;　　　　(3) $\sum\limits_{n=1}^{\infty}\dfrac{n+1}{n(n+2)}$;

(4) $\sum\limits_{n=1}^{\infty}\dfrac{n}{\sqrt{n^2+5}}$;　　　(5) $\sum\limits_{n=1}^{\infty}\dfrac{1}{n\cdot2^n}$;　　　(6) $\sum\limits_{n=1}^{\infty}\dfrac{3n^3-2n}{n^4+n^2+3}$.

2. 用比值审敛法,判定下列级数的敛散性.

(1) $\sum\limits_{n=1}^{\infty}\dfrac{n+2}{2^n}$;　　　　(2) $\sum\limits_{n=1}^{\infty}\dfrac{n!}{10^n}$;　　　　(3) $\sum\limits_{n=1}^{\infty}\dfrac{3^n}{n\cdot2^n}$;

(4) $\sum\limits_{n=1}^{\infty}\dfrac{2^n\cdot n!}{n^n}$;　　　(5) $\sum\limits_{n=1}^{\infty}\dfrac{n!}{2^n+1}$;　　(6) $\sum\limits_{n=1}^{\infty}\dfrac{n^n}{(n!)^2}$.

3. 用适当的方法判定下列级数的敛散性.

(1) $\sum\limits_{n=1}^{\infty}\sqrt{\dfrac{n}{n+1}}$;　　(2) $\sum\limits_{n=1}^{\infty}\dfrac{3^n\cdot n!}{n^n}$;　　(3) $\sum\limits_{n=1}^{\infty}\left(\dfrac{n}{n+1}\right)^n$;　　(4) $\sum\limits_{n=1}^{\infty}2^n\sin\dfrac{\pi}{3^n}$.

4. 判定下列级数是否收敛,如果收敛,指出是绝对收敛,还是条件收敛.

(1) $\sum\limits_{n=1}^{\infty}(-1)^{n-1}\dfrac{1}{n^2}$;　　(2) $\sum\limits_{n=1}^{\infty}(-1)^n\dfrac{1}{2^{n-1}}$;　　(3) $\sum\limits_{n=1}^{\infty}(-1)^n\dfrac{n}{5^n}$;

(4) $\sum\limits_{n=1}^{\infty}\dfrac{\cos n\pi}{\sqrt{n}}$;　　(5) $\sum\limits_{n=1}^{\infty}(-1)^{n-1}\dfrac{1}{\ln(n+1)}$;　(6) $\sum\limits_{n=1}^{\infty}(-1)^{n+1}\dfrac{2^n}{n!}$.

5. 讨论级数 $\sum\limits_{n=1}^{\infty}(-1)^{n-1}\dfrac{1}{n^p}$ $(p>0)$ 的敛散性.

1.3　幂　级　数

前面讨论了常数项级数的敛散性问题,从本节开始讨论函数项级数的敛散性.

1.3.1　幂级数的概念

定义 1.6　如果 $u_n(x)(n=1,2,\cdots)$ 是定义在区间 I 上的函数,则称级数

$$\sum_{n=1}^{\infty}u_n(x)=u_1(x)+u_2(x)+u_3(x)+\cdots+u_n(x)+\cdots \tag{1-2}$$

为区间 I 上的**函数项级数**.

例如,　　　　　　　　$1+x+x^2+\cdots+x^{n-1}+\cdots,$

$$\sin x + \frac{1}{3}\sin 3x + \frac{1}{5}\sin 5x + \cdots + \frac{1}{2n-1}\sin(2n-1)x + \cdots$$

等都是区间 $(-\infty, +\infty)$ 上的函数项级数.

若令 x 取定义区间 I 内某一确定值 x_0，即可得到一个数项级数

$$\sum_{n=1}^{\infty} u_n(x_0) = u_1(x_0) + u_2(x_0) + u_3(x_0) + \cdots + u_n(x_0) + \cdots. \qquad (1\text{-}3)$$

若级数 $\sum_{n=1}^{\infty} u_n(x_0)$ 收敛，则点 x_0 称为函数项级数 $\sum_{n=1}^{\infty} u_n(x)$ 的一个**收敛点**；若级数 $\sum_{n=1}^{\infty} u_n(x_0)$ 发散，则点 x_0 称为函数项级数 $\sum_{n=1}^{\infty} u_n(x)$ 的**发散点**. 收敛点的全体，称为函数项级数 $\sum_{n=1}^{\infty} u_n(x)$ 的**收敛域**；所有发散点的集合，称为级数 $\sum_{n=1}^{\infty} u_n(x)$ 的**发散域**.

设函数项级数 $\sum_{n=1}^{\infty} u_n(x)$ 的收敛域为 D，对于任意的 $x \in D$，级数 $\sum_{n=1}^{\infty} u_n(x)$ 对应的和为 $s(x)$，因此确定了收敛域 D 上的一个函数 $s(x)$，称为**函数项级数 $\sum_{n=1}^{\infty} u_n(x)$ 的和函数**，即

$$s(x) = \sum_{n=1}^{\infty} u_n(x).$$

例如，函数项级数 $\sum_{n=1}^{\infty} x^{n-1} = 1 + x + x^2 + \cdots + x^{n-1} + \cdots$ 是公比为 x 的等比级数，当 $|x| < 1$ 时该级数收敛，其收敛域为 $(-1, 1)$，且在收敛域内有和函数

$$s(x) = \frac{1}{1-x}.$$

把函数项级数 $\sum_{n=1}^{\infty} u_n(x)$ 的前 n 项部分和记作 $s_n(x)$，则在收敛域内有 $\lim_{n \to \infty} s_n(x) = s(x)$，$r_n(x) = s(x) - s_n(x)$ 称为函数项级数 $\sum_{n=1}^{\infty} u_n(x)$ 的余项，显然在收敛域上有

$$\lim_{n \to \infty} r_n(x) = 0.$$

在函数项级数中，最常用的是幂级数和三角级数，下面首先来讨论幂级数.

定义 1.7 形如 $a_0 + a_1 x + a_2 x^2 + \cdots + a_n x^n + \cdots$ 的函数项级数称为**幂级数**，其中 $a_0, a_1, a_2, \cdots, a_n, \cdots$ 均为常数，称为幂级数的系数.

幂级数更一般的形式为

$$a_0 + a_1(x - x_0) + a_2(x - x_0)^2 + \cdots + a_n(x - x_0)^n + \cdots, \qquad (1\text{-}4)$$

如果作变换 $t = x - x_0$，则上面的级数变为 $a_0 + a_1 x + a_2 x^2 + \cdots + a_n x^n + \cdots$ 的形式，因此只需讨论级数 $a_0 + a_1 x + a_2 x^2 + \cdots + a_n x^n + \cdots$ 就行了.

1.3.2　幂级数的收敛半径和收敛区间

定理 1.5　对于幂级数 $\sum\limits_{n=0}^{\infty} a_n x^n$，如果 $\lim\limits_{n \to \infty}\left|\dfrac{a_{n+1}}{a_n}\right| = r$，则当 $|x| < 1/r$ 时（如果 $r = 0$，则记 $1/r$ 为 $+\infty$），该幂级数收敛；当 $|x| > 1/r$ 时，该幂级数发散.

证　在幂级数 $\sum\limits_{n=0}^{\infty} a_n x^n$ 中，若将 x 看成是一个确定的值，那么就得到一个数项级数. 将该级数的各项取绝对值，就得到一个正项级数 $\sum\limits_{n=0}^{\infty} |a_n x^n|$. 根据正项级数的比值审敛法，则有

$$\rho = \lim_{n \to \infty}\left|\frac{a_{n+1} x^{n+1}}{a_n x^n}\right| = \lim_{n \to \infty}\left(\left|\frac{a_{n+1}}{a_n}\right| |x|\right) = r|x|.$$

于是，当 $\rho = r|x| < 1$，即 $|x| < 1/r$ 时，级数 $\sum\limits_{n=0}^{\infty} |a_n x^n|$ 收敛，从而幂级数 $\sum\limits_{n=0}^{\infty} a_n x^n$ 绝对收敛. 当 $\rho = r|x| > 1$，即 $|x| > 1/r$ 时，此时 $\lim\limits_{n \to \infty}\left|\dfrac{a_{n+1} x^{n+1}}{a_n x^n}\right| > 1$，即所给幂级数各项的绝对值越来越大，因此通项 $a_n x^n$ 不趋近于零. 由级数收敛的必要条件知，幂级数 $\sum\limits_{n=0}^{\infty} a_n x^n$ 发散.

由定理 1.5 可知，当 $r \neq 0$ 时，幂级数 $\sum\limits_{n=0}^{\infty} a_n x^n$ 在以原点为中心、$1/r$ 为半径的对称区间内是收敛的. 设 $R = 1/r$，则在区间 $(-R, R)$ 内幂级数收敛. 称 R 为幂级数的**收敛半径**. 在区间端点处，其敛散性需另行确定. 分别考虑 $x = R, x = -R$ 的收敛性后，就得到幂级数的收敛域，通常称其为幂级数的**收敛区间**.

显然，幂级数收敛半径

$$R = \frac{1}{r} = \lim_{n \to \infty}\left|\frac{a_n}{a_{n+1}}\right|. \tag{1-5}$$

当 $r = 0$ 时，$R = +\infty$，收敛区间为 $(-\infty, +\infty)$；当 $r = +\infty$ 时，$R = 0$，收敛域缩为一点，即仅当 $x = 0$ 时，幂级数 $\sum\limits_{n=0}^{\infty} a_n x^n$ 收敛，其和为 a_0.

例 13　求幂级数 $\sum\limits_{n=1}^{\infty} \dfrac{2^n x^n}{n}$ 的收敛区间.

解　收敛半径

$$R = \lim_{n \to \infty}\left|\frac{a_n}{a_{n+1}}\right| = \lim_{n \to \infty}\frac{\dfrac{2^n}{n}}{\dfrac{2^{n+1}}{n+1}} = \frac{1}{2}.$$

当 $x = \dfrac{1}{2}$ 时,幂级数 $\displaystyle\sum_{n=1}^{\infty} \dfrac{2^n x^n}{n} = \displaystyle\sum_{n=1}^{\infty} \dfrac{1}{n}$ 为调和级数,它是发散的;当 $x = -\dfrac{1}{2}$ 时,

幂级数 $\displaystyle\sum_{n=1}^{\infty} \dfrac{2^n x^n}{n} = \displaystyle\sum_{n=1}^{\infty} \dfrac{(-1)^n}{n}$ 为收敛的交错级数. 所以,幂级数 $\displaystyle\sum_{n=1}^{\infty} \dfrac{2^n x^n}{n}$ 的收敛区间

为 $\left[-\dfrac{1}{2}, \dfrac{1}{2} \right)$.

例 14　求幂级数 $\displaystyle\sum_{n=0}^{\infty} \dfrac{x^n}{n!}$ 的收敛区间.

解　　　　　$R = \lim\limits_{n \to \infty} \left| \dfrac{a_n}{a_{n+1}} \right| = \lim\limits_{n \to \infty} \left[\dfrac{1}{n!} \cdot \dfrac{(n+1)!}{1} \right] = +\infty,$

所以幂级数 $\displaystyle\sum_{n=1}^{\infty} \dfrac{x^n}{n!}$ 的收敛区间为 $(-\infty, +\infty)$.

例 15　求幂级数 $\displaystyle\sum_{n=1}^{\infty} n! x^n$ 的收敛区间.

解　　　　　$R = \lim\limits_{n \to \infty} \left| \dfrac{a_n}{a_{n+1}} \right| = \lim\limits_{n \to \infty} \dfrac{n!}{(n+1)!} = \lim\limits_{n \to \infty} \dfrac{1}{n+1} = 0,$

因此幂级数 $\displaystyle\sum_{n=1}^{\infty} n! x^n$ 的收敛区间为一点 $x = 0$.

例 16　求幂级数 $\displaystyle\sum_{n=1}^{\infty} \dfrac{(x+2)^n}{\sqrt{n}}$ 的收敛区间.

解　令 $x + 2 = t$,则幂级数 $\displaystyle\sum_{n=1}^{\infty} \dfrac{(x+2)^n}{\sqrt{n}}$ 就化为 $\displaystyle\sum_{n=1}^{\infty} \dfrac{t^n}{\sqrt{n}}$,其收敛半径为

$$R = \lim\limits_{n \to \infty} \left| \dfrac{a_n}{a_{n+1}} \right| = \lim\limits_{n \to \infty} \left| \dfrac{\dfrac{1}{\sqrt{n}}}{\dfrac{1}{\sqrt{n+1}}} \right| = 1.$$

当 $|t| < 1$ 即 $|x + 2| < 1$,也就是 $-3 < x < -1$ 时,原幂级数收敛;当 $t = -1$ 即 $x = -3$ 时,所给级数为 $\displaystyle\sum_{n=1}^{\infty} (-1)^n \dfrac{1}{\sqrt{n}}$,是收敛的交错级数;当 $t = 1$ 即 $x = -1$ 时,所给级数为 $\displaystyle\sum_{n=1}^{\infty} \dfrac{1}{\sqrt{n}}$,是 $p = \dfrac{1}{2}$ 的发散 p- 级数. 所以,幂级数 $\displaystyle\sum_{n=1}^{\infty} \dfrac{(x+2)^n}{\sqrt{n}}$ 的收敛区间为 $[-3, -1)$.

1.3.3　幂级数的运算

设幂级数 $\displaystyle\sum_{n=0}^{\infty} a_n x^n$ 与 $\displaystyle\sum_{n=0}^{\infty} b_n x^n$ 的收敛半径分别为 R_1 与 R_2(R_1 与 R_2 均不为零),它

们的和函数分别为 $s_1(x)$ 与 $s_2(x)$. 取 $R = \min(R_1, R_2)$,则对于收敛的幂级数可进行如下运算.

1. 加法和减法

在收敛区间内,有

$$\sum_{n=0}^{\infty} a_n x^n \pm \sum_{n=0}^{\infty} b_n x^n = \sum_{n=0}^{\infty} (a_n \pm b_n) x^n = s_1(x) \pm s_2(x),$$

其收敛半径为 R.

2. 乘法

在收敛区间内,有

$$\left(\sum_{n=0}^{\infty} a_n x^n \right) \left(\sum_{n=0}^{\infty} b_n x^n \right) = a_0 b_0 + (a_0 b_1 + a_1 b_0) x + (a_0 b_2 + a_1 b_1 + a_2 b_0) x^2$$
$$+ \cdots + (a_0 b_n + a_1 b_{n-1} + a_2 b_{n-2} + \cdots + a_n b_0) x^n + \cdots$$
$$= s_1(x) s_2(x),$$

其收敛半径为 R.

3. 逐项求导

幂级数 $\sum_{n=0}^{\infty} a_n x^n$ 的和函数可导,且

$$s'(x) = \left(\sum_{n=0}^{\infty} a_n x^n \right)' = \sum_{n=0}^{\infty} (a_n x^n)' = \sum_{n=1}^{\infty} n a_n x^{n-1},$$

逐项求导后所得幂级数的收敛半径仍为 R,但在收敛区间的端点处,级数的敛散性可能会改变.

4. 逐项积分

幂级数 $\sum_{n=0}^{\infty} a_n x^n$ 的和函数可积,且

$$\int_0^x s(x) \mathrm{d}x = \int_0^x \sum_{n=0}^{\infty} a_n x^n \mathrm{d}x = \sum_{n=0}^{\infty} \int_0^x a_n x^n \mathrm{d}x = \sum_{n=0}^{\infty} \frac{a_n}{n+1} x^{n+1},$$

逐项积分后所得幂级数的收敛半径仍为 R,但在收敛区间的端点处,级数的敛散性可能会改变.

例 17　讨论幂级数 $\sum_{n=0}^{\infty} x^n$ 逐项求导及逐项积分后所得幂级数的收敛区间及其和函数.

解　对于幂级数 $\sum_{n=0}^{\infty} x^n = 1 + x + x^2 + \cdots + x^{n-1} + \cdots$,它的收敛区间为 $(-1, 1)$,和函数为 $\dfrac{1}{1-x}$,即

$$\frac{1}{1-x} = 1 + x + x^2 + \cdots + x^n + \cdots.$$

在上式两边求导,得

$$\frac{1}{(1-x)^2} = 1 + 2x + 3x^2 + \cdots + nx^{n-1} + \cdots.$$

显然,右端即为原幂级数逐项求导后所得的幂级数,其收敛半径仍为 $R = 1$. 当 $x = \pm 1$ 时,该级数的通项不趋近于零 $(n \to \infty)$,所以此幂级数的收敛区间为 $(-1, 1)$,且和函数为 $\frac{1}{(1-x)^2}$.

又将式 $\frac{1}{1-x} = 1 + x + x^2 + \cdots + x^n + \cdots$ 两端从 0 到 x 逐项积分,得

$$\int_0^x \frac{\mathrm{d}x}{1-x} = x + \frac{x^2}{2} + \frac{x^3}{3} + \cdots + \frac{x^{n+1}}{n+1} + \cdots,$$

即

$$-\ln(1-x) = x + \frac{x^2}{2} + \frac{x^3}{3} + \cdots + \frac{x^{n+1}}{n+1} + \cdots.$$

上式右端即为原幂级数逐项积分后所得的幂级数,其收敛半径不变,仍为 $R = 1$. 当 $x = -1$ 时,右端为交错级数,由莱布尼兹审敛法知,该级数收敛. 当 $x = 1$ 时,上式右端为调和级数,则级数发散. 于是,逐项积分后所得的幂级数的收敛区间为 $[-1, 1)$,且其和函数为 $-\ln(1-x)$.

例 18 求幂级数 $\sum_{n=1}^{\infty} nx^{n-1}$ 的收敛区间及其和函数,并求级数 $\sum_{n=1}^{\infty} \frac{n}{2^n}$ 的和.

解 先求收敛半径 R.

$$R = \lim_{n \to \infty} \left| \frac{a_n}{a_{n+1}} \right| = \lim_{n \to \infty} \frac{n}{n+1} = 1.$$

当 $x = -1$ 时,级数 $\sum_{n=1}^{\infty} (-1)^{n-1} n$ 发散;当 $x = 1$ 时,级数 $\sum_{n=1}^{\infty} n$ 发散. 于是,幂级数的收敛区间为 $(-1, 1)$.

设 $\sum_{n=1}^{\infty} nx^{n-1}$ 的和函数为

$$s(x) = 1 + 2x + 3x^2 + \cdots + nx^{n-1} + \cdots,$$

两边由 0 到 x 逐项积分,得

$$\int_0^x s(x)\mathrm{d}x = x + x^2 + x^3 + \cdots + x^n + \cdots$$
$$= x(1 + x + x^2 + \cdots + x^{n-1} + \cdots)$$
$$= \frac{x}{1-x} \quad (-1 < x < 1),$$

两边对 x 求导,得

$$\frac{\mathrm{d}}{\mathrm{d}x}\int_0^x s(x)\,\mathrm{d}x = \left(\frac{x}{1-x}\right)' = \frac{1}{(1-x)^2},$$

所以,和函数

$$s(x) = \frac{1}{(1-x)^2}.$$

下面将利用 $\displaystyle\sum_{n=1}^{\infty} nx^{n-1} = \frac{1}{(1-x)^2}$ 这一结论,求 $\displaystyle\sum_{n=1}^{\infty} \frac{n}{2^n}$ 的和.取 $x = 1/2$,则有

$$\sum_{n=1}^{\infty} n\left(\frac{1}{2}\right)^{n-1} = \frac{1}{(1-1/2)^2} = 4,$$

所以

$$\sum_{n=1}^{\infty} \frac{n}{2^n} = 2 .$$

习　题　1.3

1. 求下列幂级数的收敛区间.

(1) $\displaystyle\sum_{n=1}^{\infty} nx^n$;　　　　　(2) $\displaystyle\sum_{n=1}^{\infty} \frac{x^n}{n^2}$;　　　　　(3) $\displaystyle\sum_{n=1}^{\infty} \frac{x^n}{2^n n^2}$;　　　　　(4) $\displaystyle\sum_{n=1}^{\infty} \frac{2^n x^n}{n!}$;

(5) $\displaystyle\sum_{n=1}^{\infty} \frac{n! x^n}{n^2}$;　　　　(6) $\displaystyle\sum_{n=1}^{\infty} \frac{2^n}{n^2+1} x^n$;　　(7) $\displaystyle\sum_{n=1}^{\infty} \frac{2n+1}{n!} x^n$;　　(8) $\displaystyle\sum_{n=1}^{\infty} \frac{2^n}{n}(x-1)^n$;

(9) $\displaystyle\sum_{n=1}^{\infty} \frac{(x+2)^n}{n 2^n}$;　　(10) $\displaystyle\sum_{n=1}^{\infty} \frac{x^{2n}}{3^n}$;　　　(11) $\displaystyle\sum_{n=1}^{\infty} (-1) \frac{x^{2n}}{(2n)!}$.

2. 利用逐项求导或逐项积分,求下列幂级数的和函数.

(1) $\displaystyle\sum_{n=1}^{\infty} (n+1)x^n$, $|x| < 1$;　　　　　　(2) $\displaystyle\sum_{n=0}^{\infty} \frac{x^{2n+1}}{2n+1}$, $|x| < 1$;

(3) $\displaystyle\sum_{n=1}^{\infty} 2nx^{2n-1}$, $|x| < 1$;

(4) $\displaystyle\sum_{n=1}^{\infty} \frac{x^n}{n}$, $|x| < 1$;并求级数 $\dfrac{1}{1\times 3} + \dfrac{1}{2\times 3^2} + \dfrac{1}{3\times 3^3} + \cdots + \dfrac{1}{n\times 3^n} + \cdots$ 的和.

1.4　函数的幂级数展开式

前面讨论了幂级数的敛散性,在其收敛域内,幂级数总是收敛于一个和函数.对于一些简单的幂级数,还可以借助于逐项求导或逐项积分的方法,求出这个和函数.但是在许多实际问题中,需要解决的是一个与此相反的问题,即对于任意一个函数 $f(x)$,能否将其展开成一个幂级数,以及展开成的幂级数是否以 $f(x)$ 为和函数.

1.4.1 泰勒级数和麦克劳林级数

如果函数 $f(x)$ 在点 x_0 及其附近有直到 $n+1$ 阶导数,那么有如下公式:

$$f(x) = f(x_0) + f'(x_0)(x-x_0) + \frac{f''(x_0)}{2!}(x-x_0)^2$$
$$+ \cdots + \frac{f^{(n)}(x_0)}{n!}(x-x_0)^n + r_n(x),$$

上式称为 $f(x)$ 的**泰勒公式**,其中

$$r_n(x) = \frac{f^{(n+1)}(\xi)}{(n+1)!}(x-x_0)^{n+1} \quad (\xi \text{介于} x_0 \text{与} x \text{之间})$$

称为**拉格朗日型余项**.

若令 $x_0 = 0$,即得到

$$f(x) = f(0) + f'(0)x + \frac{f''(0)}{2!}x^2 + \cdots + \frac{f^{(n)}(0)}{n!}x^n + r_n(x),$$
$$r_n(x) = \frac{f^{(n+1)}(\xi)}{(n+1)!}x^{n+1} \quad (\xi \text{介于} 0 \text{与} x \text{之间}).$$

上式称为**麦克劳林公式**. 显然,麦克劳林公式是泰勒公式的一个特例.

如果函数 $f(x)$ 在点 $x = x_0$ 及其附近具有任意阶导数,级数

$$f(x_0) + f'(x_0)(x-x_0) + \frac{f''(x_0)}{2!}(x-x_0)^2 + \cdots + \frac{f^{(n)}(x_0)}{n!}(x-x_0)^n + \cdots,$$

称为 $f(x)$ 在点 x_0 处的泰勒级数. 如果当 $n \to \infty$ 时,泰勒公式中的余项以零为极限,即当 $n \to \infty$ 时, $r_n \to 0$,则函数 $f(x)$ 可展开成它的**泰勒级数**,即

$$f(x) = f(x_0) + f'(x_0)(x-x_0) + \frac{f''(x_0)}{2!}(x-x_0)^2$$
$$+ \cdots + \frac{f^{(n)}(x_0)}{n!}(x-x_0)^n + \cdots. \tag{1-6}$$

特别地,当 $x_0 = 0$ 时,上式化为

$$f(x) = f(0) + f'(0)x + \frac{f''(0)}{2!}x^2 + \cdots + \frac{f^{(n)}(0)}{n!}x^n + \cdots, \tag{1-7}$$

称式(1-7)为 $f(x)$ 的麦克劳林级数.

1.4.2 函数展开成幂级数

把给定的函数展开成幂级数,一般有两种方法:直接展开法和间接展开法.

1. 直接展开法

利用麦克劳林公式将函数展开成幂级数的方法,称为**直接展开法**.

具体步骤如下.

（1）求 $f(x)$ 的各阶导数 $f'(x),f''(x),\cdots,f^{(n)}(x),\cdots$，且以 $x=0$ 代入，得到
$$f(0),f'(0),f''(0),\cdots,f^{(n)}(0),\cdots.$$

（2）写出 $f(x)$ 的麦克劳林级数：
$$f(0)+f'(0)x+\frac{f''(0)}{2!}x^2+\cdots+\frac{f^{(n)}(0)}{n!}x^n+\cdots,$$

并求出其收敛半径 R.

（3）在区间 $(-R,R)$ 内，验证 $r_n(x)\rightarrow0\,(n\rightarrow\infty)$.

例 19　将函数 $f(x)=\mathrm{e}^x$ 展开成 x 的幂级数.

解　因为　　　　　　$f^{(n)}(x)=\mathrm{e}^x\,(n=1,2,\cdots),$

所以　　　　　　$f(0)=f^{(n)}(0)=1\,(n=1,2,\cdots),$

于是，得到 e^x 的麦克劳林级数为
$$1+x+\frac{x^2}{2!}+\cdots+\frac{x^n}{n!}+\cdots.$$

显然，该级数的收敛区间为 $(-\infty,+\infty)$.

可以证明，函数 $f(x)=\mathrm{e}^x$ 的麦克劳林级数中的余项 $r_n(x)\rightarrow0\,(n\rightarrow\infty)$. 因此，有
$$\mathrm{e}^x=1+x+\frac{x^2}{2!}+\cdots+\frac{x^n}{n!}+\cdots\quad(-\infty<x<+\infty).$$

例 20　将函数 $f(x)=\sin x$ 展开成 x 的幂级数.

解　由 $f^{(n)}(x)=\sin\left(x+\frac{n\pi}{2}\right)(n=1,2,\cdots)$ 可知，$f^{(n)}(0)\,(n=1,2,\cdots)$ 依次循环地取 $1,0,-1,0,\cdots$. 于是得幂级数
$$x-\frac{x^3}{3!}+\frac{x^5}{5!}-\cdots+(-1)^n\frac{x^{2n+1}}{(2n+1)!}+\cdots,$$

其收敛区间为 $(-\infty,+\infty)$. 同样，可以证明 $\lim\limits_{n\rightarrow\infty}r_n(x)=0$.

因此，得到 $f(x)=\sin x$ 的幂级数展开式为
$$\sin x=x-\frac{x^3}{3!}+\frac{x^5}{5!}-\cdots+(-1)^n\frac{x^{2n+1}}{(2n+1)!}+\cdots\quad(-\infty<x<+\infty).$$

由于直接展开法计算量大，又难以寻求 $f^{(n)}(x)$ 的规律. 因此在实际使用中，人们尽量不用直接展开法而用间接展开法.

2. 间接展开法

利用某些已知函数的幂级数展开式、幂级数的运算法则，包括代数运算（加、减、乘）、分析运算（逐项求导和逐项积分）及复合代换等，将所给函数展开成幂级数. 这种方法称为**间接展开法**.

例 21　将函数 $f(x)=\cos x$ 展开成 x 的幂级数.

解　因为 $(\sin x)' = \cos x$, 而

$$\sin x = x - \frac{1}{3!}x^3 + \frac{1}{5!}x^5 - \cdots + (-1)^n \frac{x^{2n+1}}{(2n+1)!} + \cdots \quad (-\infty < x < +\infty),$$

两边对 x 逐项求导, 得

$$\cos x = 1 - \frac{x^2}{2!} + \frac{x^4}{4!} - \cdots + (-1)^n \frac{x^{2n}}{(2n)!} + \cdots \quad (-\infty < x < +\infty).$$

例 22　将函数 $f(x) = \ln(1+x)$ 展开成 x 的幂级数.

解　因为

$$f'(x) = \frac{1}{1+x} = 1 - x + x^2 - \cdots + (-1)^n x^n + \cdots \quad (-1 < x < 1),$$

所以, 将上式两边从 0 到 x 逐项积分, 得

$$\ln(1+x) = x - \frac{x^2}{2} + \frac{x^3}{3} - \cdots + (-1)^n \frac{x^{n+1}}{n+1} + \cdots.$$

当 $x = -1$ 时, 级数 $\sum_{n=0}^{\infty} \frac{(-1)^n(-1)^{n+1}}{n+1} = \sum_{n=0}^{\infty} \left(-\frac{1}{n+1}\right)$ 发散;

当 $x = 1$ 时, 级数 $\sum_{n=0}^{\infty} (-1)^n \frac{1}{n+1}$ 收敛.

于是, 幂级数展开式为

$$\ln(1+x) = x - \frac{x^2}{2} + \frac{x^3}{3} - \cdots + (-1)^n \frac{x^{n+1}}{n+1} + \cdots \quad (-1 < x \leqslant 1).$$

例 23　将函数 $f(x) = \dfrac{1}{2-x}$ 展开成 x 的幂级数.

解　因为 $\dfrac{1}{2-x} = \dfrac{1}{2} \cdot \dfrac{1}{1-\dfrac{x}{2}}$, 而

$$\frac{1}{1-x} = 1 + x + x^2 + \cdots + x^n + \cdots \quad (-1 < x < 1),$$

将 x 换成 $\dfrac{x}{2}$, 得

$$\frac{1}{2-x} = \frac{1}{2}\left[1 + \frac{x}{2} + \left(\frac{x}{2}\right)^2 + \cdots + \left(\frac{x}{2}\right)^n + \cdots\right]$$

$$= \frac{1}{2} + \frac{x}{2^2} + \frac{x^2}{2^3} + \cdots + \frac{x^n}{2^{n+1}} + \cdots.$$

因为 $-1 < \dfrac{x}{2} < 1$, 所以 $-2 < x < 2$. 可以判定, 当 $x = \pm 2$ 时, 所得级数皆发散. 于是, 幂级数的收敛区间为 $(-2, 2)$.

例 24　将函数 $f(x) = \ln x$ 在点 $x = 1$ 处展开成幂级数.

解　因为 $x = 1 + (x-1)$, 而由例 22 的结论知

$$\ln(1+x) = x - \frac{x^2}{2} + \frac{x^3}{3} - \cdots + (-1)^n \frac{x^{n+1}}{n+1} + \cdots \quad (-1 < x \leqslant 1),$$

将 x 换成 $x-1$，得

$$\ln x = \ln[1 + (x-1)]$$

$$= (x-1) - \frac{(x-1)^2}{2} + \frac{(x-1)^3}{3} - \cdots$$

$$+ (-1)^n \frac{(x-1)^{n+1}}{n+1} + \cdots \quad (0 < x \leqslant 2).$$

1.4.3　幂级数的应用举例

幂级数在数学和工程技术问题中有着十分广泛的应用.

例 25　计算 e 的近似值，误差不超过 10^{-4}.

解　在 e^x 的幂级数展开式中，令 $x = 1$，得

$$e = 1 + 1 + \frac{1}{2!} + \frac{1}{3!} + \cdots + \frac{1}{n!} + \cdots.$$

若取前 n 项的和作为的 e 的近似值，有

$$e \approx 1 + 1 + \frac{1}{2!} + \frac{1}{3!} + \cdots + \frac{1}{(n-1)!},$$

则误差为

$$|r_n| = \frac{1}{n!} + \frac{1}{(n+1)!} + \frac{1}{(n+2)!} + \cdots$$

$$= \frac{1}{n!}\left(1 + \frac{1}{n+1} + \frac{1}{(n+1)(n+2)} + \cdots\right)$$

$$< \frac{1}{n!}\left(1 + \frac{1}{n} + \frac{1}{n^2} + \cdots\right)$$

$$= \frac{1}{(n-1)(n-1)!}.$$

若取 $n = 8$，则 $|r_8| < \dfrac{1}{7 \cdot 7!} = \dfrac{1}{35280} < 10^{-4}$，故取前八项，每项取五位小数计算，得

$$e \approx 1 + 1 + \frac{1}{2!} + \frac{1}{3!} + \cdots + \frac{1}{7!} \approx 2.7183,$$

它的误差不超过 10^{-4}.

利用幂级数除可以计算函数值的近似值外，还可以计算某些定积分的近似值.

例 26　计算下列定积分的近似值，误差不超过 10^{-4}（其中$\dfrac{1}{\sqrt{\pi}} \approx 0.56419$）.

$$\frac{2}{\sqrt{\pi}} \int_0^{\frac{1}{2}} e^{-x^2} dx.$$

（积分 $\dfrac{2}{\sqrt{\pi}}\displaystyle\int_0^{\frac{1}{2}} e^{-x^2}\,\mathrm{d}x$ 是误差理论中一个重要的函数，称为**误差函数**或**概率积分**.）

解　上述定积分是不能依靠已经掌握的积分法来求得的，必须借助幂级数计算其近似值.

展开被积函数

$$e^{-x^2} = 1 - x^2 + \frac{x^4}{2!} - \frac{x^6}{3!} + \cdots \quad (-\infty < x < +\infty),$$

在区间 $[0,1/2]$ 上逐项积分，得

$$\int_0^{\frac{1}{2}} e^{-x^2}\,\mathrm{d}x = \int_0^{\frac{1}{2}}\left(1 - x^2 + \frac{x^4}{2!} - \frac{x^6}{3!} + \cdots\right)\mathrm{d}x$$

$$= \int_0^{\frac{1}{2}}\mathrm{d}x - \int_0^{\frac{1}{2}} x^2\,\mathrm{d}x + \int_0^{\frac{1}{2}} \frac{x^4}{2!}\,\mathrm{d}x - \int_0^{\frac{1}{2}} \frac{x^6}{3!}\,\mathrm{d}x + \cdots$$

$$= \frac{1}{2}\left(1 - \frac{1}{2^2 \times 3} + \frac{1}{2^4 \times 5 \times 2!} - \frac{1}{2^6 \times 7 \times 3!} + \cdots\right).$$

根据交错级数的误差估计，若取前四项的和作为近似值，则误差

$$|r_4| < \frac{1}{\sqrt{\pi}}\frac{1}{2^8 \times 9 \times 4!} < 10^{-4},$$

于是，可求得

$$\frac{2}{\sqrt{\pi}}\int_0^{\frac{1}{2}} e^{-x^2}\,\mathrm{d}x \approx \frac{1}{\sqrt{\pi}}\left(1 - \frac{1}{2^2 \times 3} + \frac{1}{2^4 \times 5 \times 2!} - \frac{1}{2^6 \times 7 \times 3!}\right) = 0.5205,$$

它的误差不超过 10^{-4}.

在 e^x 的幂级数展开式 $e^x = 1 + x + \dfrac{x^2}{2!} + \dfrac{x^3}{3!} + \cdots + \dfrac{x^n}{n!} + \cdots$ 中，以 ix 替代 x，其中 $i = \sqrt{-1}$，则

$$e^{ix} = 1 + (ix) + \frac{(ix)^2}{2!} + \frac{(ix)^3}{3!} + \frac{(ix)^4}{4!} + \frac{(ix)^5}{5!} + \cdots$$

$$= \left(1 - \frac{x^2}{2!} + \frac{x^4}{4!} - \cdots\right) + i\left(x - \frac{x^3}{3!} + \frac{x^5}{5!} - \cdots\right)$$

$$= \cos x + i\sin x.$$

公式 $e^{ix} = \cos x + i\sin x$ 称为**欧拉公式**. 将式中的 x 换为 $-x$，得

$$e^{-ix} = \cos x - i\sin x.$$

将两个等式相加与相减，即可得出欧拉公式的另一种形式：

$$\begin{cases} \cos x = \dfrac{e^{ix} + e^{-ix}}{2}, \\ \sin x = \dfrac{e^{ix} - e^{-ix}}{2i}. \end{cases}$$

欧拉公式揭示了三角函数与指数函数之间存在着如此简单的关系.在许多理论和应用问题中,使用欧拉公式会显得更为简便.

习　题　1.4

1. 利用间接展开法将下列函数展开成 x 的幂级数,并求其收敛区间.

(1) $\ln(2-x)$;　　　　　　(2) $\cos^2 x$;　　　　　　(3) xe^x;

(4) $\dfrac{1}{(1+x)^2}$;　　　　(5) $\arctan x$;　　　　(6) $\ln\dfrac{1+x}{1-x}$.

2. 将 $f(x)=\dfrac{1}{x+2}$ 分别在 $x=0$ 和 $x=2$ 处展开成幂级数.

3. 用级数展开法近似计算下列各值(计算前三项).

(1) $\sqrt{e}$;　　　　　　(2) $\displaystyle\int_0^1 \dfrac{\sin x}{x}\mathrm{d}x$.

1.5　傅里叶级数

函数除了可以用幂级数的形式来表示之外,还可用以三角函数为项构成的函数项级数来表示.由于三角函数都是周期函数,所以这种级数对于研究具有周期性的物理现象是特别有用的.

1.5.1　三角级数及三角函数系的正交性

我们知道,函数 $f(x)$ 如果对定义域内的任何 x,都满足条件 $f(x+l)=f(x)$,其中 l 为非零常数,则称它为周期为 l 的周期函数,周期函数是用来描述现实世界中的周期现象的.

正弦函数是常用的最简单的周期函数,它可以用来描述现实世界中的简谐振动的现象,即

$$y=A\sin(\omega t+\varphi),$$

其中,y 表示振动点的位置,t 表示时间,A,ω 和 φ 分别表示振动时的振幅、角频率和初相位,而 $l=\dfrac{2\pi}{\omega}$ 为振动的周期.

但是现实世界中的周期现象是复杂的,并不都可用简单的正弦函数来描述.例如,在电子技术中遇到的周期为 T 的矩形波就是这样一个现象,它的图形如图1-1 所示.

如何来研究一般的周期函数呢?从物理学来看,很多周期现象可以看成是许多不同周期的简谐振动的叠加,联系到具有任意阶导数的函数可以展开成幂级数的思想,

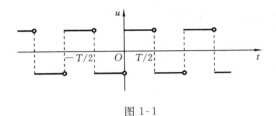

图 1-1

是否周期函数也可以表示成一系列简谐周期函数的和呢?特别地,能不能表示成由三角函数组成的函数项级数呢?

如果所取的一系列三角函数是正弦函数 $A_n\sin(n\omega t+\varphi_n)$,则周期函数 $f(t)$ 可表示成

$$f(t)=A_0+\sum_{n=1}^{\infty}A_n\sin(n\omega t+\varphi_n),\qquad(1\text{-}8)$$

其中,A_0,A_n,φ_n $(n=1,2,3,\cdots)$ 都是常数.

在电子技术中,电磁波函数 $f(t)$ 常作形如式(1-8)的展开,并称这种展开为**谐波分析**,其中常数项 A_0 称为 $f(t)$ 的直流分量,$A_1\sin(\omega t+\varphi_1)$,$A_2\sin(2\omega t+\varphi_2)$ 和 $A_3\sin(3\omega t+\varphi_3)$ 等分别称为 $f(t)$ 的一次谐波(基波)、二次谐波和三次谐波等.

正弦函数 $A_n\sin(n\omega t+\varphi_n)$ 可以根据三角函数的和角公式展开成

$$A_n\sin(n\omega t+\varphi_n)=A_n\sin\varphi_n\cos n\omega t+A_n\cos\varphi_n\sin n\omega t\quad(n=1,2,\cdots).$$

令 $a_0=2A_0,a_n=A_n\sin\varphi_n,b_n=A_n\cos\varphi_n(n=1,2,\cdots)$,$x=\omega t$,则式(1-8)的右边变成

$$\frac{a_0}{2}+\sum_{n=1}^{\infty}(a_n\cos nx+b_n\sin nx).$$

定义 1.8 形如

$$\frac{a_0}{2}+\sum_{n=1}^{\infty}(a_n\cos nx+b_n\sin nx)\qquad(1\text{-}9)$$

的级数称为**三角级数**,其中 $a_0,a_n,b_n(n=1,2,\cdots)$ 都是常数.

一个非正弦型的函数 $f(t)$,为何可以展开成式(1-9)呢?原因之一是,三角函数系具有正交性.如何理解正交性?先给出下述定义.

定义 1.9 $1,\cos x,\sin x,\cos 2x,\sin 2x,\cdots,\cos nx,\sin nx,\cdots$ 所构成的函数系,称为**三角函数系**.

定义 1.10 在区间 $[a,b]$ 上,若函数 $f(x)$ 与 $g(x)$ 满足关系

$$\int_a^b f(x)g(x)\mathrm{d}x=0,$$

则称 $f(x)$ 与 $g(x)$ 在区间 $[a,b]$ 上是**正交**的.

所谓三角函数系的正交性即指:如果从三角函数系中任取两个不同的函数相乘,

并在区间$[-\pi,\pi]$上作定积分,其值皆为零.实际上,只需证明以下五个等式成立(m, $n \in \mathbf{N}$).

(1) $\int_{-\pi}^{\pi} 1\cos nx\,\mathrm{d}x = 0$;

(2) $\int_{-\pi}^{\pi} 1\sin nx\,\mathrm{d}x = 0$;

(3) $\int_{-\pi}^{\pi} \cos mx\cos nx\,\mathrm{d}x = 0\ (m \neq n)$;

(4) $\int_{-\pi}^{\pi} \sin mx\sin nx\,\mathrm{d}x = 0\ (m \neq n)$;

(5) $\int_{-\pi}^{\pi} \sin mx\cos nx\,\mathrm{d}x = 0\ (m \neq n)$.

下面仅以等式$\int_{-\pi}^{\pi} \cos mx\cos nx\,\mathrm{d}x = 0\ (m \neq n)$为例进行证明.

由积化和差公式可得

$$\cos mx\cos nx = \frac{\cos(m+n)x + \cos(m-n)x}{2}.$$

因为$m \neq n$,所以

$$\int_{-\pi}^{\pi} \cos mx\cos nx\,\mathrm{d}x = \frac{1}{2}\int_{-\pi}^{\pi} \left[\cos(m+n)x + \cos(m-n)x\right]\mathrm{d}x$$

$$= \frac{1}{2}\left[\frac{\sin(m+n)x}{m+n} + \frac{\sin(m-n)x}{m-n}\right]_{-\pi}^{\pi}$$

$$= 0 \quad (m,n = 1,2,\cdots;m \neq n).$$

其余等式可以类似证得.

1.5.2　周期为2π的周期函数展开成傅里叶级数

与幂级数的讨论相类似,这里需要研究的问题是:函数$f(x)$满足什么条件时,才能展开成三角级数式(1-9);若能展开,则系数a_0,a_n,b_n如何确定;展开后,级数在哪些点上收敛于$f(x)$.

为了求得系数a_0,a_n,b_n的计算公式,不妨先假定$f(x)$能展开成三角级数,即

$$f(x) = \frac{a_0}{2} + \sum_{n=1}^{\infty} (a_n\cos nx + b_n\sin nx), \tag{1-10}$$

且可逐项积分,于是有

$$\int_{-\pi}^{\pi} f(x)\,\mathrm{d}x = \int_{-\pi}^{\pi} \frac{a_0}{2}\,\mathrm{d}x + \sum_{n=1}^{\infty} \left(\int_{-\pi}^{\pi} a_n\cos nx\,\mathrm{d}x + \int_{-\pi}^{\pi} b_n\sin nx\,\mathrm{d}x\right).$$

由三角函数系的正交性知,上式右端除第一项外,其余各项均为零,所以

$$\int_{-\pi}^{\pi} f(x)\,\mathrm{d}x = \frac{a_0}{2} \cdot 2\pi = \pi a_0,$$

即得
$$a_0 = \frac{1}{\pi} \int_{-\pi}^{\pi} f(x) \mathrm{d}x.$$

用 $\cos kx$ 乘以式(1-10),然后再逐项积分,得

$$\int_{-\pi}^{\pi} f(x) \cos kx \, \mathrm{d}x = \int_{-\pi}^{\pi} \frac{a_0}{2} \cos kx \, \mathrm{d}x + \sum_{n=1}^{\infty} \left(\int_{-\pi}^{\pi} a_n \cos kx \cos nx \, \mathrm{d}x + \int_{-\pi}^{\pi} b_n \cos kx \sin nx \, \mathrm{d}x \right).$$

由三角函数系的正交性知,等式右端除 $n = k$ 这项外,其余各项均为零,所以

$$\int_{-\pi}^{\pi} f(x) \cos kx \, \mathrm{d}x = a_k \int_{-\pi}^{\pi} \cos^2 kx = a_k \int_{-\pi}^{\pi} \frac{1 + \cos 2kx}{2} \mathrm{d}x$$

$$= \frac{a_k}{2} \cdot 2\pi = a_k \pi \quad (k = 1, 2, \cdots),$$

即得
$$a_n = \frac{1}{\pi} \int_{-\pi}^{\pi} f(x) \cos nx \, \mathrm{d}x \quad (n = 0, 1, 2, \cdots).$$

用类似的方法,可求得

$$b_n = \frac{1}{\pi} \int_{-\pi}^{\pi} f(x) \sin nx \, \mathrm{d}x \quad (n = 1, 2, \cdots).$$

定义 1.11 设函数 $f(x)$ 是周期为 2π 的周期函数,如果

$$\begin{cases} a_n = \dfrac{1}{\pi} \displaystyle\int_{-\pi}^{\pi} f(x) \cos nx \, \mathrm{d}x \quad (n = 0, 1, 2, \cdots), \\ b_n = \dfrac{1}{\pi} \displaystyle\int_{-\pi}^{\pi} f(x) \sin nx \, \mathrm{d}x \quad (n = 1, 2, \cdots) \end{cases} \tag{1-11}$$

存在,则称它们为函数 $f(x)$ 的**傅里叶系数**. 由傅里叶系数所确定的三角级数

$$\frac{a_0}{2} + \sum_{n=1}^{\infty} (a_n \cos nx + b_n \sin nx) \tag{1-12}$$

称为函数 $f(x)$ 的**傅里叶级数**.

特别地,若 $f(x)$ 是周期为 2π 的奇函数,其傅里叶系数为

$$\begin{cases} a_n = \dfrac{1}{\pi} \displaystyle\int_{-\pi}^{\pi} f(x) \cos nx \, \mathrm{d}x = 0 \quad (n = 0, 1, 2, \cdots), \\ b_n = \dfrac{1}{\pi} \displaystyle\int_{-\pi}^{\pi} f(x) \sin nx \, \mathrm{d}x = \dfrac{2}{\pi} \displaystyle\int_{0}^{\pi} f(x) \sin nx \, \mathrm{d}x \quad (n = 1, 2, \cdots), \end{cases}$$

则奇函数的傅里叶级数中只含有正弦项,其傅里叶级数 $\sum_{n=1}^{\infty} b_n \sin nx$ 称为**正弦级数**.

同理可以推出,当 $f(x)$ 是周期为 2π 的偶函数时,其傅里叶系数为

$$\begin{cases} a_n = \dfrac{2}{\pi} \displaystyle\int_{0}^{\pi} f(x) \cos nx \, \mathrm{d}x \quad (n = 0, 1, 2, \cdots), \\ b_n = 0 \quad (n = 1, 2, \cdots), \end{cases}$$

则偶函数的傅里叶级数中只含有余弦项,其傅里叶级数 $\dfrac{a_0}{2} + \sum_{n=1}^{\infty} a_n \cos nx$ 称为**余弦**

级数.

关于函数 $f(x)$ 展开成傅里叶级数的条件及其收敛性问题,可不加以证明地给出如下定理.

定理 1.6(收敛定理,狄利克雷充分条件)　设函数 $f(x)$ 是周期为 2π 的周期函数,如果它在区间 $[-\pi,\pi]$ 上连续或只有有限个第一类间断点,并且至多只有有限个极值点,则 $f(x)$ 的傅里叶级数收敛,并且

(1) 当 x 是 $f(x)$ 的连续点时,级数收敛于 $f(x)$;

(2) 当 x 是 $f(x)$ 的间断点时,级数收敛于 $\dfrac{f(x-0)+f(x+0)}{2}$.

收敛定理说明,以 2π 为周期的周期函数 $f(x)$ 只要在一个周期内至多有有限个第一类间断点,并且不作无限次振动,那么级数除了有限个点外均收敛于 $f(x)$. 而一般的初等函数与分段函数都能满足定理中所要求的条件,这就保证了傅里叶级数的广泛应用.

例 27　设函数 $f(x)$ 是周期为 2π 的周期函数,它在 $[-\pi,\pi)$ 上的表达式为

$$f(x)=\begin{cases}-1, & -\pi\leqslant x<0,\\ 1, & 0\leqslant x<\pi.\end{cases}$$

试将函数 $f(x)$ 展开成傅里叶级数.

解　函数 $f(x)$ 的图形如图 1-2 所示,它是一个矩形波. 显然,$f(x)$ 满足收敛定理的条件.

由式(1-11)计算傅里叶系数. 因为 $f(x)$ 为奇函数,所以

$$a_0=0 \quad (n=0,1,2,\cdots),$$

$$b_n=\frac{2}{\pi}\int_0^\pi f(x)\sin nx\,\mathrm{d}x=\frac{2}{\pi}\int_0^\pi \sin nx\,\mathrm{d}x=\frac{2}{\pi}\left[-\frac{\cos nx}{\pi}\right]_0^\pi$$

$$=\frac{2}{n\pi}(1-\cos nx)=\frac{2}{n\pi}\left[1-(-1)^n\right]$$

$$=\begin{cases}\dfrac{4}{n\pi}, & n=1,3,5,\cdots,\\ 0, & n=2,4,6,\cdots.\end{cases}$$

于是,函数 $f(x)$ 的傅里叶级数为

$$\frac{4}{\pi}\left(\sin x+\frac{1}{3}\sin 3x+\cdots+\frac{1}{2n-1}\sin(2n-1)x+\cdots\right).$$

由收敛定理可知,当 $x\neq kx(x=0,\pm1,\pm2,\cdots)$ 时,傅里叶级数收敛于 $f(x)$;当 $x=kx(k=0,\pm1,\pm2,\cdots)$ 时,函数 $f(x)$ 间断,它的傅里叶级数收敛于

$$\frac{f(x-0)+f(x+0)}{2}=0.$$

所求傅里叶级数的和函数的图形如图 1-3 所示.

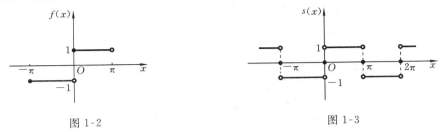

图 1-2　　　　　　　　　　　　　　　　　　　　图 1-3

若将 $f(x)$ 看成是矩形波,那么傅里叶级数表明,它可用无穷多个奇次谐波的和去替代. 在实际计算中,只能取有限个奇次谐波的叠加. 图 1-4 给出当 $n = 1, 2, 3, 4$ 时,傅里叶级数部分和逼近和函数 $s(x)$ 的情形.

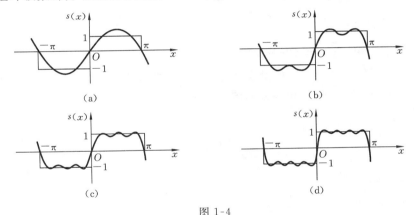

(a)　　　　　　　　　　　　　　　　　　　　(b)

(c)　　　　　　　　　　　　　　　　　　　　(d)

图 1-4

(a) $n = 1$;　(b) $n = 2$;　(c) $n = 3$;　(d) $n = 4$

例 28　设函数 $f(x)$ 是以 2π 为周期,它在区间 $[-\pi, \pi)$ 上的表达式为

$$f(x) = \begin{cases} 0, & -\pi \leqslant x < 0, \\ x, & 0 \leqslant x < \pi. \end{cases}$$

将函数 $f(x)$ 展开成傅里叶级数.

解　函数 $f(x)$ 的图形如图 1-5 所示. 显然 $f(x)$ 满足收敛定理的条件. 下面计算傅里叶系数.

$$a_0 = \frac{1}{\pi} \int_{-\pi}^{\pi} f(x) \mathrm{d}x = \frac{1}{\pi} \int_0^{\pi} x \mathrm{d}x = \frac{\pi}{2},$$

$$a_n = \frac{1}{\pi} \int_{-\pi}^{\pi} f(x) \cos nx \, \mathrm{d}x = \frac{1}{\pi} \int_0^{\pi} x \cos nx \, \mathrm{d}x$$

$$= \frac{1}{\pi} \left[\frac{x \sin nx}{n} \right]_0^{\pi} - \frac{1}{n\pi} \int_0^{\pi} \sin nx \, \mathrm{d}x$$

$$= \frac{1}{n^2\pi}\left[\cos nx\right]_0^\pi = \frac{1}{n^2\pi}(\cos n\pi - 1)$$

$$= \begin{cases} -\dfrac{2}{n^2\pi}, & n = 1,3,5,\cdots, \\ 0, & n = 2,4,6,\cdots, \end{cases}$$

$$b_n = \frac{1}{\pi}\int_{-\pi}^{\pi} f(x)\sin nx\,\mathrm{d}x = \frac{1}{\pi}\int_0^\pi x\sin nx\,\mathrm{d}x$$

$$= \frac{1}{\pi}\left[-\frac{x\cos nx}{n}\right]_0^\pi + \frac{1}{n\pi}\int_0^\pi \cos nx\,\mathrm{d}x$$

$$= -\frac{\cos nx}{n} = (-1)^{n+1}\frac{1}{n},$$

于是,函数 $f(x)$ 的傅里叶级数为

$$\frac{\pi}{4} - \frac{2}{\pi}\left(\cos x + \frac{\cos 3x}{3^2} + \frac{\cos 5x}{5^2} + \cdots\right) + \left(\sin x - \frac{\sin 2x}{2} + \frac{\sin 3x}{3} - \cdots\right).$$

由收敛定理知,当 $x \neq (2k+1)\pi$ $(k = 0, \pm 1, \pm 2, \cdots)$ 时,傅里叶级数收敛于 $f(x)$. 当 $x = (2k+1)\pi$ $(k = 0, \pm 1, \pm 2, \cdots)$ 时,函数 $f(x)$ 间断,$f(x)$ 的傅里叶级数收敛于 $(\pi + 0)/2 = \pi/2$. 和函数的图形如图 1-6 所示.

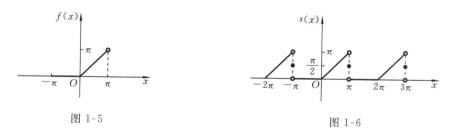

图 1-5   图 1-6

1.5.3 定义在有限区间上的函数展开成傅里叶级数

1. 定义在 $[-\pi, \pi]$ 上的函数 $f(x)$ 展开成傅里叶级数

设函数 $f(x)$ 在区间 $[-\pi, \pi]$ 上有定义且满足收敛定理条件时,可以在 $[-\pi, \pi]$ 外补充函数 $f(x)$ 的定义,使它拓展成周期为 2π 的周期函数 $F(x)$. 这种拓展方式称为**周期延拓**. 再将 $F(x)$ 展开成傅里叶级数,由于在 $(-\pi, \pi)$ 内 $F(x) = f(x)$,这样便得到 $f(x)$ 在 $[-\pi, \pi]$ 上的傅里叶级数展开式. 根据收敛定理知,该级数在区间端点 $x = \pm\pi$ 处收敛于 $[f(\pi - 0) + f(\pi + 0)]/2$.

例 29   试将定义在 $[-\pi, \pi]$ 上的函数 $f(x) = x^2$ 展开成傅里叶级数.

解   将 $f(x)$ 在整个数轴上作周期延拓,如图 1-7 所示. 由于在 $[-\pi, \pi]$ 上 $f(x)$ 为偶函数,所以

$$a_0 = \frac{2}{\pi}\int_0^\pi f(x)\,\mathrm{d}x = \frac{2}{\pi}\int_0^\pi x^2\,\mathrm{d}x = \frac{2\pi^2}{3},$$

$$b_n = 0 \quad (n = 1,2,\cdots),$$

$$a_n = \frac{2}{\pi}\int_0^\pi f(x)\cos nx\,\mathrm{d}x = \frac{2}{\pi}\int_0^\pi x^2\cos nx\,\mathrm{d}x$$

$$= \frac{2}{n\pi}\left[x^2\sin nx\right]_0^\pi - \frac{4}{n\pi}\int_0^\pi x\sin nx\,\mathrm{d}x$$

$$= \frac{4}{n^2\pi}\left[x\cos nx\right]_0^\pi - \frac{4}{n^2\pi}\int_0^\pi \cos nx\,\mathrm{d}x$$

$$= \frac{4}{n^2}(-1)^n \quad (n = 1,2,\cdots),$$

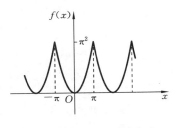

图 1-7

于是,函数 $f(x)$ 的傅里叶级数展开式(在连续点处)为

$$x^2 = \frac{\pi^2}{3} - 4\left(\cos x - \frac{\cos 2x}{2^2} + \frac{\cos 3x}{3^2} - \cdots\right).$$

因为 $f(x)$ 在 $[-\pi,\pi]$ 上连续,经延拓后 $x = \pm\pi$ 为连续点,因此傅里叶级数在收敛域 $[-\pi,\pi]$ 上收敛于 x^2.

2. 定义在 $[0,\pi]$ 上的函数 $f(x)$ 展开成傅里叶级数

设函数 $f(x)$ 只在区间 $[0,\pi]$ 上有定义,且满足收敛定理的条件.令

$$F_1(x) = \begin{cases} f(x), & 0 < x \leqslant \pi, \\ 0, & x = 0, \\ -f(-x), & -\pi < x < 0, \end{cases}$$

或

$$F_2(x) = \begin{cases} f(x), & 0 \leqslant x \leqslant \pi, \\ f(-x), & -\pi < x < 0, \end{cases}$$

则 $F_1(x)$ 是 $[-\pi,\pi]$ 上的奇函数,称为 $f(x)$ 的奇延拓;$F_2(x)$ 是 $[-\pi,\pi]$ 的偶函数,称为 $f(x)$ 的偶延拓.由于 $F_1(x)$ 和 $F_2(x)$ 都满足收敛定理的条件,于是可以把函数 $f(x)$ 在区间 $(0,\pi)$ 内展开为正弦级数或余弦级数.而在区间端点 $x = 0, x = \pi$ 及区间 $(0,\pi)$ 内的间断点处,则可根据收敛定理判定其收敛情况.

例 30 函数 $f(x) = x + 1$ $(0 \leqslant x \leqslant \pi)$ 分别展开成余弦级数和正弦级数.

解 先展开成余弦级数.为此,将 $f(x)$ 进行偶延拓,显然

$$b_n = 0 \ (n = 1,2,\cdots),$$

$$a_0 = \frac{2}{\pi}\int_0^\pi f(x)\,\mathrm{d}x = \frac{2}{\pi}\int_0^\pi (x+1)\,\mathrm{d}x = \pi + 2,$$

$$a_n = \frac{2}{\pi}\int_0^\pi f(x)\cos nx\,\mathrm{d}x = \frac{2}{\pi}\int_0^\pi (x+1)\cos nx\,\mathrm{d}x$$

$$= \frac{2}{n\pi}\left[x\sin nx + \frac{1}{n}\cos nx + \sin nx\right]_0^\pi$$

$$= \frac{2}{n^2\pi}\left[(-1)^n - 1\right]$$

$$= \begin{cases} -\dfrac{4}{n^2\pi}, & n = 1,3,5,\cdots, \\ 0, & n = 2,4,6,\cdots. \end{cases}$$

由于偶延拓后，$f(x)$ 在点 $x=0$ 及 $x=\pi$ 处都连续，所以由收敛定理得函数 $f(x)$ 的余弦级数展开式为

$$x + 1 = \frac{\pi}{2} + 1 - \frac{4}{\pi}\left(\cos x + \frac{\cos 3x}{3^2} + \frac{\cos 5x}{5^2} + \cdots\right) \quad (0 \leqslant x \leqslant \pi).$$

和函数在一个周期上的图形如图 1-8 所示.

再将 $f(x)$ 进行奇延拓，展开成正弦级数. 显然，可知

$$a_n = 0 \quad (n = 0,1,2,\cdots),$$

$$b_n = \frac{2}{\pi}\int_0^\pi f(x)\sin nx\, dx = \frac{2}{\pi}\int_0^\pi (x+1)\sin nx\, dx$$

$$= \frac{2}{n\pi}\left[-x\cos nx + \frac{\sin nx}{n} - \cos nx\right]_0^\pi$$

$$= \frac{2}{n\pi}[1 - (\pi+1)\cos n\pi]$$

$$= \begin{cases} \dfrac{2}{\pi}\dfrac{\pi+2}{n}, & n = 1,3,5,\cdots, \\ -\dfrac{2}{\pi}, & n = 2,4,6,\cdots. \end{cases}$$

所以，函数 $f(x)$ 的正弦级数展开式为

$$x + 1 = \frac{2}{\pi}\left[(\pi+2)\sin x - \frac{\pi}{2}\sin 2x + \frac{1}{3}(\pi+2)\sin 3x - \frac{\pi}{4}\sin 4x + \cdots\right]$$

$$(0 < x < \pi).$$

在端点 $x=0$ 及 $x=\pi$ 处，函数间断，级数的和为零，它不代表原来函数 $f(x)$ 的值. 和函数在一个周期上的图形如图 1-9 所示.

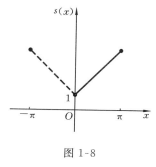

图 1-8

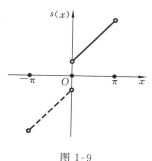

图 1-9

1.5.4 周期为 $2l$ 的周期函数展开成傅里叶级数

设函数 $f(x)$ 是以 $2l$ 为周期的周期函数,且在 $[-l,l]$ 上满足收敛定理的条件. 作变量代换

$$t = \frac{\pi x}{l}, \quad \text{即} \quad x = \frac{l}{\pi}t,$$

于是区间 $-l \leqslant x \leqslant l$ 就变换成 $-\pi \leqslant t \leqslant \pi$. 设函数 $f(x) = f\left(\frac{l}{\pi}t\right) = F(t)$,从而 $F(t)$ 是定义在 $-\pi \leqslant t \leqslant \pi$ 上且满足收敛定理条件的以 2π 为周期的周期函数. $F(t)$ 的傅里叶级数展开式为

$$F(t) = \frac{a_0}{2} + \sum_{n=1}^{\infty}(a_0 \cos nt + b_n \sin nt),$$

其中

$$a_n = \frac{1}{\pi}\int_{-\pi}^{\pi} F(t)\cos nt \, \mathrm{d}t \quad (n = 0,1,2,\cdots),$$

$$b_n = \frac{1}{\pi}\int_{-\pi}^{\pi} F(t)\sin nt \, \mathrm{d}t \quad (n = 1,2,\cdots).$$

将 $t = \frac{\pi}{l}x$ 代入以上各式,即得以 $2l$ 为周期的周期函数 $f(x)$ 的傅里叶级数展开式为

$$f(x) = \frac{a_0}{2} + \sum_{n=1}^{\infty}\left(a_n \cos\frac{n\pi x}{l} + b_n \sin\frac{nx\,\pi}{l}\right),$$

其中

$$a_n = \frac{1}{l}\int_{-l}^{l} f(x)\cos\frac{n\pi x}{l}\mathrm{d}x \quad (n = 0,1,2,\cdots),$$

$$b_n = \frac{1}{l}\int_{-l}^{l} f(x)\sin\frac{n\pi x}{l}\mathrm{d}x \quad (n = 1,2,\cdots).$$

例 31 把函数 $f(x) = \begin{cases} 0, & -2 \leqslant x \leqslant 0, \\ k, & 0 < x \leqslant 2, \ k \neq 0 \end{cases}$ 展开为傅里叶级数.

解 这时 $l = 2$,$f(x)$ 满足收敛定理的条件. 显然,可知

$$a_0 = \frac{1}{2}\left(\int_{-2}^{0} 0\mathrm{d}x + \int_{0}^{2} k\mathrm{d}x\right) = k,$$

$$a_n = \frac{1}{2}\int_{0}^{2} k\cos\frac{n\pi x}{2}\mathrm{d}x = \left[\frac{k}{n\pi}\sin\frac{n\pi x}{2}\right]_{0}^{2} = 0,$$

$$b_n = \frac{1}{2}\int_{0}^{2} k\sin\frac{n\pi x}{2}\mathrm{d}x = \left[-\frac{k}{n\pi}\cos\frac{n\pi x}{2}\right]_{0}^{2}$$

$$= \frac{k}{n\pi}(1 - \cos n\pi) = \frac{k}{n\pi}[1 - (-1)^n]$$

$$= \begin{cases} \dfrac{2k}{n\pi}, & n = 1,3,5,\cdots, \\ 0, & n = 2,4,6,\cdots. \end{cases}$$

因为在点 $x = 0, \pm 2, \pm 4, \cdots$ 处,$f(x)$ 不连续,所以在这些点处,对应的傅里叶级数不收敛于 $f(x)$. 函数 $f(x)$ 的傅里叶级数的和函数图形如图 1-10 所示.

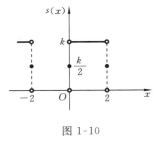

图 1-10

函数 $f(x)$ 的傅里叶级数展开式为

$$f(x) = \frac{k}{2} + \frac{2k}{\pi}\left(\sin\frac{\pi x}{2} + \frac{1}{3}\sin\frac{3\pi x}{2} + \frac{1}{5}\sin\frac{5\pi x}{2} + \cdots\right)$$

$$(-\infty < x < +\infty; x \neq 0, \pm 2, \pm 4, \cdots).$$

1.5.5 傅里叶级数的指数形式

借助于欧拉公式,可以将三角函数转化为指数函数,从而得到傅里叶级数的指数表示形式. 在物理学或电子技术中,使用傅里叶级数的指数形式往往显得更方便.

设函数 $f(x)$ 在 $[-l, l]$ 上满足收敛定理的条件,则

$$f(x) = \frac{a_0}{2} + \sum_{n=1}^{\infty}\left(a_n\cos\frac{n\pi x}{l} + b_n\sin\frac{n\pi x}{l}\right),$$

应用欧拉公式

$$\cos\frac{n\pi x}{l} = \frac{1}{2}(\mathrm{e}^{\mathrm{i}\frac{n\pi x}{l}} + \mathrm{e}^{-\mathrm{i}\frac{n\pi x}{l}}),$$

$$\sin\frac{n\pi x}{l} = -\frac{\mathrm{i}}{2}(\mathrm{e}^{\mathrm{i}\frac{n\pi x}{l}} - \mathrm{e}^{-\mathrm{i}\frac{n\pi x}{l}}),$$

代入上述展开式,得

$$f(x) = \frac{a_0}{2} + \sum_{n=1}^{\infty}\left[\frac{a_n}{2}(\mathrm{e}^{\mathrm{i}\frac{n\pi x}{l}} + \mathrm{e}^{-\mathrm{i}\frac{n\pi x}{l}}) - \frac{\mathrm{i}b_n}{2}(\mathrm{e}^{\mathrm{i}\frac{n\pi x}{l}} - \mathrm{e}^{-\mathrm{i}\frac{n\pi x}{l}})\right]$$

$$= \frac{a_0}{2} + \sum_{n=1}^{\infty}\left[\frac{a_n - \mathrm{i}b_n}{2}\mathrm{e}^{\mathrm{i}\frac{n\pi x}{l}} + \frac{a_n + \mathrm{i}b_n}{2}\mathrm{e}^{-\mathrm{i}\frac{n\pi x}{l}}\right].$$

令

$$C_0 = \frac{a_0}{2}, \quad C_n = \frac{a_n - \mathrm{i}b_n}{2}, \quad C_{-n} = \frac{a_n + \mathrm{i}b_n}{2} \quad (n = 1, 2, \cdots),$$

则

$$f(x) = C_0 + \sum_{n=1}^{\infty}(C_n\mathrm{e}^{\mathrm{i}\frac{n\pi x}{l}} + C_{-n}\mathrm{e}^{-\mathrm{i}\frac{n\pi x}{l}})$$

$$= C_0 + \sum_{n=l}^{\infty}C_n\mathrm{e}^{\mathrm{i}\frac{n\pi x}{l}} + \sum_{n=-\infty}^{-l}C_{-n}\mathrm{e}^{-\mathrm{i}\frac{n\pi x}{l}} = \sum_{n=-\infty}^{+\infty}C_n\mathrm{e}^{\mathrm{i}\frac{n\pi x}{l}}. \qquad (1\text{-}13)$$

式 (1-13) 就是**傅里叶级数的指数形式**,其中

$$C_0 = \frac{a_0}{2} = \frac{1}{2l}\int_{-l}^{l}f(x)\mathrm{d}x,$$

$$C_n = \frac{a_n - \mathrm{i}b_n}{2} = \frac{1}{2l}\int_{-l}^{l}f(x)\cos\frac{n\pi x}{l}\mathrm{d}x - \frac{\mathrm{i}}{2l}\int_{-l}^{l}f(x)\sin\frac{n\pi x}{l}\mathrm{d}x$$

$$= \frac{1}{2l}\int_{-l}^{l}f(x)\left(\cos\frac{n\pi x}{l} - \mathrm{i}\sin\frac{n\pi x}{l}\right)\mathrm{d}x$$

$$= \frac{1}{2l}\int_{-l}^{l}f(x)\mathrm{e}^{-\mathrm{i}\frac{n\pi x}{l}}\mathrm{d}x \quad (n = 1, 2, \cdots),$$

$$C_{-n} = \frac{a_n + \mathrm{i}b_n}{2} = \frac{1}{2l}\int_{-l}^{l}f(x)\cos\frac{n\pi l}{l}\mathrm{d}x + \frac{\mathrm{i}}{2l}\int_{-l}^{l}f(x)\sin\frac{n\pi x}{l}\mathrm{d}x$$

$$= \frac{1}{2l}\int_{-l}^{l}f(x)\mathrm{e}^{\mathrm{i}\frac{n\pi x}{l}}\mathrm{d}x \quad (n = 1, 2, \cdots).$$

综上所述，可将 C_0, C_n, C_{-n} 合为一个式子，即

$$C_n = \frac{1}{2l}\int_{-l}^{l}f(x)\mathrm{e}^{-\mathrm{i}\frac{n\pi x}{l}}\mathrm{d}x \quad (n = 0, \pm 1, \pm 2, \cdots). \tag{1-14}$$

例 32 电子技术中矩形脉冲函数 $U(t)$ 在一个周期 $\left[-\dfrac{T}{2}, \dfrac{T}{2}\right]$ 上的表达式为

$$U(t) = \begin{cases} 0, & -\dfrac{T}{2} \leqslant t < -\dfrac{\tau}{2}, \\ E, & -\dfrac{\tau}{2} \leqslant t < \dfrac{\tau}{2}, \\ 0, & \dfrac{\tau}{2} \leqslant t < \dfrac{T}{2}, \end{cases}$$

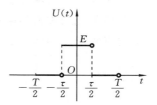

图 1-11

其中 $0 < \tau < T$. $U(t)$ 的图形如图 1-11 所示. 试将 $U(t)$ 展开成傅里叶级数的指数形式.

解
$$C_0 = \frac{1}{T}\int_{-\frac{T}{2}}^{\frac{T}{2}}u(t)\mathrm{d}t = \frac{1}{T}\int_{-\frac{\tau}{2}}^{\frac{\tau}{2}}E\mathrm{d}t = \frac{E\tau}{T},$$

$$C_n = \frac{1}{T}\int_{-\frac{T}{2}}^{\frac{T}{2}}u(t)\mathrm{e}^{-\mathrm{i}\frac{2n\pi t}{T}}\mathrm{d}t = \frac{1}{T}\int_{-\frac{\tau}{2}}^{\frac{\tau}{2}}E\mathrm{e}^{-\mathrm{i}\frac{2n\pi t}{T}}\mathrm{d}t$$

$$= \left[-\frac{E}{2n\pi\mathrm{i}}\mathrm{e}^{-\mathrm{i}\frac{2n\pi t}{T}}\right]_{-\frac{\tau}{2}}^{\frac{\tau}{2}} = \frac{E}{2n\pi\mathrm{i}}(\mathrm{e}^{\mathrm{i}\frac{n\pi t}{T}} - \mathrm{e}^{-\mathrm{i}\frac{n\pi t}{T}})$$

$$= \frac{E}{n\pi}\sin\frac{n\pi\tau}{T} \quad (n = \pm 1, \pm 2, \cdots).$$

于是，可得矩形脉冲函数 $U(t)$ 展开成傅里叶级数的指数形式为

$$U(t) = \frac{E\tau}{T} + \frac{E}{\pi}\sum_{\substack{n=-\infty \\ n \neq 0}}^{+\infty}\frac{1}{n}\sin\frac{n\pi\tau}{T}\mathrm{e}^{\mathrm{i}\frac{2n\pi t}{T}}$$

$$\left(-\infty < t < +\infty; t \neq \pm\frac{\tau}{2}, \pm\frac{\tau}{2}\pm T, \cdots\right).$$

1.5.6　傅里叶级数的应用举例

傅里叶级数在数学、物理及工程技术中有着极广泛的应用,下面侧重讨论周期函数的频谱分析.

在 1.5.5 节中,研究了傅里叶级数的指数形式,并在例 32 中将矩形波脉冲函数 $U(t)$ 展开成傅里叶级数的指数形式.如图 1-11 所示,矩形脉冲的周期为 T,频率 $\omega = 2\pi/T$,脉冲宽度为 τ,高度为 E.下面对矩形脉冲信号作频谱分析,画出其频谱图并进行分析.

频谱分析是傅里叶级数在电子技术中的重要应用之一.一个周期函数 $f(t)$ 展开为傅里叶级数,在物理上意味着将一个较复杂的周期波形分解为许多不同频率的正弦波的叠加.这些正弦波的频率通常称为 $f(t)$ 的**频率成分**.如果 $f(t)$ 的周期为 T,令 $\omega = 2\pi/T$,那么 $f(t)$ 的频率成分(用角频率表示)就是

$$\omega,\ 2\omega,\ 3\omega,\cdots,\ n\omega,\ \cdots.$$

在许多实际问题中,还需要进一步搞清楚每一种频率成分的正弦波的振幅大小,这在物理和工程技术上就称为**频谱分析**,而把各次谐波的振幅 $|C_n|$ 与频率 ω 的函数关系画成的线图称为**频谱图**.

关于矩形脉冲信号的指数形式的傅里叶级数展开式及傅里叶系数,在例 32 中已经求得

$$C_0 = \frac{E\tau}{T}, \quad C_n = \frac{E}{n\pi}\sin\frac{n\pi\tau}{T},$$

$$U(t) = \frac{E\tau}{T} + \frac{E}{\pi}\sum_{\substack{n=-\infty \\ n\neq 0}}^{+\infty}\frac{1}{n}\sin\frac{n\pi\tau}{T}\mathrm{e}^{\mathrm{i}\frac{2n\pi t}{T}}$$

$$\left(-\infty < t < +\infty; t \neq \pm\frac{\tau}{2},\ \pm\frac{\tau}{2}\pm T,\cdots\right),$$

将 $\omega = \dfrac{2\pi}{T}$ 代入上式,即得

$$U(t) = \frac{E\tau}{T} + \frac{E}{\pi}\sum_{\substack{n=-\infty \\ n\neq 0}}^{+\infty}\frac{1}{n}\sin\frac{n\pi\tau}{T}\mathrm{e}^{\mathrm{i}n\omega t}.$$

已知 C_n 便可方便地作出它的频谱图,如表 1-1 及图 1-12 所示.这里设脉冲宽度 $\tau = T/3$.

表 1-1

n	直流分量	1	2	3	4	5	6	7	⋯
$\lvert C_n \rvert$	$\dfrac{E}{3}$	$\dfrac{\sqrt{3}E}{2\pi}$	$\dfrac{\sqrt{3}E}{2\pi}\cdot\dfrac{1}{2}$	0	$\dfrac{\sqrt{3}E}{2\pi}\cdot\dfrac{1}{4}$	$\dfrac{\sqrt{3}E}{2\pi}\cdot\dfrac{1}{5}$	0	$\dfrac{\sqrt{3}E}{2\pi}\cdot\dfrac{1}{7}$	⋯

从频谱图 1-12 上看到,频率 $3\omega_1,6\omega_1,\cdots$ 对应的 $|C_n|=0$.这些点称为**谱线的零点**,其中

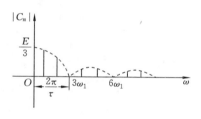

$$3\omega_1 = 3 \cdot \frac{2\pi}{T} = \frac{2\pi}{T/3} = \frac{2\pi}{\tau}$$

称为第一个零值点.在第一个零值点之后,振幅相对减少,可以忽略不计.因此,矩形脉冲的频带宽度(谱线的第一个零值点以内的频率范围称为**信号的频带宽度**)为 $\Delta\omega = \dfrac{2\pi}{\tau}$.

图 1-12

从图 1-12 上还可看出,矩形脉冲的频谱是离散的,即它的谱线是一条一条分开的,其间的距离是 $\omega_1 = \dfrac{2\pi}{T}$.而且,当脉冲宽度 τ 不变时,增大周期(即相邻的脉冲间隔加大),谱线之间的距离就缩小.换言之,周期越大,谱线越密.

习　　题　　1.5

1. 下列函数的周期为 2π,它们在区间 $[-\pi,\pi]$ 上的表达式如下.试将其展开成傅里叶级数,并作出函数 $f(x)$ 及其傅里叶级数的和函数的图形.

(1) $f(x) = x$;

(2) $f(x) = |x|$;

(3) $f(x) = \begin{cases} \pi, & -\pi \leqslant x < 0, \\ x, & 0 \leqslant x < \pi; \end{cases}$

(4) $f(x) = \begin{cases} -1, & -\pi \leqslant x < 0, \\ 0, & 0 \leqslant x < \pi; \end{cases}$

(5) $f(x) = \begin{cases} 0, & -\pi \leqslant x < -\dfrac{\pi}{2}, \\ 1, & -\dfrac{\pi}{2} \leqslant x < \dfrac{\pi}{2}, \\ 0, & \dfrac{\pi}{2} \leqslant x < \pi. \end{cases}$

2. 将下列函数展开成傅里叶级数.

(1) $f(x) = \begin{cases} -x, & -\pi \leqslant x < 0, \\ 0, & 0 \leqslant x < \pi; \end{cases}$

(2) $f(x) = \begin{cases} -2, & -\pi \leqslant x < 0, \\ 2, & 0 \leqslant x < \pi. \end{cases}$

3. 将 $f(x) = 2x^2\ (0 \leqslant x \leqslant \pi)$ 展开成正弦级数.

4. 将 $f(x) = 2x + 3\ (0 \leqslant x \leqslant \pi)$ 展开成正弦级数.

5. 将 $f(x) = \begin{cases} 0, & 0 \leqslant x < \dfrac{\pi}{2}, \\ 1, & \dfrac{\pi}{2} \leqslant x < \pi \end{cases}$ 在区间 $[0,\pi)$ 上分别展开成正弦级数和余弦级数.

6. 将 $f(x) = x$ 在区间 $[1,1]$ 上展开成傅里叶级数.

7. 将 $f(x) = \begin{cases} x, & -1 \leqslant x < 0, \\ x+1, & 0 \leqslant x \leqslant 1 \end{cases}$ 展开成傅里叶级数.

8. 将 $f(x) = -x^2 + 1 \left(-\dfrac{1}{2} \leqslant x \leqslant \dfrac{1}{2} \right)$ 展开成傅里叶级数.

〰〰〰〰〰〰〰〰〰〰〰〰〰〰〰〰〰〰〰〰〰〰〰〰〰〰〰〰〰〰〰

【数学史话】

傅里叶简介

　　傅里叶(Fourier)是法国数学家、物理学家.1768 年 3 月 21 日生于欧塞尔,1830 年 5 月 16 日卒于巴黎.

　　傅里叶是一个裁缝的儿子,9 岁时父母双亡,沦为孤儿,一位慈善的太太被这个孩子的良好态度和风度举止深深吸引住了,就把他推荐给欧塞尔主教,从而被教堂收养.12 岁被送入地方军事学校读书.13 岁开始学习数学,即对数学产生了浓厚的兴趣.16 岁的他就独立发现笛卡尔符号法则的一个新证法.但他的志向是当一名军官,在他申请参加炮兵时,当局在其申请书上批道:"傅里叶出身低微,不得加入炮兵,虽然他是第二个牛顿."他只得转谋教士职位,17 岁(1785 年)在他就读的学校当了讲师,数学变成了他的终生爱好,每当同事们生病时,傅里叶就替他们代课,从数学、物理到古典文学,什么都教,而且通常都比他们教得好.通过代课,傅里叶的学识更宽广了.1794 年,他来到巴黎,成为高等师范学校的首批学员,次年到巴黎综合理工学校执教.

　　傅里叶参加了法国大革命,曾和蒙日一道随拿破仑到埃及远征并进行科学考察,恪尽职守,深得拿破仑器重.他于 1798 年被任命为远征埃及的总督,1809 年被封为男爵,1801 年回国后任伊泽尔省地方长官,并于 1817 年当选为法国科学院院士,1822 年任该院终身秘书,1827 年任法兰西学院终身秘书,同年接替拉普拉斯兼任巴黎综合工科学校校务委员会主席.他还是英国皇家学会会员,彼得堡科学院荣誉院士.

　　他的主要贡献是在研究热的传播时创立了一套数学理论.1807 年他开始热传导的数学研究工作,此项目于 1812 年荣获巴黎科学院的格兰德(Grand)奖.他在 1822 年出版的名著《热的分析理论》,是将数学理论应用于物理学的典范,是数学物理学的一个里程碑.他在向巴黎科学院呈交《热的传播》论文中,推导出了著名的热传导方程,并在求解该方程时发现解函数可以由三角函数构成的级数形式表示,从而提出任一函数都可以展开成三角函数的无穷级数.傅里叶级数(即三角级数)、傅里叶分析等理论均由此创立. 傅里叶的其他贡献有:最早使用定积分符号,改进了代数方程符号法则的证法和实根个数的判别法等.

傅里叶还写过一本《方程的测定与分析》(1831 年),其中包括他 16 岁时对笛卡尔符号法则的改进证法和在此基础上得到的给定范围内 n 次代数方程实根个数的判别法. 他从埃及远征回国后,负责《埃及情况》的出版工作,并在该书的绪言中评述了埃及从古代到法军远征时的历史,因此傅里叶也被人称为埃及学学者.

傅里叶有极好的口才、广泛的兴趣和丰富的想象力. 一生忠诚老实、勤奋好学且见义勇为,并曾因保护无辜受害者进过监狱. 他在青年时代就为故乡欧塞尔办过不少好事,深受乡里人们的爱戴. 在雅各宾党执政的恐怖时期,他曾挺身而出保护了一些无辜受害的科学家,如施图姆(Sturm)等. 当时他发现法国科学院埋没了阿贝尔这个天才后,立刻公开表示内疚,并把科学院大奖发给了阿贝尔. 由于傅里叶对热力学有深入的研究,导致了他对"热"的偏执追求. 曾有这样一个有趣的传说,据说他在埃及的实验和他对热力学研究使他深信:沙漠地带的热是使身体健康的理想条件,他因此经常穿着厚厚的衣服住在难以忍受的高温房间中,有人说,由于他对"热"如此着迷,加剧了他的心脏病,使他在 63 岁的年龄就逝世了,死前浑身热得像煮过一样.

恩格斯(Engels)把傅里叶的数学成就与他所推崇的哲学家黑格尔(Hegel)相提并论,他写道:"傅里叶是一首数学的诗,黑格尔是一首辩证法的诗".

第2章 微分方程及其应用

　　函数是客观事物内部联系的反映,利用函数关系又可以对客观事物的规律性进行研究.因此如何寻求函数关系,在实践中具有重要意义.在许多问题中,往往不能找出所需要的函数关系,却可以列出未知函数及其导数(或微分)的关系式,这样的关系式就是微分方程.由微分方程解出未知函数,这就是解微分方程.本章主要介绍微分方程的基本概念、几种常见类型的微分方程的解法及微分方程的简单应用.

2.1 微分方程的概念

2.1.1 引例

先考察下面两个实际问题.

　　例1 已知一曲线通过点$(1,1)$,且在曲线上任一点$M(x,y)$处的切线斜率等于$3x^2$,求该曲线的方程.

　　解 设所求曲线的方程为$y=f(x)$.根据导数的几何意义知,$y=f(x)$应满足方程

$$\frac{dy}{dx}=3x^2 \tag{2-1}$$

及条件
$$y|_{x=1}=1, \tag{2-2}$$

在式(2-1)的两边积分,得

$$y=x^3+C, \tag{2-3}$$

其中,C是任意常数.把条件式(2-2)代入式(2-3),解得$C=0$.于是所求曲线方程为

$$y=x^3. \tag{2-4}$$

　　从几何意义看,$y=x^3+C$表示一族立方抛物线(见图2-1),而所求曲线$y=x^3$是这族立方抛物线中通过点$(1,1)$的一条.

　　例2 列车在直线轨道上以 20 m/s 的速度行驶,制动时列车获得加速度-0.4 m/s^2.问开始制动后经过多少时间才能把列车刹住?在这段时间内列

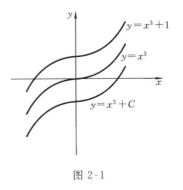

图 2-1

车行驶了多少路程?

解　设列车的运动方程为 $s=s(t)$. 根据二阶导数的力学意义, 函数 $s=s(t)$ 应满足如下关系式:

$$\frac{\mathrm{d}^2 s}{\mathrm{d}t^2}=-0.4. \tag{2-5}$$

根据已知条件, $s=s(t)$ 还应满足

$$s\big|_{t=0}=0, \quad \frac{\mathrm{d}s}{\mathrm{d}t}\bigg|_{t=0}=20. \tag{2-6}$$

在式(2-5)的两边积分一次, 得

$$\frac{\mathrm{d}s}{\mathrm{d}t}=-0.4t+C_1, \tag{2-7}$$

再积分一次, 得

$$s=-0.2t^2+C_1 t+C_2, \tag{2-8}$$

其中 C_1, C_2 是任意常数.

由条件式(2-6)解得 $C_1=20, C_2=0$. 于是

$$\frac{\mathrm{d}s}{\mathrm{d}t}=-0.4t+20, \tag{2-9}$$

$$s=-0.2t^2+20t. \tag{2-10}$$

由式(2-9), 得到列车从开始制动到完全刹住所需的时间为

$$t=\frac{20}{0.4}\ \mathrm{s}=50\ \mathrm{s}.$$

再把 $t=50$ 代入式(2-10), 得到列车在这段制动时间内行驶的路程为

$$s=(-0.2\times 50^2+20\times 50)\ \mathrm{m}=500\ \mathrm{m}.$$

2.1.2　微分方程的定义

上述两例都可归结出一个含有未知函数的导数的方程, 然后设法求出未知函数.

定义 2.1　含有未知函数的导数(或微分)的方程, 称为**微分方程**.

未知函数为一元函数的微分方程, 称为**常微分方程**. 例如, 方程(2-1)和方程(2-5)都是常微分方程. 未知函数为多元函数的微分方程, 称为**偏微分方程**. 本章只讨论常微分方程, 为方便起见, 简称为微分方程或方程.

这里必须注意的是, 在微分方程中, 未知函数及自变量可以不出现, 但未知函数的导数(或微分)必须出现.

微分方程中所出现的未知函数导数的最高阶数, 称为**微分方程的阶**. 例如, 方程(2-1)是一阶微分方程, 方程(2-5)是二阶微分方程, 方程 $x^3 y'''+x^2 y''-4xy'=3x^2$ 是三阶微分方程.

2.1.3　微分方程的解

定义 2.2　如果一个函数代入微分方程后,方程两端恒等,则称此函数为该**微分方程的解**.

如果微分方程的解中所含独立的任意常数的个数等于微分方程的阶数,这样的解称为**通解**.在通解中给予任意常数以确定的值而得到的解,称为**特解**.用以确定任意常数的条件,称为**初始条件**.

例如,式(2-3)和式(2-4)是方程(2-1)的解,其中式(2-3)是通解,式(2-4)是特解,式(2-2)是方程(2-1)的初始条件.

如果微分方程是一阶的,通常用来确定任意常数的初始条件为

$$y(x_0)=y_0 \quad 或 \quad y|_{x=x_0}=y_0, \tag{2-11}$$

其中 x_0 和 y_0 都是给定的值.

如果微分方程是二阶的,通常用来确定任意常数的初始条件为

$$y|_{x=x_0}=y_0 \quad 和 \quad y'|_{x=x_0}=y_1, \tag{2-12}$$

其中 x_0,y_0,y_1 都是给定的值.

例 3　验证函数 $y=C_1\sin2x+C_2\cos2x$ (C_1,C_2 为任意常数)是微分方程

$$\frac{\mathrm{d}^2 y}{\mathrm{d}x^2}+4y=0 \tag{2-13}$$

的通解,并求出满足初始条件 $y|_{x=0}=1$ 和 $y'|_{x=0}=-1$ 的特解.

解　因为 $y=C_1\sin2x+C_2\cos2x$,所以

$$\frac{\mathrm{d}y}{\mathrm{d}x}=2C_1\cos2x-2C_2\sin2x,$$

$$\frac{\mathrm{d}^2 y}{\mathrm{d}x^2}=-4C_1\sin2x-4C_2\cos2x,$$

从而有

$$(-4C_1\sin2x-4C_2\cos2x)+4(C_1\sin2x+C_2\cos2x)=0.$$

即该函数是方程的解.又因为这个函数含有两个独立的任意常数,因此它是方程的通解.

由初始条件 $y|_{x=0}=1$ 和 $y'|_{x=0}=-1$ 得

$$\begin{cases} C_1\sin0+C_2\cos0=1, \\ 2C_1\cos0-2C_2\sin0=-1, \end{cases}$$

解此方程组,得 $C_1=-\dfrac{1}{2},C_2=1$.因此,该方程满足初始条件的特解为

$$y=-\frac{1}{2}\sin2x+\cos2x.$$

习　题　2.1

1. 下列各方程中,哪几个是微分方程? 哪几个不是微分方程?

　　(1) $y'' - 3y' + 2y = 0$;　　　　(2) $y^2 - 3y + 2 = 0$;　　　　(3) $y' = 2x + 1$;

　　(4) $y = 2x + 1$;　　　　　　(5) $\mathrm{d}y = (4x - 1)\mathrm{d}x$;　　　(6) $y'' = \cos x$.

2. 验证下列各函数是否是对应的微分方程的通解.

　　(1) $y'' - \dfrac{2}{x}y' + 2\dfrac{y}{x^2} = 0, y = C_1 x + C_2 x^2$;　　　(2) $y'' - 8y' + 12y = 0, y = C_1 e^{3x} + C_2 e^{4x}$;

　　(3) $xy'' + 3y' - xy = 0, xy = C_1 e^x + C_2 e^{-x}$;　　　(4) $xyy'' + x(y')^2 - yy' = 0, \dfrac{x^2}{C_1} + \dfrac{y^2}{C_2} = 1$.

3. 在下列所给微分方程的解中,按给定的初始条件求其特解(其中 C, C_1, C_2 为任意常数).

　　(1) $x^2 - y^2 = C, y(0) = 5$;　　　　　　(2) $y = (C_1 + C_2 x)e^{2x}, y(0) = 0, y'(0) = 1$;

　　(3) $y = C_1 \sin(x - C_2), y(\pi) = 1, y'(\pi) = 0$.

4. 已知曲线过点 $(0,0)$,且该曲线上任意点 $P(x, y)$ 处的切线的斜率为 $\sin x$,求该曲线的方程.

5. 一质量为 m 的质点,由静止从水面开始沉入水中,下沉时,质点受到的阻力与下沉的速度成正比(比例系数为 $k > 0$),求质点的运动速度 $v(t)$ 所满足的微分方程及初始条件.

6. 一物体作直线运动,其运动速度为 $v = 2\cos t$ (m/s),当 $t = \dfrac{\pi}{4}$ s 时物体与原点 O 相距 10 m,求物体在时刻 t 与原点 O 的距离 $s(t)$.

2.2　一阶微分方程

　　如果微分方程中所出现的未知函数 $y(x)$ 的最高阶导数为一阶,这样的微分方程称为一阶微分方程,它的一般形式通常记作 $F(x, y, y') = 0$. 下面仅讨论几种特殊类型的一阶微分方程.

2.2.1　可分离变量的微分方程

　　先看下面的例子.

　　例 4　一曲线通过点 $(1,1)$,且曲线上任意点 $M(x, y)$ 的切线与直线 OM 垂直,求此曲线的方程.

　　解　设所求曲线方程为 $y = f(x)$,α 为曲线在点 M 处的切线的倾斜角,β 为直线 OM 的倾角. 根据导数的几何意义(见图 2-2)知,切线的斜率为

$$\tan\alpha = \frac{\mathrm{d}y}{\mathrm{d}x}.$$

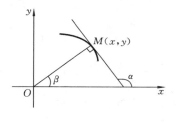

图 2-2

又直线 OM 的斜率为 $\tan\beta = \dfrac{y}{x}$,因为切线与直线 OM 垂直,所以

$$\frac{\mathrm{d}y}{\mathrm{d}x} \cdot \frac{y}{x} = -1 \quad 或 \quad \frac{\mathrm{d}y}{\mathrm{d}x} = -\frac{x}{y}. \tag{2-14}$$

这就是曲线 $y = f(x)$ 应满足的微分方程.

对于这个方程,不能用上节那样直接积分的方法求解,但可将方程适当地变形,写成下面的形式:

$$y\mathrm{d}y = -x\mathrm{d}x.$$

这时,方程的左边只含有未知函数 y 及其微分,右边只含有自变量 x 及其微分,也就是变量 y 和 x 已经分离在等式的两边. 可以这样来设想,因为方程 $y\mathrm{d}y = -x\mathrm{d}x$ 的解是 $y = f(x)$,所以 $\mathrm{d}y = f'(x)\mathrm{d}x$,把它代入 $y\mathrm{d}y = -x\mathrm{d}x$,得

$$yf'(x)\mathrm{d}x = -x\mathrm{d}x. \tag{2-15}$$

在式(2-15)两边同时对 x 积分,得

$$\int yf'(x)\mathrm{d}x = \int(-x)\mathrm{d}x,$$

即

$$\int y\mathrm{d}y = \int(-x)\mathrm{d}x. \tag{2-16}$$

因此,有

$$\frac{1}{2}y^2 = -\frac{1}{2}x^2 + C \quad 或 \quad x^2 + y^2 = 2C.$$

此式所确定的隐函数是方程的通解.

由初始条件 $y\mid_{x=1} = 1$ 得 $C = 1$,于是所求曲线的方程为

$$x^2 + y^2 = 2.$$

一般来说,如果某一微分方程,它的变量是可以分离的,那么就可依照例 4 的方法求出微分方程的解. 这种求解方法就称为**分离变量法**. 变量能分离的微分方程,称为**可分离变量的微分方程**. 它的一般形式为

$$\frac{\mathrm{d}y}{\mathrm{d}x} = f(x)g(y). \tag{2-17}$$

分离变量法的求解步骤如下.

(1) 分离变量 $\quad \dfrac{\mathrm{d}y}{g(y)} = f(x)\mathrm{d}x \quad (g(y) \neq 0).$

(2) 两边积分,得 $\quad \displaystyle\int \dfrac{\mathrm{d}y}{g(y)} = \int f(x)\mathrm{d}x.$

(3) 求出积分,得通解 $G(y) = F(x) + C$,其中 $G(y)$,$F(x)$ 分别是 $\dfrac{1}{g(y)}$,$f(x)$ 的原函数.

例 5　求微分方程 $\dfrac{\mathrm{d}y}{\mathrm{d}x} = 2xy$ 的通解.

解　将所给方程分离变量,得 $\dfrac{\mathrm{d}y}{y} = 2x\mathrm{d}x$,两边积分,得

$$\int \frac{\mathrm{d}y}{y} = \int 2x\mathrm{d}x,$$

即
$$\ln |y| = x^2 + C_1. \tag{2-18}$$

于是
$$|y| = \mathrm{e}^{x^2 + C_1} = \mathrm{e}^{C_1} \cdot \mathrm{e}^{x^2},$$

故
$$y = \pm\, \mathrm{e}^{C_1} \mathrm{e}^{x^2}.$$

当 C_1 为任意常数时,$\pm \mathrm{e}^{C_1}$ 为任意的非零常数,令 $C = \pm \mathrm{e}^{C_1} \neq 0$,而对于 $C = 0$,$y = 0$ 也是方程的一个解,所以原方程的通解可写为

$$y = C\mathrm{e}^{x^2} \quad (C\text{ 为任意常数}).$$

为方便起见,以后在解微分方程时可把式(2-18)中的 $\ln |y|$ 写成 $\ln y$,不需要讨论,最后得到的解就是原方程的通解,且 C 为任意常数.

例 6　解方程 $xy^2\mathrm{d}x + (1 + x^2)\mathrm{d}y = 0$.

解　分离变量,得 $\dfrac{\mathrm{d}y}{y^2} = -\dfrac{x}{1 + x^2}\mathrm{d}x$,两边积分,得

$$\int \frac{\mathrm{d}y}{y^2} = -\int \frac{x}{1 + x^2}\mathrm{d}x, \quad \text{即} \quad \frac{1}{y} = \frac{1}{2}\ln(1 + x^2) + C_1.$$

令 $C_1 = \ln C\ (C > 0)$,于是有

$$\frac{1}{y} = \ln(C\sqrt{1 + x^2}) \quad \text{或} \quad y = \frac{1}{\ln(C\sqrt{1 + x^2})}.$$

这就是所求微分方程的通解.

2.2.2　齐次微分方程

形如

$$\frac{\mathrm{d}y}{\mathrm{d}x} = f\left(\frac{y}{x}\right) \tag{2-19}$$

的微分方程,称为**齐次微分方程**.

例如,微分方程 $(xy - y^2)\mathrm{d}x - (x^2 + 2xy)\mathrm{d}y = 0$ 是齐次方程.因为此方程可以化为

$$\frac{\mathrm{d}y}{\mathrm{d}x} = \frac{xy - y^2}{x^2 + 2xy} = \frac{\dfrac{y}{x} - \left(\dfrac{y}{x}\right)^2}{1 + 2\left(\dfrac{y}{x}\right)} = f\left(\frac{y}{x}\right).$$

这类方程的解法是**变量替换法**.其解法步骤如下.

令 $u = \dfrac{y}{x}$，则 $y = ux, \dfrac{\mathrm{d}y}{\mathrm{d}x} = u + x\dfrac{\mathrm{d}u}{\mathrm{d}x}$，代入原方程，得

$$u + x\frac{\mathrm{d}u}{\mathrm{d}x} = f(u),$$

分离变量，得 $\dfrac{\mathrm{d}u}{f(u) - u} = \dfrac{\mathrm{d}x}{x}$，两边积分，得

$$\int \frac{\mathrm{d}u}{f(u) - u} = \int \frac{\mathrm{d}x}{x},$$

解出 u，再将 $u = \dfrac{y}{x}$ 回代，便得原方程的通解.

例 7　求 $y' = \dfrac{y}{x} + \tan\dfrac{y}{x}$ 的通解.

解　令 $u = \dfrac{y}{x}$，则 $y' = u + xu'$，代入原方程，得

$$u + xu' = u + \tan u,$$

分离变量，得 $\dfrac{\cos u}{\sin u}\mathrm{d}u = \dfrac{\mathrm{d}x}{x}$，两边积分，得

$$\int \frac{\cos u}{\sin u}\mathrm{d}u = \int \frac{\mathrm{d}x}{x},$$

求积分得

$$\ln\sin u = \ln x + \ln C,$$

即

$$\sin u = Cx.$$

故原方程的通解为

$$\sin\frac{y}{x} = Cx \quad （C\ \text{为任意常数}）.$$

例 8　求 $(y + \sqrt{x^2 + y^2})\mathrm{d}x - x\mathrm{d}y = 0$ 的通解.

解　原方程可化为

$$\frac{\mathrm{d}y}{\mathrm{d}x} = \frac{y}{x} + \sqrt{1 + \left(\frac{y}{x}\right)^2},$$

令 $u = \dfrac{y}{x}$，即 $y = ux$，代入方程，得

$$u + x\frac{\mathrm{d}u}{\mathrm{d}x} = u + \sqrt{1 + u^2}, \quad \text{即} \quad \frac{\mathrm{d}u}{\sqrt{1 + u^2}} = \frac{\mathrm{d}x}{x},$$

积分，得 $u + \sqrt{1 + u^2} = Cx$，将 $u = \dfrac{y}{x}$ 回代，得通解为

$$y + \sqrt{x^2 + y^2} = Cx^2 \quad （C\ \text{为任意常数}）.$$

2.2.3　一阶线性微分方程

定义 2.3　方程

$$\frac{\mathrm{d}y}{\mathrm{d}x} + P(x)y = Q(x) \tag{2-20}$$

称为**一阶线性微分方程**,其中 $P(x)$ 和 $Q(x)$ 都是 x 的连续函数. 当 $Q(x)=0$ 时,方程 (2-20) 称为**一阶齐次线性微分方程**;当 $Q(x) \neq 0$ 时,方程(2-20) 称为**一阶非齐次线性微分方程**.

例如,一阶微分方程 $3y'+2y=x^2$, $y'+\dfrac{1}{x}y=\dfrac{\sin x}{x}$, $y'+(\sin x)y=0$ 都是一阶线性微分方程. 这三个方程中,前两个是非齐次的,而最后一个是齐次的.

又如,一阶微分方程 $y'-y^2=0$, $yy'+y=x$, $y'-\sin y=0$ 都不是一阶线性微分方程.

为了求方程(2-20)的解,先讨论对应的齐次方程

$$\frac{\mathrm{d}y}{\mathrm{d}x} + P(x)y = 0 \tag{2-21}$$

的解.

方程(2-21)是可分离变量的. 分离变量后,得 $\dfrac{\mathrm{d}y}{y}=-P(x)\mathrm{d}x$,两边积分,得

$$\ln y = -\int P(x)\mathrm{d}x + C_1. \tag{2-22}$$

关于上式要作一点说明,按不定积分的定义,在不定积分的记号内包含了积分常数,在上式将不定积分中的积分常数先写了出来,这只是为了方便地写出这个齐次方程的求解公式. 因而,用上式进行具体运算时,其中的不定积分 $\int P(x)\mathrm{d}x$ 只表示了 $P(x)$ 的一个原函数. 在以下的推导过程中也作这样的规定.

在式(2-22)中,令 $C_1=\ln C$ $(C \neq 0)$,于是 $y=\mathrm{e}^{\left(-\int P(x)\mathrm{d}x+\ln C\right)}$,即

$$y = C\mathrm{e}^{-\int P(x)\mathrm{d}x}. \tag{2-23}$$

这就是方程(2-21)的通解.

下面再来讨论非齐次方程(2-20)的解法.

如果仍然按齐次方程的求解方法求解,那么由式(2-20)可得

$$\frac{\mathrm{d}y}{y} = \left[\frac{Q(x)}{y} - P(x)\right]\mathrm{d}x,$$

两边积分,得

$$\ln y = \int \frac{Q(x)}{y}\mathrm{d}x - \int P(x)\mathrm{d}x,$$

即
$$y = \mathrm{e}^{\int \frac{Q(x)}{y}\mathrm{d}x - \int P(x)\mathrm{d}x} = \mathrm{e}^{\int \frac{Q(x)}{y}\mathrm{d}x} \cdot \mathrm{e}^{-\int P(x)\mathrm{d}x}. \tag{2-24}$$

也就是说,方程(2-20)的解可以分为两部分的乘积,一部分是 $\mathrm{e}^{-\int P(x)\mathrm{d}x}$,这是方程 (2-20) 所对应的齐次方程(2-21)的解.另一部分是 $\mathrm{e}^{\int \frac{Q(x)}{y}\mathrm{d}x}$,因为 y 是 x 的函数,因而 可将 $\mathrm{e}^{\int \frac{Q(x)}{y}\mathrm{d}x}$ 看做 x 的一个函数,设 $\mathrm{e}^{\int \frac{Q(x)}{y}\mathrm{d}x} = C(x)$,于是(2-24)可表示为

$$y = C(x)\mathrm{e}^{-\int P(x)\mathrm{d}x}. \tag{2-25}$$

即方程(2-20)的解是将其对应的齐次方程的通解中任意常数 C 用一个待定的函数 $C(x)$ 来代替.因此,只要求得函数 $C(x)$,就可求得方程(2-20)的解.

将式(2-25)对 x 求导,得

$$\begin{aligned} y' &= C'(x)\mathrm{e}^{-\int P(x)\mathrm{d}x} + C(x)(\mathrm{e}^{-\int P(x)\mathrm{d}x})' \\ &= C'(x)\mathrm{e}^{-\int P(x)\mathrm{d}x} - P(x)C(x)\mathrm{e}^{-\int P(x)\mathrm{d}x}, \end{aligned}$$

代入方程(2-20),得

$$C'(x)\mathrm{e}^{-\int P(x)\mathrm{d}x} - P(x)C(x)\mathrm{e}^{-\int P(x)\mathrm{d}x} + P(x)C(x)\mathrm{e}^{-\int P(x)\mathrm{d}x} = Q(x),$$

即
$$C'(x)\mathrm{e}^{-\int P(x)\mathrm{d}x} = Q(x) \quad \text{或} \quad C'(x) = Q(x)\mathrm{e}^{\int P(x)\mathrm{d}x},$$

两边积分,得

$$C(x) = \int Q(x)\mathrm{e}^{\int P(x)\mathrm{d}x}\mathrm{d}x + C.$$

将上式代入式(2-25),得

$$y = \mathrm{e}^{-\int P(x)\mathrm{d}x}\left[\int Q(x)\mathrm{e}^{\int P(x)\mathrm{d}x}\mathrm{d}x + C\right]. \tag{2-26}$$

这就是一阶非齐次线性微分方程(2-20)的通解,其中各个不定积分都只表示了 对应的被积函数的一个原函数.

上述求非齐次方程的通解的方法,是将对应的齐次线性方程的通解中的常数 C 用一个函数 $C(x)$ 来代替,然后再去求出这个待定的函数 $C(x)$,这种方法称为解一阶 线性非齐次微分方程的**常数变易法**.而直接利用该公式求解的方法称为**公式法**.

该公式也可写成下面的形式:

$$y = \mathrm{e}^{-\int P(x)\mathrm{d}x}\int Q(x)\mathrm{e}^{\int P(x)\mathrm{d}x}\mathrm{d}x + C\mathrm{e}^{-\int P(x)\mathrm{d}x}. \tag{2-27}$$

式(2-27)的右端第二项恰好是方程(2-20)所对应的齐次方程(2-21)的通解,而第一 项可以看做是通解公式(2-26)中取 $C=0$ 得到的一个特解.由此可知,一阶非齐次线 性方程的通解等于它的一个特解与对应的齐次线性方程的通解之和.

例 9 分别利用公式法和常数变易法解方程 $y' - \dfrac{2}{x+1}y = (x+1)^3$.

解 (1)公式法.这是一阶线性非齐次微分方程,套用公式可知

$$P(x) = -\frac{2}{x+1}, \quad Q(x) = (x+1)^3,$$

把它们代入公式，得

$$
\begin{aligned}
y &= \mathrm{e}^{\int \frac{2}{x+1}\mathrm{d}x}\left[\int (x+1)^3 \mathrm{e}^{\int \frac{-2}{x+1}\mathrm{d}x}\,\mathrm{d}x + C\right] \\
&= \mathrm{e}^{2\ln(1+x)}\left[\int (x+1)^3 \mathrm{e}^{-2\ln(x+1)}\,\mathrm{d}x + C\right] \\
&= (x+1)^2\left[\int \frac{(x+1)^3}{(x+1)^2}\mathrm{d}x + C\right] \\
&= (x+1)^2\left[\frac{1}{2}(x+1)^2 + C\right].
\end{aligned}
$$

（2）常数变易法. 先求与原方程对应的齐次方程 $y' - \dfrac{2}{x+1}y = 0$ 的通解. 用分离变量法，得到

$$\frac{\mathrm{d}y}{y} = \frac{2}{x+1}\mathrm{d}x.$$

两边积分，得 $\ln y = 2\ln(1+x) + \ln C$ 化简，得

$$y = C(1+x)^2.$$

将上式中的任意常数 C 替换成函数 $C(x)$，即设原来的非齐次方程的通解为

$$y = C(x)(1+x)^2. \qquad (2\text{-}28)$$

于是

$$y' = C'(x)(1+x)^2 + 2C(x)(1+x).$$

把 y 和 y' 代入原方程，得

$$C'(x)(1+x)^2 + 2C(x)(1+x) - \frac{2}{x+1}C(x)(1+x)^2 = (1+x)^3,$$

化简，得 $C'(x) = 1+x$，两边积分，得

$$C(x) = \frac{1}{2}(1+x)^2 + C.$$

代入式（2-28），即得原方程的通解为

$$y = (1+x)^2\left[\frac{1}{2}(1+x)^2 + C\right].$$

例 10　求方程 $x^2\mathrm{d}y + (2xy - x + 1)\mathrm{d}x = 0$ 满足初始条件 $y\,|_{x=1} = 0$ 的特解.

解　原方程可改写为

$$\frac{\mathrm{d}y}{\mathrm{d}x} + \frac{2}{x}y = \frac{x-1}{x^2}.$$

这是一阶非齐次线性方程，对应的齐次方程为

$$\frac{\mathrm{d}y}{\mathrm{d}x} + \frac{2}{x}y = 0.$$

用分离变量法,求得它的通解为

$$y = \frac{C}{x^2}.$$

用常数变易法. 设非齐次方程的解为 $y = C(x) \dfrac{1}{x^2}$,则

$$y' = C'(x) \frac{1}{x^2} - \frac{2}{x^3} C(x).$$

把 y 和 y' 代入原方程并化简,得 $C'(x) = x - 1$,两边积分,得

$$C(x) = \frac{1}{2} x^2 - x + C.$$

因此,非齐次方程的通解为

$$y = \frac{1}{2} - \frac{1}{x} + \frac{C}{x^2}.$$

将初始条件 $y\mid_{x=1} = 0$ 代入上式,求得 $C = \dfrac{1}{2}$,故所求微分方程的特解为

$$y = \frac{1}{2} - \frac{1}{x} + \frac{1}{2x^2}.$$

现将几类微分方程的标准形式及其求解方法列于表 2-1,供读者参考.

表 2-1

方　程　类　型		方程的标准形式	解　　　法
可分离变量的微分方程		$g(y)\mathrm{d}y = f(x)\mathrm{d}x$	将不同变量分离到方程两边,然后积分 $$\int g(y)\mathrm{d}y = \int f(x)\mathrm{d}x$$
齐次微分方程		$\dfrac{\mathrm{d}y}{\mathrm{d}x} = f\left(\dfrac{y}{x}\right)$	变量替换法. 令 $u = \dfrac{y}{x}$,将原方程化为 可分离变量的方程
一阶线性微分方程	齐次方程	$\dfrac{\mathrm{d}y}{\mathrm{d}x} + P(x)y = 0$	分离变量,两边积分或用公式 $y = Ce^{-\int P(x)\mathrm{d}x}$
	非齐次方程	$\dfrac{\mathrm{d}y}{\mathrm{d}x} + P(x)y = Q(x)$	用常数变易法或公式法 $$y = e^{-\int P(x)\mathrm{d}x}\left[\int Q(x)e^{\int P(x)\mathrm{d}x}\mathrm{d}x + C\right]$$

习　题　2.2

1. 解下列微分方程.

(1) $(1+x^2)y' - y\ln y = 0$；

(2) $(\mathrm{e}^{x+y} - \mathrm{e}^x)\mathrm{d}x + (\mathrm{e}^{x+y} + \mathrm{e}^y)\mathrm{d}y = 0$；

(3) $xy\mathrm{d}x + \sqrt{4-x^2}\mathrm{d}y = 0$；

(4) $\tan x\sin^2 y\mathrm{d}x + \cos^2 x\cot y\mathrm{d}y = 0$；

(5) $x(1+y^2)\mathrm{d}x = y(1+x^2)\mathrm{d}y, y\mid_{x=1} = 1$；

(6) $y'\tan x - y\ln y = 0, y\mid_{x=1} = 4$.

2. 解下列微分方程.

(1) $(x-y)\mathrm{d}x + x\mathrm{d}y = 0$；

(2) $(x^2+y^2)\mathrm{d}x - xy\mathrm{d}y = 0, y\mid_{x=1} = 0$.

3. 解下列微分方程.

(1) $y' + y = \mathrm{e}^{-x}$；

(2) $y' + y\cot x = 5\mathrm{e}^{\cos x}, y\left(\dfrac{\pi}{2}\right) = -4$；

(3) $y' - \dfrac{2y}{x} = x^2\sin 3x$；

(4) $(1+t^2)\mathrm{d}s - 2ts\mathrm{d}t = (1+t^2)^2\mathrm{d}t$；

(5) $y' - y = \cos x, y(0) = 0$；

(6) $xy' + y - \mathrm{e}^x = 0, y(a) = b$.

4. 已知曲线在任意点处的切线斜率等于该点的纵坐标,且曲线通过点$(0,1)$,求该曲线的方程.

5. 已知点 $A(0,1)$ 及点 $B(1,0)$,曲线$\overgroup{AB}$上凸,且对$\overgroup{AB}$上任意点 $P(x,y)$,曲线$\overgroup{AP}$ 与弦$\overline{AP}$ 所围成的面积为 x^3,试求曲线 AB 的方程.

2.3　二阶常系数线性微分方程

先看下面的例子.

例 11　将一质量为 m 的物体挂在一个弹簧的下端,当物体处于静止状态时,作用在物体上的重力与弹性力大小相等、方向相反,这个位置就是物体的平衡位置. 如图 2-3 所示,取 s 轴铅直向下,并取物体的平衡位置 O 为坐标原点,将物体从其平衡位置 O 处往下拉到与点 O 相距s_0处的点 A 处,然后放开,这时物体就在点 O 附近作上下振动,求物体的振动规律 $s = f(t)$ 所满足的微分方程.

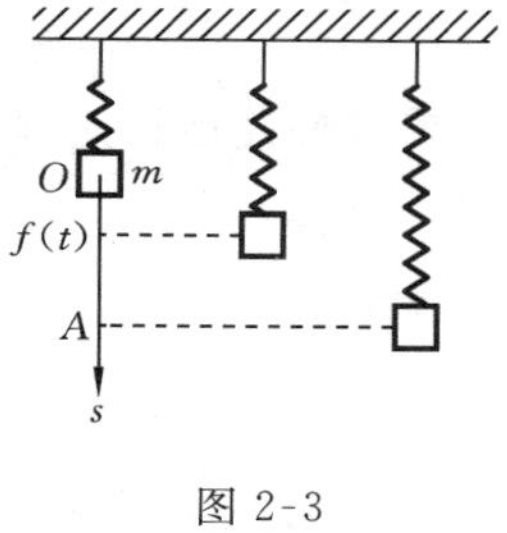

图 2-3

解　物体在运动中,受到两个力的作用,一是弹性恢复力 F,一是阻尼介质的阻力 F_R. 由力学知识知,$F = -Ef(t)$,E 为弹簧的弹性模量,负号表示 F 与 $f(t)$ 的方向相反,$F_R = -\delta v = -\delta\dfrac{\mathrm{d}s}{\mathrm{d}t}$,$\delta$ 为阻尼系数. 因此,由力学牛顿第二定律,得

$$m \frac{\mathrm{d}^2 s}{\mathrm{d}t^2} = - \delta \frac{\mathrm{d}s}{\mathrm{d}t} - Es,$$

即

$$\frac{\mathrm{d}^2 s}{\mathrm{d}t^2} + \frac{\delta}{m} \frac{\mathrm{d}s}{\mathrm{d}t} + \frac{E}{m}s = 0. \qquad (2\text{-}29)$$

这就是在有阻尼的情况下,物体自由振动的微分方程.

如果物体在振动过程中,还受到一个沿 s 轴正向的干扰力 $H\sin\omega t$ 的作用,则有微分方程

$$m \frac{\mathrm{d}^2 s}{\mathrm{d}t^2} + \delta \frac{\mathrm{d}s}{\mathrm{d}t} + Es = H\sin\omega t,$$

即

$$\frac{\mathrm{d}^2 s}{\mathrm{d}t^2} + \frac{\delta}{m} \frac{\mathrm{d}s}{\mathrm{d}t} + \frac{E}{m}s = \frac{H}{m}\sin\omega t. \qquad (2\text{-}30)$$

这就是物体强迫振动的微分方程.

例 12 如图 2-4 所示的 RLC 串联电路,其中 $R, L,$ C 为常数,电源电动势是 $E = E_{\mathrm{m}}\sin\omega t (E_{\mathrm{m}}, \omega$ 是常数),求 RLC 串联电路中电容 C 上的电压 $U_c(t)$ 所满足的微分方程.

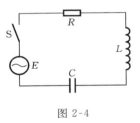

图 2-4

解 设电路中的电流为 $i(t)$,电容器所带的电量为 $Q(t)$,自感电动势为 $E_L(t)$.

由电学知识知,$i = \dfrac{\mathrm{d}Q}{\mathrm{d}t}, U_c = \dfrac{Q}{C}, E_L = -L \dfrac{\mathrm{d}i}{\mathrm{d}t}$,因而在 RLC 电路中各元件的电压降分别为

$$U_R = Ri = RC \frac{\mathrm{d}U_c}{\mathrm{d}t}, \quad U_c = \frac{Q}{C},$$

$$U_L = -E_L = LC \frac{\mathrm{d}^2 U_c}{\mathrm{d}t^2}.$$

根据回路电压定律,有 $U_R + U_c + U_L = E$,把 U_R, U_c, U_L 代入,得

$$LC \frac{\mathrm{d}^2 U_c}{\mathrm{d}t^2} + RC \frac{\mathrm{d}U_c}{\mathrm{d}t} + U_c = E,$$

即

$$\frac{\mathrm{d}^2 U_c}{\mathrm{d}t^2} + \frac{R}{L} \frac{\mathrm{d}U_c}{\mathrm{d}t} + \frac{1}{LC}U_c = \frac{E_{\mathrm{m}}}{LC}\sin\omega t. \qquad (2\text{-}31)$$

如果电容器充电后,撤去外接电源($E = 0$),则方程(2-31)变为

$$\frac{\mathrm{d}^2 U_c}{\mathrm{d}t^2} + \frac{R}{L} \frac{\mathrm{d}U_c}{\mathrm{d}t} + \frac{1}{LC}U_c = 0. \qquad (2\text{-}32)$$

上述例题中遇到的方程式(2-29)、式(2-30)、式(2-31)、式(2-32)都是二阶常系数线性微分方程.它们的一般形式是

$$y'' + py' + qy = f(x), \qquad (2\text{-}33)$$

其中 p,q 是常数, $f(x)$ 为自由项. 方程(2-33)称为**二阶常系数线性微分方程**.

当 $f(x)=0$ 时, 方程(2-33)成为

$$y'' + py' + qy = 0. \tag{2-34}$$

方程(2-34)称为**二阶常系数线性齐次微分方程**;

当 $f(x) \neq 0$ 时, 方程(2-33)称为**二阶常系数线性非齐次微分方程**.

从方程(2-33)可以看出, 它的特点是方程中未知函数 y 及其导数 y', y'' 都是一次的, 所以方程(2-33)称为**二阶常系数线性微分方程**.

若要进一步讨论例 11、例 12 中的问题, 就需要解二阶常系数线性微分方程. 不仅如此, 在工程技术的其他许多问题中, 也会遇到二阶常系数线性微分方程. 因此, 需对二阶常系数线性微分方程进行一般的讨论.

2.3.1　二阶常系数线性微分方程的解的结构

定理 2.1　如果 y_1 和 y_2 是方程(2-34)的两个解, 那么

$$y = C_1 y_1 + C_2 y_2 \quad (C_1, C_2 \text{ 为任意常数})$$

也是方程(2-34)的解.

证　因 y_1, y_2 是方程(2-34)的解, 所以

$$y_1'' + py_1' + qy_1 = 0, \quad y_2'' + py_2' + qy_2 = 0.$$

将 $y = C_1 y_1 + C_2 y_2$ 代入方程(2-34), 得

$$左边 = (C_1 y_1 + C_2 y_2)'' + p(C_1 y_1 + C_2 y_2)' + q(C_1 y_1 + C_2 y_2)$$
$$= C_1(y_1'' + py_1' + qy_1) + C_2(y_2'' + py_2' + qy_2) = 0,$$

所以 $y = C_1 y_1 + C_2 y_2$ 是方程 $y'' + py' + qy = 0$ 的解.

这个定理表明了二阶常系数线性齐次微分方程的解具有叠加性.

叠加起来的解 $y = C_1 y_1 + C_2 y_2$ 从形式上来看含有 C_1 和 C_2 两个任意常数, 但它还不一定是方程(2-34)的通解. 例如, $y_1 = \sin 2x$ 和 $y_2 = 2\sin 2x$ 都是方程 $y'' + 4y = 0$ 的解, 把 y_1, y_2 叠加, 得

$$y = C_1 y_1 + C_2 y_2 = C_1 \sin 2x + C_2 2\sin 2x$$
$$= (C_1 + 2C_2)\sin 2x = C\sin 2x,$$

其中 $C = C_1 + 2C_2$. 由于只有一个独立的任意常数 C, 所以上式不是二阶微分方程 $y'' + 4y = 0$ 的通解.

那么, 在什么情况下 $y = C_1 y_1 + C_2 y_2$ 才是方程(2-34)的通解呢? 为了解决这个问题, 下面给出函数线性相关和线性无关的定义.

对于两个不恒为零的函数 y_1 与 y_2, 如果存在一个常数 C, 使得 $y_2/y_1 = C$, 那么把函数 y_1 与 y_2 称为**线性相关**, 否则称为**线性无关**.

例如, 函数 $y_1 = \sin 2x$ 和 $y_2 = 2\sin 2x$. 因为

$$y_2/y_1 = 2\sin2x/\sin2x = 2 \quad (x \neq \frac{k\pi}{2}, k \in \mathbf{Z}),$$

所以 y_1 与 y_2 是线性相关的.

又如,函数 $y_1 = \sin2x$ 和 $y_2 = \cos2x$,因为当 $x \neq \frac{k\pi}{2}$ 时, $y_2/y_1 = \cot2x \neq$ 常数,所以函数 $y_1 = \sin2x$ 与 $y_2 = \cos2x$ 是线性无关的.

定理 2.2　如果 y_1 与 y_2 是方程(2-34)的两个线性无关的解,则 $C_1 y_1 + C_2 y_2$ (C_1, C_2 为任意常数)是方程(2-34)的通解.

例如, $\sin2x$ 与 $\cos2x$ 是方程 $y'' + 4y = 0$ 的两个线性无关的解,所以 $C_1\sin2x + C_2\cos2x$ 就是方程 $y'' + 4y = 0$ 的通解.

定理 2.3　设 y^* 是二阶常系数线性非齐次微分方程(2-33)的一个特解, Y 是对应的线性齐次方程(2-34)的通解,则 $y = Y + y^*$ 是方程(2-33)的通解.

证明请读者自己完成.

2.3.2　二阶常系数线性齐次微分方程的解法

我们知道一阶常系数线性齐次微分方程 $y' + py = 0$ 的通解是 $y = Ce^{-px}$,其特点是 y 和 y' 都是指数函数.因此,可以设想二阶常系数线性齐次微分方程(2-34)的解也是一个指数函数 $y = e^{rx}$ (r 为常数),它与它的各阶导数只差一个常数因子.所以,只要选择适当的 r 值,就可得到满足方程(2-34)的解.为此,将 $y = e^{rx}$ 和它的一阶、二阶导数 $y' = re^{rx}$, $y'' = r^2 e^{rx}$ 代入方程(2-34),得到

$$e^{rx}(r^2 + pr + q) = 0.$$

因为 $e^{rx} \neq 0$,于是

$$r^2 + pr + q = 0. \tag{2-35}$$

由式(2-35)可解出待定系数 r,于是特解 e^{rx} 可求得.

方程(2-35)称为方程(2-34)的**特征方程**,它是关于 r 的二次方程,其中 r^2, r 的系数及常数项恰好是微分方程(2-34)中 y'', y' 及 y 的系数,它的根称为**特征根**.

特征根是一个一元二次方程的根.由二次方程根的判别式,有下列三种情况.

(1)特征根是两个不相等的实根 $r_1 \neq r_2$.此时, $y_1 = e^{r_1 x}$, $y_2 = e^{r_2 x}$ 均为方程(2-34)的特解,且 $y_2/y_1 = e^{(r_2 - r_1)x} \neq$ 常数,因此方程(2-34)的通解为

$$y = C_1 e^{r_1 x} + C_2 e^{r_2 x} \quad (C_1, C_2 \text{ 为任意常数}).$$

(2)特征根是两个相等的实根 $r_1 = r_2$.因为 $r_1 = r_2$,所以只能得到方程(2-34)的一个特解 $y_1 = e^{r_1 x}$,要得到通解,还必须找一个与 y_1 线性无关的特解 y_2.由于要求 $y_2/y_1 \neq$ 常数,可设 $y_2/y_1 = u(x)$ ($u(x)$ 为待定函数),即

$$y_2 = u(x)y_1 = u(x)e^{r_1 x}.$$

为了确定 $u(x)$,将 $y_2 = u(x)e^{r_1 x}$ 代入方程(2-34),得

$$[u''(x) + 2r_1 u'(x) + r_1^2 u(x)]e^{r_1 x} + p[u'(x) + r_1 u(x)]e^{r_1 x} + qu(x)e^{r_1 x} = 0,$$

即

$$[u''(x) + (2r_1 + p)u'(x) + (r_1^2 + pr_1 + q)u(x)]e^{r_1 x} = 0.$$

因为 $e^{r_1 x} \neq 0$,而 $r_1 = r_2$ 是 $r^2 + pr + q = 0$ 的重根,故

$$r_1 + r_2 = -p,$$

即 $2r_1 + p = 0$. 于是 $u''(x) = 0$.

因为 $u''(x) = 0$ 的解很多,不妨仅取一个最简单的函数 $u(x) = x$,于是方程 (2-34) 的另一个特解为 $y_2 = xe^{r_1 x}$,所以方程(2-34)的通解为

$$y = (C_1 + C_2 x)e^{r_1 x} \quad (C_1, C_2 \text{ 为任意常数}).$$

(3) 特征根是一对共轭复数根 $r_{1,2} = \alpha \pm \beta i$ (α, β 是实数,且 $\beta \neq 0$).

这时,$y_1 = e^{(\alpha+\beta i)x}$ 和 $y_2 = e^{(\alpha-\beta i)x}$ 是方程(2-34)的两个特解,但这两个解含有复数,不便于应用. 在这种情况下,可以证明函数 $e^{\alpha x}\cos\beta x$ 和 $e^{\alpha x}\sin\beta x$ 也是方程(2-34)的两个特解,而且当 $x \neq k\pi/\beta (k \in \mathbf{Z})$ 时,

$$\frac{e^{\alpha x}\cos\beta x}{e^{\alpha x}\sin\beta x} = \cot\beta x \neq \text{常数},$$

于是方程(2-34)的通解为

$$y = e^{\alpha x}(C_1 \cos\beta x + C_2 \sin\beta x) \quad (C_1, C_2 \text{ 为任意常数}).$$

综上所述,得到求二阶常系数线性齐次微分方程 $y'' + py' + qy = 0$ 的通解的步骤如下.

(1) 写出微分方程的特征方程 $r^2 + pr + q = 0$.

(2) 求出特征方程的根 r_1, r_2.

(3) 根据 r_1, r_2 的不同情况,按表 2-2 写出方程的通解.

表 2-2

特征方程 $r_2 + pr + q = 0$ 的根 r_1, r_2	方程 $y'' + py' + qy = 0$ 的通解
两个不相等的实根 $r_1 \neq r_2$	$y = C_1 e^{r_1 x} + C_2 e^{r_2 x}$
两个相等的实根 $r_1 = r_2$	$y = (C_1 + C_2 x)e^{r_1 x}$
一对共轭复数根 $r_{1,2} = \alpha \pm \beta i$	$y = e^{\alpha x}(C_1 \cos\beta x + C_2 \sin\beta x)$

例 13 求方程 $y'' - 2y' - 3y = 0$ 的通解.

解 特征方程 $r^2 - 2r - 3 = 0$ 的根为 $r_1 = 3, r_2 = -1$. 所以原方程的通解为

$$y = C_1 e^{3x} + C_2 e^{-x} \quad (C_1, C_2 \text{ 为任意常数}).$$

例 14 求方程 $s'' + 4s' + 4s = 0$ 满足初始条件 $s|_{t=0} = 1$ 和 $s'|_{t=0} = 0$ 的特解.

解 特征方程 $r^2 + 4r + 4 = 0$ 的根为 $r_1 = r_2 = -2$. 所以原方程的通解为

$$s = (C_1 + C_2 t)e^{-2t} \quad (C_1, C_2 \text{ 为任意常数}).$$

将初始条件 $s|_{t=0} = 1$ 代入上式,将 $s'|_{t=0} = 0$ 代入

$$s' = C_2 e^{-2t} - 2(C_1 + tC_2)e^{-2t},$$

解得 $C_1 = 1, C_2 = 2$. 于是原方程的特解为

$$s = (1 + 2t)e^{-2t}.$$

例 15 求方程 $y'' + 2y' + 5y = 0$ 的通解.

解 特征方程 $r^2 + 2r + 5 = 0$ 的根为 $r_{1,2} = -1 \pm 2i$. 所以,原方程的通解为

$$y = e^{-x}(C_1 \cos 2x + C_2 \sin 2x).$$

2.3.3 二阶常系数线性非齐次微分方程的解法

根据二阶常系数线性微分方程的解的结构定理 2.3 可知,求方程(2-33)的通解就是先求对应的线性齐次微分方程(2-34)的通解 Y,这个问题在 2.3.2 节中已解决,其次是求出二阶常系数线性非齐次方程(2-33)的特解 y^*,如果 y^* 可求出,那么方程(2-33)的通解为 $y = Y + y^*$. 因此,关键问题是如何求方程(2-33)的一个特解.对这个问题,只介绍 $f(x)$ 取三种常见的形式时,求 y^* 的方法.

(1) $f(x) = P_n(x)$, $P_n(x)$ 是 n 次多项式;

(2) $f(x) = P_n(x)e^{\lambda x}$,其中 λ 是常数;

(3) $f(x) = a\cos \omega x + b\sin \omega x$,其中 a, b, ω 是常数.

下面,对 $f(x) = P_n(x)$ 的情形略加讨论,对其他两种情况只介绍方法.

例 16 求方程 $y'' + y = 2x^2 - 3$ 的一个特解.

解 $P_n(x) = 2x^2 - 3$ 是一个二次多项式,而一个多项式的导数仍是多项式,由于方程左端含有未知函数 y,为此估计特解 y^* 也是一个二次多项式.因此,设 $y^* = b_0 x^2 + b_1 x + b_2$,其中 b_0, b_1, b_2 为待定系数.

把 $y^*, y^{*''}$ 代入原方程,得

$$2b_0 + (b_0 x^2 + b_1 x + b_2) = 2x^2 - 3,$$

即

$$b_0 x^2 + b_1 x + (2b_0 + b_2) = 2x^2 - 3.$$

要使上式恒等,等式两边的同次项系数必须相等,则有

$$\begin{cases} b_0 = 2, \\ b_1 = 0, \\ 2b_0 + b_2 = -3, \end{cases}$$

解得 $b_0 = 2, b_1 = 0, b_2 = 7$,于是

$$y^* = 2x^2 - 7.$$

不难验证,这样得到的 y^* 确实是原方程的一个特解.

例 17 求方程 $y'' - 2y' = 3x + 1$ 的特解.

解 $P_n(x) = 3x + 1$ 是一个一次多项式.此题的特解 y^* 能否像上题一样设为一次多项式呢?我们注意到,方程左端只包含未知函数的 y' 及 y'';如果设 y^* 是一次多项式,那么 $y^{*'}$ 是常数,$y^{*''}$ 是 0,代入原方程左端只能得到常数,不可能使原方程成

为恒等式. 由这一分析我们估计到, 如果设 y^* 是二次多项式, 有可能满足原方程. 因此, 设 $y^* = b_0 x^2 + b_1 x + b_2$.

把 $y^{*\prime}, y^{*\prime\prime}$ 代入原方程, 得

$$2b_0 - 2(2b_0 x + b_1) = 3x + 1,$$

即

$$-4b_0 x + 2(b_0 - b_1) = 3x + 1.$$

要使上式恒等, 两边的同次项系数必须相等, 则有

$$\begin{cases} -4b_0 = 3, \\ 2(b_0 - b_1) = 1, \end{cases}$$

解得 $b_0 = -\dfrac{3}{4}, b_1 = -\dfrac{5}{4}$, 其中 b_2 可以任意选定. 为简单起见, 不妨取 $b_2 = 0$. 于是

$$y^* = -\frac{3}{4}x^2 - \frac{5}{4}x.$$

不难验证, 这样得到的 y^* 确实是原方程的一个特解.

为什么在例 16 中可设 y^* 是与 $f(x)$ 同次的多项式, 而在例 17 中要设 y^* 比 $f(x)$ 高一次的多项式呢? 从上面的分析中不难看到, 其原因在于例 16 中的方程有 y 项, 而例 17 中的方程没有出现 y 项. 由此得到以下规律.

如果二阶线性非齐次微分方程 $y'' + py' + qy = f(x)$ 的自由项 $f(x) = P_n(x)$, 则它的一个特解 y^* 的形式可按如下方法设定:

(1) 当 $q \neq 0$ 时, 设 $y^* = Q_n(x)$;

(2) 当 $q = 0$, 但 $p \neq 0$ 时, 设 $y^* = xQ_n(x)$, 其中 $Q_n(x)$ 是与 $P_n(x)$ 同次的多项式.

例 18　求方程 $y'' + 3y' = 2$ 的通解.

解　特征方程 $r^2 + 3r = 0$ 的根为 $r_1 = 0, r_2 = -3$. 所以, 对应的线性齐次方程的通解为

$$Y = C_1 + C_2 e^{-3x}.$$

由于 $q = 0, p = 3, P_n(x) = 2$ (常数可看做零次多项式), 故设

$$y^* = bx.$$

把 $y^{*\prime}, y^{*\prime\prime}$ 代入原方程, 得 $3b = 2$, 即 $b = 2/3$. 因此有

$$y^* = \frac{2}{3}x,$$

从而原方程的通解为

$$y = C_1 + C_2 e^{-3x} + \frac{2}{3}x \quad (C_1, C_2 \text{ 为任意常数}).$$

以上讨论了二阶常系数线性非齐次微分方程自由项 $f(x)$ 是多项式的情形. 当 $f(x) = P_n(x)e^{\lambda x}$ 及 $f(x) = a\cos\beta x + b\sin\beta x$ 时, 由于指数函数和正弦、余弦函数求导后, 还是指数函数和余弦、正弦函数. 因此, 可用类似多项式的情形来设立特解 y^* 的

形式.下面不准备对此问题进行讨论,只把它与多项式的情形合起来列在表 2-3 中.

表 2-3

方　程　形　式	条　　件	特解 y^* 的形式
$f(x) = P_n(x)$, $P_n(x)$ 是 n 次多项式	$q \neq 0$	$y^* = Q_n(x)$
	$q = 0, p \neq 0$	$y^* = xQ_n(x)$
$f(x) = P_n(x)\mathrm{e}^{\lambda x}$, 其中 λ 是常数	λ 不是特征根	$y^* = Q_n(x)\mathrm{e}^{\lambda x}$
	λ 是特征单根	$y^* = xQ_n(x)\mathrm{e}^{\lambda x}$
	λ 是特征重根	$y^* = x^2 Q_n(x)\mathrm{e}^{\lambda x}$
$f(x) = a\cos\omega x + b\sin\omega x$, 其中 a, b, ω 是常数	$\pm\omega\mathrm{i}$ 不是特征根	$y^* = A\cos\omega x + B\sin\omega x$
	$\pm\omega\mathrm{i}$ 是特征根	$y^* = x(A\cos\omega x + B\sin\omega x)$

例 19　求 $y'' + y' = x^2$ 的通解.

解　特征方程为 $r^2 + r = 0$,则 $r_1 = 0, r_2 = -1$,对应的齐次方程的通解为
$$y = C_1 + C_2 \mathrm{e}^{-x}.$$

由于 $q = 0, p \neq 0$,则设特解为
$$y^* = xQ_2(x) = x(ax^2 + bx + c),$$

代入原方程,得
$$3ax^2 + (6a + 2b)x + 2b + c = x^2,$$

比较系数得
$$a = \frac{1}{3}, \quad b = -1, \quad c = 2.$$

所以,特解为 $y^* = x\left(\dfrac{1}{3}x^2 - x + 2\right)$,通解为
$$y = C_1 + C_2 \mathrm{e}^{-x} + x\left(\frac{1}{3}x^2 - x + 2\right).$$

例 20　求方程 $y'' - 2y' - 3y = \mathrm{e}^{3x}$ 的一个特解.

解　因为 $\lambda = 3$ 是特征方程 $r^2 - 2r - 3 = 0$ 的一个单根,故设 $y^* = bx\mathrm{e}^{3x}$. 把 y^*, $y^{*\prime}, y^{*\prime\prime}$ 代入原方程,得
$$4b\mathrm{e}^{3x} = \mathrm{e}^{3x},$$

即
$$b = \frac{1}{4}.$$

于是,原方程的一个特解为
$$y^* = \frac{1}{4}x\mathrm{e}^{3x}.$$

例 21　求方程 $y'' - 2y' + 4y = 4\mathrm{e}^{2x}$ 的通解.

解　特征方程 $r^2 - 2r + 4 = 0$ 的根为 $r = 1 \pm \sqrt{3}\mathrm{i}$,故对应的线性齐次方程的通解

为
$$Y = e^x(C_1\cos\sqrt{3}x + C_2\sin\sqrt{3}x).$$
又因为 $\lambda = 2$ 不是特征方程的根,故设 $y^* = be^{2x}$. 把 $y^*, y^{*\prime}, y^{*\prime\prime}$ 代入原方程,得
$$4be^{2x} = 4e^{2x}, \quad 即 \quad b = 1.$$
于是,$y^* = e^{2x}$,从而原方程的通解为
$$y = e^x(C_1\cos\sqrt{3}x + C_2\sin\sqrt{3}x) + e^{2x} \quad (C_1, C_2 \text{ 为任意常数})$$

例 22 求方程 $y'' + 6y' + 9y = 10\sin x$ 的特解.

解 因为 $\pm i$ 不是特征方程 $r^2 + 6r + 9 = 0$ 的根,故设 $y^* = a_1\cos x + b_1\sin x$. 把 $y^*, y^{*\prime}, y^{*\prime\prime}$ 代入原方程并化简,得
$$(8a_1 + 6b_1)\cos x + (8b_1 - 6a_1)\sin x = 10\sin x.$$
比较同类项系数,则有
$$\begin{cases} 8a_1 + 6b_1 = 0, \\ 8b_1 - 6a_1 = 10, \end{cases}$$
解得 $a_1 = -\dfrac{3}{5}, b_1 = \dfrac{4}{5}$. 于是原方程的一个特解为
$$y^* = -\frac{3}{5}\cos x + \frac{4}{5}\sin x.$$

例 23 求方程 $y'' + 4y = \cos 2x$ 的通解.

解 特征方程 $r^2 + 4 = 0$ 的根为 $r = \pm 2i$,故对应的线性齐次微分方程的通解为
$$Y = C_1\cos 2x + C_2\sin 2x.$$
又因为 $\pm\beta i = \pm 2i$ 是特征方程的根,故设
$$y^* = x(a_1\cos 2x + b_1\sin 2x).$$
把 $y^*, y^{*\prime\prime}$ 代入原方程并化简,得
$$-4a_1\sin 2x + 4b_1\cos 2x = \cos 2x.$$
比较同类项系数,则有
$$-4a_1 = 0, \quad 4b_1 = 1,$$
即
$$a_1 = 0, \quad b_1 = 1/4.$$
于是,原方程的特解为 $y^* = \dfrac{1}{4}x\sin 2x$. 从而原方程的通解为
$$y = C_1\cos 2x + C_2\sin 2x + \frac{1}{4}x\sin 2x \quad (C_1, C_2 \text{ 为任意常数})$$

习 题 2.3

1. 求下列微分方程的通解.

(1) $y'' + y' - 2y = 0$; (2) $y'' - 9y = 0$;

(3) $y'' - 4y' = 0$；　　　　　　　　(4) $y'' + y = 0$；

(5) $y'' + 6y' + 13y = 0$；　　　　　(6) $y'' - 2y' + y = 0$；

(7) $y'' - 2y' + (1 - a^2)y = 0\ (a > 0)$；　(8) $y'' - 4y' + 5y = 0$.

2. 求下列微分方程的特解.

(1) $y'' + 3y' + 2y = 0, y(0) = 1, y'(0) = 1$；　(2) $4y'' + 4y' + 6y = 0, y(0) = 2, y'(0) = 0$；

(3) $y'' - 5y' + 6y = 0, y(0) = 1, y'(0) = 1$；　(4) $s'' + 2s' + s = 0, s\vert_{t=0} = 4, s'\vert_{t=0} = 2$；

(5) $y'' + 25y = 0, y\left(\frac{\pi}{5}\right) = -2, y'\left(\frac{\pi}{5}\right) = -5$；　(6) $y'' - 4y' + 13y = 0, y(0) = 3, y'(0) = 6$.

3. 求下列微分方程的通解.

(1) $y'' + 2y' + 5y = 5x + 2$；　　　(2) $2y'' + y' - y = 2e^x$；

(3) $y'' + 3y = 2\sin x$；　　　　　(4) $y'' - 5y' = 7$；

(5) $y'' + 4y = 8\sin 2x$；　　　　　(6) $y'' - 6y' + 9y = e^{3x}$.

4. 求下列微分方程的特解.

(1) $y'' - 4y = 4, y(0) = 1, y'(0) = 0$；

(2) $y'' - 5y' + 6y = 2e^x, y(0) = 1, y'(0) = 1$；

(3) $y'' + y = -\sin 2x, y(\pi) = 1, y'(\pi) = 1$；

(4) $4y'' + 16y' + 15y = 4e^{-\frac{3}{2}x}, y(0) = 3, y'(0) = 11/2$；

(5) $y'' + y' - 2y = 2x, y(0) = 0, y'(0) = 3$；

(6) $s'' + s = 2\cos t, s\vert_{t=0} = 2, s'\vert_{t=0} = 0$.

5. 讨论二阶常系数线性非齐次微分方程 $y'' + py' + qy = P_n(x)$ 当 $p = q = 0$ 时的特解形式.

2.4　微分方程应用举例

在解决工程技术中的实际问题时,微分方程有着广泛的应用.本节将列举出一阶和二阶微分方程应用的若干实例.用微分方程解决实际问题的一般步骤如下.

(1) 根据题意,建立起反映这个实际问题的微分方程及相应的初始条件.

(2) 求出微分方程的通解或满足初始条件的特解.

(3) 根据某些实际问题的需要,利用所求得的特解来解释问题的实际意义,或求得其他所需的结果.

上述步骤中,第(1)步如何建立微分方程是关键.

2.4.1　一阶微分方程应用举例

例 24　把温度为 100 ℃ 的沸水,放在室温为 20 ℃ 的环境中自然冷却,5 min 后测得水温为 60 ℃,求水温的变化规律.

解　设水温的变化规律为 $Q = Q(t)$.根据牛顿冷却定律知,物体冷却的速率与当时物体和周围介质的温差成正比(比例系数为 $k, k > 0$),于是有

$$-\frac{\mathrm{d}Q}{\mathrm{d}t} = k(Q - 20). \tag{2-36}$$

由于 $Q(t)$ 是单调减少的,即 $\frac{\mathrm{d}Q}{\mathrm{d}t} < 0$,所以上式左端前面加负号.初始条件为

$$Q(0) = 100.$$

方程(2-36)是可分离变量的微分方程,容易求出它的通解为

$$Q = 20 + C\mathrm{e}^{-kt}.$$

将初始条件 $Q(0) = 100$ 代入上式,得 $C = 80$,因此,有

$$Q = 20 + 80\mathrm{e}^{-kt}.$$

比例系数 k 可用另一条件 $Q(5) = 60$ 来确定.将 $Q(5) = 60$ 代入上式,得 $k = \frac{\ln 2}{5}$,所以水温的变化规律为

$$Q = 20 + 80\mathrm{e}^{-\frac{\ln 2}{5}t},$$

即

$$Q = 20 + 80\left(\frac{1}{2}\right)^{\frac{t}{5}}, \quad t \geqslant 0.$$

例 25　一直立圆柱形容器,直径为 4 m,高为 6 m,其中装满水.问需要多少时间,容器中的水经过容器底部的半径为 $\frac{1}{12}$ m 的圆孔流完.(假设水自小孔流出的速度为 $0.6\sqrt{2gh}$ (m/s),其中 h 为小孔离水面的距离.)

解　如图 2-5 所示,设在时刻 t 水面离容器底部的距离为 h.首先,求出 h 和 t 的函数关系.

从 t 到 $t + \Delta t$ 这一小段时间里,容器中水的体积的改变量为 $\pi 2^2 \Delta h$(Δh 为 Δt 时间内水面下降的高度).在这一段时间里,经由小孔流出的水的体积为

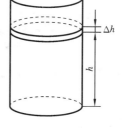

图 2-5

$$\pi \frac{1}{12^2} \times 0.6\sqrt{2gh}\,\Delta t,$$

即

$$\pi 2^2 \Delta h = -\pi \frac{1}{12^2} \times 0.6\sqrt{2gh}\,\Delta t,$$

或

$$\frac{\Delta h}{\Delta t} = -\frac{\pi \dfrac{1}{12^2} \times 0.6\sqrt{2gh}}{4\pi} = -0.0046\sqrt{h}.$$

Δt 越小,上式越精确.令 $\Delta t \to 0$,得微分方程

$$\frac{\mathrm{d}h}{\mathrm{d}t} = -0.0046\sqrt{h}, \tag{2-37}$$

初始条件为 $h(0) = 6$.

方程(2-37)是可分离变量的微分方程,容易求出它的通解为

$$2\sqrt{h} = -0.0046t + C.$$

把初始条件 $h(0)=6$ 代入上式，得 $C=4.9$，即得 h 和 t 的函数关系为

$$2\sqrt{h}=-0.0046t+4.9.$$

令 $h=0$，得 $t=1065\ \mathrm{s}=17.75\ \mathrm{min}$，即水流完需 17.75 min.

例 26　如图 2-6 所示的 RL 电路，其电源电动势为 $E=E_0\sin\omega t$（E_0，ω 为常数），电阻 R 和电感 L 为常数，在 $t=0$ 时合上开关 S，其电流为零，求此电路中电流 i 与时间 t 的函数关系.

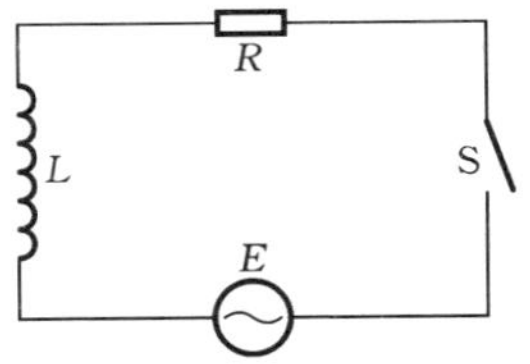

图 2-6

解　由电学知识知，L 上的感应电动势为 E，由回路电压定律，有

$$E=Ri+L\frac{\mathrm{d}i}{\mathrm{d}t},$$

即

$$\frac{\mathrm{d}i}{\mathrm{d}t}+\frac{R}{L}i=\frac{1}{L}E_0\sin\omega t. \tag{2-38}$$

初始条件为 $i(0)=0$. 方程(2-38) 是一阶线性非齐次微分方程，

$$P(t)=\frac{R}{L},\quad Q(t)=\frac{E_0}{L}\sin\omega t,$$

把它们代入式(2-26)，得

$$\begin{aligned}i(t)&=\mathrm{e}^{-\int\frac{R}{L}\mathrm{d}t}\left(\int\frac{E_0}{L}\sin\omega t\,\mathrm{e}^{\int\frac{R}{L}\mathrm{d}t}\mathrm{d}t+C\right)=\mathrm{e}^{-\frac{R}{L}t}\left(\int\frac{E_0}{L}\sin\omega t\,\mathrm{e}^{\frac{R}{L}t}\mathrm{d}t+C\right)\\&=\mathrm{e}^{-\frac{R}{L}t}\left(\frac{E_0\mathrm{e}^{\frac{R}{L}t}}{R^2+\omega^2L^2}(R\sin\omega t-\omega L\cos\omega t)+C\right)\\&=C\mathrm{e}^{-\frac{R}{L}t}+\frac{E_0\mathrm{e}^{\frac{R}{L}t}}{R^2+\omega^2L^2}(R\sin\omega t-\omega L\cos\omega t),\end{aligned}$$

故方程(2-38) 的通解为

$$i(t)=C\mathrm{e}^{-\frac{R}{L}t}+\frac{E_0\mathrm{e}^{\frac{R}{L}t}}{R^2+\omega^2L^2}(R\sin\omega t-\omega L\cos\omega t).$$

把初始条件 $i(0)=0$ 代入上式，得

$$C=E_0\omega L/(R^2+\omega^2L^2).$$

于是，所求电流为

$$i(t)=\frac{E_0}{R^2+\omega^2L^2}(\omega L\mathrm{e}^{-\frac{R}{L}t}+R\sin\omega t-\omega L\cos\omega t),\quad t\geqslant 0.$$

例 27　设有一桶，内盛盐水 100 L，其中含盐 50 g，现将浓度为 2 g/L 的盐水流入水桶中，其流速为 3 L/min，假使流入桶内的新盐水与原有盐水因搅拌而能在倾刻间变为均匀的液体，此溶液又以 2 L/min 的流速流出，求 30 min 时，桶内所存盐水的含盐量.

解　设在 t min 时桶内盐水的存盐量为 $y=y(t)$，因为流入溶液的速率为

3 L/min,且含盐量为 2 g/L,所以在任一时刻 t 流入盐的速率为

$$v_1 = 3 \text{ L/min} \times 2 \text{ g/L} = 6 \text{ g/min}.$$

同时,又知流出溶液的速率为 2 L/min,故 t min 后溶液总量为 $[100+(3-2)t]$ (L),溶液中的含盐量为 $y/(100+t)$ (g/L),因此流出盐的速率(单位:g/min)为

$$v_2 = \frac{2y}{100+t},$$

从而桶内盐的变化率为

$$\frac{\mathrm{d}y}{\mathrm{d}t} = v_1 - v_2 = 6 - \frac{2y}{100+t},$$

即

$$\frac{\mathrm{d}y}{\mathrm{d}t} + \frac{2y}{100+t} = 6. \qquad (2\text{-}39)$$

初始条件为 $y(0) = 50$.

方程(2-39)是一阶线性非齐次微分方程,$P(t) = \dfrac{2}{100+t}$,$Q(t) = 6$,把它们代入式(2-26),得

$$y = \mathrm{e}^{-\int \frac{2}{100+t}\mathrm{d}t} \left(\int 6\mathrm{e}^{\int \frac{2}{100+t}\mathrm{d}t} \mathrm{d}t + C \right) = \mathrm{e}^{-2\ln(100+t)} \left(\int 6\mathrm{e}^{2\ln(100+t)} \mathrm{d}t + C \right)$$

$$= \frac{1}{(100+t)^2} \left[\int 6(100+t)^2 \mathrm{d}t + C \right]$$

$$= \frac{1}{(100+t)^2} \left[2(100+t)^3 + C \right]$$

$$= 2(100+t) + \frac{C}{(100+t)^2},$$

故方程(2-39)的通解为

$$y = 2(100+t) + \frac{C}{(100+t)^2}.$$

把初始条件 $y(0) = 50$ 代入上式,得 $C = -1.5 \times 10^6$,所以桶内盐水的存盐量 y 与时间 t 的函数关系为

$$y = 2(100+t) - 1.5 \times 10^6 /(100+t)^2.$$

把 $t = 30$ 代入上式,即可求得在 30 min 时桶内所存盐水的含盐量为

$$y(30) = (260 - 1.5 \times 10^6 /130^2) \text{ g} = 171.24 \text{ g}.$$

2.4.2 二阶微分方程应用举例

例 28 求例 11 中有阻尼自由振动的运动规律.

解 因为物体有阻尼自由振动的微分方程为

$$\frac{\mathrm{d}^2 s}{\mathrm{d}t^2} + \frac{\delta}{m}\frac{\mathrm{d}s}{\mathrm{d}t} + \frac{E}{m}s = 0,$$

其中 δ, E, m 为常数. 它是二阶常系数线性齐次微分方程, 其特征方程 $r^2 + \dfrac{\delta}{m} r + \dfrac{E}{m} = 0$ 的根为

$$r_{1,2} = \frac{-\delta \pm \sqrt{\delta^2 - 4mE}}{2m},$$

于是所求方程的通解为

$$s = C_1 \mathrm{e}^{\frac{-\delta + \sqrt{\delta^2 - 4mE}}{2m} t} + C_2 \mathrm{e}^{\frac{-\delta - \sqrt{\delta^2 - 4mE}}{2m} t} \quad (C_1, C_2 \text{ 为任意常数}).$$

上式就是物体自由振动的运动规律.

例 29 求例 12 中电源电动势 $E = E_{\mathrm{m}} \sin\omega t$ (E_{m}, ω 是常数) 时, 电容 C 上电压 U_C 的变化规律.

解 因为电容上的电压 U_C 所满足的微分方程为

$$\frac{\mathrm{d}^2 U_C}{\mathrm{d}t^2} + \frac{R}{L} \frac{\mathrm{d}U_C}{\mathrm{d}t} + \frac{1}{LC} U_C = \frac{E_{\mathrm{m}}}{LC} \sin\omega t, \tag{2-40}$$

其中 $R, L, C, E_{\mathrm{m}}, \omega$ 都为常数. 它是二阶常系数线性非齐次微分方程, 其特征方程 $r^2 + \dfrac{R}{L} r + \dfrac{1}{LC} = 0$ 的根为

$$r_{1,2} = \frac{-R \pm \sqrt{R^2 - 4L/C}}{2L},$$

故对应的线性齐次方程的通解为

$$U = C_1 \mathrm{e}^{\frac{-R + \sqrt{R^2 - 4L/C}}{2L} t} + C_2 \mathrm{e}^{\frac{-R - \sqrt{R^2 - 4L/C}}{2L} t}.$$

又因为 $\pm \beta \mathrm{i} = \pm \omega \mathrm{i}$ 不是特征方程的根, 故设 $U^* = a\cos\omega t + b\sin\omega t$. 把 $U^*, U^{*'}$, $U^{*''}$ 代入方程 (2-40) 并化简, 得

$$\left(-a\omega^2 + \frac{R}{L} b\omega + \frac{a}{LC} \right) \cos\omega t + \left(-b\omega^2 - \frac{R}{L} a\omega + \frac{b}{LC} \right) \sin\omega t = \frac{E_{\mathrm{m}}}{LC} \sin\omega t,$$

比较同类项系数, 则有

$$\begin{cases} -a\omega^2 + \dfrac{R}{L} b\omega + \dfrac{a}{LC} = 0, \\ -b\omega^2 - \dfrac{R}{L} a\omega + \dfrac{b}{LC} = \dfrac{E_{\mathrm{m}}}{LC}, \end{cases}$$

解得

$$a = -\frac{RC\omega E_{\mathrm{m}}}{(1 - \omega^2 LC)^2 + (RC\omega)^2},$$

$$b = \frac{(1 - \omega^2 LC) E_{\mathrm{m}}}{(1 - \omega^2 LC)^2 + (RC\omega)^2}.$$

于是方程 (2-40) 的通解为

$$U_C(t) = C_1 \mathrm{e}^{\frac{-R + \sqrt{R^2 - 4L/C}}{2L} t} + C_2 \mathrm{e}^{\frac{-R - \sqrt{R^2 - 4L/C}}{2L} t} + \frac{E_{\mathrm{m}}}{(1 - \omega^2 LC)^2 + (RC\omega)^2}$$

$\cdot\left[(1-\omega^2 LC)\sin\omega t - RC\omega\cos\omega t\right]$　（C_1,C_2 为任意常数）.

这也就是所求的电容 C 上的电压 U_C 的变化规律.

习　题　2.4

1. 设降落伞从跳伞塔下落,下落时所受空气阻力的大小与速度成正比(比例系数为 $k,k>0$),又设降落伞脱钩时(记 $t=0$)的速度为零,求降落伞下落速度与时间之间的函数关系.

2. 已知汽艇在静水中运动所受阻力与速度成正比,若一汽艇以 3 m/s 的速度在静水中运动时关闭了发动机,经过 20 s 后,汽艇的速度减至 2 m/s,试确定发动机停止 120 s 后汽艇的速度.

3. 设一车间的容积为 10800 m³,开始时空气中 CO_2 的浓度为 0.12%,为降低 CO_2 的浓度,用一台风量为 25 m³/s 的鼓风机通入 CO_2 浓度为 0.04% 的新鲜空气,假定通入的新鲜空气与车间原有空气能很快混合均匀,且以相同风量排出,问鼓风机开动 10 min 后,车间中 CO_2 的浓度为多少?

4. 设一质量为 m 的质点作直线运动,从速度等于零的时刻起,有一个与运动方向一致,大小与时间成正比(比例系数为 $k_1,k_1>0$)的力作用于它,此外还受到一个与速度成正比(比例系数为 k_2,$k_2>0$)的阻力作用,求质点运动的速度与时间的函数关系.

5. 有一个电阻 $R=10\ \Omega$、电感 $L=2$ H 和电源电压 $E=20\sin 5t$ (V) 串联组成的电路,开关 S 闭合后,电路中有电流通过. 求电流 i 与时间 t 的函数关系.

6. 一质量为 m 的潜水艇从水面由静止状态开始下沉,所受阻力与下沉速度成正比(比例系数 $k>0$),求潜水艇下沉深度与时间的函数关系.

7. 火车沿水平直轨行驶,已知火车的质量为 m,机车的牵引力为 F,运动时阻力为 $F_f=a+bv$,其中 a,b 是常数,v 是火车的速度.设火车走过的路程为 s,且 $t=0$ 时,$s=0,v=0$.试确定火车的运动规律.

8. 一弹簧悬挂有质量为 2 kg 的物体时,弹簧伸长了 0.098 m,阻尼系数 $\delta=24$ N·m/s. 当弹簧受到强迫力 $F=100\sin(10t)$ (N) 的作用时,物体产生振动.设物体的初始位置在它的平衡位置,初始速度为零.求物体的振动规律.

9. 在 RLC 串联电路中,已知 $C=0.2$ F,$L=1$ H,$R=6\ \Omega$,电源电压 $E=5\sin 10t$ (V),设在 $t=0$ 时,将开关闭合,并设电容初始电压为零,试求开关闭合后的回路电流.

【数学史话】

微分方程的发展史

微分方程是常微分方程与偏微分方程的总称,即含未知函数导数或微分的方程. 它主要起源于 17 世纪对物理学的研究. 当数学家们谋求用微积分解决愈来愈多的物理学问题时,他们很快发现,不得不对付一类新的问题,解决这类问题需要专门的技术,这样微分方程这门学科就应时兴起了.

意大利科学家伽利略(Glilei,1564—1642)发现,若自由落体在时间 t 内下落的距离为 h,则加速度 $h''(t)$ 是一个常数.作为微分方程 $h''(t)=g$ 的解而得到的落体运动规律 $h(t)=\dfrac{1}{2}gt^2$,已成为微分方程求解的最早例证,同时也是微积分学的先驱性工作.牛顿和莱布尼兹创造微分学和积分学时,指出了它们的互逆性,事实上是解决了微分方程 $y'=f(x)$ 的求解问题.

当数学家运用微积分去研究几何学、力学、物理学中所提出的问题时,微分方程就大量涌现出来.例如,平面二次曲线方程含有 5 个参数,两端对 x 求 5 次微商,连同原方程共得 6 个方程,消去参数就得到微分方程

$$g(y)^2 y^{(5)} - 45y'' y''' y^{(4)} + 40(y''')^3 = 0.$$

芬兰数学家、物理学家惠更斯(Huggens,1629—1695)研究钟摆问题,用几何方法得出摆的一些性质.用微积分研究摆动的问题,可以得到摆动的运动方程

$$\frac{\mathrm{d}^2\theta}{\mathrm{d}t^2} + \frac{g}{l}\sin\theta = 0.$$

此外,抛射体的一种运动方程为微分方程

$$\frac{\mathrm{d}x}{\mathrm{d}t} = v_0\cos\theta_0, \qquad \frac{\mathrm{d}y}{\mathrm{d}t} = v_0\sin\theta_0 - gt.$$

天文学中的二体问题、物理学中的弹性理论等都是当时的热门课题,是微分方程建立的直接诱因.

常微分方程是指含有一个自变量和它的未知函数及未知函数的微商的方程.瑞士数学家雅各布·伯努利(Jacob Bernoulli,1654—1705)是最早用微积分求解常微分方程的数学家之一.他在 1690 年发表了关于等时问题的解答,即求一条曲线,使得一次摆动沿着它作一次完全的振动,都取得相等的时间,而与所经历的弧长无关.此问题的微分方程为

$$\mathrm{d}y \sqrt{b^2 y - a^3} = \mathrm{d}x \sqrt{a^3},$$

解为

$$\frac{2b^2 y - 2a^3}{3b^2} \sqrt{b^2 y - a^3} = x \sqrt{a^3}.$$

雅各布·伯努利在同一文章中提出"悬链线问题",即一根柔软而不能伸长的弦悬挂于两固定点,求该弦所形成的曲线.类似的问题早在 1687 年已由莱布尼兹提过,雅各布·伯努利重新提出后,这种曲线称为悬链线.第二年,莱布尼兹、惠更斯和约翰·伯努利(Johann Bernouli,1667—1748)都发表了各自的见解,其中约翰·伯努利的解答建立在微分方程 $\mathrm{d}y/\mathrm{d}x = s/c$ 的基础上(s 是曲线中心点到任一点的弧长,c 依赖于弦在单位长度内的重量).该方程的解是 $y = c\cosh\dfrac{x}{c}$.同一年,雅各布·伯努利与约翰·伯努利还解决了变密度悬链线等更一般的问题.

1691 年,莱布尼兹在给惠更斯的一封信中,提出了常微分方程的分离变量法.他将形如 $y\dfrac{\mathrm{d}x}{\mathrm{d}y}=f(x)g(y)$ 的方程写成 $\dfrac{\mathrm{d}x}{f(x)}=g(y)\dfrac{\mathrm{d}y}{y}$,然后两边积分,从而得到原方程的解.同一年,他利用变换 $y=zx$ 将齐次方程 $y'=f\left(\dfrac{y}{x}\right)$ 变为可用分离变量法求解的方程.1695 年,当雅各布•伯努利提出"伯努利方程",即

$$\frac{\mathrm{d}y}{\mathrm{d}x}=P(x)y+Q(x)y^n$$

时,莱布尼兹利用变量替换 $z=y^{1-n}$ 将原方程化为线性方程,雅各布•伯努利利用变量分离法给出解答.此外,几何中正交轨线问题、物理学中有阻力抛射体运动都引起了数学家们的兴趣.1740 年,积分因子理论建立后,一阶常微分方程求解的方法已经明晰.

1734 年,法国数学家克莱姆解决了以他名字命名的方程 $y=xy'+f(y')$,得到通解 $y=cx+f(c)$ 和一个新的解——奇解,即通解的包络.后来瑞士数学家欧拉(Euler,1707—1783)给出一个从特殊积分鉴别奇解的判别法,法国数学家拉普拉斯(Laplace,1749—1827)把奇解概念推广到高阶方程和三个变量的方程.1774 年,拉格朗日(Lagrange,1736—1813)给出了从通解中消去常数得到奇解的一般方法.奇解的完整理论发表于 19 世纪,由柯西与达布等人完成.

二阶常微分方程在 17 世纪末已经出现.约翰•伯努利处理过膜盖问题引出的方程 $\dfrac{\mathrm{d}^2x}{\mathrm{d}s^2}=\left(\dfrac{\mathrm{d}y}{\mathrm{d}s}\right)^3$,英国数学家泰勒(Taylor,1685—1731)由一根伸长的振动弦的基频导出方程 $a^2x''=s'yy'$,其中 $s'=(x'^2+y'^2)^{\frac{1}{2}}$.1727 年,欧拉利用变量替换将一类二阶方程化为一阶方程,开始了二阶方程的系统研究.1736 年,他又得到一类二阶方程的级数解,还求出用积分表示的解.

1734 年,丹尼尔•伯努利(Daniel Bernoulli,1700—1782)得到四阶微分方程 $k^4\dfrac{\mathrm{d}^4y}{\mathrm{d}x^4}=y$,1739 年,欧拉给出其解答.1743 年,欧拉又讨论了 n 阶齐次微分方程

$$Ay+B\frac{\mathrm{d}y}{\mathrm{d}x}+C\frac{\mathrm{d}^2y}{\mathrm{d}x^2}+D\frac{\mathrm{d}^3y}{\mathrm{d}x^3}+\cdots+L\frac{\mathrm{d}^ny}{\mathrm{d}x^n}=0,$$

并给出其解为

$$y=\mathrm{e}^{qx}(\alpha+\beta x+\gamma x^2+\cdots+\chi x^{k-1}).$$

1762—1765 年,拉格朗日研究变系数的方程,得到了降阶的方法,证明了一个非齐次常微分方程的伴随方程,就是原方程对应的齐次方程.拉格朗日还发现,知道 n 阶齐次方程 m 个特解后,可以把方程降低 m 阶.此外,微分方程组的研究也在 18 世纪发展起来,但多涉及分析力学.

自从牛顿时代起,物理问题就成为数学发展的一个重要源泉.18 世纪,数学和物

理的结合点主要是常微分方程.随着物理学科所研究的现象从力学向电学及电磁学的扩展,到 19 世纪,偏微分方程的求解成为数学家和物理学家关注的重心,对它们的研究又促进了常微分方程的发展.

第3章 复变函数初步与积分变换

3.1 复 数

复数是复变函数的基础,本节先介绍复数的概念、性质及运算,然后引入平面点集、区域和复平面的概念.

3.1.1 复数的概念

形如 $z=x+iy$ 的数称为**复数**,其中 x 和 y 是任意实数,i 称为**虚数单位**($i^2=-1$),实数 x 和 y 分别称为复数 z 的**实部和虚部**,记为 $x=\text{Re}z, y=\text{Im}z$.

全体复数构成的集合称为**复数集**,记作 **C**,即
$$\mathbf{C}=\{z=x+yi \,|\, x,y\in\mathbf{R}\}.$$

特别地,当 $\text{Im}z=y=0$ 时,z 为实数;当 $\text{Re}z=0$ 且 $\text{Im}z\neq0$ 时,z 为纯虚数.

复数 $z_1=x_1+iy_1$ 和 $z_2=x_2+iy_2$ 相等 $\Leftrightarrow x_1=x_2, y_1=y_2$;$x+iy=0 \Leftrightarrow x=0, y=0$.

两个复数不能比较大小(因为复数是无序的),但两者的模可比较大小.

实部相同、虚部只差一个符号的两个复数互为**共轭复数**,即对于复数 $z=x+iy$,其共轭复数可表示为 $x-iy$,记 $\bar{z}=x-iy$,显然 $\bar{\bar{z}}=z$.

3.1.2 复数的几何表示

由上可知,复数 $z=x+iy$ 实际上由一个有序数对 (x,y) 唯一确定,它们之间可以建立起一一对应的关系.类似于用数轴上的点与实数建立的一一对应关系那样,可以借助于横坐标为 x、纵坐标为 y 的二维直角坐标平面上的点 (x,y) 与复数 $z=x+iy$ 建立起一一对应关系.今后,凡是说到点 $z(x,y)$,即与复数 $z=x+iy$ 表示同一意义.

由于 x 轴上的点对应着实数,所以称 x 轴为**实轴**;y 轴上的非原点的点对应着纯虚数,所以称 y 轴为**虚轴**.这样,我们把表示复数 z 的平面称为**复平面**或称 Z **平面**,如图 3-1 所示.

在复平面上,复数 $z=x+iy$ 还可以用由原点引向点 P 的向量 $\overrightarrow{OP}$ 来表示,这种表示方法能使复数的加

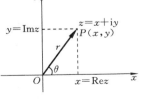

图 3-1

(减)法如向量的加(减)法一样用几何图形来表示. 向量 $\overrightarrow{OP}$ 的长度称为复数 z 的模，记 $|z|$ 或 r，因此有

$$|z|=r=\sqrt{x^2+y^2}\geqslant 0. \tag{3-1}$$

显然，

$$|\text{Re}z|\leqslant|z|\leqslant|\text{Re}z|+|\text{Im}z|,$$
$$|\text{Im}z|\leqslant|z|\leqslant|\text{Re}z|+|\text{Im}z|.$$

当 $z\neq 0$ 时，实轴正向与复数 z 所表示的向量 $\overrightarrow{OP}$ 的夹角 θ 称为 z 的**辐角**，记为

$$\theta=\text{Arg}z.$$

显然，有

$$\tan\theta=\frac{y}{x}.$$

任意非零复数 z 又有无穷多个辐角，通常把满足条件

$$-\pi<\theta_0\leqslant\pi \tag{3-2}$$

的辐角 θ_0 称为 $\text{Arg}z$ 的**主值**，记为 $\theta_0=\arg z$，于是

$$\theta=\text{Arg}z=\arg z+2k\pi \quad (k=0,\pm 1,\pm 2,\cdots) \tag{3-3}$$

利用直角坐标与极坐标的关系，即 $x=r\cos\theta,y=r\sin\theta$，还可以将复数 $z=x+\text{i}y$ 转化为下面的**三角形式**：

$$z=r(\cos\theta+\text{i}\sin\theta). \tag{3-4}$$

再利用欧拉公式 $\text{e}^{\text{i}\theta}=\cos\theta+\text{i}\sin\theta$，又可将复数 z 转化为如下的**指数形式**：

$$z=r\text{e}^{\text{i}\theta}. \tag{3-5}$$

复数的上述三种形式可以互相转换，以适应讨论不同问题及计算方面的需要. 把复数 $z=x+\text{i}y$ 化为三角形式或指数形式，需计算复数 z 的模 $|z|=r$ 和辐角 $\theta=\text{Arg}z$. 当 $\arg z(z\neq 0)$ 表示为辐角 $\text{Arg}z$ 的主值时，它与反正切 $\arctan\dfrac{y}{x}$ 上的主值 $\arctan\dfrac{y}{x}\left(-\dfrac{\pi}{2}<\arctan\dfrac{y}{x}<\dfrac{\pi}{2}\right)$ 之间有如下的关系：

$$\arg z=\begin{cases}\arctan\dfrac{y}{x}, & x>0\ (\text{Ⅰ、Ⅳ象限}),\\[2mm]\dfrac{\pi}{2}, & x=0,y>0,\\[2mm]\arctan\dfrac{y}{x}+\pi, & x<0,y\geqslant 0\ (\text{Ⅱ象限与负实轴}),\\[2mm]\arctan\dfrac{y}{x}-\pi, & x<0,y<0\ (\text{Ⅲ象限}),\\[2mm]-\dfrac{\pi}{2}, & x=0,y<0.\end{cases} \tag{3-6}$$

例 1　求 $\text{Arg}(-3-4\text{i})$.

解　由式(3-3)可知

$$\mathrm{Arg}(-3-4\mathrm{i})=\arg(-3-4\mathrm{i})+2k\pi \quad (k=0,\pm1,\pm2,\cdots).$$

再由式(3-6)知

$$\arg(-3-4\mathrm{i})=\arctan\left(\frac{-4}{-3}\right)-\pi=\arctan\frac{4}{3}-\pi,$$

所以

$$\mathrm{Arg}(-3-4\mathrm{i})=\arctan\frac{4}{3}+(2k-1)\pi \quad (k=0,\pm1,\pm2,\cdots).$$

例 2　计算 $z=\mathrm{e}^{\mathrm{i}\pi}$.

解　因为 $\mathrm{e}^{\mathrm{i}\pi}=\cos\pi+\mathrm{i}\sin\pi=-1$,所以 $\mathrm{e}^{\mathrm{i}\pi}=-1$.

例 3　将 $z=-1+\mathrm{i}\sqrt{3}$ 化为三角形式和指数形式.

解　因为 $x=-1,y=\sqrt{3}$,所以 $|z|=r=\sqrt{(-1)^2+(\sqrt{3})^2}=2$.

设 $\theta=\arg z$,则 $\tan\theta=\dfrac{\sqrt{3}}{-1}=-\sqrt{3}$,又因为 $z=-1+\mathrm{i}\sqrt{3}$ 位于第Ⅱ象限,所以 $\theta=\arg z=\dfrac{2\pi}{3}$,从而有

$$z=-1+\mathrm{i}\sqrt{3}=2\left(\cos\frac{2\pi}{3}+\mathrm{i}\sin\frac{2\pi}{3}\right)=2\mathrm{e}^{\mathrm{i}\frac{2\pi}{3}}.$$

3.1.3　复数的四则运算

我们定义两个复数 $z_1=x_1+\mathrm{i}y_1$ 与 $z_2=x_2+\mathrm{i}y_2$ 的加法、减法、乘法及除法如下:

$$\begin{aligned}
z_1\pm z_2 &=(x_1+\mathrm{i}y_1)\pm(x_2+\mathrm{i}y_2)\\
&=(x_1\pm x_2)+\mathrm{i}(y_1\pm y_2),\\
z_1\cdot z_2 &=(x_1+\mathrm{i}y_1)(x_2+\mathrm{i}y_2)\\
&=(x_1x_2-y_1y_2)+\mathrm{i}(x_1y_2+x_2y_1),\\
\frac{z_1}{z_2} &=\frac{x_1+\mathrm{i}y_1}{x_2+\mathrm{i}y_2}=\frac{x_1x_2+y_1y_2}{x_2^2+y_2^2}+\mathrm{i}\frac{x_2y_1-x_1y_2}{x_2^2+y_2^2} \quad (z_2\neq0).
\end{aligned}$$

复数的四则运算法则总结如下:

(1)加减按实部、虚部相加减(或合并同类项);

(2)乘、除按多项式相乘除的法则(注意到 $\mathrm{i}^2=-1$).

容易验证,复数的加法与乘除法满足交换律、结合律及乘法对于加法的分配律. 减法是加法的逆运算,除法是乘法的逆运算,所以全体复数在引进上述运算后就称为**复数域**. 在复数域内,我们熟知的一切代数恒等式仍然成立,例如,$(a\pm b)^2=a^2\pm2ab+b^2$,$a^2-b^2=(a+b)(a-b)$,等等. 与实数不同的是,由于复数不能比较大小,因而对于两个复数 z_1,z_2,其不等式关系一般不成立,除非 z_1,z_2 均为实数. 当然,两个复数的模是可以比较大小的.

　　用向量表示复数时,复数加(减)法运算与向量加(减)法运算完全一样(见图3-2),由此可以推出如下关于复数的模的三角形不等式:

$$|z_1+z_2| \leqslant |z_1|+|z_2|,$$
$$|z_1-z_2| \geqslant ||z_1|-|z_2||.$$

　　显然,$|z_1-z_2|$ 表示 z_1 与 z_2 两点间的距离,$\mathrm{Arg}(z_1-z_2)$ 则表示实轴正向与点 z_2 引向点 z_1 的向量之间的夹角.

　　一对共轭复数 z 与 $\bar{z}$ 在复平面内的位置是关于实轴对称的(见图3-3),因而 $|z|=|\bar{z}|$.如果 z 不在负实轴和原点上,还有 $\mathrm{arg}z=-\mathrm{arg}\bar{z}$.

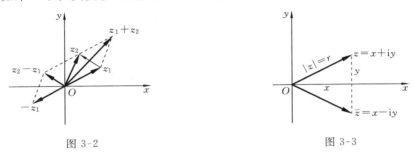

图 3-2　　　　　　　　　　　　　　　　图 3-3

　　应当指出的是,在计算复数的乘除时,复数用三角表示式或指数表示式较为方便.

　　设两个复数

$$z_1=r_1(\cos\theta_1+\mathrm{i}\sin\theta_1)=r_1\mathrm{e}^{\mathrm{i}\theta_1},$$
$$z_2=r_2(\cos\theta_2+\mathrm{i}\sin\theta_2)=r_2\mathrm{e}^{\mathrm{i}\theta_2},$$

则

$$\begin{aligned}z_1z_2 &=r_1r_2\big[(\cos\theta_1+\mathrm{i}\sin\theta_1)(\cos\theta_2+\mathrm{i}\sin\theta_2)\big]\\&=r_1r_2\big[\cos(\theta_1+\theta_2)+\mathrm{i}\sin(\theta_1+\theta_2)\big]\\&=r_1r_2\mathrm{e}^{\mathrm{i}(\theta_1+\theta_2)},\end{aligned}$$

由此得到　　　　$|z_1z_2|=|z_1||z_2|,\quad \mathrm{Arg}(z_1z_2)=\mathrm{Arg}z_1+\mathrm{Arg}z_2.$

　　不难得出结论:两个复数乘积的模等于它们模的乘积,乘积的辐角等于它们辐角之和.

　　复数的除法是乘法的逆运算,若 $z_2\neq0$,则

$$\frac{z_1}{z_2}=\frac{r_1\mathrm{e}^{\mathrm{i}\theta_1}}{r_2\mathrm{e}^{\mathrm{i}\theta_2}}=\frac{r_1}{r_2}\mathrm{e}^{\mathrm{i}(\theta_1-\theta_2)}\quad(r_2\neq0).$$

由此得到　　　　$\left|\dfrac{z_1}{z_2}\right|=\dfrac{|z_1|}{|z_2|},\quad \mathrm{Arg}\dfrac{z_1}{z_2}=\mathrm{Arg}z_1-\mathrm{Arg}z_2.$

　　不难得出结论:两个复数之商的模等于它们模的商,商的辐角等于被除数的辐角与除数辐角之差.

3.1.4　复数的乘幂运算

n 个相同复数 z 的乘积,称为复数 z 的 n 次幂,记作 z^n.

因为复数的乘法满足交换律与结合律,所以实数集 **R** 中正整数指数幂的运算律在复数集 **C** 中仍成立,即对于任何 $z,z_1,z_2 \in \mathbf{C}$,有

$$z^m \cdot z^n = z^{m+n}, \quad (z^m)^n = z^{mn}, \quad (z_1 \cdot z_2)^n = z_1^n \cdot z_2^n.$$

若 $z = r(\cos\theta + \mathrm{i}\sin\theta)$,则

$$z^n = r^n(\cos n\theta + \mathrm{i}\sin n\theta),$$

于是

$$|z^n| = |z|^n, \quad \mathrm{Arg}z^n = n\mathrm{Arg}z,$$

即复数的 $n(n \in \mathbf{N})$ 次幂的模等于这个复数的模的 n 次幂,它的辐角等于这个复数的辐角的 n 倍.

当 $r = 1$ 时,$z = \cos\theta + \mathrm{i}\sin\theta$,则得到著名的棣莫弗(De-Moivre)公式:

$$(\cos\theta + \mathrm{i}\sin\theta)^n = \cos n\theta + \mathrm{i}\sin n\theta.$$

例 4　已知 $z_1 = \sqrt{3} - \mathrm{i}, z_2 = -\sqrt{3} + \mathrm{i}$,求 $\dfrac{z_1^8}{z_2^4}$.

解　因为

$$z_1 = \sqrt{3} - \mathrm{i} = 2\left[\cos\left(-\frac{\pi}{6}\right) + \mathrm{i}\sin\left(-\frac{\pi}{6}\right)\right],$$

$$z_2 = -\sqrt{3} + \mathrm{i} = 2\left(\cos\frac{5\pi}{6} + \mathrm{i}\sin\frac{5\pi}{6}\right),$$

所以

$$\frac{z_1^8}{z_2^4} = \frac{2^8\left[\cos\left(-\frac{8\pi}{6}\right) + \mathrm{i}\sin\left(-\frac{8\pi}{6}\right)\right]}{2^4\left(\cos\frac{20\pi}{6} + \mathrm{i}\sin\frac{20\pi}{6}\right)}$$

$$= 2^4\left[\cos\left(-\frac{28\pi}{6}\right) + \mathrm{i}\sin\left(-\frac{28\pi}{6}\right)\right]$$

$$= -8(1 + \sqrt{3}\mathrm{i}).$$

对于复数 z,若存在复数 w 满足等式 $w^n = z$ (n 为正整数),则称 w 为 z 的 n **次方根**,记为 $w = \sqrt[n]{z}$.

当 $z = 0$ 时,$w = 0$;当 $z \neq 0$ 时,为了求出 w,令

$$z = r(\cos\theta + \mathrm{i}\sin\theta), \quad w = \rho(\cos\varphi + \mathrm{i}\sin\varphi).$$

根据棣莫弗公式,可得

$$\rho^n(\cos n\varphi + \mathrm{i}\sin n\varphi) = r(\cos\theta + \mathrm{i}\sin\theta),$$

即 $\rho^n = r, \cos n\varphi = \cos\theta, \sin n\varphi = \sin\theta$,亦即

$$\rho^n = r, \quad n\varphi = \theta + 2k\pi \quad (k = 0, \pm1, \pm2, \cdots),$$

于是

$$\rho = r^{\frac{1}{n}}, \quad \varphi = \frac{\theta + 2k\pi}{n} \quad (k = 0, \pm1, \pm2, \cdots),$$

从而
$$w=\sqrt[n]{z}=r^{\frac{1}{n}}\left(\cos\frac{\theta+2k\pi}{n}+i\sin\frac{\theta+2k\pi}{n}\right).$$

当 $k=0,1,2,\cdots,n-1$ 时,得到 n 个相异的根:

$$w_0=r^{\frac{1}{n}}\left(\cos\frac{\theta}{n}+i\sin\frac{\theta}{n}\right),\quad w_1=r^{\frac{1}{n}}\left(\cos\frac{\theta+2\pi}{n}+i\sin\frac{\theta+2\pi}{n}\right),\quad\cdots,$$

$$w_{n-1}=r^{\frac{1}{n}}\left[\cos\frac{\theta+2(n-1)\pi}{n}+i\sin\frac{\theta+2(n-1)\pi}{n}\right].$$

当 k 以其他整数值代入时,这些根又重复出现.即复数的 $n(n\in\mathbf{N})$ 次方根是 n 个复数,它们的模都等于这个复数的模的 n 次算术根,它们的辐角分别等于这个复数的辐角与 2π 的 $0,1,2,\cdots,n-1$ 倍的和的 n 分之一.

例 5　解方程 $z^6+1=0$.

解　因为 $z^6=-1=\cos\pi+i\sin\pi$,所以

$$\sqrt[6]{-1}=\cos\frac{\pi+2k\pi}{6}+i\sin\frac{\pi+2k\pi}{6}\quad(k=0,1,2,3,4,5).$$

可求出 6 个根,它们是

$$z_0=\frac{\sqrt{3}}{2}+\frac{1}{2}i,\qquad z_1=i,\qquad z_2=-\frac{\sqrt{3}}{2}+\frac{1}{2}i,$$

$$z_3=-\frac{\sqrt{3}}{2}-\frac{1}{2}i,\quad z_4=-i,\quad z_5=\frac{\sqrt{3}}{2}-\frac{1}{2}i.$$

3.1.5　复平面的点集与区域

对于复平面还需要引进一个无穷远点.在复数集中加入一个非正常的复数称为无穷大,记作 ∞.对于复数 ∞ 来说,实部、虚部与辐角都没有意义,但它的模规定为正无穷大,即 $|z|=+\infty$.相应地,在复平面上添加一点,称为**无穷远点**,它与原点的距离是 $+\infty$.

包括无穷远点在内的复平面称为**扩充复平面**,不包括无穷远点的复平面称为**有限复平面**,或者就称为**复平面**.以后如无特别申明,复平面均指有限复平面.

平面点集在高等数学课程中已学过,由于复数可以看成复平面上的点,因此可以通过满足一定条件的复数来表示复平面的点集.下面举几个复平面点集的例子,以加强理解记忆.

(1) $|z-z_0|=r\ (r>0)$ 表示平面上到定点 z_0 的距离等于常数 r 的点的集合.它是 Z 平面上以点 z_0 为圆心、r 为半径的圆周(见图 3-4).

(2) $|z|<r\ (r>0)$ 表示平面上到原点的距离小于 r 的点的集合.它是 Z 平面上以原点为圆心、r 为半径的不带边的圆盘(见图 3-5).

(3) $\text{Re}z=1$ 表示平面上实部等于 1 的点的集合.它是 Z 平面上的一条平行于虚轴的直线(见图 3-6).

（4）$\arg z = \dfrac{\pi}{4}$ 表示主辐角为 $\dfrac{\pi}{4}$ 的点的集合. 它是 Z 平面上的一条由原点出发（但不包括原点）与 x 轴成 45°角的位于第 Ⅰ 象限内的射线（见图 3-7）.

（5）$\dfrac{\pi}{6} \leqslant \arg z \leqslant \dfrac{\pi}{3}$ 表示介于射线 $\arg z = \dfrac{\pi}{6}$ 和射线 $\arg z = \dfrac{\pi}{3}$ 之间的角形平面（见图 3-8）.

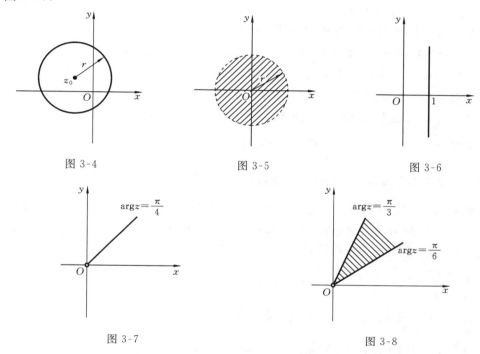

图 3-4　　　　　　　　　　图 3-5　　　　　　　　　　图 3-6

图 3-7　　　　　　　　　　　　　　　图 3-8

为了定义复平面上的开集、闭集，下面先给出一个点的邻域的概念.

定义 3.1　设 z_0 是复平面上的点，δ 是一正数，则满足 $|z - z_0| < \delta$ 的 z 的全体称为 z_0 的一个 δ 邻域，记作 $N(z_0, \delta)$. 显然，它是一个以点 z_0 为圆心、δ 为半径的不带边的圆盘，并且 $z_0 \in N(z_0, \delta)$. 满足条件 $0 < |z - z_0| < \delta$ 的所有 z 组成的点集，称为点 z_0 的去心 δ 邻域，记作 $N(\hat{z}_0, \delta)$.

定义 3.2　设 D 是复平面上一个点集，$z_0 \in D$，如果存在 z_0 的一个 δ 邻域，使得此邻域中的所有点都属于 D，那么，点 z_0 称为 D 的一个内点. 所有点都是内点的点集称为开集.

显然，不带边的圆盘 $|z - z_0| < r$（$r > 0$）是一个开集.

定义 3.3　满足如下两个条件的平面点集 D 称为一个区域：

（1）D 是开集；

（2）D 中任何两点都可以用完全属于 D 的一条折线连接起来（称 D 是连通的）.

简单地说，**区域是连通的开集**. 如图 3-9 所示，由两个不相交的开圆盘组成的平面点集虽然是开集，但不连通，因此它不是区域. 而单独一个开圆盘（如 $|z| < r$ $(r > 0)$），则是区域.

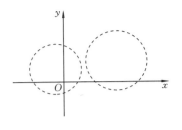

区域在直观上是平面内一整块不带边的部分内点集. 它不能分割成若干块互不相交的内点集.

图 3-9

如同高等数学中区间的概念一样，区域的概念对于复变函数特别重要. 今后研究的复变函数，大都是定义在区域上的.

定义 3.4 设 D 是复平面上一个点集，z_0 是复平面上一点，如果 z_0 的任何 δ 邻域中都既有 D 中的点，又有不是 D 中的点，那么点 z_0 称为 D 的**边界点**. 所有边界点的集合称为 D 的边界. 区域连同它的边界 C 一起称为闭区域，记作 $\overline{D}$，即 $\overline{D} = D + C$.

圆周 $|z - z_0| = r$ $(r > 0)$ 上的点是开圆盘的边界点. 直线 $\arg z = \dfrac{\pi}{6}$ 和 $\arg z = \dfrac{\pi}{3}$ 上的点是角形平面 $\dfrac{\pi}{6} \leqslant \arg z \leqslant \dfrac{\pi}{3}$ 的边界点，该区域是闭区域.

定义 3.5 设 D 是复平面上一个点集，存在正数 M，使得 D 中任何点 z，均满足 $|z| \leqslant M$，则称 D 为**有界集**，否则称为**无界集**. 区域（闭区域）有界时，称为**有界区域**（有界闭区域），否则称为**无界区域**（无界闭区域）.

开圆盘 $|z - z_0| < r$ $(r > 0)$ 是有界区域，角形平面 $\dfrac{\pi}{6} \leqslant \arg z \leqslant \dfrac{\pi}{3}$ 是无界闭区域.

3.1.6　曲线与区域的复数表示

由于复平面上的点可用复数来表示，因而平面曲线与区域就可用复数所满足的方程或不等式来表示.

定义 3.6 设 $x(t)$ 与 $y(t)$ 是 $[\alpha, \beta]$ 上的实连续函数，则由方程

$$z = z(t) = x(t) + iy(t) \quad (\alpha \leqslant t \leqslant \beta) \tag{3-7}$$

所确定的点集 C 称为复平面上的一条**连续曲线**，简称曲线. 若存在满足 $\alpha \leqslant t_1 \leqslant \beta, \alpha \leqslant t_2 \leqslant \beta$，且 $t_1 \neq t_2$ 的 t_1 与 t_2，使 $z(t_1) = z(t_2)$，则称此曲线 C 有重点；无重点的连续曲线称为**简单曲线**；除 $z(\alpha) = z(\beta)$ 外的无重点的连续曲线称为**简单闭曲线**. 式 (3-7) 称为曲线 C 的参数方程.

直观上，简单曲线是平面上没有"打结"情形的连续曲线，简单闭曲线除了没有"打结"情形外，还必须是封闭的. 如图 3-10(a) 所示，C_1 是简单曲线，C_2 是简单闭曲线；如图 3-10(b) 所示，C_3，C_4 不是简单曲线，但 C_3 是闭曲线.

例如，$z = (1 + 2\cos t) + i(2\sin t)$ $(0 \leqslant t \leqslant 2\pi)$ 表示以点 $(1, 0)$ 为圆心、2 为半径的圆，这是一条简单闭曲线（见图 3-11）；$z = t + (1 + t)i$ $(-\infty < t < +\infty)$ 表示过点

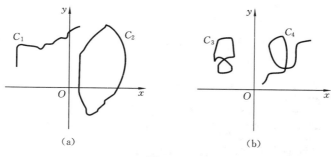

图 3-10

$(0,i)$ 且与实轴正方向的夹角为 $\dfrac{\pi}{4}$ 的直线(见图 3-12).

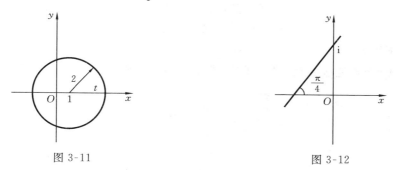

图 3-11　　　　　　　　　　　　　　　　图 3-12

　　曲线除了用 $z=z(t)$ $(\alpha\leqslant t\leqslant\beta)$ 这种形式给定外,也可由其他形式来表示,如圆 $z=(1+2\cos t)+i(2\sin t)$ $(0\leqslant t\leqslant 2\pi)$ 也可用 $x=1+2\cos t,y=2\sin t$ $(0\leqslant t\leqslant 2\pi)$ 或 $|z-1|=2$ 及 $z=1+2e^{it}$ 的形式表示.

　　平面上连接点 $z_1(x_1,y_1)$ 与 $z_2(x_2,y_2)$ 的直线段,其参数方程表示为

$$x=x_1+(x_2-x_1)t,\quad y=y_1+(y_2-y_1)t \quad (0\leqslant t\leqslant 1).$$

利用复数,其方程也可表示为

$$z=z_1+(z_2-z_1)t \quad (0\leqslant t\leqslant 1).$$

　　例 6　求方程 $|z-2i|=|z+2|$ 所表示的曲线.

　　解　首先对已知方程进行分析.该方程表示这样的复数 z 组成的点集.点集中的 z 到 $2i$ 与到 -2 的距离相等,故该点集是点 $2i$ 与 -2 所连线段的垂直平分线(见图3-13).然后,利用复数的代数式进行计算.

　　设 $z=x+iy$,因为 $|z-2i|=|z+2|$,由此得出

$$\sqrt{x^2+(y-2)^2}=\sqrt{(x+2)^2+y^2},$$

化简得 $x+y=0$,即为点 $2i$ 和 -2 所连线段的垂直平分线

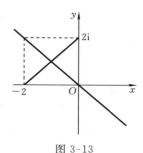

图 3-13

方程.

又因为 $x=\dfrac{z+\bar{z}}{2}, y=\dfrac{z-\bar{z}}{2i}$，所以可得复数形式的垂直平分线方程为

$$\frac{z+\bar{z}}{2}+\frac{z-\bar{z}}{2i}=0,$$

即　　　　　　$z+\bar{z}-i(z-\bar{z})=0, \quad (1-i)z+(1+i)\bar{z}=0.$

定义 3.7　对于区域 D 内任意一条简单闭曲线 C，如果 C 内部的每一点都在 D 中，那么称 D 为**单连通区域**，否则就称为**复连通区域**.

复平面上的区域常用复数的实部、虚部、模及辐角的不等式来表示.

例如：左半平面用 $\mathrm{Re}z<0$ 来表示；水平带域用 $y_1<\mathrm{Im}z<y_2$ 来表示，$y_1,y_2\in\mathbf{R}$；上半平面可表示为 $0<\arg z<\pi$ 等，它们都是单连通区域. 而圆环域可表示为

$$r<|z-z_0|<R \quad (r,R \text{ 为正实常数}),$$

它是复连通区域.

直观上，单连通区域是无"洞"的区域，而复连通区域是有"洞"的区域.

习 题 3.1

1. 求下列复数的模、辐角主值及共轭复数，并作图.

　　(1) $\sqrt{3}+i$；　　　　　　　　　　(2) $-1-i$.

2. 将下列复数表示成三角形式和指数形式.

　　(1) $z=2+2i$；　　　(2) $z=1-\sqrt{3}i$；　　　(3) $z=3i$；　　　(4) $z=-1$.

3. 试求使下列等式成立的实数 x 和 y.

$$(1+2i)x+(3-5i)y=1-3i.$$

4. 求下列复数的实部、虚部及模.

　　(1) $\dfrac{1}{i}$；　　　　　(2) $\dfrac{1-i}{1+i}$；　　　　　(3) $(1+2i)(2+\sqrt{3}i)$；

　　(4) $\dfrac{i}{(i-1)(i-2)}$；　　(5) $-1+\sqrt{3}i$.

5. 计算下列各值.

　　(1) $(1-\sqrt{3}i)^6$；　　(2) $(1-i)^4$；　　　(3) $\sqrt[4]{1+i}$；　　(4) $\sqrt[6]{-2i}$.

6. 试求方程 $z^3+27=0$ 的根.

7. 证明：$z_1\bar{z}_2+\bar{z}_1 z_2=2\mathrm{Re}(z_1\bar{z}_2)$.

8. 指出满足下列关系式中的 z 点集的图形，并指出哪些是区域，哪些不是.

　　(1) $-\pi<\arg z<0$；　　(2) $\arg(z-i)=\dfrac{\pi}{4}$；　　(3) $|z-i|<2$；

　　(4) $3\leqslant\mathrm{Re}z<4$；　　(5) $|z-1|=|z+1|$；　　(6) $|z|<|z-4|$；

(7) $|z| < 1 - \text{Re} z$;　　　(8) $2 \leqslant |z| \leqslant 3$.

9. 确定下列方程表示的曲线(t 为参变量),并写出直角坐标系下的方程.

(1) $z = -3 + 4\mathrm{e}^{\mathrm{i}t}$;　　　(2) $z = t(1 + \mathrm{i})$;　　　　　(3) $z = a\cos t + \mathrm{i}b\sin t$.

10. 把下列曲线写成复变量形式:$z = z(t)$,t 为实数.

(1) $x^2 + (y-1)^2 = 4$;　　　(2) $y = 5$;　　　(3) $x = 3$;　　　(4) $y = x + 1$.

3.2　复变函数

在客观世界中,我们会遇到很多以复数为变量去刻画一些物理量,如速度、加速度、电场强度、磁场强度等,而且经常涉及量之间的相互关系,即复变函数.复变函数的基本概念几乎是微积分学相应概念的推广.由于这种基本定义极其相似,导致了在某些章节中许多理论也极其相似.因此,与微积分学中实变函数进行类比乃是学习复变函数的一个较好的办法.

本节首先介绍复变函数的定义及其极限、连续、可微等概念.

3.2.1　复变函数的概念及其几何表示

定义 3.8　设 D 为平面点集,若对于 D 中的每一个复数 z,按照一定的规律,有确定的复数 w 的值与之对应,则称 w 为定义在 D 上的**复变函数**,记作

$$w = f(z) \quad (z \in D).$$

式中,z 称为自变量;w 称为因变量或函数;自变量 z 的取值范围——集合 D,称为函数的定义域;由函数值 w 的全体所组成的集合 G 称为函数值集合.

若对于定义域 D 的每一个 z,有且仅有一个 $w \in G$ 与之对应,则称 $w = f(z)(z \in D)$ 为**单值函数**,否则称之**多值函数**.今后不作特别说明,都是指单值函数.

在以后的讨论中,D 与 G 常常是指平面上的区域,分别称为定义域和值域.复变函数建立了两个平面区域 D 与 G 间点的对应关系,亦称为映射,即函数 $w = f(z)$ 把 D 映射为 G,也称把 $z \in D$ 映射为 $w = f(z)$.

定义 3.9　设 f 是区域 D 到区域 G 的单值函数.

(1) 如果对于任意 z_1、$z_2 \in D$ 且 $z_1 \neq z_2$,有 $f(z_1) \neq f(z_2)$,则称 f 是**单射**,或称 f 是一对一的映射;

(2) 如果 $f(D) = G$,则称 f 是**满射**,或称 f 是从 D 到 G 上的映射;

(3) 如果 f 既是单射又是满射,则称 f 是**双射**,或称 f 是一一对应的映射.

注　① f 是单射,则对于一个 $w \in f(D)$,只有一个 $z \in D$,使得 $f(z) = w$;

② f 是满射,则对于每一个 $w \in G$,至少存在一个 $z \in D$,使得 $f(z) = w$;

③ f 是双射,则存在 f 的反函数(或称逆函数)$f^{-1} : G \rightarrow D$.

例如，$w=z^2$ 是区域 $A=\{z\,|\,\mathrm{Re}z>0,\mathrm{Im}z>0\}$ 到区域 $B=\{w\,|\,\mathrm{Im}w>0\}$ 的一个双射(即一一对应的满射).

设 D 是单值函数 $w=f(z)$ 的定义域,其中 $z=x+\mathrm{i}y,w$ 的复数形式是 $w=u+\mathrm{i}v$,显然 u,v 随 x,y 在 D 内的变化而变化,因而 u,v 都是 x,y 的二元函数,即

$$w=f(z)=u+\mathrm{i}v=u(x,y)+\mathrm{i}v(x,y).$$

如果将 z 写成指数形式 $z=r\mathrm{e}^{\mathrm{i}\theta}$,则函数 $w=f(z)$ 又可表示为

$$w=u(r\cos\theta,r\sin\theta)+\mathrm{i}v(r\cos\theta,r\sin\theta)=P(r,\theta)+\mathrm{i}Q(r,\theta).$$

又如,在函数 $w=z^2$ 中,令 $z=x+\mathrm{i}y,w=u+\mathrm{i}v$,则有

$$u+\mathrm{i}v=(x+\mathrm{i}y)^2=x^2-y^2+2xy\mathrm{i},$$

所以有 $\qquad u=u(x,y)=x^2-y^2,\qquad v=v(x,y)=2xy.$

若令 $z=r\mathrm{e}^{\mathrm{i}\theta},w=\rho\mathrm{e}^{\mathrm{i}\varphi}$,则有

$$\rho\mathrm{e}^{\mathrm{i}\varphi}=(r\mathrm{e}^{\mathrm{i}\theta})^2=r^2\mathrm{e}^{2\theta\mathrm{i}}=r^2(\cos2\theta+\mathrm{i}\sin2\theta),$$

从而有 $\rho=r^2,\varphi=2\theta$.

若令 $w=P(r,\theta)+\mathrm{i}Q(r,\theta)$,则有

$$P(r,\theta)=r^2\cos2\theta,\qquad Q(r,\theta)=r^2\sin2\theta.$$

在实际分析中,常常把函数关系用几何图形表示出来,它们可以比较直观地帮助我们理解函数的性质,形象地阐明自变量与函数之间的对应规律.然而,对于复变函数,由于它反映了两对实变量 u,v 和 x,y 之间的对应关系,而它们是无法用三维空间中的几何图形来反映的,因此既为了避免这个困难,又要对一些简单的复变函数关系作出一些必要的几何说明,我们取两张复平面,分别称为 Z 平面和 W 平面(有时也把它们重叠在一起观察).如果复变函数 $w=f(z)$ 在几何上可以看成是将 Z 平面上的定义集 D 变到 W 平面上的函数值集合 G 的一个变换或映射,则它将 D 内的点 z 映射为 G 内的一点 $w=f(z)$,w 称为 z 的象,z 称为 w 的原象(见图 3-14).因此,今后凡提到函数、变换、映射,均是指同一意义.

例 7 设函数 $w=z^2$,问它把 Z 平面上的

(1) 圆域 $|z|<r_0$;

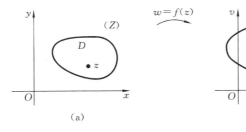

(a)　　　　　　　　　　　　(b)

图 3-14

（2）射线 $\arg z = \theta = \alpha$, α 是满足 $-\frac{\pi}{2} < \alpha \leqslant \frac{\pi}{2}$ 的一个数；

（3）双曲线 $x^2 - y^2 = a$, $2xy = b$, a 和 b 为实数；

（4）上半平面 $D = \{z = x + iy \,|\, y > 0\}$ 或 $D = \{z = re^{i\theta} \,|\, 0 < \theta < \pi\}$ ，

分别映射成 W 平面上的什么点集？

解　若 $z = re^{i\theta}$, $w = \rho e^{i\varphi}$, 则有 $\rho = r^2$, $\varphi = 2\theta$.

（1）对于 $|z| = r < r_0$, 有 $|w| = |z|^2 = \rho < r_0^2$, 即其象区域是 W 平面上半径为 r_0^2 、中心在原点的圆内部区域, 如图 3-15(b) 所示.

（2）因为 $\varphi = 2\theta = 2\alpha$, 其中 $-\frac{\pi}{2} < \alpha \leqslant \frac{\pi}{2}$, 所以 Z 平面上过原点 $z = 0$ 的射线 $\arg z = \alpha$ 的象曲线是 W 平面上过原点 $w = 0$ 的射线 $\arg w = 2\alpha$, 如图 3-15(b) 所示.

（3）令 $z = x + iy$, $w = u + iv$, 由以上分析知

$$u = u(x,y) = x^2 - y^2, \quad v = v(x,y) = 2xy,$$

所以双曲线 $x^2 - y^2 = a$ 与 $2xy = b$ 的象曲线是 W 平面上的直线 $u = a$（平行于虚轴的

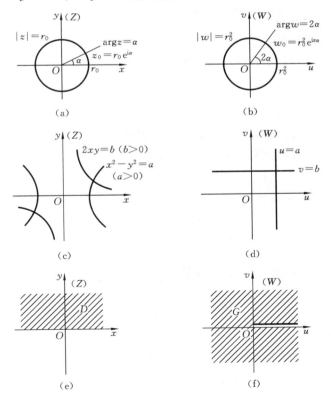

图 3-15

直线,当 $a=0$ 时为虚轴)与 $v=b$(平行于实轴的直线,当 $b=0$ 时为实轴),如图 3-15 (c)、(d)所示.

(4) 上半平面 $D=\{z=re^{i\theta}|0<\theta<\pi\}$(见图 3-15(e))映射为区域

$$G=\{w=\rho e^{i\varphi}|0<\varphi=2\theta<2\pi\},$$

它是除去原点与正实轴的 W 平面(或称沿正实轴有一裂缝的 W 平面),G 也可写为 $G=\{w=u+iv|u\geqslant 0,v=0\}$,如图 3-15(f)所示.

3.2.2 极 限 与 连 续

定义 3.10 设函数 $w=f(z)$ 定义在点 z_0 的去心邻域 $D=\{z|0<|z-z_0|<\rho\}$ 内,如果存在着一确定的复数 A,对于任意预先给定的 $\varepsilon>0$,存在着正数 $\delta(\varepsilon)>0$,使得当 $0<|z-z_0|<\delta$ $(0<\delta<\rho)$ 时,就有

$$|f(z)-A|<\varepsilon$$

成立,则称 A 为当 z 趋向于点 z_0 时函数 $w=f(z)$ 的**极限**,并且记作 $\lim\limits_{z\to z_0}f(x)=A$.

值得注意的是,定义中 z 趋向于点 z_0 的方式是任意的.

定义 3.11 设函数 $w=f(z)$ 定义在点 z_0 的去心邻域 $D=\{z|0<|z-z_0|<\rho\}$ 内,如果对任意给定的无论多大的正数 $M>0$,存在着正数 $\delta(\varepsilon)>0$,使得当 $0<|z-z_0|<\delta$ $(0<\delta<\rho)$ 时,就有 $|f(z)|>M$ 成立,则称当 z 趋向于 z_0 时,函数 $w=f(z)$ 的极限为**无穷大**,并且记作 $\lim\limits_{z\to z_0}f(x)=\infty$.

由于复变函数的性质取决于其实部、虚部的性质,下面我们说明复变函数的极限与该函数的实部、虚部的极限的依存关系.

定理 3.1 如果极限存在,则必唯一.

定理 3.2 极限 $\lim\limits_{z\to z_0}f(z)=A$ 存在的充分必要条件是

$$f(z)-A=a(z),$$

其中 $\lim\limits_{z\to z_0}a(z)=0$.

定理 3.3 函数极限 $\lim\limits_{z\to z_0}f(x)=A$ 存在的充分必要条件是

$$\lim\limits_{x\to x_0,y\to y_0}u(x,y)=u_0,\qquad \lim\limits_{x\to x_0,y\to y_0}v(x,y)=v_0,$$

其中 $A=u_0+iv_0$.

定理 3.4 若 $\lim\limits_{z\to z_0}f(z)=A$,$\lim\limits_{z\to z_0}g(z)=B$,则

(1) $\lim\limits_{z\to z_0}[f(z)\pm g(z)]=A\pm B=\lim\limits_{z\to z_0}f(z)\pm\lim\limits_{z\to z_0}g(z)$;

(2) $\lim\limits_{z\to z_0}[f(z)g(z)]=AB=\lim\limits_{z\to z_0}f(z)\cdot\lim\limits_{z\to z_0}g(z)$;

(3) $\lim\limits_{z\to z_0}\dfrac{f(z)}{g(z)}=\dfrac{A}{B}=\dfrac{\lim\limits_{z\to z_0}f(z)}{\lim\limits_{z\to z_0}g(z)}$　$(B\neq 0)$；

(4) 如果 $\lim\limits_{w\to A}g(w)=C$，则 $\lim\limits_{z\to z_0}g[f(z)]=C.$

注意　① 在微积分中，函数 $f(x)$ 当 $x\to x_0$ 时的极限 $\lim\limits_{x\to x_0}f(x)$ 是否存在，只需考虑在 x 轴上沿着 x_0 的左、右两个方向的极限是否存在且相等. 而由复变函数 $f(z)$ 当 $z\to z_0$ 时极限 $\lim\limits_{z\to z_0}f(x)=A$ 的存在性知，要求 z 在点 z_0 的 δ 去心邻域中沿不同方向趋向于点 z_0 时的极限存在且相等，这显然要复杂得多.

② 定理 3.3 给出了复变函数极限存在性等价于其实部、虚部两个二元函数极限的存在性.

例 8　求 $\lim\limits_{z\to 1+\mathrm{i}}\dfrac{\bar z}{z}.$

解　原式 $=\dfrac{\lim\limits_{z\to 1+\mathrm{i}}\bar z}{\lim\limits_{z\to 1+\mathrm{i}}z}=\dfrac{1-\mathrm{i}}{1+\mathrm{i}}=-\mathrm{i}.$

下面讨论函数的连续性.

定义 3.12　设函数 $w=f(z)$ 在区域 D 中有定义，$z_0\in D.$ 如果
$$\lim\limits_{z\to z_0}f(z)=f(z_0),$$
则称函数 $f(z)$ 在点 z_0 处是连续的(等价于 $\lim\limits_{\Delta z\to 0}\Delta w=0$).

如果函数 $f(z)$ 在区域 D 内每一点都连续，则称 $f(z)$ 在区域 D 内连续.

显然，由定义 3.12 与定理 3.3 可得下述定理.

定理 3.5　复变函数 $f(z)$ 在点 z_0 处连续的充分必要条件是，二元函数 $u(x,y)$ 与 $v(x,y)$ 在点 (x_0,y_0) 处连续.

定理 3.6　两个连续函数的和、差、积都是连续的；当分母不为零时，商也是连续的.

定理 3.7　当 $f(z)$ 在有界闭区域 $\overline D$ 上连续时，它的模 $|f(z)|$ 在 $\overline D$ 上也连续、有界，且可以取到最大值与最小值，即存在常数 $M>0$，使
$$|f(z)|\leqslant M\quad(z\in\overline D),$$
且在 $\overline D$ 上至少有两点 z_1,z_2，使
$$|f(z)|\leqslant|f(z_1)|\quad(z\in\overline D)\text{与}|f(z)|\geqslant|f(z_2)|\quad(z\in\overline D)$$
成立.

说明　如果我们把 $f(z)$ 写成 $|f(z)|=\sqrt{u^2(x,y)+v^2(x,y)}$，定理 3.7 就不难证明.

注意　在定理 3.7 中，如果把条件 $f(z)$ 在闭区域 $\overline D$ 上的连续改为在 D 内连续，则

$|f(z)|$ 未必有界. 例如, 函数 $f(z) = \dfrac{1}{z-1}$ 在单位圆 $|z| < 1$ 内连续, 但 $|f(z)|$ 无界.

例 9　讨论 $f(z) = \mathrm{e}^x \cos y + \mathrm{i}\mathrm{e}^x \sin y$ 在闭区域 $\overline{D}: |z| \leqslant 1$ 上的连续性, 并求 $|f(z)|$ 在 $\overline{D}$ 内的最大值与最小值.

解　因为 $u(x,y) = \mathrm{e}^x \cos y$ 和 $v(x,y) = \mathrm{e}^x \sin y$ 在 $\overline{D}$ 上连续, 故 $f(z)$ 及 $|f(z)|$ 在 $\overline{D}$ 上都连续.

又因为

$$|f(z)| = \sqrt{\mathrm{e}^{2x}(\cos^2 y + \sin^2 y)} = \mathrm{e}^x,$$

故它在 $\overline{D}$ 上的最大值与最小值分别就是 e^x 的最大值与最小值.

在 $\overline{D}$ 内, 当 $x = 1$ 时, e^x 取得最大值 e; 当 $x = -1$ 时, e^x 取得最小值 e^{-1}, 即对任意 $z \in \overline{D}$, 都有

$$1/\mathrm{e} \leqslant |f(z)| \leqslant \mathrm{e}.$$

3.2.3　复变函数的导数概念

定义 3.13　设区域 D 是函数 $w = f(z)$ 的定义域, $z_0 \in D$, 若对于 z_0 近旁的点 $z \in D$ $(z \neq z_0)$, 有

$$\frac{f(z) - f(z_0)}{z - z_0}.$$

当 $z \to z_0$ 时的极限存在, 那么我们称 $f(z)$ 在点 z_0 处可导(或可微). 这个极限值称为 $f(z)$ 在点 z_0 处的导数, 它是一个复数, 记作

$$f'(z_0),\quad \text{或}\quad \frac{\mathrm{d}f(z)}{\mathrm{d}z}\Big|_{z=z_0},\quad \text{或}\quad w'(z_0),\quad \text{或}\quad \frac{\mathrm{d}w}{\mathrm{d}z}\Big|_{z=z_0},$$

即

$$f'(z_0) = \lim_{z \to z_0} \frac{f(z) - f(z_0)}{z - z_0}.$$

若令 $\Delta z = z - z_0$, 上式也可写为

$$f'(z_0) = \lim_{\Delta z \to 0} \frac{f(z_0 + \Delta z) - f(z_0)}{\Delta z}.$$

复变函数导数的定义, 从形式上看, 与高等数学中一元实变函数的导数定义是类似的, 但在实质上却有很大的不同, 复变函数的可导性要求更严格. 因为在微积分的导数定义中, 只要求当 Δx 在实轴上沿左与右两个方向趋于零时, 比值 $\dfrac{f(x_0 + \Delta x) - f(x_0)}{\Delta x}$ 的极限都存在且相等即可, 而在复变函数的导数定义中, 当 Δz 在复平面上以任意方式趋于零时, 比值 $\dfrac{f(z_0 + \Delta z) - f(z_0)}{\Delta z}$ 的极限都存在且相等, 才能说明 $w = f(z)$ 在点 z_0 处可导.

如果 $f(z)$ 在 D 内处处可导,那么称 $f(z)$ 在 D 内可导.

例 10　求 $f(z)=z^2$ 的导数.

解　$f(z)=z^2$ 在复平面内处处有定义,对于任意的 z,由导数定义,有

$$\lim_{\Delta z \to 0} \frac{f(z+\Delta z)-f(z)}{\Delta z}=\lim_{\Delta z \to 0} \frac{(z+\Delta z)^2-z^2}{\Delta z}$$
$$=\lim_{\Delta z \to 0}(2z+\Delta z)=2z,$$

由于 z 的任意性,所以在复平面内处处有 $f'(z)=2z$.

例 11　证明函数 $f(z)=\bar{z}$ 在复平面内处处连续,但它在复平面内处处不可导.

证　设 $f(z)=u(x,y)+\mathrm{i}v(x,y),z=x+\mathrm{i}y$,则

$$f(z)=u(x,y)+\mathrm{i}v(x,y)=\overline{x+\mathrm{i}y}=x-\mathrm{i}y,$$

即

$$u(x,y)=x,\ v(x,y)=-y.$$

显然 $u(x,y),v(x,y)$ 都是 x,y 的连续函数,从而得 $f(z)$ 在复平面内处处连续.

但对于 $z \in \mathbf{C}$,有

$$\frac{f(z+\Delta z)-f(z)}{\Delta z}=\frac{\overline{z+\Delta z}-\bar{z}}{\Delta z}=\frac{\overline{\Delta z}}{\Delta z}=\frac{\Delta x-\mathrm{i}\Delta y}{\Delta x+\mathrm{i}\Delta y},$$

令 $\Delta z \to 0$,即 $\Delta x \to 0$ 且 $\Delta y \to 0$,若沿着 $\Delta y=k\Delta x$ 方向,此时

$$\frac{\overline{\Delta z}}{\Delta z}=\frac{1-\mathrm{i}k}{1+\mathrm{i}k}.$$

由于 k 的任意性,所以它不趋向一个确定的值,即极限 $\lim\limits_{\Delta z \to 0}\dfrac{\Delta f}{\Delta z}$ 不存在,所以 $f(z)=\bar{z}$ 在复平面内处处不可导.

从例 20 可以看出,函数 $f(z)=\bar{z}$ 在复平面内处处连续,但处处不可导. 反之,容易证明,若 $f(z)$ 在点 z_0 处可导,则 $f(z)$ 在点 z_0 处连续. 请读者自行证之.

3.2.4　复变函数的导数运算

由于复变函数的导数定义形式上与实变量函数导数的定义完全类似,而且复变函数中的极限运算性质也与实变量函数中的极限运算性质类似,因此关于一元实变量函数的求导法则可以完全推广到复变函数中来,现罗列如下.

(1) $(C)'=0$,其中 C 是复常数;

(2) $(z^n)'=nz^{n-1}$,其中 n 为正常数;

(3) $[af(z)+bg(z)]'=af'(z)+bg'(z)$,其中 a,b 为复常数;

(4) $[f(z)g(z)]'=f'(z)g(z)+f(z)g'(z)$;

(5) $\left[\dfrac{f(z)}{g(z)}\right]'=\dfrac{g(z)f'(z)-g'(z)f(z)}{g^2(z)}$,其中 $g(z)\neq 0$;

(6) $\dfrac{\mathrm{d}}{\mathrm{d}z}f[\varphi(z)]=f'(w)\cdot\varphi'(z)$,其中 $w=\varphi(z)$.

例 12 设 $f(z) = \dfrac{3z}{1-z}$，求 $f'(0)$.

解 由
$$f'(z) = \left(\frac{3z}{1-z}\right)' = \frac{(3z)'(1-z) - 3z(1-z)'}{(1-z)^2}$$
$$= \frac{3(1-z) - 3z \cdot (-1)}{(1-z)^2} = \frac{3}{(1-z)^2},$$

得
$$f'(0) = \frac{3}{(1-0)^2} = 3.$$

习 题 3.2

1. 试写出下列复变函数 $w = f(z)$ 的实部 $u(x,y)$ 与虚部 $v(x,y)$：

   (1) $w = \dfrac{1}{z}$； (2) $w = z^3 + 2iz$； (3) $w = \dfrac{z-1}{z+1}$.

2. 求下列函数的定义域，并判断这些函数是否都是定义域中的连续函数.

   (1) $z = w^3$； (2) $w = \dfrac{2z-1}{z-2}$.

3. 求下列函数的导数：

   (1) $(z-1)^5$； (2) $z^3 + 2iz$； (3) $\dfrac{1}{z^2-1}$；

   (4) $(2-z)(z+1)$； (5) $\dfrac{z+1}{1-z}$.

3.3 解 析 函 数

在工程实际中，大部分遇到的是具有某种特性的复变函数，即解析函数. 因此在复变函数理论中，所研究的对象是解析函数.

本节将对解析函数的实部及虚部进行研究，给出复变函数的解析性及其判定方法，并介绍一些常用的初等函数的解析性.

3.3.1 解析函数的概念

定义 3.14 如果函数 $f(z)$ 在点 z_0 的某个领域内的每一点均可导，则称 $f(z)$ 在点 z_0 处解析（或称在点 z_0 处正则），并称点 z_0 是函数 $f(z)$ 的**解析点**. $f(z)$ 在区域 D 内每一点解析，就称 $f(z)$ 在 D 内**解析**，或称 $f(z)$ 为区域 D 内的**解析函数**，并把区域 D 称为函数 $f(z)$ 的**解析区域**.

显然，由于区域 D 是开集，所以 $f(z)$ 在区域 D 内解析与 $f(z)$ 在 D 内处处可导是等价的. 但函数在某点解析和该点可导是两个不同的概念，即函数在某点可导，不一定在该点解析.

函数的不解析点,称为函数的**奇点**.在整个复平面上是解析的函数,称为**整函数**.

例如,$f(z) = z^2$ 是全复平面内的解析函数;函数

$$f(z) = \frac{1}{(z-2)(z-3)}$$

是复平面内去掉 $z=2$ 与 $z=3$ 的复连通域的解析函数,而点 $z=2$ 与 $z=3$ 是 $f(z)$ 的奇点.

根据求导法则可以得到,对于任意两个在点 z_0 处解析的函数,它们的和、差、积、商(分母不为零)在点 z_0 处仍然解析.另外,解析函数的复合函数也是解析函数.

不难证明,任何复多项式 $a_0 + a_1 z + \cdots + a_n z^n$ 在复平面上解析,且其导数为

$$a_1 + 2a_2 z + \cdots + na_n z^{n-1}.$$

任何有理函数 $\dfrac{a_0 + a_1 z + \cdots + a_n z^n}{b_0 + b_1 z + \cdots + b_m z^m}$ 在除去分母为零的点(最多为 m 个)之外的复平面上解析,其中 $a_k (k=0,1,2,\cdots,n)$,$b_l (l=0,1,2,\cdots,m)$ 均为复常数.

3.3.2　复变函数的解析性判定

由复变函数的定义知,复变函数可由其实部及虚部作为两个实变量 x 与 y 的实变函数来定义,那么能否由函数 $u(x,y)$ 及 $v(x,y)$ 的可导性推出 $f(z)$ 的可导性呢? 但由 $f(z) = \bar{z}$ 可知,即使实部 $u(x,y)$ 及虚部 $v(x,y)$ 有任意阶的连续偏导数,也推导不出函数 $f(z)$ 的可导性.但经过柯西(Cauchy)和黎曼(Riemann)的深入研究,提供了一个检验 $f'(z)$ 存在性的有用方法.它把验证函数

$$w = f(z) = u(x,y) + iv(x,y)$$

在点 (x_0, y_0) 处的可导性与其实部 $u(x,y)$、虚部 $v(x,y)$ 在点 (x_0, y_0) 处的可微性联系起来,若两者存在着某种相互依赖关系,则可由实部和虚部的可导性推出函数 $f(z)$ 本身的可导性.

定理 3.8　设 D 是函数 $f(z) = u(x,y) + iv(x,y)$ 的定义域,$z = x + iy$ 是 D 内一点,则 $f(z)$ 在点 z 处**可导**的充分必要条件是 $u(x,y)$ 和 $v(x,y)$ 在点 (x,y) 处可微,且满足柯西 - 黎曼(Cauchy-Riemann)方程(或简称 C-R 条件):

$$\begin{cases} \dfrac{\partial u}{\partial x} = \dfrac{\partial v}{\partial y}, \\ \dfrac{\partial v}{\partial x} = -\dfrac{\partial u}{\partial y}, \end{cases} \tag{3-8}$$

且

$$f'(z) = \frac{\partial u}{\partial x} + i\frac{\partial v}{\partial x} \quad \text{或} \quad f'(z) = \frac{\partial v}{\partial y} - i\frac{\partial u}{\partial y} \tag{3-9}$$

证明从略.

注意 C-R 条件只是函数 $f(z)$ 可导的必要条件而非充分条件. 由此可以推得, 如果 u,v 在点 (x,y) 处的偏导数不存在或不满足 C-R 条件, 则 $w=f(z)=u+iv$ 在点 $z=x+iy$ 处必不可导. 如果 $f(z)=\bar{z}=x-iy$, 则

$$u(x,y)=x, \quad v(x,y)=-y.$$

而 $\dfrac{\partial u}{\partial x}=1, \dfrac{\partial v}{\partial y}=-1$, 所以在复平面上的所有点处, u,v 均不满足 C-R 条件, 所以函数 $f(z)=\bar{z}$ 在复平面上处处不解析.

根据区域的概念及解析函数的定义知, 函数 $f(z)$ 在区域 D 内解析与 $f(z)$ 在 D 内可导是等价的.

定理 3.9 函数 $f(z)=u(x,y)+iv(x,y)$ 在区域 D 内解析的充分必要条件是 $u(x,y)$ 和 $v(x,y)$ 在区域 D 内可微, 且满足 C-R 条件.

推论 设 $f(z)=u(x,y)+iv(x,y)$ 在区域 D 内有定义, 如果在 D 内 $u(x,y)$ 和 $v(x,y)$ 的四个偏导数 u_x', u_y', v_x', v_y' 存在且连续, 并满足 C-R 条件, 则函数 $f(z)$ 在区域 D 内解析.

例 13 判定下列函数是否解析.

(1) $f(z)=e^x(\cos y+i\sin y)$;   (2) $f(z)=|z|^2$;   (3) $f(z)=z\mathrm{Re}z$.

解 (1) 因为 $f(z)=e^x(\cos y+i\sin y)$, 所以

$$u(x,y)=e^x\cos y, \quad v(x,y)=e^x\sin y.$$

它们在复平面上处处具有一阶连续编导数, 且

$$\frac{\partial u}{\partial x}=e^x\cos y=\frac{\partial v}{\partial y}, \quad \frac{\partial v}{\partial x}=e^x\sin y=-\frac{\partial u}{\partial y},$$

并满足 C-R 条件, 由定理 2 知, 该函数在复平面上处处解析, 且 $f'(z)=f(z)$.

(2) 因为 $w=|z|^2=x^2+y^2$, 所以

$$u(x,y)=x^2+y^2, \quad v(x,y)=0.$$

由 $$\frac{\partial u}{\partial x}=2x, \quad \frac{\partial u}{\partial y}=2y, \quad \frac{\partial v}{\partial x}=\frac{\partial v}{\partial y}=0$$

易知, u,v 只当 $x=y=0$ 时才满足 C-R 条件, 因此 $w=|z|^2$ 仅在点 $z=0$ 处可导. 在点 $z\neq0$ 处, 因为不满足 C-R 条件, 所以处处不可导, 该函数在复平面上处处不解析.

(3) 因为 $f(z)=z\mathrm{Re}z=x^2+ixy$, 得

$$u(x,y)=x^2, \quad v(x,y)=xy,$$

所以

$$u_x'=2x, \quad u_y'=0, \quad v_x'=y, \quad v_y'=x.$$

虽然这四个偏导数处处连续, 当且仅当 $x=y=0$ 时, 才满足 C-R 条件. 因此, 函

数仅在点 $z=0$ 处可导,但在复平面内处处不解析.

说明　可导点未必是解析的.

例 14　设 $f(z)=u(x,y)+iv(x,y)$ 在区域 D 内解析,并且 $f'(z)=0\ (z\in D)$,则 $f(z)$ 在 D 内必恒为常数.

解　由于

$$f'(z)=\frac{\partial u}{\partial x}+i\frac{\partial v}{\partial x}=\frac{\partial v}{\partial y}-i\frac{\partial u}{\partial y}=0\quad(z\in D),$$

所以

$$\frac{\partial u}{\partial x}=\frac{\partial v}{\partial x}=\frac{\partial v}{\partial y}=\frac{\partial u}{\partial y}=0\quad(z\in D),$$

则必有

$$u(x,y)\equiv C_1,\quad v(x,y)\equiv C_2\quad(C_1,C_2\ \text{为实常数}),$$

因此

$$f(z)=u(x,y)+iv(x,y)=C_1+iC_2\equiv C.$$

3.3.3　复变初等函数的解析性

在实变函数中,基本初等函数起着特别重要的作用.下面将微积分中一些常见的初等函数推广到复变函数,并对复变函数的初等函数作出定义,且讨论它们的解析性.

从表面上看,除了自变量为复变量外,这些基本初等复变函数与实函数形式完全相似,而且在特别情况 $z=x$ 时,两者完全相等,但实际上,基本初等复变函数与实变函数有很大的不同.比较和掌握两者的异同之处,无疑是大有裨益的.

1. 指数函数

由前面可见,函数 $f(z)=e^x(\cos y+i\sin y)$ 在复平面 Z 上解析,且 $f'(z)=f(z)$.当 z 为实数,即 $y=0$ 时,$f(z)=e^x$ 与一般的实指数函数一致,因此,我们给出下面的定义.

定义 3.15　假设 $z=x+iy$,则由 $e^x(\cos y+i\sin y)$ 定义了复指数函数,记为

$$\exp(z)=e^x(\cos y+i\sin y),$$

或简记 $e^z=e^x(\cos y+i\sin y)$.

指数函数 e^z 有如下的性质.

性质 1　指数函数 e^z 在整个复平面 Z 上都有定义,且 $e^z\neq0$.

因为对于复平面 Z 上的任意一点 z,e^x,$\cos y$ 和 $\sin y$ 都有定义,且

$$|e^z|=e^x>0.$$

性质 2　对任意的 z_1,z_2,有 $e^{z_1}\cdot e^{z_2}=e^{z_1+z_2}$.

事实上,设 $z_1=x_1+iy_1,z_2=x_2+iy_2$,则

$$e^{z_1} \cdot e^{z_2} = e^{x_1}(\cos y_1 + i\sin y_1) \cdot e^{x_2}(\cos y_2 + i\sin y_2)$$
$$= e^{x_1+x_2}(\cos y_1 + i\sin y_1) \cdot (\cos y_2 + i\sin y_2)$$
$$= e^{x_1+x_2}[\cos(y_1+y_2) + i\sin(y_1+y_2)]$$
$$= e^{z_1+z_2}.$$

性质 3　e^z 是以 $2\pi i$ 为周期的周期函数.

因为按定义, $e^{2\pi i} = 1$, 所以由性质 2 得
$$e^{z+2\pi i} = e^z \cdot e^{2\pi i} = e^z.$$

同样可证, 对任意整数 n, 都有 $e^{z+2n\pi i} = e^z$. 但 $|2\pi i| = 2\pi$ 是 e^z 的周期的模的最小值, $2\pi i$ 称为它的基本周期, 因此, 通常说 e^z 是以 $2\pi i$ 为周期的周期函数.

性质 4　e^z 在整个复平面上解析, 且 $(e^z)' = e^z$.

2. 三角函数和双曲函数

由指数函数的定义, 对任意实数 x, 有
$$e^{ix} = \cos x + i\sin x, \quad e^{-ix} = \cos x - i\sin x.$$
两式相加、减后分别除以 2 及 2i, 得
$$\cos x = \frac{1}{2}(e^{ix} + e^{-ix}), \quad \sin x = \frac{1}{2i}(e^{ix} - e^{-ix}).$$

定义 3.16　函数 $f(z) = \dfrac{e^{iz} + e^{-iz}}{2}$ 与 $g(z) = \dfrac{e^{iz} - e^{-iz}}{2i}$ 分别称为复变量 z 的余弦函数与正弦函数, 记为 $\cos z$ 与 $\sin z$, 即
$$\cos z = \frac{e^{iz} + e^{-iz}}{2}, \quad \sin z = \frac{e^{iz} - e^{-iz}}{2i}.$$

正弦函数与余弦函数有如下的性质.

性质 1　$\sin z, \cos z$ 是以 2π 为周期的周期函数, 即
$$\sin(z+2\pi) = \sin z, \quad \cos(z+2\pi) = \cos z.$$

性质 2　$\sin z$ 为奇函数, $\cos z$ 为偶函数, 即对任意的 z, 有
$$\sin(-z) = -\sin z, \quad \cos(-z) = \cos z.$$

性质 3　类似于实变函数, 各种三角恒等式仍然成立. 例如:
$$\sin^2 z + \cos^2 z = 1; \quad \sin 2z = 2\sin z\cos z; \quad \cos 2z = 2\cos^2 z - 1;$$
$$\sin(z_1+z_2) = \sin z_1\cos z_2 + \cos z_1\sin z_2;$$
$$\cos(z_1+z_2) = \cos z_1\cos z_2 - \sin z_1\sin z_2;$$
$$\cdots.$$

性质 4　$|\sin z|, |\cos z|$ 不是有界函数. 因为
$$|\cos z| = \left|\frac{e^{i(x+iy)} + e^{-i(x+iy)}}{2}\right| = \frac{1}{2}|e^{-y} \cdot e^{ix} - e^{y} \cdot e^{-ix}| \geqslant \frac{1}{2}|e^{y} - e^{-y}|,$$
所以, 当 $|y|$ 无限增大时, $|\cos z|$ 趋于无穷大. 同理可知, $|\sin z|$ 也不是有界函数.

性质 5　$\sin z,\cos z$ 在复平面内均为解析函数,且

$$(\sin z)'=\cos z,\quad (\cos z)'=-\sin z.$$

类似地,其他三角函数定义如下:

$$\tan z=\frac{\sin z}{\cos z},\quad \cot z=\frac{\cos z}{\sin z},$$

$$\sec z=\frac{1}{\cos z},\quad \csc z=\frac{1}{\sin z}.$$

它们都在分母不为零处解析,且有

$$(\tan z)'=\sec^2 z,\quad (\cot z)'=-\csc^2 z,\quad (\sec z)'=\sec z\tan z,\quad (\csc z)'=-\csc z\cot z.$$

与三角函数 $\sin z$ 和 $\cos z$ 密切相关的是双曲函数.

定义 3.17　函数 $\mathrm{sh}z=\dfrac{\mathrm{e}^z-\mathrm{e}^{-z}}{2}$ 与 $\mathrm{ch}z=\dfrac{\mathrm{e}^z+\mathrm{e}^{-z}}{2}$ 分别称为复变量 z 的双曲正弦函数和双曲余弦函数.

当 z 为实数 x 时,与高等数学中双曲函数的定义完全一致.

利用指数函数 e^z 的周期性,可以看出 $\mathrm{ch}z$ 和 $\mathrm{sh}z$ 也都是以 $2\pi\mathrm{i}$ 为周期的周期函数,而 $\mathrm{ch}z$ 为偶函数,$\mathrm{sh}z$ 为奇函数.它们在复平面内解析,导数分别为

$$(\mathrm{ch}z)'=\mathrm{sh}z,\quad (\mathrm{sh}z)'=\mathrm{ch}z.$$

根据定义,还可得

$$\mathrm{ch}\mathrm{i}z=\cos z,\quad \mathrm{sh}\mathrm{i}z=\mathrm{i}\sin z.$$

3. 对数函数

和实变函数一样,对数函数是作为指数函数的反函数来给出的.

定义 3.18　对数函数是指数函数的反函数,即满足方程 $\mathrm{e}^w=z\ (z\neq 0)$ 的函数 $w=f(z)$ 称为 z 的对数函数,记为 $w=\mathrm{Ln}z$.

令 $w=u+\mathrm{i}v,z=r\mathrm{e}^{\mathrm{i}\theta}$,那么 $\mathrm{e}^{u+\mathrm{i}v}=r\mathrm{e}^{\mathrm{i}\theta}$,得

$$\mathrm{e}^u=r,\quad v=\mathrm{Arg}z,$$

即

$$u=\ln r=\ln|z|,\quad v=\mathrm{Arg}z,$$

从而

$$w=\mathrm{Ln}z=\ln|z|+\mathrm{i}\mathrm{Arg}z.$$

由于 $\mathrm{Arg}z=\arg z+2k\pi\ (k=0,\pm 1,\pm 2,\cdots)$ 是无穷多值的,所以 $\mathrm{Ln}z$ 也是无穷多值函数.相应于 $\mathrm{Arg}z$ 的主值 $\arg z$,将 $\ln|z|+\mathrm{i}\arg z$ 称为 $\mathrm{Ln}z$ 的主值,记作 $\ln z$,它是单值函数,即 $\ln z=\ln|z|+\mathrm{i}\arg z$.

对应于每一个整数 k 的 w 值称为 $\ln z$ 的一个分支,可表示为

$$w=\mathrm{Ln}z=\ln|z|+\mathrm{i}\mathrm{Arg}z=\ln|z|+\mathrm{i}\arg z+2k\pi\mathrm{i}$$

$$=\ln z+2k\pi\mathrm{i}\quad (k=0,\pm 1,\cdots),$$

所以,任何不为零的复数都有无穷多个对数,其中任意两个相差 $2\pi\mathrm{i}$ 的整数倍.如果 z

是正实数,则 Lnz 的主值 lnz＝lnx 就是实变函数中所讨论的对数.

例 15　求 ln(-1),Ln(-1),lni 和 Lni.

解　因为-1 的模为 1,其辐角的主值为 π,所以

$$\ln(-1)=\ln1+\pi i=\pi i,$$

而

$$\mathrm{Ln}(-1)=\pi i+2k\pi i=(2k+1)\pi i \quad (k=0,\pm1,\pm2,\cdots).$$

又因为 i 的模为 1,而辐角的主值为 $\dfrac{\pi}{2}$,所以

$$\ln i=\ln1+\frac{\pi}{2}i=\frac{\pi}{2}i.$$

而

$$\mathrm{Ln}i=\frac{\pi}{2}i+2k\pi i=\left(2k+\frac{1}{2}\right)\pi i \quad (k=0,\pm1,\pm2,\cdots).$$

由上例得出实变数对数函数与复变数对数函数的区别是:实变数对数函数的定义域仅是正实数的全体,而复变数对数函数的定义域是除了 $z=0$ 外的全体复数;另外,实变数对数函数是单值函数,而复变数对数函数是无穷多值函数.

复变数对数函数保持了实变数对数函数的基本性质:

$$\mathrm{Ln}(z_1z_2)=\mathrm{Ln}z_1+\mathrm{Ln}z_2,$$
$$\mathrm{Ln}(z_1/z_2)=\mathrm{Ln}z_1-\mathrm{Ln}z_2 \quad (z_2\neq0).$$

利用辐角的相应性质,不难证明上述两个性质,请读者自行证明.但需要指出的是,上述两个等式应理解为右端必须取适当的分支,才能等于左端的某一分支.

下面给出对数函数的解析性.

lnz 在除去原点及负实轴的复平面内解析,而 Lnz 的各个分支也在除去原点及负实轴的复平面内解析,且

$$\frac{\mathrm{d}}{\mathrm{d}z}\ln z=\frac{1}{z}, \quad \frac{\mathrm{d}}{\mathrm{d}z}\mathrm{Ln}z=\frac{1}{z}.$$

例 16　求 $\ln[(-1-i)(1-i)]$ 的值.

解　因为　$\ln(-1-i)=\ln\sqrt{2}-\dfrac{3\pi}{4}i, \quad \ln(1-i)=\ln\sqrt{2}-\dfrac{\pi}{4}i,$

所以

$$\ln[(-1-i)(1-i)]=\left(\ln\sqrt{2}-\frac{3\pi}{4}i\right)+\left(\ln\sqrt{2}-\frac{\pi}{4}i\right)+2k\pi i$$

$$=2\ln\sqrt{2}-\pi i+2k\pi i=\ln2+\pi i+2(k-1)\pi i,$$

故

$$\ln[(-1-i)(1-i)]=\ln2+(2k-1)\pi i.$$

事实上,又有 $\ln[(-1-i)(1-i)]=\ln(-2)=\ln2+\pi i$,其结果是一致的.

4. 幂函数

定义 3.19 设 z 为不等于零的复变数，α 为任意一个复常数，我们定义乘幂 z^α 为 $\mathrm{e}^{\alpha \mathrm{Ln}z}$，即 $z^\alpha = \mathrm{e}^{\alpha \mathrm{Ln}z}$. 它是指数函数与对数函数的复合函数，是一个无穷多值函数.

幂函数存在着以下几种情况.

（1）当 α 是整数时，$z^\alpha = \mathrm{e}^{\alpha \mathrm{Ln}z}$ 是单值的.

（2）当 α 为有理数 p/q（p/q 为即约分数）时，z^α 是有限多值的，即

$$z^\alpha = \mathrm{e}^{\alpha \ln z} \mathrm{e}^{\frac{2kp\pi}{q} \mathrm{i}} \quad (k = 0, 1, 2, \cdots, q-1).$$

（3）当 α 为无理数与虚部不为零的复数时，z^α 是无穷多值的.

例 17 求 i^{i} 的值.

解 按定义有

$$\mathrm{i}^{\mathrm{i}} = \mathrm{e}^{\mathrm{i} \mathrm{Ln}\mathrm{i}} = \mathrm{e}^{\mathrm{i}(\ln \mathrm{i} + 2k\pi \mathrm{i})} = \mathrm{e}^{\mathrm{i}\left(\frac{\pi}{2}\mathrm{i} + 2k\pi \mathrm{i}\right)} = \mathrm{e}^{-\left(\frac{\pi}{2} + 2k\pi\right)} \quad (k = 0, \pm 1, \pm 2, \cdots).$$

例 18 求 $1^{\sqrt{2}}$ 的值.

解

$$1^{\sqrt{2}} = \mathrm{e}^{\sqrt{2} \mathrm{Ln}1} = \mathrm{e}^{\sqrt{2}(\ln 1 + 2k\pi \mathrm{i})} = \mathrm{e}^{2\sqrt{2}k\pi \mathrm{i}} \quad (k = 0, \pm 1, \pm 2, \cdots).$$

下面讨论幂函数的解析性.

令 $\mathrm{Ln}z = \xi$，因为 ξ 在除去原点及负实轴的复平面 Z 内解析，又因 e^{ξ} 是 ξ 的解析函数，所以 $\mathrm{e}^{\alpha \mathrm{Ln}z}$ 也是这一区域内的解析函数，且导数为

$$\frac{\mathrm{d}}{\mathrm{d}z} z^\alpha = \frac{\mathrm{d}}{\mathrm{d}\xi}(\mathrm{e}^{\alpha \xi}) \cdot \frac{\mathrm{d}\xi}{\mathrm{d}z} = \alpha \mathrm{e}^{\alpha \xi} \cdot \frac{1}{z} = \alpha z^\alpha \cdot \frac{1}{z} = \alpha z^{\alpha-1}.$$

最后需要强调指出的是，一般幂函数 z^α 与整数次幂函数 z^n 有以下两个较大的区别.

（1）z^α 在除去原点及负实轴的复平面 Z 内解析，而 z^n 在整个复平面 Z 内解析（当 n 为负整数时除去原点）.

（2）z^α 是无穷多值函数，而 z^n 是单值函数. z^α 与 $z^{\frac{1}{n}}$ 的区别是：z^α 是无穷多值函数，而 $z^{\frac{1}{n}}$ 是 n 值函数.

例 19 解方程 $\sin(\mathrm{i}z) = \mathrm{i}$.

解 因为 $\sin(\mathrm{i}z) = \mathrm{i}\,\mathrm{sh}z$，所以原方程可改写为 $\mathrm{sh}z = 1$，亦即 $\dfrac{\mathrm{e}^z - \mathrm{e}^{-z}}{2} = 1$. 因为 $\mathrm{e}^z \neq 0$，所以可化简为

$$\mathrm{e}^{2z} - 2\mathrm{e}^z - 1 = 0,$$

解之得 $\mathrm{e}^z = 1 \pm \sqrt{2}$. 所以

$$z_k^{(1)} = \mathrm{Ln}(1 + \sqrt{2}) = \ln|1 + \sqrt{2}| + 2k\pi \mathrm{i} \quad (k = 0, \pm 1, \pm 2, \cdots),$$

$$z_k^{(2)} = \mathrm{Ln}(1 - \sqrt{2}) = \ln|1 - \sqrt{2}| + (2k+1)\pi \mathrm{i} \quad (k = 0, \pm 1, \pm 2, \cdots).$$

3.3.4 调和函数

1. 调和函数的概念

　　已经知道,如果函数 $f(z)=u+iv$ 在区域 D 内解析,则它的实部 u 和虚部 v 在 D 内可微且满足 C-R 方程. 若将 C-R 方程(式(3-8))的 $\dfrac{\partial u}{\partial x}=\dfrac{\partial v}{\partial y}$ 的两边对 x 求偏导数, $\dfrac{\partial v}{\partial x}=-\dfrac{\partial u}{\partial y}$ 的两边对 y 求偏导数,则得

$$\frac{\partial^2 u}{\partial x^2}=\frac{\partial^2 v}{\partial y \partial x}, \quad \frac{\partial^2 v}{\partial x \partial y}=-\frac{\partial^2 u}{\partial y^2}.$$

因为 $\dfrac{\partial^2 v}{\partial y \partial x}=\dfrac{\partial^2 v}{\partial x \partial y}$,从而有

$$\frac{\partial^2 u}{\partial x^2}+\frac{\partial^2 u}{\partial y^2}=0.$$

同理,可得

$$\frac{\partial^2 v}{\partial x^2}+\frac{\partial^2 v}{\partial y^2}=0.$$

　　定义 3.20　　如果二元函数 $U(x,y)$ 在平面区域 D 内具有二阶连续偏导数,且满足二维拉普拉斯(Laplace)方程

$$\frac{\partial^2 U}{\partial x^2}+\frac{\partial^2 U}{\partial y^2}=0,$$

则称 $U(x,y)$ 为区域 D 内的**调和函数**,或者说函数 $U(x,y)$ 在区域 D 内调和.

　　定理 3.10　　设函数 $f(z)=u(x,y)+iv(x,y)$ 在区域 D 内解析,则 $f(z)$ 的实部 $u(x,y)$ 和虚部 $v(x,y)$ 都是区域 D 内的调和函数.

　　2. 共轭调和函数

　　定义 3.21　　设函数 $\varphi(x,y)$ 及 $\psi(x,y)$ 均为区域 D 内的调和函数,且满足 C-R 条件

$$\frac{\partial \varphi}{\partial x}=\frac{\partial \psi}{\partial y}, \quad \frac{\partial \psi}{\partial x}=-\frac{\partial \varphi}{\partial y},$$

则称 ψ 是 φ 的**共轭调和函数**.

　　注　　一个解析函数的实部 u 和虚部 v 都是区域 D 内的调和函数,且互为共轭调和. 反之,由具有共轭性质的两个调和函数构成一个复变函数是不是解析的呢?

　　定理 3.11　　复变函数 $f(z)=u(x,y)+iv(x,y)$ 在区域 D 内解析的充分必要条件是在区域 D 内,$f(z)$ 的虚部 $v(x,y)$ 是实部 $u(x,y)$ 的共轭调和函数.

　　注　　对于区域 D 内的调和函数 u,是否存在区域 D 内的解析函数 f 以 u 为实部或虚部呢? 一般情况下,结论是否定的;如果区域 D 是单连通区域,则结论是肯定的.

　　3. 解析函数与调和函数的关系

　　由于共轭调和函数的这种关系,如果知道其中的一个,则可根据 C-R 条件求出

另一个,从而得到区域 D 内的解析函数 $f(z)=u+\mathrm{i}v$ 的表示式.

例 20　已知调和函数 $u=x^2-y^2+xy$,求其共轭调和函数 v,并求以 u 为实部且满足条件 $f(0)=0$ 的解析函数 $f(z)$.

解　利用 C-R 方程,得

$$\frac{\partial v}{\partial x}=-\frac{\partial u}{\partial y}=2y-x,$$

所以

$$v(x,y)=\int(2y-x)\mathrm{d}x=2xy-\frac{x^2}{2}+g(y).$$

又因 $\dfrac{\partial v}{\partial y}=2x+g'(y)$,且 $\dfrac{\partial v}{\partial y}=\dfrac{\partial u}{\partial x}=2x+y$,所以

$$g'(y)=y,$$

即

$$g(y)=\int y\mathrm{d}y=\frac{y^2}{2}+C.$$

因此　　　$v(x,y)=\int(2y-x)\mathrm{d}x=2xy-\dfrac{x^2}{2}+\dfrac{y^2}{2}+C$　　（C 为任意常数）,

于是

$$\begin{aligned}
f(z)&=u(x,y)+\mathrm{i}v(x,y)\\
&=(x^2-y^2+xy)+\mathrm{i}\Big(2xy-\frac{x^2}{2}+\frac{y^2}{2}+C\Big)\\
&=(x^2+2\mathrm{i}xy-y^2)-\frac{\mathrm{i}}{2}(x^2+2\mathrm{i}xy-y^2)+\mathrm{i}C\\
&=\frac{z^2}{2}(2-\mathrm{i})+\mathrm{i}C.
\end{aligned}$$

再由已知条件 $f(0)=0$ 可确定待定常数 C:

$$f(0)=\mathrm{i}C=0,\quad C=0.$$

于是,所求解析函数为　　　　　　$f(z)=\dfrac{z^2}{2}(2-\mathrm{i}).$

例 21　已知 $u+v=(x-y)(x^2+4xy+y^2)-2(x+y)$,试确定解析函数 $f(z)=u+\mathrm{i}v$.

解
$$u_x+v_x=(x^2+4xy+y^2)+(x-y)(2x+4y)-2,$$
$$u_y+v_y=-(x^2+4xy+y^2)+(x-y)(4x+2y)-2,$$

且 $u_x=v_y,u_y=-v_x$,可得

$$v_y=3x^2-3y^2-2,\quad v_x=6xy.$$

又

$$v=\int(3x^2-3y^2-2)\mathrm{d}y=3x^2y-y^3-2y+g(y),$$

即

$$v_x=6xy+g'(y),$$

所以

$$g'(y)=0,\quad g(y)=C\quad（C\text{ 为实常数}）.$$

而　　　　　　$v = 3x^2 y - y^3 - 2y + C, \quad u = x^3 - 3xy^2 - 2x - C,$

故　　　　　　$f(z) = z^3 - 2z + k, \quad k = (-1+i)C.$

习　　题　　3.3

1. 下列函数何处可导、何处解析.

(1) $f(z) = x^2 + yi$;　　　　　　　　　　　(2) $f(z) = 12x^3 + 3y^3 i$;

(3) $f(z) = x^3 - 3xy^2 + (3x^2 y - y^3)i$.

2. 下列函数在何处满足 C-R 条件:

(1) $w = 3 - z + 2z^2$;　　　　　　　　　　(2) $w = \dfrac{1}{z}$;

(3) $w = x$;　　　　　　　　　　　　　　　(4) $w = |z|^2 z$.

3. 指出下列函数 $f(z)$ 的解析区域,并求出其导数.

(1) $f(z) = 3z^3 - z^2 i + 5z$;　　　(2) $f(z) = (z+3i)^2$;　　　　(3) $f(z) = \dfrac{1}{z^2+1}$.

4. 指出下列函数的奇点.

(1) $f(z) = \dfrac{3z+5}{z(z^2+4)}$;　　　　　　　　(2) $f(z) = \dfrac{z-3}{(z-1)(z^2+9)}$.

5. 求下列函数的实部与虚部,利用 C-R 条件讨论这些函数的可导性与解析性.

(1) $f(z) = 2z^2 + 3zi$;　　　　(2) $f(z) = z|z|$;　　　　　　(3) $f(z) = \mathrm{Re}(z-1)^2$.

6. 设 $f(z) = x^2 + axy + by^2 + (cx^2 + dxy + y^2)i$,问常数 a,b,c,d 取何值时,$f(z)$ 在复平面内处处解析?

7. 计算下列各值.

(1) $\mathrm{e}^{1-\frac{\pi}{2}i}$;　　　　(2) $\mathrm{e}^{\frac{2-\pi i}{3}}$;　　　　(3) $\sin i$;　　　　(4) $\cos(\pi+5i)$;

(5) $\ln(-1)$;　　　(6) $\ln(ie)$;　　　(7) $\mathrm{Ln}(1+\sqrt{3}i)$.

8. 已知调和函数 $u = y^3 - 3x^2 y$,求其共轭调和函数 v,并求以 u 为实部且满足条件 $f(0)=1$ 的解析函数 $f(z)$.

3.4　傅里叶变换

前面讨论了周期信号的傅里叶级数,它主要用于周期信号的频谱分析,但在电子技术中遇到的的信号函数不仅仅是周期信号,因此有必要将傅里叶分析方法推广到非周期信号,也就是本节要介绍的傅里叶变换(简称傅氏变换).

3.4.1　傅里叶变换

当周期脉冲信号的重复周期 $T \to +\infty$ 时,其结果将使周期信号转化为非周期的单脉冲信号. 因此,我们将从周期信号出发推导出傅里叶变换.

若 $f(t)$ 是定义在 $(-\infty,+\infty)$ 上的非周期函数,则可把 $f(t)$ 看做是周期为 T 的函数 $f_T(t)$ 当 $T \to +\infty$ 时的极限形式,即 $f(t) = \lim\limits_{T \to +\infty} f_T(t)$.

傅里叶级数的复数形式为

$$f(t) = c_0 + \sum_{n=1}^{\infty}\left(c_n \mathrm{e}^{\mathrm{i}\frac{2n\pi}{T}t} + \bar{c}_n \mathrm{e}^{-\mathrm{i}\frac{2n\pi}{T}t}\right) = \sum_{n=-\infty}^{+\infty} c_n \mathrm{e}^{\mathrm{i}\frac{2n\pi}{T}t},$$

其中

$$c_n = \frac{1}{T}\int_{-\frac{T}{2}}^{\frac{T}{2}} f(t)\mathrm{e}^{-\mathrm{i}\frac{2n\pi}{T}t}\,\mathrm{d}t \quad (n \in \mathbf{Z}).$$

所以,将 $c_n = \dfrac{1}{T}\displaystyle\int_{-\frac{T}{2}}^{\frac{T}{2}} f_T(t)\mathrm{e}^{-\mathrm{i}\frac{2n\pi}{T}t}\,\mathrm{d}t$ 中的 $\dfrac{2n\pi}{T}$ 记为 ω_n,得

$$f_T(t) = \frac{1}{T}\sum_{n=-\infty}^{+\infty}\left[\int_{-\frac{T}{2}}^{\frac{T}{2}} f_T(\tau)\mathrm{e}^{-\mathrm{i}\omega_n\tau}\,\mathrm{d}\tau\right]\mathrm{e}^{\mathrm{i}\omega_n t}.$$

令 $T \to +\infty$,可得 $f(t)$ 的展开式为

$$f(t) = \lim_{T \to +\infty} f_T(t) = \lim_{T \to +\infty}\frac{1}{T}\sum_{n=-\infty}^{+\infty}\left[\int_{-\frac{T}{2}}^{\frac{T}{2}} f_T(\tau)\mathrm{e}^{-\mathrm{i}\omega_n\tau}\,\mathrm{d}\tau\right]\mathrm{e}^{\mathrm{i}\omega_n t}.$$

记 $\Delta\omega = \omega_n - \omega_{n-1}$,则 $\Delta\omega = \dfrac{2\pi}{T}$(称为频谱线间隔). 显然当 $T \to +\infty$ 时,$\Delta\omega \to 0$,不连续型变量 ω_0 变为连续型变量 ω.

当 $T \to +\infty$ 时,根据定积分定义可得下式:

$$f(t) = \lim_{\Delta\omega \to 0}\frac{1}{2\pi}\sum_{n=-\infty}^{+\infty}\left[\int_{-\frac{T}{2}}^{\frac{T}{2}} f_T(\tau)\mathrm{e}^{-\mathrm{i}\omega_n\tau}\,\mathrm{d}\tau\right]\mathrm{e}^{\mathrm{i}\omega_n t}\,\Delta\omega$$

$$= \frac{1}{2\pi}\int_{-\infty}^{+\infty}\left[\int_{-\infty}^{+\infty} f(\tau)\mathrm{e}^{-\mathrm{i}\omega\tau}\,\mathrm{d}\tau\right]\mathrm{e}^{\mathrm{i}\omega t}\,\mathrm{d}\omega. \tag{3-10}$$

式 (3-10) 称为非周期函数 $f(t)$ 的**傅里叶积分公式**(简称傅氏积分公式).

若记式 (3-10) 中的 $\displaystyle\int_{-\infty}^{+\infty} f(\tau)\mathrm{e}^{-\mathrm{i}\omega\tau}\,\mathrm{d}\tau$ 为 $F(\omega)$,即

$$F(\omega) = \int_{-\infty}^{+\infty} f(\tau)\mathrm{e}^{-\mathrm{i}\omega\tau}\,\mathrm{d}\tau, \tag{3-11}$$

则

$$f(t) = \frac{1}{2\pi}\int_{-\infty}^{+\infty} F(\omega)\mathrm{e}^{\mathrm{i}\omega t}\,\mathrm{d}\omega. \tag{3-12}$$

可以看出 $f(t)$ 和 $F(\omega)$ 能够相互表示,式 (3-11) 和式 (3-12) 分别称为**傅里叶变换(象函数)**和**傅里叶逆变换(象原函数)**. 通常用如下符号表示:

$$F(\omega) = \mathscr{F}[f(t)] = \int_{-\infty}^{+\infty} f(t)\mathrm{e}^{-\mathrm{i}\omega t}\,\mathrm{d}t,$$

$$f(t) = \mathscr{F}^{-1}[F(\omega)] = \frac{1}{2\pi}\int_{-\infty}^{+\infty} F(\omega)\mathrm{e}^{\mathrm{i}\omega t}\,\mathrm{d}\omega.$$

3.4.2　傅里叶变换存在条件

与周期函数展开为傅里叶级数一样,对非周期函数进行傅里叶变换也要满足一定的条件,下面我们不加证明地给出其存在定理.

定理 3.12(傅里叶变换存在定理)　设函数 $f(t)$ 满足以下两个条件:

(1) $f(t)$ 在任意有限区间 $[a,b]$ 上满足狄利克雷条件;

(2) $f(t)$ 在 $(-\infty, +\infty)$ 上绝对可积,即广义积分 $\int_{-\infty}^{+\infty} |f(t)| \, \mathrm{d}t$ 收敛,

则含参变量 ω 的广义积分式(3-11)收敛,且在 $f(t)$ 的连续点式(3-12)成立.在 $f(t)$ 的间断点 t 处,有

$$\frac{1}{2}\big[f(t+0) + f(t-0)\big] = \frac{1}{2\pi}\int_{-\infty}^{+\infty} F(\omega) \mathrm{e}^{\mathrm{i}\omega t} \, \mathrm{d}\omega.$$

下面,以工程中的典型信号为例介绍其傅里叶变换.

例 22　求矩形脉冲信号 $f(t) = \begin{cases} E, & -\dfrac{\tau}{2} \leqslant t < \dfrac{\tau}{2} \\ 0, & \text{其他} \end{cases} \ (E > 0)$ 的傅里叶变换.

解　$f(t)$ 的傅里叶变换为

$$F(\omega) = \int_{-\infty}^{+\infty} f(t)\mathrm{e}^{-\mathrm{i}\omega t}\, \mathrm{d}t = \int_{-\frac{\tau}{2}}^{\frac{\tau}{2}} E\mathrm{e}^{-\mathrm{i}\omega t} \, \mathrm{d}t = \frac{2E}{\omega}\sin\frac{\omega\tau}{2}.$$

例 23　求指数衰减函数 $f(t) = \begin{cases} 0, & t < 0 \\ \mathrm{e}^{-at}, & t \geqslant 0 \end{cases} \ (a > 0)$ 的傅里叶变换.

解
$$F(\omega) = \int_{0}^{+\infty} \mathrm{e}^{-at}\mathrm{e}^{-\mathrm{i}\omega t}\, \mathrm{d}t = \int_{0}^{+\infty} \mathrm{e}^{-(a+\mathrm{i}\omega)t} \, \mathrm{d}t = \frac{a - \mathrm{i}\omega}{a^2 + \omega^2}.$$

3.4.3　单位阶跃函数

在工程上,常常会遇到某些实际对象需要瞬间完成从一个状态到另一个状态的转换,如电压源在 $t = 0$ 时刻接入电压(1 V).这一物理过程在数学上通常用单位阶跃函数表示.这样,就引出了单位阶跃函数的概念.

定义 3.22　设 $u(t) = \begin{cases} 1, & t \geqslant 0, \\ 0, & t < 0, \end{cases}$ 则称 $u(t)$ 为**单位阶跃函数**,其中 $t = 0$ 称为 $u(t)$ 的**跳变点**,幅值 1 称为 $u(t)$ 的**跳变量**.显然,单位阶跃函数 $u(t)$ 在零时刻以前,其值为 0,随后其值为 1.其波形如图 3-16 所示.

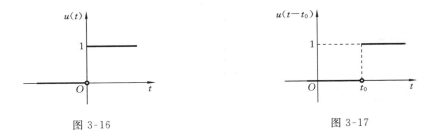

图 3-16　　　　　　　　　　　　　　　图 3-17

单位阶跃函数又称**开关函数**、**连通函数**等.

定义 3.23　设 $u(t-t_0) = \begin{cases} 1, & t \geqslant t_0, \\ 0, & t < t_0, \end{cases}$ 则称 $u(t-t_0)$ 为**单位延迟阶跃函数**,其中跳跃变点为 t_0,其波形如图 3-17 所示.

单位阶跃函数具有鲜明的单边特性,当任意函数 $f(t)$ 与 $u(t)$ 相乘时,将使函数在跳变点($t=0$)之前的幅度为零,因此阶跃函数的单边性又称为**切除特性**.例如,将余弦函数 $\cos t$ 与 $u(t)$ 相乘,使其 $t < 0$ 的部分变为零.

3.4.4　单位脉冲函数

单位脉冲函数是对于作用时间极短而强度极大的物理过程的理想描述,如打乒乓球时的抽杀情况,电路中接入脉冲电压后电路中的电流分布情况等.它在信号与线性系统分析中占有非常重要的地位.

单位脉冲函数是广义函数,是指它在没有普通意义下的"函数值".所以对于它不能用通常意义下"值的对应关系"来定义.它的定义方法有很多,下面我们只介绍一种常用而又容易理解的矩形脉冲演变法定义的单位脉冲函数.

定义 3.24　设宽为 τ、高度为 $\dfrac{1}{\tau}$ 的矩形脉冲函数(见图 3-18)

$$\delta_\tau(t) = \frac{1}{\tau}\left[u\left(t+\frac{\tau}{2}\right) - u\left(t-\frac{\tau}{2}\right)\right].$$

当 τ 减少时,脉冲面积 1 保持不变.若当 $\tau \to 0$ 时,$\delta_\tau(t)$ 极限存在,则称该极限为**单位脉冲函数**,记为 $\delta(t)$(见图 3-19),即

$$\delta(t) = \lim_{\tau \to 0}\delta_\tau(t).$$

由图 3-19 可知,在 $t=0$ 处,有一"冲激",其他均为零.面积为 1 表明脉冲强度.如果面积为 E,表明脉冲强度为 $\delta(t)$ 的 E 倍,记为 $E\delta(t)$,在波形图中,应将脉冲强度值标在箭头旁边的括号内.

注意　图 3-19 中的 1 不表示 $\delta(t)$ 的幅值.

若脉冲发生在 $t = t_0$ 时刻,则 $\delta(t-t_0)$ 的波形如图 3-20 所示.

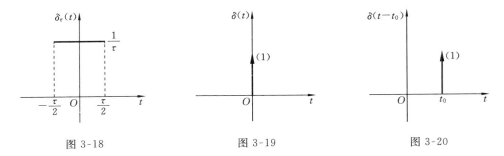

图 3-18　　　　　　　　　　图 3-19　　　　　　　　　　图 3-20

函数 $\delta(t)$ 具有如下基本性质.

性质 1　$\displaystyle\int_{-\infty}^{+\infty}\delta(t)\mathrm{d}t = 1$.

由 $\delta(t)$ 函数的定义,可立即得证.

性质 2　若 $f(t)$ 为连续时间函数,则

$$\int_{-\infty}^{+\infty}\delta(t)f(t)\mathrm{d}t = f(0) \quad \text{或} \quad \int_{-\infty}^{+\infty}\delta(t-t_0)f(t)\mathrm{d}t = f(t_0).$$

证　由定义可知,当 $t \neq 0$ 时,$\delta(t) = 0$.因此

$$f(t)\delta(t) = f(0)\delta(t),$$

$$\int_{-\infty}^{+\infty}f(t)\delta(t)\mathrm{d}t = \int_{-\infty}^{+\infty}f(0)\delta(t)\mathrm{d}t = f(0)\int_{-\infty}^{+\infty}\delta(t)\mathrm{d}t = f(0),$$

即得证.

性质 3　$\displaystyle\int_{-\infty}^{t}\delta(\tau)\mathrm{d}\tau = u(t)$.

证　由 $\delta(t)$ 函数的定义可知

$$\int_{-\infty}^{t}\delta(\tau)\mathrm{d}\tau = \begin{cases} 1, & t > 0, \\ 0, & t < 0, \end{cases}$$

故

$$\int_{-\infty}^{t}\delta(\tau)\mathrm{d}\tau = u(t).$$

性质 4　$\dfrac{\mathrm{d}}{\mathrm{d}t}u(t) = \delta(t)$.

由性质 3 可立即得证.

另外,通过 $\dfrac{1}{2\pi}\displaystyle\int_{-\infty}^{+\infty}2\pi\delta(t)\mathrm{e}^{\mathrm{i}\omega t}\mathrm{d}t = \mathrm{e}^{0} = 1$,可得下面结论:

(1) $\displaystyle\int_{-\infty}^{+\infty}\mathrm{e}^{-\mathrm{i}\omega t}\mathrm{d}t = 2\pi\delta(\omega)$;

(2) $\displaystyle\int_{-\infty}^{+\infty}\mathrm{e}^{-\mathrm{i}(\omega-\omega_0)t}\mathrm{d}t = 2\pi\delta(\omega-\omega_0)$;

(3) $\mathscr{F}[\delta(t)] = 1$;

(4) $\mathscr{F}[u(t)] = \pi\delta(\omega) + \dfrac{1}{\mathrm{i}\omega}$.

例 24 求余弦函数 $f(t) = \cos\omega_0 t$ 的傅里叶变换.

解 利用上面的结论中(1)与(2),有

$$\mathscr{F}[f(t)] = \int_{-\infty}^{+\infty} \cos(\omega_0 t)\mathrm{e}^{-\mathrm{i}\omega t}\,\mathrm{d}t = \frac{1}{2}\int_{-\infty}^{+\infty} (\mathrm{e}^{\mathrm{i}\omega_0 t} + \mathrm{e}^{-\mathrm{i}\omega_0 t})\mathrm{e}^{-\mathrm{i}\omega t}\,\mathrm{d}t$$

$$= \frac{1}{2}\int_{-\infty}^{+\infty} [\mathrm{e}^{-\mathrm{i}(\omega-\omega_0)t} + \mathrm{e}^{-\mathrm{i}(\omega+\omega_0)t}]\,\mathrm{d}t$$

$$= \frac{1}{2}[2\pi\delta(\omega-\omega_0) + 2\pi\delta(\omega+\omega_0)]$$

$$= \pi[\delta(\omega-\omega_0) + \delta(\omega+\omega_0)].$$

同理,可证 $\qquad \mathscr{F}[\sin\omega_0 t] = \pi\mathrm{i}[\delta(\omega+\omega_0) - \delta(\omega-\omega_0)].$

在物理学和工程技术中,将会出现很多非周期函数,它们的傅里叶变换求法,这里不可能一一列举.我们经常遇到的一些函数及其傅里叶变换列于附录中,以备读者查用.

习 题 3.4

1. 求下列函数的傅里叶变换.

$\qquad$ (1) $f(t) = \begin{cases} 4, & |t| \leqslant 2, \\ 0, & \text{其他}; \end{cases}$ $\qquad$ (2) $f(t) = \begin{cases} 1-|t|, & |t| \leqslant 1, \\ 0, & |t| \geqslant 1. \end{cases}$

2. 求函数 $f(t) = \mathrm{e}^{-\beta|t|}$ $(\beta > 0)$ 的傅里叶变换.

3. 已知 $\mathscr{F}[f(t)] = 2\pi[\delta(\omega+\omega_0) + \delta(\omega-\omega_0)]$,求 $f(t)$.

3.5 傅里叶变换的基本性质

前面介绍了时间信号与其傅里叶变换之间的互求,大家已经知道它们之间有着密切的联系,只要有一个确定,另一个也随之确定.这种时域和频域的转换规律集中反映在傅里叶变换的基本性质上.本节将介绍傅里叶变换的基本性质.为了叙述方便,规定所涉及的函数均存在傅里叶变换.

1. 线性性质

设 c_i 是常数,$\mathscr{F}[f_k(t)] = F_k(\omega)$ $(k = 1,2)$,则

$$\mathscr{F}[c_1 f_1(t) + c_2 f_2(t)] = c_1 F_1(\omega) + c_2 F_2(\omega),$$

或

$$\mathscr{F}^{-1}[c_1 F_1(\omega) + c_2 F_2(\omega)] = c_1 f_1(t) + c_2 f_2(t).$$

2. 位移性质

若 $\mathscr{F}[f(t)] = F(\omega)$，$t_0$ 为实常数，则

$$\mathscr{F}[f(t \pm t_0)] = \mathrm{e}^{\pm \mathrm{i}\omega t_0} F(\omega).$$

该性质也称为**时移性**. 它表明时间函数 $f(t)$ 沿 t 轴向左或向右平移 t_0 后的傅里叶变换等于 $f(t)$ 的傅里叶变换乘以因子 $\mathrm{e}^{\mathrm{i}\omega t_0}$ 或 $\mathrm{e}^{-\mathrm{i}\omega t_0}$.

同理，傅里叶逆变换也有类似的性质，即

$$\mathscr{F}^{-1}[F(\omega \pm \omega_0)] = \mathrm{e}^{\mp \mathrm{i}\omega_0 t} f(t),$$

或

$$\mathscr{F}[\mathrm{e}^{\mp \mathrm{i}\omega_0 t} f(t)] = F(\omega \pm \omega_0).$$

该性质也称为**频移性**. 它表明将时间信号 $f(t)$ 乘以 $\mathrm{e}^{\mathrm{i}\omega_0 t}(\mathrm{e}^{-\mathrm{i}\omega_0 t})$ 等效于 $f(t)$ 的傅里叶变换 $F(\omega)$（频谱）沿频率轴右（左）移 ω_0 个单位. 这种频谱搬移技术在通信系统中得到广泛的应用. 诸如调幅、变频等过程都是在频谱搬移的基础上完成的.

例 25　设 $\mathscr{F}[f(t)] = F(\omega)$，求 $\mathscr{F}[f(t)\cos\omega_0 t]$ 和 $\mathscr{F}[f(t)\sin\omega_0 t]$.

解
$$\mathscr{F}[f(t)\cos\omega_0 t] = \frac{1}{2}\mathscr{F}[f(t)(\mathrm{e}^{\mathrm{i}\omega_0 t} + \mathrm{e}^{-\mathrm{i}\omega_0 t})]$$

$$= \frac{1}{2}[F(\omega - \omega_0) + F(\omega + \omega_0)],$$

$$\mathscr{F}[f(t)\sin\omega_0 t] = \frac{1}{2\mathrm{i}}\mathscr{F}[f(t)(\mathrm{e}^{\mathrm{i}\omega_0 t} - \mathrm{e}^{-\mathrm{i}\omega_0 t})]$$

$$= \frac{\mathrm{i}}{2}[F(\omega + \omega_0) - F(\omega - \omega_0)].$$

特别地，有

$$\mathscr{F}[\cos\omega_0 t] = \pi[\delta(\omega - \omega_0) + \delta(\omega + \omega_0)],$$

$$\mathscr{F}[\sin\omega_0 t] = \pi\mathrm{i}[\delta(\omega + \omega_0) - \delta(\omega - \omega_0)].$$

3. 反比特性

若 $\mathscr{F}[f(t)] = F(\omega)$，$a \neq 0$，则

$$\mathscr{F}[f(at)] = \frac{1}{|a|}F\left(\frac{\omega}{a}\right).$$

该性质表示信号在时域中压缩（$a > 1$）等效于在频谱中扩展. 反之，表示信号在时域中扩展（$a < 1$）等效于在频谱中压缩.

同样，傅里叶逆变换也具有类似的反比特性，即

$$\mathscr{F}^{-1}[F(a\omega)] = \frac{1}{|a|}f\left(\frac{t}{a}\right) \quad (a \neq 0).$$

4. 对称性

若 $\mathscr{F}[f(t)] = F(\omega)$，则

$$\mathscr{F}[F(t)] = 2\pi f(-\omega).$$

该性质说明了傅里叶变换与其逆变换之间的对称关系. 对称特性表明: 当 $f(t)$ 为偶函数时, 其时域和频域完全对称, 即如果时间函数 $f(t)$ 的频谱函数是 $F(\omega)$, 那么与 $F(\omega)$ 形式相同的时间函数 $F(t)$ 的频谱函数与 $f(t)$ 有相同的形式, 都为 $2\pi f(\omega)$. 此处系数 2π 只影响坐标尺度, 不影响函数特性.

5. 微分性

若 $\mathscr{F}[f(t)] = F(\omega)$, 且当 $|t| \to +\infty$ 时, 有 $f(t) \to 0$, 则
$$\mathscr{F}[f'(t)] = \mathrm{i}\omega F(\omega).$$

特别地, $\mathscr{F}[f^{(n)}(t)] = (\mathrm{i}\omega)^n F(\omega)$.

微分特性表明: 在时域中 $f(t)$ 对 t 取 n 阶导数, 等效于在频域中频谱 $F(\omega)$ 乘以因子 $(\mathrm{i}\omega)^n$.

同样, 傅里叶逆变换也有类似的微分性质, 即
$$\mathscr{F}^{-1}[F^{(n)}(\omega)] = (-\mathrm{i}t)^n f(t).$$

例 26　设 $\mathscr{F}[f(t)] = F(\omega)$, 求 $\mathscr{F}[tf(t)]$.

解　因为 $\mathscr{F}^{-1}[F'(\omega)] = -\mathrm{i}tf(t)$, 所以
$$\mathscr{F}[tf(t)] = -\frac{1}{\mathrm{i}}F'(\omega) = \mathrm{i}F'(\omega).$$

6. 积分性

若 $\mathscr{F}[f(t)] = F(\omega)$, 且当 $t \to +\infty$ 时, 有 $\int_{-\infty}^{t} f(t)\mathrm{d}t \to 0$, 则
$$\mathscr{F}\left[\int_{-\infty}^{t} f(\tau)\mathrm{d}\tau\right] = \frac{1}{\mathrm{i}\omega}F(\omega).$$

此性质表明: 信号在时域中积分, 等效于在频域中用因子 $\mathrm{i}\omega$ 去除以它的频谱函数.

7. 卷积定理

定义 3.25　设函数 $f_1(t)$ 和 $f_2(t)$ 在区间 $(-\infty, +\infty)$ 内有定义, 若广义积分 $\int_{-\infty}^{+\infty} f_1(\tau)f_2(t-\tau)\mathrm{d}\tau$ 对任何实数 t 收敛, 则它在 $(-\infty, +\infty)$ 内定义了一个自变量为 t 的函数, 称这个函数为 $f_1(t)$ 与 $f_2(t)$ 在区间 $(-\infty, +\infty)$ 内的卷积, 记为 $f_1(t) * f_2(t)$, 即
$$f_1(t) * f_2(t) = \int_{-\infty}^{+\infty} f_1(\tau)f_2(t-\tau)\mathrm{d}\tau.$$

例 27　计算 $u(t)$ 与 $\delta(t)$ 的卷积.

解　由卷积的定义可知
$$u(t) * \delta(t) = \int_{-\infty}^{+\infty} u(\tau)\delta(t-\tau)\mathrm{d}\tau = \int_{0}^{+\infty} \delta(t-\tau)\mathrm{d}\tau = 1.$$

例 28　计算 $u(t)$ 与 e^{2t} 的卷积.

解　由卷积的定义可知

$$u(t) * e^{2t} = \int_{-\infty}^{+\infty} u(\tau) e^{2(t-\tau)} d\tau = \int_{0}^{+\infty} e^{2(t-\tau)} d\tau = \frac{1}{2} e^{2t}.$$

卷积定理在信号与系统分析中占有重要地位.

1）时域卷积定理

若 $\mathscr{F}[f_1(t)] = F_1(\omega)$，$\mathscr{F}[f_2(t)] = F_2(\omega)$，则

$$\mathscr{F}[f_1(t) f_2(t)] = F_1(\omega) * F_2(\omega).$$

该定理表明：两个函数在时域中的卷积等效于频域中两个函数傅里叶变换的乘积.

2）频域卷积定理

若 $\mathscr{F}[f_1(t)] = F_1(\omega)$，$\mathscr{F}[f_2(t)] = F_2(\omega)$，则

$$\mathscr{F}[f_1(t) f_2(t)] = \frac{1}{2\pi} F_1(\omega) * F_2(\omega).$$

习　　题　　3.5

1. 求函数 $f(t) = \sin^3 t$ 的傅里叶变换.

2. 求函数 $f(t) = \sin\left(5t + \frac{\pi}{3}\right)$ 的傅里叶变换.

3. 求符号函数 $\text{sgn} t = \begin{cases} -1 & (t < 0) \\ 1 & (t > 0) \end{cases}$ 的傅里叶变换.

3.6　傅里叶变换在频谱分析中的应用

我们已经知道，若函数 $f(t)$ 满足狄利克雷条件，则有

$$F(\omega) = \int_{-\infty}^{+\infty} f(t) e^{-i\omega t} dt,$$

$$f(t) = \frac{1}{2\pi} \int_{-\infty}^{+\infty} F(\omega) e^{i\omega t} d\omega.$$

上述两式分别为傅里叶变换（象函数）和傅里叶逆变换（象原函数）. 通常用如下符号表示：

$$F(\omega) = \mathscr{F}[f(t)] = \int_{-\infty}^{+\infty} f(t) e^{-i\omega t} dt,$$

$$f(t) = \mathscr{F}^{-1}[F(\omega)] = \frac{1}{2\pi} \int_{-\infty}^{+\infty} F(\omega) e^{i\omega t} d\omega.$$

在工程技术中,称 $F(\omega)$ 为 $f(t)$ 的**频谱密度函数**,简称频谱函数.它的模 $|F(\omega)|$ 为 $f(t)$ 的**振幅频谱**,简称**幅度谱**,它是频率 ω 的连续函数.$|F(\omega)|$ 的图形称为**幅谱图**.

若令 $F(\omega) = |F(\omega)| e^{i\varphi(\omega)}$,不难知道,$|F(\omega)|$ 是频率 ω 的偶函数,$\varphi(\omega)$ 为 ω 的奇函数.

非周期信号与周期信号一样,可以分解成许多不同频率的正弦分量,所不同的是,非周期信号的周期趋于无穷大,基波频率 $\dfrac{2\pi}{T}$ 趋于无限小,其频谱不能再用幅度表示,而改用密度函数表示.这里的 $\varphi(\omega)$ 也是频率 ω 的连续函数,称为**相位频谱**.

例 29　求单个矩形脉冲 $f(t) = \begin{cases} E, & |t| \leqslant \dfrac{\tau}{2}, \\ 0, & |t| > \dfrac{\tau}{2} \end{cases}$ (E 为常数)的振幅频谱,并作出幅谱图.

解　根据傅里叶变换的定义,单个矩形脉冲的频谱函数为

$$F(\omega) = \int_{-\infty}^{+\infty} f(t) e^{-i\omega t} dt = \int_{-\frac{\tau}{2}}^{\frac{\tau}{2}} E e^{-i\omega t} dt = \frac{2E}{\omega} \sin \frac{\omega\tau}{2},$$

则振幅频谱为

$$|F(\omega)| = \left| \frac{2E}{\omega} \sin \frac{\omega\tau}{2} \right|.$$

图 3-21 只给出了 $\omega \geqslant 0$ 时的幅谱图.

例 30　求单位脉冲函数 $\delta(t)$ 与 $\delta(t - t_0)$ 的幅谱图.

解　因为 $\delta(t)$ 的频谱函数为 $F(\omega) = \int_{-\infty}^{+\infty} \delta(t) e^{-i\omega t} dt = 1$,所以其幅谱图如图 3-22 所示.

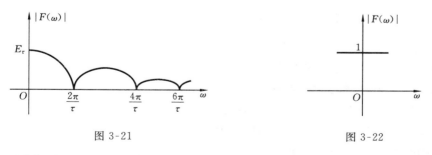

图 3-21　　　　　　　　　　　　　　　　图 3-22

又因为 $\delta(t - t_0)$ 的频谱函数为

$$F(\omega) = \mathscr{F}[\delta(t - t_0)] = \int_{-\infty}^{+\infty} \delta(t - t_0) e^{-i\omega t} dt = e^{-it_0\omega},$$

所以 $|\delta(t - t_0)| = 1$.因此,$\delta(t - t_0)$ 的幅谱图如图 3-23 所示.

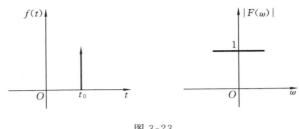

图 3-23

习　题　3.6

1. 求半波正弦信号的频谱函数,并大致画出频谱图.函数在一个周期内的表达式为

$$f(t) = \begin{cases} 0, & -\dfrac{T}{2} < t < 0, \\[2mm] E\sin\dfrac{2\pi}{T}t, & 0 \leqslant t < \dfrac{T}{2}. \end{cases}$$

2. 求双边指数函数 $f(t) = \mathrm{e}^{-|a|t}(a > 0)$ 的频谱、幅度谱和相位谱.

3.7　拉普拉斯变换

　　在高等数学中,为了把复杂的计算转化为较简单的计算,往往采用变换的方法.拉普拉斯(Laplace)变换是一种应用较为广泛的积分变换.在讨论常系数线性微分方程的初值问题的解法时,拉普拉斯变换是一个有力的工具.它在无线电技术和线性控制系统的分析和设计中也起着十分重要的作用.本节将介绍拉普拉斯变换(简称为拉氏变换)的基本概念.

3.7.1　拉普拉斯变换的概念

　　我们知道,一个函数除了满足狄利克雷条件之外,还要在区间$(-\infty, +\infty)$内满足绝对可积的条件,才存在傅里叶变换.然而工程中常用的一些函数,往往不满足绝对可积的条件,为此,需要对这些函数加以处理,以便能进行傅里叶变换.

　　对于任意函数 $f(t)$,当 $t \to \infty$ 时,如果 $f(t)$ 衰减得太慢,便不能满足绝对可积的条件,通常用指数函数 $\mathrm{e}^{-\beta t}(\beta > 0)$ 乘以 $f(t)$,这样当 $t \to \infty$ 时,衰减就加快了.另外,由于工程中许多以时间 t 为自变量的函数,往往在 $t < 0$ 时无意义或者是不需要考虑的,因此可再乘上一个单位阶跃函数 $u(t)$,以使积分区间由 $(-\infty, +\infty)$ 换成 $[0, +\infty)$.

　　一般来说,函数 $f(t)u(t)\mathrm{e}^{-\beta t}(\beta > 0)$ 的傅里叶变换总是存在的,对它进行傅里叶

变换,可得

$$F_\beta(\omega) = \int_{-\infty}^{+\infty} f(t)u(t)e^{-\beta t}e^{-i\omega t}\,dt = \int_0^{+\infty} f(t)e^{-(\beta+i\omega)t}\,dt.$$

如果令 $s = \beta + i\omega$,并记

$$F(s) = F_\beta(\omega) = F_\beta\left(\frac{s-\beta}{i}\right),$$

则上式可写为

$$F(s) = \int_0^{+\infty} f(t)e^{-st}\,dt.$$

上式中,$F(s)$ 实际上可看做是由 $f(t)$ 通过一种新的变换得来的,这种变换称为**拉普拉斯变换**(简称**拉氏变换**).

定义 3.26　设函数 $f(t)$ 当 $t \geqslant 0$ 时有定义,且广义积分 $\int_0^{+\infty} f(t)e^{-st}\,dt$($s$ 是一个复参量)在 s 上的某一个区域内收敛,则由此积分确定的参数为 s 的函数

$$F(s) = \int_0^{+\infty} f(t)e^{-st}\,dt$$

称为函数 $f(t)$ 的**拉普拉斯变换**(简写为 LT),记为 $F(s) = \mathscr{L}[f(t)]$.

函数 $F(s)$ 也称为 $f(t)$ 的**象函数**.

若 $F(s)$ 是 $f(t)$ 的拉普拉斯变换,则称 $f(t)$ 为 $F(s)$ 的**拉普拉斯逆变换**(简记为 ILT)或**象原函数**,记为

$$f(t) = \mathscr{L}^{-1}[F(s)].$$

由以上讨论可以看出,$f(t)$ 的拉普拉斯变换实际上就是 $f(t)u(t)e^{-\beta t}$ 的傅里叶变换. 一般地,工程中遇到的函数 $f(t)$ 乘以指数衰减函数 $u(t)e^{-\beta t}$($\beta > 0$)后,都可以进行傅里叶变换(即拉普拉斯变换),这就使得它成为工程中很有用的工具.

在拉普拉斯变换中,只要求 $f(t)$ 在 $[0, +\infty)$ 内有定义. 为了研究方便,以后总假定在 $(-\infty, 0)$ 内,$f(t) \equiv 0$. 另外,拉普拉斯变换中的参数 s 是在复数域中取值的,但这里只讨论 s 是实数的情况,所得结论也适用于 s 是复数的情况.

例 31　求单位阶跃函数 $u(t) = \begin{cases} 1 & (t > 0) \\ 0 & (t < 0) \end{cases}$ 的拉普拉斯变换.

解　$\mathscr{L}[u(t)] = \int_0^{+\infty} e^{-st}\,dt$,此积分在 $s > 0$ 时收敛,且有

$$\int_0^{+\infty} e^{-st}\,dt = \frac{1}{s} \quad (s > 0),$$

所以

$$\mathscr{L}[u(t)] = \frac{1}{s} \quad (s > 0).$$

例 32　求指数函数 $f(t) = \mathrm{e}^{at}(t \geqslant 0, a$ 为常数$)$ 的拉普拉斯变换.

解　由 $F(s) = \mathscr{L}[f(t)]$ 有

$$\mathscr{L}[f(t)] = \int_0^{+\infty} \mathrm{e}^{at}\mathrm{e}^{-st}\mathrm{d}t = \int_0^{+\infty} \mathrm{e}^{-(s-a)t}\mathrm{d}t$$

此积分在 $s > a$ 时收敛,且有

$$\mathscr{L}[\mathrm{e}^{at}] = \int_0^{+\infty} \mathrm{e}^{-(s-a)t}\mathrm{d}t = \frac{1}{s-a} \quad (s > a),$$

或

$$\mathscr{L}^{-1}\left(\frac{1}{s-a}\right) = \mathrm{e}^{at}.$$

例 33　求 $f(t) = at(a$ 为常数$)$ 的拉普拉斯变换.

解

$$\mathscr{L}[at] = \int_0^{+\infty} at\,\mathrm{e}^{-st}\mathrm{d}t = \frac{a}{s}\int_0^{+\infty} t\mathrm{d}\mathrm{e}^{-st}$$

$$= -\frac{a}{s}[t\mathrm{e}^{-st}]_0^{+\infty} + \frac{a}{s}\int_0^{+\infty} \mathrm{e}^{-st}\mathrm{d}t = -\frac{a}{s^2}[\mathrm{e}^{-st}]_0^{+\infty}$$

$$= \frac{a}{s^2} \quad (s > 0).$$

3.7.2　一些常见函数的拉普拉斯变换

例 34　求正弦函数 $f(t) = \sin at(a$ 为实数$)$ 的拉普拉斯变换.

解

$$\mathscr{L}(\sin at) = \int_0^{+\infty} \sin at \cdot \mathrm{e}^{-st}\mathrm{d}t = \left[\frac{\mathrm{e}^{-st}}{s^2+a^2}(-s\sin at - a\cos at)\right]_0^{+\infty}$$

$$= \frac{a}{s^2+a^2} \quad (s > 0).$$

同理,可得

$$\mathscr{L}(\cos at) = \frac{s}{s^2+a^2} \quad (s > 0).$$

例 35　求幂函数 $f(t) = t^m(m$ 为正整数$)$ 的拉普拉斯变换.

解　因为 $\mathscr{L}[1] = \frac{1}{s}, \mathscr{L}[t] = \frac{1}{s^2}$,所以

$$\mathscr{L}[t^2] = \int_0^{+\infty} t^2\mathrm{e}^{-st}\mathrm{d}t = \frac{2}{s^3} \quad (分部积分法).$$

依次类推,得

$$\mathscr{L}[t^m] = \frac{m!}{s^{m+1}}.$$

习　题　3.7

1. 求下列函数的拉普拉斯变换.

(1) $f(t) = \mathrm{e}^{-4t}$；　　　　(2) $f(t) = t^2$；　　　　(3) $f(t) = \sin(\omega t + \varphi)$　（ω, φ 为常数）；

(4) $f(t) = \begin{cases} -1, & 0 \leqslant t < 4, \\ 1, & t \geqslant 4; \end{cases}$ 　　　　(5) $f(t) = \begin{cases} 0, & 0 \leqslant t < 2, \\ 1, & 2 \leqslant t < 4, \\ 0, & t \geqslant 4. \end{cases}$

2. 若 $\mathscr{L}[f(t)] = F(s)$，证明当 $a > 0$ 时，则有

$$\mathscr{L}[f(at)] = \frac{1}{a} F\left(\frac{s}{a}\right).$$

3.8　拉普拉斯变换的性质

本节介绍拉普拉斯变换的几个主要性质，它们在拉普拉斯变换的实际应用中都很重要. 这些性质都可由拉普拉斯变换的定义及相应的运算法则加以证明.

性质 1（线性性质）　设 $c_i (i = 1, 2)$ 是常数，$\mathscr{L}[f_i(t)] = F_i(s) (i = 1, 2)$，则
$$\mathscr{L}[c_1 f_1(t) + c_2 f_2(t)] = c_1 F_1(s) + c_2 F_2(s).$$

性质 1 表明：函数的线性组合的拉普拉斯变换等于各函数的拉普拉斯变换的线性组合.

性质 1 可以推广到有限个函数的线性组合的情形. 即若 c_i 是常数，且
$$\mathscr{L}[f_i(t)] = F_i(s) \quad (i = 1, 2, \cdots, n),$$

则
$$\mathscr{L}\left[\sum_{i=1}^{n} c_i f_i(t)\right] = \sum_{i=1}^{n} c_i \mathscr{L}[f_i(t)].$$

例 36　求 $f(t) = \sin^2 t$ 的拉普拉斯变换.

解　因为 $f(t) = \sin^2 t = \frac{1}{2}(1 - \cos 2t)$，而

$$\mathscr{L}[1] = \frac{1}{s}, \quad \mathscr{L}[\cos 2t] = \frac{s}{s^2 + 4},$$

所以
$$\mathscr{L}[\sin^2 t] = \frac{1}{2}\left(\frac{1}{s} - \frac{s}{s^2 + 4}\right).$$

性质 2（平移性质）　若 $\mathscr{L}[f(t)] = F(s)$，则对于任意常数 s_0，有
$$\mathscr{L}[\mathrm{e}^{s_0 t} f(t)] = F(s - s_0).$$

这个性质表明：一个象原函数乘以 $\mathrm{e}^{s_0 t}$ 的拉普拉斯变换，等于其象函数作位移 s_0.

例 37　求 $\mathscr{L}[\mathrm{e}^{-2t} \sin 4t]$.

解　因为 $\mathscr{L}[\sin 4t] = \dfrac{4}{s^2 + 16}$，由平移性质可知

$$\mathscr{L}[\mathrm{e}^{-2t} \sin 4t] = \frac{4}{(s + 2)^2 + 16}.$$

性质 3（延滞性质）　若 $\mathscr{L}[f(t)] = F(s)$，则对于 $\tau > 0$，有 $\mathscr{L}[f(t - \tau)]$

$= \mathrm{e}^{-s\tau} F(s).$

这个性质表明:时间函数延滞 τ 的拉普拉斯变换,等于它的象函数乘以指数因子 $\mathrm{e}^{-s\tau}$,如图 3-24 所示.

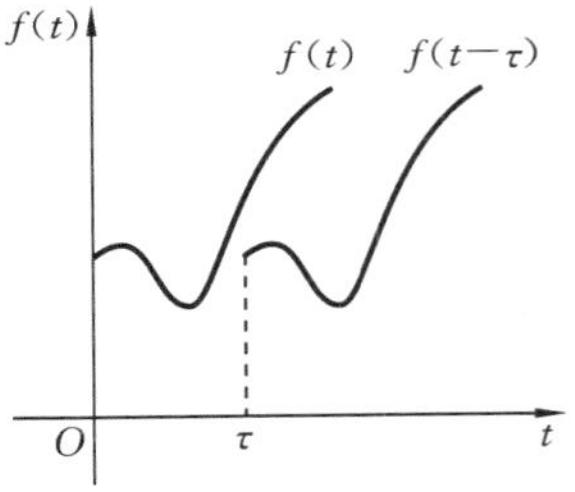

例 38　求矩形脉冲 $f(t) = \begin{cases} 1, & 0 < t < \tau, \\ 0, & \text{其他} \end{cases}$ 的拉普拉斯变换.

图 3-24

解　因为 $f(t) = u(t) - u(t-\tau)$,而 $\mathscr{L}[u(t)] = \dfrac{1}{s}$,

$$\mathscr{L}[u(t-\tau)] = \frac{1}{s}\mathrm{e}^{-s\tau},$$

所以
$$\mathscr{L}[f(t)] = \frac{1}{s}(1 - \mathrm{e}^{-s\tau}).$$

性质 4(微分性质)　若 $\mathscr{L}[f(t)] = F(s)$,且 $f'(t)$ 也是象原函数,则
$$\mathscr{L}[f'(t)] = sF(s) - f(0^+).$$

这个性质表明:一个函数的导数的拉普拉斯变换,等于这个函数的拉普拉斯变换乘以参变数 s,再减去函数的初值.

性质 4 可以推广到函数的 n 阶导数的情形.

推论　若 $f^{(k)}(t)$ $(k = 1, 2, \cdots, n)$ 是象原函数,则
$$\mathscr{L}[f^{(n)}(t)] = s^n F(s) - s^{n-1} f(0^+) - s^{n-2} f'(0^+) - \cdots - f^{(n-1)}(0^+).$$
特别当 $f(0^+) = f'(0^+) = \cdots = f^{(n-1)}(0^+) = 0$ 时,有
$$\mathscr{L}[f^{(n)}(t)] = s^n F(s) \quad (n = 1, 2, \cdots).$$

性质 4 使我们有可能将 $f(t)$ 的微分方程化为 $F(s)$ 的代数方程.因此,性质 4 在解微分方程中有重要作用.

性质 5(积分性质)　若 $\mathscr{L}[f(t)] = F(s)$,则
$$\mathscr{L}\left[\int_0^t f(\tau)\mathrm{d}\tau\right] = \frac{1}{s}F(s).$$

这个性质表明:一个函数积分后再取拉普拉斯变换,等于这个函数的拉普拉斯变换除以参变数 s.

性质 5 也可以推广到有限次积分的情形.

拉普拉斯变换还具有一个非常重要的性质,在此先给出其定义.

定义 3.27　如果 $\displaystyle\int_{-\infty}^{+\infty} f_1(\tau) f_2(t-\tau)\mathrm{d}\tau$ 存在,则称它为函数 $f_1(t)$ 与 $f_2(t)$ 的卷积,记为
$$f_1(t) * f_2(t) = \int_{-\infty}^{+\infty} f_1(\tau) f_2(t-\tau)\mathrm{d}\tau.$$

容易验证,卷积满足交换律、结合律及加法的分配律.

由于在拉普拉斯变换中所考虑的函数在 $t < 0$ 时为 0,所以,有

$$f_1(t) * f_2(t) = \int_0^t f_1(\tau) f_2(t - \tau) \mathrm{d}\tau.$$

性质 6(卷积性质)　若 $\mathscr{L}[f(t)] = F(s), \mathscr{L}[g(t)] = G(s)$,则

$$\mathscr{L}[f(t) * g(t)] = F(s) \cdot G(s).$$

这个性质表明:两个函数卷积的拉普拉斯变换等于这两个函数拉普拉斯变换的乘积.

例 39　设 $f_1(t) = t$, $f_2(t) = \sin t$,求 $\mathscr{L}[t * \sin t]$.

解 1　应用卷积定理,得

$$\mathscr{L}(t * \sin t) = \mathscr{L}[t] \cdot \mathscr{L}(\sin t)$$
$$= \frac{1}{s^2} \cdot \frac{1}{s^2 + 1}$$
$$= \frac{1}{s^2(s^2 + 1)}.$$

解 2　先求出卷积,再求拉普拉斯变换.

$$t * \sin t = \int_0^t \tau \sin(t - \tau) \mathrm{d}\tau$$
$$= [\tau \cos(t - \tau) + \sin(t - \tau)]_0^t$$
$$= t - \sin t,$$

所以,有

$$\mathscr{L}[t * \sin t] = \mathscr{L}[t - \sin t] = \mathscr{L}[t] - \mathscr{L}[\sin t]$$
$$= \frac{1}{s^2} - \frac{1}{s^2 + 1} = \frac{1}{s^2(s^2 + 1)}.$$

除了上述六个性质外,拉普拉斯变换还有一些性质,一并列入附录 4 中,以供查用.

习　题　3.8

1. 求下列函数的拉普拉斯变换.

(1) $5\sin 2t - 3\cos 2t$;　　　(2) $8\sin^2 3t$;　　　(3) $\mathrm{e}^{3t}\sin 4t$;

(4) $\mathrm{e}^{-4t}\sin 3t\cos 2t$;　　　(5) $t^2 \mathrm{e}^{-2t}$.

2. 设 $f(t) = t\sin at$,验证 $f''(t) + a^2 f(t) = 2a\cos at$,并求 $\mathscr{L}[f(t)]$.

3. 利用拉普拉斯变换的积分性质求 $f(t) = t^m$(m 为正整数)的拉普拉斯变换.

4. 求下列函数的卷积.

(1) $t * t$;　　　(2) $t * \mathrm{e}^t$;　　　(3) $\sin kt * \cos kt$.

3.9　拉普拉斯逆变换

3.9.1　拉普拉斯逆变换的概念

前面已讨论了由已知函数 $f(t)$ 求它的象函数 $F(s)$ 的主要公式,同时也得到了与此相反的问题,由已知象函数 $F(s)$,求它的象原函数 $f(t)$,这就是**拉普拉斯逆变换**.下面介绍几种由已知象函数 $F(s)$,求它的象原函数 $f(t)$ 的方法.

设 $\mathscr{L}[f_1(t)] = F_1(s),\mathscr{L}[f_2(t)] = F_2(s),\mathscr{L}[f(t)] = F(s)$,则有以下性质.

性质 1(线性性质)　$\mathscr{L}^{-1}[c_1 F_1(s) + c_2 F_2(s)] = c_1 f_1(t) + c_2 f_2(t)(c_1,c_2$ 为常数).

性质 2(平移性质)　$\mathscr{L}^{-1}[F(s-s_0)] = \mathrm{e}^{s_0 t} \mathscr{L}^{-1}[F(s)] = \mathrm{e}^{s_0 t} f(t)$.

性质 3(延滞性质)　$\mathscr{L}^{-1}[\mathrm{e}^{-s\tau} F(s)] = f(t-\tau)(\tau > 0)$.

下面给出求解拉普拉斯逆变换的不同的解法.

3.9.2　拉普拉斯逆变换的求法

1. 利用查表及基本性质求拉普拉斯逆变换

例 40　已知 $F(s) = \dfrac{1}{(s+2)^3}$,求 $f(t)$.

解　由 $\mathscr{L}[t^2] = \dfrac{2}{s^3}$ 及平移性质,可得

$$f(t) = \mathscr{L}^{-1}[F(s)] = \mathscr{L}^{-1}\left[\frac{1}{(s+2)^3}\right]$$

$$= \mathscr{L}^{-1}\left[\frac{1}{2} \cdot \frac{2}{(s+2)^3}\right]$$

$$= \frac{1}{2} t^2 \mathrm{e}^{-2t}.$$

例 41　求 $F(s) = \dfrac{2s+3}{s^2-2s+5}$ 的拉普拉斯逆变换.

解　由 $\mathscr{L}[\sin 2t] = \dfrac{2}{s^2+4}$ 和 $\mathscr{L}[\cos 2t] = \dfrac{s}{s^2+4}$ 及性质 2,可得

$$f(t) = \mathscr{L}^{-1}\left[\frac{2s+3}{s^2-2s+5}\right]$$

$$= 2\mathscr{L}^{-1}\left[\frac{s-1}{(s-1)^2+4}\right] + \frac{5}{2}\mathscr{L}^{-1}\left[\frac{2}{(s-1)^2+4}\right]$$

$$= 2\mathrm{e}^t \cos 2t + \frac{5}{2}\mathrm{e}^t \sin 2t = \mathrm{e}^t\left(2\cos 2t + \frac{5}{2}\sin 2t\right).$$

2. 用部分分式法求拉普拉斯逆变换

例 42　求 $F(s) = \dfrac{s^2}{(s+2)(s^2+2s+2)}$ 的拉普拉斯逆变换.

解　由高等数学中有理函数化部分分式的待定系数法,可知

$$F(s) = \frac{2}{s+2} - \frac{s+2}{s^2+2s+2},$$

所以

$$\mathscr{L}^{-1}\big[F(s)\big] = \mathscr{L}^{-1}\Big[\frac{2}{s+2}\Big] - \mathscr{L}^{-1}\Big[\frac{s+2}{s^2+2s+2}\Big]$$

$$= \mathscr{L}^{-1}\Big[\frac{2}{s+2}\Big] - \mathscr{L}^{-1}\Big[\frac{s+1}{(s+1)^2+1}\Big] - \mathscr{L}^{-1}\Big[\frac{1}{(s+1)^2+1}\Big]$$

$$= 2e^{-2t} - e^{-t}\cos t - e^{-t}\sin t.$$

3. 卷积法

利用卷积法求拉普拉斯逆变换,通常用来解决查表法和部分分式法难以解决的求拉普拉斯逆变换的问题.

例 43　求 $F(s) = \dfrac{1}{(s^2+4s+13)^2}$ 的拉普拉斯逆变换.

解
$$F(s) = \frac{1}{(s^2+4s+13)^2}$$

$$= \frac{1}{9}\,\frac{3}{(s+2)^2+3^2}\,\frac{3}{(s+2)^2+3^2}$$

$$= \frac{1}{9}F_1(s)F_2(s),$$

而 $\mathscr{L}^{-1}\Big[\dfrac{3}{(s+2)^2+3^2}\Big] = e^{-2t}\sin 3t$,所以,由卷积性质可得

$$f(t) = \mathscr{L}^{-1}\big[F(s)\big] = \frac{1}{9}\,f_1(t) * f_2(t)$$

$$= \frac{1}{9}(e^{-2t}\sin 3t) * (e^{-2t}\sin 3t)$$

$$= \frac{1}{9}\int_0^t e^{-2\tau}\sin 3\tau \cdot e^{-2(t-\tau)}\sin 3(t-\tau)\,\mathrm{d}\tau$$

$$= \frac{1}{9}e^{-2t}\int_0^t \sin 3\tau \cdot \sin 3(t-\tau)\,\mathrm{d}\tau$$

$$= \frac{1}{18}e^{-2t}\Big[\frac{\sin(6\tau-3t)}{6} - \tau\cos 3t\Big]_0^t$$

$$= \frac{1}{54}e^{-2t}(\sin 3t - 3t\cos 3t).$$

例 44　用几种不同的方法求 $F(s) = \dfrac{1}{s^2(s+1)}$ 的拉普拉斯逆变换.

解 1　利用公式分解法,得

$$F(s) = -\frac{1}{s} + \frac{1}{s^2} + \frac{1}{s+1},$$

所以

$$
\begin{aligned}
f(t) &= \mathscr{L}^{-1}\left[-\frac{1}{s} + \frac{1}{s^2} + \frac{1}{s+1}\right] \\
&= -\mathscr{L}^{-1}\left[\frac{1}{s}\right] + \mathscr{L}^{-1}\left[\frac{1}{s^2}\right] + \mathscr{L}^{-1}\left[\frac{1}{s+1}\right] \\
&= -1 + t + \mathrm{e}^{-t}.
\end{aligned}
$$

解 2　卷积法.

因为 $F(s) = \dfrac{1}{s^2} \cdot \dfrac{1}{s+1}$,所以

$$
\begin{aligned}
f(t) &= t * \mathrm{e}^{-t} = \int_0^t \tau \mathrm{e}^{-(t-\tau)}\,\mathrm{d}\tau \\
&= \mathrm{e}^{-t}\int_0^t \tau \mathrm{e}^{\tau}\,\mathrm{d}\tau = -1 + t + \mathrm{e}^{-t}.
\end{aligned}
$$

习　　题　　3.9

求下列函数的拉普拉斯逆变换.

(1) $F(s) = \dfrac{2}{s-3}$;　　　　　(2) $F(s) = \dfrac{1}{3s+5}$;　　　　　(3) $F(s) = \dfrac{4}{s^2+16}$;

(4) $F(s) = \dfrac{1}{4s^2+9}$;　　　　(5) $F(s) = \dfrac{2s-8}{s^2+36}$;　　　　(6) $F(s) = \dfrac{s}{(s+3)(s+5)}$;

(7) $F(s) = \dfrac{4}{s^2+4s+10}$;　　(8) $F(s) = \dfrac{1}{(s^2+1)(s^2+2)}$.

3.10　拉普拉斯变换的应用

3.10.1　利用拉普拉斯变换解微分方程

在电路理论与自动控制理论的研究中,我们常常要对一个系统进行分析和研究,以建立这些系统的数学模型.在许多情况下,这种数学模型可以用一个线性微分方程来描述,这样的系统即为**线性系统**.根据拉普拉斯变换的线性性质、微分性质及其他性质,可以将一个未知函数所满足的常系数线性微分方程的初值问题经过拉普拉斯

变换后,转化为它的象函数所满足的代数方程.解此代数方程,然后再取拉普拉斯逆变换,就得到原微分方程的解.

　　用拉普拉斯变换方法解常系数线性微分方程初值问题的步骤,可以用图 3-25 表示(简称 LT 法).

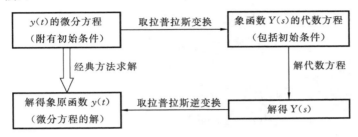

图 3-25

　　与经典方法先求微分方程的通解,然后再根据初始条件确定其任意常数的求特解的方法相比,LT 法有以下几个优点.

　　(1) LT 法把常系数线性微分方程转化为象函数的代数方程,这个代数方程已"包含"了预先给定的初始条件,因而省去了经典方法中由通解求特解的步骤.

　　(2) 当初始条件全部为零时(这在工程实际中是常见的),用拉普拉斯变换求解更为简便.

　　下面,只通过举例说明拉普拉斯变换在解常微分方程中的应用.

　　例 45　求方程 $x'(t) + 2x(t) = 0$ 满足初始条件 $x(0) = 3$ 的解.

　　解　设 $\mathscr{L}[x(t)] = X(s)$,对方程两边取拉普拉斯变换,得

$$\mathscr{L}[x'(t) + 2x(t)] = \mathscr{L}[0],$$

可得

$$sX(s) - x(0) + 2X(s) = 0,$$

并考虑到初始条件 $x(0) = 3$,得到象函数 $X(s)$ 的代数方程

$$sX(s) + 2X(s) = 3, \quad 即 \quad X(s) = \frac{3}{s+2}.$$

再求象函数的拉普拉斯逆变换,得

$$x(t) = \mathscr{L}^{-1}\left[\frac{3}{s+2}\right] = 3\mathrm{e}^{-2t},$$

即得方程的解为

$$x(t) = 3\mathrm{e}^{-2t}.$$

　　例 46　求微分方程 $y'' - 2y' + 2y = 2\mathrm{e}^t\cos t$ 满足 $y(0) = y'(0) = 0$ 的解.

　　解　设 $\mathscr{L}[y(t)] = Y(s)$,对方程两边取拉普拉斯变换,有

$$s^2 Y(s) - 2sY(s) + 2Y(s) = \frac{2(s-1)}{(s-1)^2 + 1},$$

解出 $Y(s)$,可得

$$Y(s) = \frac{2(s-1)}{[(s-1)^2+1]^2} = \frac{2(s-1)}{(s-1)^2+1} \frac{1}{(s-1)^2+1}.$$

再求象函数的拉普拉斯逆变换,并利用卷积定理,得所求微分方程的解为

$$y(t) = \mathscr{L}^{-1}[Y(s)] = \mathscr{L}^{-1}\left[\frac{2(s-1)}{(s-1)^2+1} \frac{1}{(s-1)^2+1}\right]$$

$$= 2e^t\cos t * e^t\sin t = 2\int_0^t e^\tau\cos\tau e^{(t-\tau)}\sin(t-\tau)\mathrm{d}\tau$$

$$= 2e^t\int_0^t \cos\tau\sin(t-\tau)\mathrm{d}\tau$$

$$= e^t\left[\tau\sin t - \frac{1}{2}\cos(2\tau-t)\right]_0^t = te^t\sin t.$$

例 47 在 RLC 串联直流电源 E 的电路系统中,其中 R 为电阻,L 为电感,C 为电容,且 $R < 2\sqrt{\dfrac{L}{C}}$,求回路中的电流 $i(t)$.

解 根据基尔霍夫定律,有

$$u_R(t) + u_C(t) + u_L(t) = E,$$

其中 $u_R(t) = Ri(t)$,由 $i(t) = C\dfrac{\mathrm{d}u_C(t)}{\mathrm{d}t}$ 知

$$u_C(t) = \frac{1}{C}\int_0^t i(\tau)\mathrm{d}\tau, \quad u_L(t) = L\frac{\mathrm{d}i(t)}{\mathrm{d}t}.$$

于是有

$$Ri(t) + \frac{1}{C}\int_0^t i(\tau)\mathrm{d}\tau + L\frac{\mathrm{d}i(t)}{\mathrm{d}t} = E,$$

$$i(0) = i'(0) = 0.$$

对方程两边取拉普拉斯变换,且设 $\mathscr{L}[i(t)] = I(s)$,则有

$$RI(s) + \frac{1}{Cs}I(s) + LsI(s) = \frac{E}{s},$$

所以

$$I(s) = \frac{\dfrac{E}{s}}{Ls + R + \dfrac{1}{Cs}} = \frac{E}{L} \cdot \frac{1}{\left(s + \dfrac{R}{2L}\right)^2 + \left(\dfrac{1}{CL} - \dfrac{R^2}{4L^2}\right)}.$$

因为 $R < 2\sqrt{\dfrac{L}{C}}$,所以可设 $\omega^2 = \dfrac{1}{CL} - \dfrac{R^2}{4L^2}$,$I(s)$ 可改写为

$$I(s) = \frac{E}{L\omega} \cdot \frac{\omega}{\left(s + \dfrac{R}{2L}\right)^2 + \omega^2}.$$

取拉普拉斯逆变换,得

$$i(t) = \frac{E}{L\omega} \mathrm{e}^{-\frac{R}{2L}t} \sin\omega t \quad (t > 0).$$

该结果表明,在回路中出现了角频率为 ω 的衰减正弦震荡电流.

3.10.2　线性系统的传递函数

一个物理系统,如果可以用常系数线性微分方程来描述,那么称这个物理系统为**线性系统**.

例如,在 RC 串联电路中,电容器的输出端电压 $u_C(t)$ 与 R、C 及输入电压 $E(t)$ 之间的关系

$$RC\frac{\mathrm{d}u_C}{\mathrm{d}t} + u_C = E(t)$$

就是一个线性系统,如图 3-26 所示.

线性系统的两个主要概念是激励与响应.通常称输入函数为系统的**激励**,而称输出函数为系统的**响应**.

如 RC 串联电路中,外加电动势 $E(t)$ 就是该系统的激励,电容器两端的电压 $u_C(t)$ 就是该系统的响应.

在线性系统的分析中,要研究激励和响应同系统本身特性之间的关系,如图 3-27 所示,这就需要有描述系统本性特征的函数,这个函数称为**传递函数**.

图 3-26　　　　　　　　　　　　　　　　　　图 3-27

下面以二阶常系数线性微分方程为例,来讨论这一问题.

设线性系统可由

$$y'' + a_1 y' + a_0 = f(t)$$

来描述,其中 a_0, a_1 为常数,$f(t)$ 为激励,$y(t)$ 为响应,并且系统的初始条件为

$$y(0) = y_0, \quad y'(0) = y_1.$$

对方程两端取拉普拉斯变换,并设

$$\mathscr{L}[y(t)] = Y(s), \quad \mathscr{L}[f(t)] = F(s),$$

则有

$$[s^2 Y(s) - sy(0) - y'(0)] + a_1[sY(s) - y(0)] + a_0 Y(s) = F(s),$$

即

$$(s^2 + a_1 s + a_0)Y(s) = F(s) + (s + a_1)y_0 + y_1.$$

令

$$G(s) = \frac{1}{s^2 + a_1 s + a_0}, \quad B(s) = (s + a_1)y_0 + y_1,$$

则上式可化为

$$Y(s) = G(s)F(s) + G(s)B(s).$$

显然,$G(s)$ 描述了系统本性的特征,且与激励和系统的初始状态无关,称其为系统的**传递函数**.

如果初始条件全为零,则 $B(s) = 0$,于是

$$G(s) = \frac{Y(s)}{F(s)}.$$

这说明在零初始条件下,线性系统的传递函数等于其响应(输出函数)的拉普拉斯变换与其激励(输入函数)的拉普拉斯变换之比.

一般地,如果线性系统由方程

$$a_n y^{(n)} + a_{n-1} y^{(n-1)} + \cdots + a_1 y' + a_0 y = f(t)$$

来描述,其中 $a_0, a_1, \cdots, a_{n-1}, a_n (a_n \neq 0)$ 为常数,而且

$$y^{(k)}(0) = y_k \quad (k = 0, 1, 2, \cdots, n-1),$$

$f(t)$ 为系统的激励,$y(t)$ 为系统的响应,则称

$$G(s) = \frac{1}{a_n s^n + a_{n-1} s^{n-1} + \cdots + a_1 s + a_0}$$

为系统的传递函数.它刻画了系统本身的特征,而与系统的激励 $f(t)$ 及初始条件无关.

当初始条件均为零时,则

$$G(s) = \frac{Y(s)}{F(s)},$$

其中

$$Y(s) = \mathscr{L}[y(t)], \quad F(s) = \mathscr{L}[f(t)].$$

当激励是一个单位脉冲函数,即 $f(t) = \delta(t)$ 时,在零初始条件下,由于 $F(s) = \mathscr{L}[\delta(t)] = 1$,于是有 $Y(s) = G(s)$,即

$$y(t) = \mathscr{L}^{-1}[G(s)].$$

这时称 $y(t)$ 为系统的**脉冲响应函数**.

在零初始条件下,令 $s = \mathrm{i}\omega$,代入系统的传递函数,则可得

$$G(\mathrm{i}\omega) = \frac{Y(\mathrm{i}\omega)}{F(\mathrm{i}\omega)} = \frac{1}{a_n(\mathrm{i}\omega)^n + a_{n-1}(\mathrm{i}\omega)^{n-1} + \cdots + a_1(\mathrm{i}\omega) + a_0},$$

称 $G(\mathrm{i}\omega)$ 为系统的**频率特征函数**,简称**频率响应**.

线性系统的传递函数、脉冲响应函数、频率响应是表征线性系统特征的几个重要的特征量.

例 48　求 RC 串联闭合电路

$$RC\frac{\mathrm{d}u_C(t)}{\mathrm{d}t}+u_C(t)=f(t)$$

的传递函数、脉冲响应函数和频率响应.

解　易知系统的传递函数为

$$G(s)=\frac{1}{RCs+1}=\frac{1}{RC(s+1/RC)},$$

而电路的脉冲响应函数为

$$u_C(t)=\mathscr{L}^{-1}[G(s)]=\mathscr{L}^{-1}\left[\frac{1}{RC(s+1/RC)}\right]=\frac{1}{RC}\mathrm{e}^{-\frac{1}{RC}t}.$$

令 $s=\mathrm{i}\omega$,则可得频率响应为

$$G(\mathrm{i}\omega)=\frac{1}{RC\mathrm{i}\omega+1}.$$

习　　题　　3.10

1. 用拉普拉斯变换解下列微分方程.

　(1) $\frac{\mathrm{d}i}{\mathrm{d}t}+5i=10\mathrm{e}^{-3t}$, $i(0)=0$;

　(2) $\frac{\mathrm{d}^2y}{\mathrm{d}t^2}+\omega^2y=0$, $y(0)=0$, $y'(0)=\omega$;

　(3) $y''(t)-3y'(t)+2y(t)=4$, $y(0)=0$, $y'(0)=1$;

　(4) $y''(t)+16y(t)=32t$, $y(0)=3$, $y'(0)=-2$.

2. 一质点沿 x 轴运动,其位置 x 与时间 t 的函数关系满足

$$\frac{\mathrm{d}^2x}{\mathrm{d}t^2}+4\frac{\mathrm{d}x}{\mathrm{d}t}+8x=20\cos2t.$$

　若质点由静止点 $x=0$ 处出发,求 x 与 t 的关系.

3. 一阶惯性系统的数学模型为 $Ty'(t)+y(t)=x(t)$,求该系统的传递函数、脉冲响应函数和频率响应.

【数学史话】

复变函数论的发展简史

1. 复数的起源

早在 16 世纪,一元二次、一元三次代数方程求解时就引入了虚数的基本思想,给

出了虚数的符号和运算法则.

　　意大利的卡丹诺(Cardano,1501—1576) 在解三次方程时首先产生了负数开平方的思想. 如 $40 = (5 + \sqrt{-15})(5 - \sqrt{-15})$,但由于 $\sqrt{-1}$ 在实数范围内无意义,在很长时间内,这类数仍然是不合格的.

　　法国的笛卡尔(Descartes,1596—1690) 称其为虚数("虚幻数",imaginary number).

2. 科学家关于复数的争论

　　首先是 Bernoulli 和 Leibniz 的争论(1712—1713),Bernoulli 认为:负数的对数是实数.例如,

$$\frac{\mathrm{d}(-x)}{-x} = \frac{\mathrm{d}x}{x} \Rightarrow \ln(-x) = \ln x.$$

而 Leibniz 认为:不可能有负数的对数.例如,$\dfrac{\mathrm{d}x}{x} = \mathrm{d}\ln x$ 只对正数成立.

3. Euler 在 1747 年对这场争论作了中肯的分析

　　Euler 认为:$\ln(-x)$,$\ln x$ 差一个常数. 1740 年,Euler 给 Bernoulli 的信中说:$y = 2\cos x$ 和 $y = \mathrm{e}^{\sqrt{-1}x} + \mathrm{e}^{-\sqrt{-1}x}$ 是同一个微分方程的解,因此应该相等.

　　1743 年,发表了 Euler 公式:

$$\cos x = \frac{1}{2}(\mathrm{e}^{\sqrt{-1}x} + \mathrm{e}^{-\sqrt{-1}x}), \quad \sin x = \frac{1}{2\sqrt{-1}}(\mathrm{e}^{\sqrt{-1}x} - \mathrm{e}^{-\sqrt{-1}x}).$$

　　Euler 认为复数仅在想象中存在,1777 年,Euler 采用 i 代表 $\sqrt{-1}$.

　　复数真正被接受主要归功于德国数学家高斯(Gauss,1777—1855),1799 年,他把复数的思想融入对代数学基本定理的证明中.

　　19 世纪,有三位代表性人物:柯西(Cauchy,1789—1857)、维尔斯特拉斯(Weierstrass,1815—1897)、黎曼(Riemann,1826—1866). 经过他们的不懈努力,终于建立了系统的复变函数论.

　　复变函数理论创立于 19 世纪,是当时最独特的创造,到 20 世纪还在不断地发展,成为不仅是当时也是现在的一门优美的学科. 这个学科时常称之为函数论,被誉为 19 世纪的数学享受.我们在享受数学的美妙成果的时候,可能会忽略创造这些成果的数学家们每迈出一步所付出的艰辛. 这里想简要回忆一下复变函数发展的历史,因为当我们了解一段历史后,也许会更深一步地感受到它的魅力,增强对它的学习兴趣和研究勇气.

　　从 1776 年起,瑞士数学家欧拉(Euler,1707—1783) 利用复函数来计算实积分值.更早些时候,法国数学家达朗贝尔(D'Alembert,1717—1783) 在流体力学的研究中就用到复函数,而法国数学家拉普拉斯(Laplace,1749—1827) 从 1782 年起像

Euler 那样,把实积分转换为复积分来计算实积分的值.他们的分析工作是通过把复函数的实部和虚部分开来进行的,所以复函数还没有成为真正的基本实体.这种情况还发生在德国著名数学家高斯(Gauss,1777—1855)身上.Gauss 在证明代数基本定理时用到复数,他将涉及的复函数分为实部和虚部.到 1825 年,Gauss 还明确地说"—1 不得的真正奥妙是难以捉摸的".

　　从所作的贡献来看,复变函数理论的奠基人是法国数学家柯西(Cauchy,1789—1857),德国数学家维尔斯特拉斯(Weierstrass,1815—1897)和德国数学家黎曼(Riemann,1826—1866).Cauchy 是把复函数当做基本实体来研究的第一人.他自 1821 年起,花了约 25 年的时间,以导数和积分为出发点,发展了复变函数理论,在复函数有连续导数的情形下建立了 Cauchy 定理;引入了留数,建立了留数定理,并用留数来计算实积分等.到 1843 年,法国数学家罗朗(Laurent,1813—1854)继续 Cauchy 的工作,建立了 Laurent 级数展开,这是英国数学家泰勒(Taylor,1685—1731)级数展开的一个推广.也许起初 Cauchy 研究复函数时是考虑实积分的计算,但到后期他改变了这个观点,不再关心这种计算,而是转到复变函数理论本身的研究上,并建立了这个理论的基础.Weierstrass 则开辟了一条新的探索途径,在幂级数的基础上建立起了解析函数理论及解析开拓的方法等.Riemann 于 1851 年在他的博士论文中研究了 Riemann 曲面上的共形映照,为共形映照的研究开辟了新的篇章.他在论文的结尾给出了 Riemann 映照定理,虽然他的证明是不完整的,但这个定理确定了一般单连通区域间共形映照的存在性.对于特殊的情形,Schwarz(1869 年)和 Christoffel(1867年)给出了多边形区域到上半平面的共形映照的积分表示式.多值函数对我们来说是棘手的,然而我们经常不可避免地会遇到它,例如,在研究代数函数时就会遇到.Riemann 研究了多值函数,建立了 Riemann 曲面的概念.Riemann 曲面不仅是描绘多值函数的一个方法,而且在这个曲面上多值函数可单值化,并与 Z 平面上的情形相对应.Lobatchevsky 和 Bolyai 在研究 Euclid 几何中的第五公理时,果敢地放弃了这条平行公理,而建立了一种非 Euclid 几何,后来 Klein 称其为双曲几何,而 Euclid 几何则称为抛物几何.为了证明双曲几何的相容性,Poincare 给出了一个模型,这是几个模型中的一个.通过模型,双曲几何的相容性归结为 Euclid 几何的相容性.Poincare 的模型可以通过单位圆盘上 Poincare 度量给出的度量几何来建立.Poincare 度量的一个重要性质是在共形映照下不变,在一般的解析映照下是缩小的,这就是 Poincare 度量原理,因此这个度量在解析函数理论中也是重要的,而最重要的是它引出了从几何的角度来看解析函数.的确,Ahlfors 用超双曲度量导出了 Bloch 常数的一个下界.数学家们花费了约半个世纪的时间才得到好于 Ahlfors 的界,但 Bloch 常数的精确下界至今仍是个未解决的问题.

　　20 世纪,复变函数理论在各个方面都有了全面的发展.Nevanlinna 引入了亚纯函数的特征函数,给值分布理论的研究带来了飞跃. Montel 给出了函数族正规性的概念及一些基本正规族判别定则. 这些正规定则有许多应用,例如,应用于 Riemann 映照定理等一些经典定理的证明中;Fatou 和 Julia 通过函数迭代下的正规性创立了复动力系统理论. 到 20 世纪 80 年代,由于其他学科的相互渗透,以及本学科中一些重大问题的解决,同时又由于计算机图形学、复动力系统在国际上备受关注. Bieberbach 在单叶函数研究的基础上,提出了单叶函数幂级数展开的系数估计的 Bieberbach 猜想. 为证明这个重要的猜想,许多数学家付出了辛勤的劳动,直到 1985 年才由法国数学家 de Brange 证明了这个猜想. 此外,多复变函数理论、拟共形映照理论、Teichmüller 理论、位势理论等都有了迅速的发展.

第4章 矩阵与行列式

　　矩阵是线性代数最重要的概念之一.它在数学与其他自然科学、工程技术、社会科学特别是经济学中有着广泛的应用.因此掌握矩阵这一基础工具对于经济研究是必不可少的.

4.1 矩　　阵

4.1.1 矩阵的概念

　　先看下面二个例子.

　　例1　煤矿公司 B_1, B_2, B_3 三个煤矿到 A_1, A_2, A_3, A_4 四个城市的距离(单位: km)如表 4-1 所示.

表 4-1

距离城市\煤矿	A_1	A_2	A_3	A_4
B_1	345	273	586	852
B_2	711	877	267	566
B_3	563	1036	419	235

　　解　由煤矿到各城市的距离可以写成如下数表:

$$\begin{bmatrix} 345 & 273 & 586 & 852 \\ 711 & 877 & 267 & 566 \\ 563 & 1036 & 419 & 235 \end{bmatrix}.$$

　　例2　某公司 3 个月各项物品的库存量如表 4-2 所示.

表 4-2

库存量物品\月份	A	B	C	D	E
1	201	0	14	72	14
2	253	21	16	64	1
3	124	31	13	50	0

解　表 4-2 中的库存量也可写成如下数表：

$$\begin{bmatrix} 201 & 0 & 14 & 72 & 14 \\ 253 & 21 & 16 & 64 & 1 \\ 124 & 31 & 13 & 50 & 0 \end{bmatrix}.$$

显然，上面所举的两个数表，其中各个数是不能互换位置的，因为每个位置具有不同的内涵.

定义 4.1　由 $m \times n$ 个数 $a_{ij}(i=1,2,\cdots,m;j=1,2,\cdots,n)$ 排成 m 行 n 列的矩形数表

$$\begin{bmatrix} a_{11} & a_{12} & \cdots & a_{1n} \\ a_{21} & a_{22} & \cdots & a_{2n} \\ \vdots & \vdots & & \vdots \\ a_{m1} & a_{m2} & \cdots & a_{mn} \end{bmatrix} \quad \text{或} \quad \begin{pmatrix} a_{11} & a_{12} & \cdots & a_{1n} \\ a_{21} & a_{22} & \cdots & a_{2n} \\ \vdots & \vdots & & \vdots \\ a_{m1} & a_{m2} & \cdots & a_{mn} \end{pmatrix}$$

称为一个 $m \times n$ **矩阵**，其中横排为矩阵的**行**，竖排为矩阵的**列**，a_{ij} 称为矩阵第 i 行第 j 列的**元素**. 一般用英文字母的大写 $A,B,C,\cdots$ 表示矩阵，有时为了指明矩阵的行和列，也记为 $A_{m \times n}$ 或 $A=[a_{ij}]_{m \times n}$. 如果 $m=n$，则称 A 为 n **阶方阵**，用 A_n 表示. 方阵 A_n 左上角到右下角的连线称为**主对角线**. 元素 $a_{11},a_{22},\cdots,a_{nn}$ 称为**主对角线元素**.

如果矩阵 $A=[a_{ij}]$ 与 $B=[b_{ij}]$ 都是 $m \times n$ 矩阵，则称矩阵 A 与矩阵 B 为**同型矩阵**；如果它们的对应元素相等，即 $a_{ij}=b_{ij}(i=1,2,\cdots,m;j=1,2,\cdots,n)$，则称矩阵 A 与矩阵 B 相等，记作 $A=B$.

例如，$\begin{bmatrix} x_{11} & x_{12} & x_{13} \\ x_{21} & x_{22} & x_{23} \end{bmatrix} = \begin{bmatrix} 1 & 2 & 0 \\ 3 & 1 & 4 \end{bmatrix}$，则有

$$x_{11}=1, \quad x_{12}=2, \quad x_{13}=0,$$
$$x_{21}=3, \quad x_{22}=1, \quad x_{23}=4.$$

下面介绍几种特殊的矩阵.

(1) 行矩阵：一行 n 列的矩阵即 $1 \times n$ 矩阵 $[a_1,a_2,\cdots,a_n]$，称为**行矩阵**.

(2) 列矩阵：m 行 1 列的矩阵即 $m \times 1$ 矩阵 $\begin{bmatrix} a_1 \\ a_2 \\ \vdots \\ a_m \end{bmatrix}$，称为**列矩阵**.

(3) 零矩阵：所有元素为零的矩阵称为**零矩阵**，记作 O.

(4) 对称矩阵：在 n 阶方阵 $A=[a_{ij}]$ 中，若它的第 i 行第 j 列上的元素 a_{ij} 与第 j 行第 i 列上的元素 a_{ji} 相等，即 $a_{ij}=a_{ji}(i,j=1,2,\cdots,n)$，则称 A 为**对称矩阵**，简称对**称阵**. 例如，

$$\begin{bmatrix} 1 & 2 & 3 \\ 2 & 1 & 4 \\ 3 & 4 & 1 \end{bmatrix}, \quad \begin{bmatrix} a & b & c & d \\ b & h & e & f \\ c & e & i & g \\ d & f & g & j \end{bmatrix}.$$

（5）上、下三角矩阵：主对角线下方的元素全为零的方阵，称为**上三角矩阵**，即

$$A = \begin{bmatrix} a_{11} & a_{12} & \cdots & a_{1n} \\ 0 & a_{22} & \cdots & a_{2n} \\ \vdots & \vdots & & \vdots \\ 0 & 0 & \cdots & a_{nn} \end{bmatrix};$$

主对角线上方的元素全为零的方阵，称为**下三角矩阵**，即

$$B = \begin{bmatrix} b_{11} & 0 & \cdots & 0 \\ b_{21} & b_{22} & \cdots & 0 \\ \vdots & \vdots & & \vdots \\ b_{n1} & b_{n2} & \cdots & b_{nn} \end{bmatrix}.$$

（6）对角矩阵：主对角线上以外的元素全为零的方阵称为**对角矩阵**，简称**对角阵**，即

$$A = \begin{bmatrix} a_{11} & 0 & \cdots & 0 \\ 0 & a_{22} & \cdots & 0 \\ \vdots & \vdots & & \vdots \\ 0 & 0 & \cdots & a_{nn} \end{bmatrix},$$

显然，对角矩阵既是上三角矩阵又是下三角矩阵.

（7）单位矩阵：主对角线上的元素全为 1 的对角矩阵称为**单位矩阵**，简称**单位阵**. 记为 E，即

$$E = \begin{bmatrix} 1 & 0 & \cdots & 0 \\ 0 & 1 & \cdots & 0 \\ \vdots & \vdots & & \vdots \\ 0 & 0 & \cdots & 1 \end{bmatrix}.$$

4.1.2　矩阵的线性运算

1. 矩阵的加（减）法

设 $\quad A = \begin{bmatrix} a_{11} & a_{12} & \cdots & a_{1n} \\ a_{21} & a_{22} & \cdots & a_{2n} \\ \vdots & \vdots & & \vdots \\ a_{m1} & a_{m2} & \cdots & a_{mn} \end{bmatrix}, \quad B = \begin{bmatrix} b_{11} & b_{12} & \cdots & b_{1n} \\ b_{21} & b_{22} & \cdots & b_{2n} \\ \vdots & \vdots & & \vdots \\ b_{m1} & b_{m2} & \cdots & b_{mn} \end{bmatrix},$

称 A,B 所有对应元素的和（或差）构成的 $m \times n$ 矩阵

$$C = \begin{bmatrix} a_{11} \pm b_{11} & a_{12} \pm b_{12} & \cdots & a_{1n} \pm b_{1n} \\ a_{21} \pm b_{21} & a_{22} \pm b_{22} & \cdots & a_{2n} \pm b_{2n} \\ \vdots & \vdots & & \vdots \\ a_{m1} \pm b_{m1} & a_{m2} \pm b_{m2} & \cdots & a_{mn} \pm b_{mn} \end{bmatrix}$$

为矩阵 A 与矩阵 B 的和（或差），记作 $A \pm B$，即

$$C = A \pm B = [a_{ij} \pm b_{ij}]_{m \times n}.$$

例 3　设 $A = \begin{bmatrix} 1 & 0 & 6 \\ 2 & -4 & 7 \end{bmatrix}$，$B = \begin{bmatrix} 6 & -5 & 3 \\ 4 & 3 & -2 \end{bmatrix}$，求 $A+B$，$A-B$.

解　$A+B = \begin{bmatrix} 1+6 & 0+(-5) & 6+3 \\ 2+4 & -4+3 & 7+(-2) \end{bmatrix} = \begin{bmatrix} 7 & -5 & 9 \\ 6 & -1 & 5 \end{bmatrix}$，

$A-B = \begin{bmatrix} 1-6 & 0-(-5) & 6-3 \\ 2-4 & -4-3 & 7-(-2) \end{bmatrix} = \begin{bmatrix} -5 & 5 & 3 \\ -2 & -7 & 9 \end{bmatrix}.$

注意　两矩阵只有行数和列数都相同时，才能进行加、减运算.

容易证明矩阵的加法运算满足以下运算规则（设 A,B,C,O 均为 $m \times n$ 矩阵）.

（1）交换律：$A+B = B+A$.

（2）结合律：$(A+B)+C = A+(B+C)$.

（3）零矩阵满足：$A+O = A$.

2. 数乘矩阵

设 k 是一个常数，$A = \begin{bmatrix} a_{11} & a_{12} & \cdots & a_{1n} \\ a_{21} & a_{22} & \cdots & a_{2n} \\ \vdots & \vdots & & \vdots \\ a_{m1} & a_{m2} & \cdots & a_{mn} \end{bmatrix}$，称矩阵 $\begin{bmatrix} ka_{11} & ka_{12} & \cdots & ka_{1n} \\ ka_{21} & ka_{22} & \cdots & ka_{2n} \\ \vdots & \vdots & & \vdots \\ ka_{m1} & ka_{m2} & \cdots & ka_{mn} \end{bmatrix}$

为数 k 与矩阵 A 的乘积，记为 kA.

例 4　$A = \begin{bmatrix} 3 & -2 & 4 & -5 \\ 5 & 0 & 2 & -3 \\ 1 & 6 & 0 & 7 \end{bmatrix}$，$B = \begin{bmatrix} 4 & -3 & 5 & -10 \\ 8 & 2 & 3 & 0 \\ -1 & 7 & -4 & 9 \end{bmatrix}$，求 $3A-2B$.

解　$3A-2B = 3 \begin{bmatrix} 3 & -2 & 4 & -5 \\ 5 & 0 & 2 & -3 \\ 1 & 6 & 0 & 7 \end{bmatrix} - 2 \begin{bmatrix} 4 & -3 & 5 & -10 \\ 8 & 2 & 3 & 0 \\ -1 & 7 & -4 & 9 \end{bmatrix}$

$= \begin{bmatrix} 9 & -6 & 12 & -15 \\ 15 & 0 & 6 & -9 \\ 3 & 18 & 0 & 21 \end{bmatrix} - \begin{bmatrix} 8 & -6 & 10 & -20 \\ 16 & 4 & 6 & 0 \\ -2 & 14 & -8 & 18 \end{bmatrix}$

$$= \begin{bmatrix} 1 & 0 & 2 & 5 \\ -1 & -4 & 0 & -9 \\ 5 & 4 & 8 & 3 \end{bmatrix}.$$

注意 数乘矩阵是把这个数与矩阵的每一个元素都相乘.

容易证明:数乘矩阵满足以下运算规则(其中 A, B 为 $m \times n$ 矩阵; k, l 为常数):

(1) $kA = Ak$;

(2) $k(A + B) = kA + kB$;

(3) $(k + l)A = kA + lA$;

(4) $k(lA) = (kl)A$;

(5) $A + (-A) = O$;

(6) $1A = A$.

4.1.3 矩阵的乘法运算

设 A 是 $m \times s$ 矩阵, B 是 $s \times n$ 矩阵,且

$$A = \begin{bmatrix} a_{11} & a_{12} & \cdots & a_{1s} \\ a_{21} & a_{22} & \cdots & a_{2s} \\ \vdots & \vdots & & \vdots \\ a_{m1} & a_{m2} & \cdots & a_{ms} \end{bmatrix}, \quad B = \begin{bmatrix} b_{11} & b_{12} & \cdots & b_{1n} \\ b_{21} & b_{22} & \cdots & b_{2n} \\ \vdots & \vdots & & \vdots \\ b_{s1} & b_{s2} & \cdots & b_{sn} \end{bmatrix},$$

则由元素

$$c_{ij} = a_{i1}b_{1j} + a_{i2}b_{2j} + \cdots + a_{is}b_{sj} = \sum_{k=1}^{s} a_{ik}b_{kj} \quad (i = 1, 2, \cdots, m; j = 1, 2, \cdots, n)$$

所构成的 $m \times n$ 矩阵

$$C = \begin{bmatrix} c_{11} & c_{12} & \cdots & c_{1n} \\ c_{21} & c_{22} & \cdots & c_{2n} \\ \vdots & \vdots & & \vdots \\ c_{m1} & c_{m2} & \cdots & c_{mn} \end{bmatrix}$$

称为矩阵 A 与 B 的乘积,记为 $C = AB$.

例 5 设 $A = \begin{bmatrix} -2 & 4 \\ 1 & -2 \end{bmatrix}, B = \begin{bmatrix} 2 & 4 \\ -3 & -6 \end{bmatrix}$, 求 AB 与 BA.

解 $AB = \begin{bmatrix} -2 & 4 \\ 1 & -2 \end{bmatrix}\begin{bmatrix} 2 & 4 \\ -3 & -6 \end{bmatrix}$

$$= \begin{bmatrix} (-2) \times 2 + 4 \times (-3) & (-2) \times 4 + 4 \times (-6) \\ 1 \times 2 + (-2) \times (-3) & 1 \times 4 + (-2) \times (-6) \end{bmatrix}$$

$$= \begin{bmatrix} -16 & -32 \\ 8 & 16 \end{bmatrix};$$

$$BA = \begin{bmatrix} 2 & 4 \\ -3 & -6 \end{bmatrix} \begin{bmatrix} -2 & 4 \\ 1 & -2 \end{bmatrix}$$

$$= \begin{bmatrix} 2 \times (-2) + 4 \times 1 & 2 \times 4 + 4 \times (-2) \\ (-3) \times (-2) + (-6) \times 1 & (-3) \times 4 + (-6) \times (-2) \end{bmatrix}$$

$$= \begin{bmatrix} 0 & 0 \\ 0 & 0 \end{bmatrix} = O.$$

例 6　设矩阵 $A = \begin{bmatrix} -1 & 4 \\ 1 & 2 \end{bmatrix}, B = \begin{bmatrix} 0 & 4 \\ 1 & 3 \end{bmatrix}$, 试问矩阵 A 与 B 是否可交换.

解　因为　　　　$AB = \begin{bmatrix} -1 & 4 \\ 1 & 2 \end{bmatrix} \begin{bmatrix} 0 & 4 \\ 1 & 3 \end{bmatrix} = \begin{bmatrix} 4 & 8 \\ 2 & 10 \end{bmatrix},$

$$BA = \begin{bmatrix} 0 & 4 \\ 1 & 3 \end{bmatrix} \begin{bmatrix} -1 & 4 \\ 1 & 2 \end{bmatrix} = \begin{bmatrix} 4 & 8 \\ 2 & 10 \end{bmatrix},$$

所以 $AB = BA$, 即矩阵 A 与 B 是可交换的.

一般地, 矩阵乘法不满足交换律, 但是对于某些矩阵也可能满足 $AB = BA$. 如果两个矩阵满足 $AB = BA$, 那么, 称矩阵 A 与 B 是**可交换**的.

例 7　设矩阵 $A = \begin{bmatrix} 3 & 1 \\ 4 & 0 \end{bmatrix}, B = \begin{bmatrix} 2 & 1 \\ 4 & 0 \end{bmatrix}, C = \begin{bmatrix} 0 & 0 \\ 1 & 1 \end{bmatrix}$, 求 AC, BC.

解　　　　　　$AC = \begin{bmatrix} 3 & 1 \\ 4 & 0 \end{bmatrix} \begin{bmatrix} 0 & 0 \\ 1 & 1 \end{bmatrix} = \begin{bmatrix} 1 & 1 \\ 0 & 0 \end{bmatrix},$

$$BC = \begin{bmatrix} 2 & 1 \\ 4 & 0 \end{bmatrix} \begin{bmatrix} 0 & 0 \\ 1 & 1 \end{bmatrix} = \begin{bmatrix} 1 & 1 \\ 0 & 0 \end{bmatrix}.$$

例 8　某公司下属甲、乙、丙三个工厂, 全年消耗 Ⅰ、Ⅱ、Ⅲ、Ⅳ 这 4 种原材料数量用矩阵表示为

$$A = \begin{bmatrix} 5 & 2 & 0 & 8 \\ 7 & 1 & 4 & 3 \\ 2 & 9 & 6 & 0 \end{bmatrix} \begin{matrix} 甲 \\ 乙 \\ 丙 \end{matrix},$$
$$\text{Ⅰ Ⅱ Ⅲ Ⅳ}$$

而 4 种原材料的单价顺次为 6 万元、10 万元、4 万元、2 万元, 用矩阵表示为

$$B = \begin{bmatrix} 6 \\ 10 \\ 4 \\ 2 \end{bmatrix}.$$

试求该公司甲、乙、丙三个工厂全年消耗总额.

　　解　用 P 表示甲、乙、丙三个工厂全年消耗总额,则

$$P = AB = \begin{bmatrix} 5 & 2 & 0 & 8 \\ 7 & 1 & 4 & 3 \\ 2 & 9 & 6 & 0 \end{bmatrix} \begin{bmatrix} 6 \\ 10 \\ 4 \\ 2 \end{bmatrix}$$

$$= \begin{bmatrix} 5 \times 6 + 2 \times 10 + 0 \times 4 + 8 \times 2 \\ 7 \times 6 + 1 \times 10 + 4 \times 4 + 3 \times 2 \\ 2 \times 6 + 9 \times 10 + 6 \times 4 + 0 \times 2 \end{bmatrix}$$

$$= \begin{bmatrix} 66 \\ 74 \\ 126 \end{bmatrix}.$$

即甲、乙、丙三个工厂全年消耗总额分别为 66 万元、74 万元、126 万元.

　　注意　(1) 只有左边矩阵的列数与右边矩阵的行数相等时,矩阵乘法才有意义,所得乘积矩阵的行数和左边矩阵的行数相同,列数和右边矩阵的列数相同.

　　(2) 乘积矩阵的元素 c_{ij} 是 A 的第 i 行元素与 B 的第 j 列元素对应乘积之和.

　　(3) 矩阵乘法一般不满足交换律,一般 $AB \neq BA$. 因此矩阵相乘必须注意顺序,AB 称为 A 左乘 B,BA 称为 A 右乘 B.

　　(4) 两个非零矩阵的乘积可能是零矩阵.虽然 $AB = O$ 时,但是一般不能得出 $A = O$ 或 $B = O$. 当 $AC = BC$ 时,即使 $C \neq O$,也不一定有 $A = B$.

　　矩阵乘法满足以下规则:

　　(1) $(AB)C = A(BC)$;

　　(2) $A(B + C) = AB + AC$,$(B + C)A = BA + CA$;

　　(3) $k(AB) = (kA)B = A(kB)$　(k 为常数);

　　(4) $EA = A$,$AE = A$.

　　对于 n 阶方阵 A,规定(k, l 是正整数):

　　(1) $A^k = \underbrace{AA \cdots A}_{k \uparrow A}$;

　　(2) $A^k A^l = A^{k+l}$;

　　(3) $(A^k)^l = A^{kl}$;

　　(4) $A^0 = E$,$A^1 = A$.

　　例 9　计算 $\begin{bmatrix} 1 & 1 \\ 0 & 1 \end{bmatrix}^k$($k$ 是正整数).

　　解　因为

$$\begin{bmatrix} 1 & 1 \\ 0 & 1 \end{bmatrix}^2 = \begin{bmatrix} 1 & 1 \\ 0 & 1 \end{bmatrix}\begin{bmatrix} 1 & 1 \\ 0 & 1 \end{bmatrix} = \begin{bmatrix} 1 & 2 \\ 0 & 1 \end{bmatrix},$$

$$\begin{bmatrix} 1 & 1 \\ 0 & 1 \end{bmatrix}^3 = \begin{bmatrix} 1 & 1 \\ 0 & 1 \end{bmatrix}\begin{bmatrix} 1 & 2 \\ 0 & 1 \end{bmatrix} = \begin{bmatrix} 1 & 3 \\ 0 & 1 \end{bmatrix},$$

依次类推,用数学归纳法可得

$$\begin{bmatrix} 1 & 1 \\ 0 & 1 \end{bmatrix}^k = \begin{bmatrix} 1 & k \\ 0 & 1 \end{bmatrix}.$$

4.1.4　矩阵的转置运算

定义 4.2　把 $m \times n$ 矩阵 $\boldsymbol{A}$ 的行与列互换,得到的 $n \times m$ 矩阵称为 $\boldsymbol{A}$ 的**转置矩阵**,记作 $\boldsymbol{A}^\mathrm{T}$.

$$\boldsymbol{A} = \begin{bmatrix} a_{11} & a_{12} & \cdots & a_{1n} \\ a_{21} & a_{22} & \cdots & a_{2n} \\ \vdots & \vdots & & \vdots \\ a_{m1} & a_{m2} & \cdots & a_{mn} \end{bmatrix}, \quad \boldsymbol{A}^\mathrm{T} = \begin{bmatrix} a_{11} & a_{21} & \cdots & a_{m1} \\ a_{12} & a_{22} & \cdots & a_{m2} \\ \vdots & \vdots & & \vdots \\ a_{1n} & a_{2n} & \cdots & a_{mn} \end{bmatrix}.$$

矩阵的转置满足如下运算规则:

(1) $(\boldsymbol{A}^\mathrm{T})^\mathrm{T} = \boldsymbol{A}$;

(2) $(\boldsymbol{A} + \boldsymbol{B})^\mathrm{T} = \boldsymbol{A}^\mathrm{T} + \boldsymbol{B}^\mathrm{T}$;

(3) $(k\boldsymbol{A})^\mathrm{T} = k\boldsymbol{A}^\mathrm{T}$(是 k 一个数);

(4) $(\boldsymbol{AB})^\mathrm{T} = \boldsymbol{B}^\mathrm{T}\boldsymbol{A}^\mathrm{T}$.

例 10　设矩阵 $\boldsymbol{A} = [a_1, a_2, \cdots, a_n]$, $\boldsymbol{B} = \begin{bmatrix} 2 & -1 & 0 \\ -3 & 4 & 1 \end{bmatrix}$,写出 $\boldsymbol{A}$ 的转置矩阵,并求 $\boldsymbol{A}^\mathrm{T}\boldsymbol{A}$, $\boldsymbol{A}\boldsymbol{A}^\mathrm{T}$ 和 $\boldsymbol{B}^\mathrm{T}\boldsymbol{B}$.

解　
$$\boldsymbol{A}^\mathrm{T} = [a_1, a_2, \cdots, a_n]^\mathrm{T} = \begin{bmatrix} a_1 \\ a_2 \\ \vdots \\ a_n \end{bmatrix},$$

$$\boldsymbol{A}^\mathrm{T}\boldsymbol{A} = \begin{bmatrix} a_1 \\ a_2 \\ \vdots \\ a_n \end{bmatrix}[a_1, a_2, \cdots, a_n] = \begin{bmatrix} a_1^2 & a_1 a_2 & \cdots & a_1 a_n \\ a_2 a_1 & a_2^2 & \cdots & a_2 a_n \\ \vdots & \vdots & & \vdots \\ a_n a_1 & a_n a_2 & \cdots & a_n^2 \end{bmatrix},$$

$$\boldsymbol{A}\boldsymbol{A}^\mathrm{T} = [a_1, a_2, \cdots, a_n]\begin{bmatrix} a_1 \\ a_2 \\ \vdots \\ a_n \end{bmatrix} = [a_1^2 + a_2^2 + \cdots + a_n^2],$$

$$B^{\mathrm{T}} = \begin{bmatrix} 2 & -1 & 0 \\ -3 & 4 & 1 \end{bmatrix}^{\mathrm{T}} = \begin{bmatrix} 2 & -3 \\ -1 & 4 \\ 0 & 1 \end{bmatrix},$$

$$B^{\mathrm{T}}B = \begin{bmatrix} 2 & -3 \\ -1 & 4 \\ 0 & 1 \end{bmatrix} \begin{bmatrix} 2 & -1 & 0 \\ -3 & 4 & 1 \end{bmatrix} = \begin{bmatrix} 13 & -14 & -3 \\ -14 & 17 & 4 \\ -3 & 4 & 1 \end{bmatrix}.$$

例 11　设矩阵 $A = \begin{bmatrix} 4 & -1 \\ 0 & 2 \\ -3 & 2 \end{bmatrix}, B = \begin{bmatrix} 2 & 1 \\ 3 & 4 \end{bmatrix}$，验证矩阵 $(AB)^{\mathrm{T}} = B^{\mathrm{T}}A^{\mathrm{T}}$.

解
$$AB = \begin{bmatrix} 4 & -1 \\ 0 & 2 \\ -3 & 2 \end{bmatrix} \begin{bmatrix} 2 & 1 \\ 3 & 4 \end{bmatrix} = \begin{bmatrix} 5 & 0 \\ 6 & 8 \\ 0 & 5 \end{bmatrix},$$

$$(AB)^{\mathrm{T}} = \begin{bmatrix} 5 & 6 & 0 \\ 0 & 8 & 5 \end{bmatrix},$$

$$A^{\mathrm{T}} = \begin{bmatrix} 4 & -1 \\ 0 & 2 \\ -3 & 2 \end{bmatrix}^{\mathrm{T}} = \begin{bmatrix} 4 & 0 & -3 \\ -1 & 2 & 2 \end{bmatrix}, \quad B^{\mathrm{T}} = \begin{bmatrix} 2 & 1 \\ 3 & 4 \end{bmatrix}^{\mathrm{T}} = \begin{bmatrix} 2 & 3 \\ 1 & 4 \end{bmatrix},$$

$$B^{\mathrm{T}}A^{\mathrm{T}} = \begin{bmatrix} 2 & 3 \\ 1 & 4 \end{bmatrix} \begin{bmatrix} 4 & 0 & -3 \\ -1 & 2 & 2 \end{bmatrix} = \begin{bmatrix} 5 & 6 & 0 \\ 0 & 8 & 5 \end{bmatrix}.$$

习　题　4.1

1. 设 $A = \begin{bmatrix} 1 & -1 & 2 \\ 2 & 0 & 3 \end{bmatrix}, B = \begin{bmatrix} -2 & 1 & -1 \\ 0 & -1 & 1 \end{bmatrix}, C = \begin{bmatrix} -1 & 2 & 1 \\ 1 & 1 & 3 \end{bmatrix}$，求

(1) $A + B$；　(2) $2C + A$；　(3) $A - B + C$；　(4) $-A + 3B + 2C$.

2. 设 $A = \begin{bmatrix} 1 & -1 & 3 \\ 2 & 0 & 1 \end{bmatrix}, B = \begin{bmatrix} 2 & 1 \\ 1 & 3 \end{bmatrix}, C = \begin{bmatrix} -1 & 3 \\ 2 & 1 \\ 0 & 2 \end{bmatrix}$，求

(1) BA；　(2) CB；　(3) B^2；　(4) CA；　(5) AC.

3. 计算：

(1) $\begin{bmatrix} 1 \\ 2 \\ 3 \end{bmatrix} [3, 2, 1]$；

(2) $[1, 2, 3] \begin{bmatrix} 3 \\ 2 \\ 1 \end{bmatrix}$；

(3) $\begin{bmatrix} 1 & 2 & 3 \\ -2 & 1 & 2 \end{bmatrix} \begin{bmatrix} 1 & 2 & 0 \\ 0 & 1 & 1 \\ 3 & 0 & -1 \end{bmatrix}$；

(4) $\begin{bmatrix} \sin\theta & \cos\theta \\ \cos\theta & \sin\theta \end{bmatrix}^2$；

(5) $\begin{bmatrix} 1 & 2 & 3 \\ 4 & 5 & 6 \\ 1 & 4 & 3 \end{bmatrix} \begin{bmatrix} x_1 \\ x_2 \\ x_3 \end{bmatrix}$;   (6) $\begin{bmatrix} 2 \\ -1 \\ 3 \end{bmatrix} [2, -1] \begin{bmatrix} 1 & -1 \\ 3 & -2 \end{bmatrix}$.

4. 设 $\boldsymbol{A} = \begin{bmatrix} -1 & 2 & 3 \\ 0 & 1 & 2 \end{bmatrix}$, $\boldsymbol{B} = \begin{bmatrix} 1 & 1 \\ -1 & -2 \\ 3 & 1 \end{bmatrix}$, 验证 $(\boldsymbol{AB})^{\mathrm{T}} = \boldsymbol{B}^{\mathrm{T}} \boldsymbol{A}^{\mathrm{T}}$.

5. 已知函数 $f(x) = x^2 - x - 1$, 并且 $\boldsymbol{A} = \begin{bmatrix} 2 & 1 & 1 \\ 3 & 1 & 2 \\ 1 & -1 & 0 \end{bmatrix}$, 求 $f(\boldsymbol{A})$.

4.2 行 列 式

4.2.1 二阶和三阶行列式

1. 二阶行列式

设二元线性方程组 $\begin{cases} a_{11}x_1 + a_{12}x_2 = b_1, \\ a_{21}x_1 + a_{22}x_2 = b_2, \end{cases}$ 用消元法消去 x_2, 得

$$(a_{11}a_{22} - a_{12}a_{21})x_1 = a_{22}b_1 - a_{12}b_2.$$

当 $a_{11}a_{22} - a_{12}a_{21} \neq 0$ 时, 得

$$x_1 = \frac{a_{22}b_1 - a_{12}b_2}{a_{11}a_{22} - a_{12}a_{21}}.$$

同理, 消去 x_1, 得

$$x_2 = \frac{a_{11}b_2 - a_{21}b_1}{a_{11}a_{22} - a_{12}a_{21}}.$$

为方便叙述和记忆, 引入符号

$$D = \begin{vmatrix} a_{11} & a_{12} \\ a_{21} & a_{22} \end{vmatrix} = a_{11}a_{22} - a_{12}a_{21},$$

称 D 为**二阶行列式**. 上式的右端称为**二阶行列式的展开式**, $a_{11}, a_{12}, a_{21}, a_{22}$ 称为**行列式的元素**.

二阶行列式是两项的代数和, 第一项是从左上角到右下角的对角线上的两元素的乘积, 并带正号; 第二项是从右上角到左下角的对角线上两元素的乘积, 并带负号.

由此规则, 解 x_1, x_2 中分式的分子可记为

$$D_1 = \begin{vmatrix} b_1 & a_{12} \\ b_2 & a_{22} \end{vmatrix} = a_{22}b_1 - a_{12}b_2,$$

$$D_2 = \begin{vmatrix} a_{11} & b_1 \\ a_{21} & b_2 \end{vmatrix} = a_{11}b_2 - a_{21}b_1 ,$$

其中 D_i 表示把 D 中的第 i 列元素换成方程组右边的常数列所得的行列式.

于是当 $D \neq 0$ 时,二元线性方程组的解为

$$x_1 = \frac{D_1}{D} , \quad x_2 = \frac{D_2}{D} .$$

例 12　用二阶行列式解线性方程组 $\begin{cases} 2x_1 + x_2 = -1, \\ 5x_1 + 3x_2 = 3. \end{cases}$

解　因

$$D = \begin{vmatrix} 2 & 1 \\ 5 & 3 \end{vmatrix} = 1 , \quad D_1 = \begin{vmatrix} -1 & 1 \\ 3 & 3 \end{vmatrix} = -6 , \quad D_2 = \begin{vmatrix} 2 & -1 \\ 5 & 3 \end{vmatrix} = 11 ,$$

故

$$x_1 = \frac{D_1}{D} = -6 , \quad x_2 = \frac{D_2}{D} = 11 .$$

行列式与方阵在形式上非常相似,但它们是两个不同的概念. 方阵是一个数表,而行列式是一个数值.

例如:已知

$$\boldsymbol{A} = \begin{bmatrix} 1 & 2 \\ 5 & 4 \end{bmatrix} , \quad \boldsymbol{B} = \begin{bmatrix} 8 & -3 \\ 7 & 2 \end{bmatrix} ,$$

$\boldsymbol{A}$ 的行列式记作 $|\boldsymbol{A}|$,规定为

$$|\boldsymbol{A}| = \begin{vmatrix} 1 & 2 \\ 5 & 4 \end{vmatrix} = 1 \times 4 - 2 \times 5 = -6 ;$$

$\boldsymbol{B}$ 的行列式记作 $|\boldsymbol{B}|$,规定为

$$|\boldsymbol{B}| = \begin{vmatrix} 8 & -3 \\ 7 & 2 \end{vmatrix} = 8 \times 2 - (-3) \times 7 = 37 .$$

2. 三阶行列式

类似地,用符号

$$D = \begin{vmatrix} a_{11} & a_{12} & a_{13} \\ a_{21} & a_{22} & a_{23} \\ a_{31} & a_{32} & a_{33} \end{vmatrix}$$

$$= a_{11}a_{22}a_{33} + a_{12}a_{23}a_{31} + a_{13}a_{21}a_{32}$$

$$- a_{13}a_{22}a_{31} - a_{12}a_{21}a_{33} - a_{11}a_{23}a_{32} ,$$

称 D 为**三阶行列式**,右端称为**三阶行列式的展开式**. 展开式共有六项,每项都是三个元素的乘积,其中三项带"+"号,另三项带"−"号. 为便于记忆,把构成每一项的三个

元素分别用线按如图 4-1 所示的方式连接起来. 主对角线方向连接的三个元素之积带"＋"号,副对角线方向连接的三个元素之积带"－"号. 这种展开三阶行列式的方法称为**对角线展开法**.

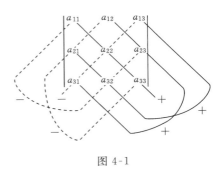

图 4-1

例 13   计算三阶行列式 $\begin{vmatrix} 1 & 2 & 3 \\ 4 & 5 & 6 \\ 7 & 8 & 9 \end{vmatrix}$.

解   按对角线展开法,得

$$\begin{vmatrix} 1 & 2 & 3 \\ 4 & 5 & 6 \\ 7 & 8 & 9 \end{vmatrix} = 1 \times 5 \times 9 + 2 \times 6 \times 7 + 3 \times 4 \times 8$$

$$- 3 \times 5 \times 7 - 2 \times 4 \times 9 - 1 \times 6 \times 8$$

$$= 0.$$

例 14   已知 $\begin{vmatrix} \lambda-1 & 0 & 1 \\ 0 & \lambda-2 & 0 \\ 1 & 0 & \lambda-1 \end{vmatrix} = 0$,求 λ 的值.

解   因为 $\begin{vmatrix} \lambda-1 & 0 & 1 \\ 0 & \lambda-2 & 0 \\ 1 & 0 & \lambda-1 \end{vmatrix} = (\lambda-1)(\lambda-2)(\lambda-1) - (\lambda-2)$

$$= \lambda(\lambda-2)^2 = 0,$$

所以 $\lambda = 0$ 或 $\lambda = 2.$

4.2.2 n 阶行列式

一般地,一个 n 阶方阵相应的行列式称为一个 n 阶行列式. 若设 n 阶方阵为

$$A = \begin{bmatrix} a_{11} & a_{12} & \cdots & a_{1n} \\ a_{21} & a_{22} & \cdots & a_{2n} \\ \vdots & \vdots & & \vdots \\ a_{n1} & a_{n2} & \cdots & a_{nn} \end{bmatrix},$$

则相应的行列式为

$$|A| = \begin{vmatrix} a_{11} & a_{12} & \cdots & a_{1n} \\ a_{21} & a_{22} & \cdots & a_{2n} \\ \vdots & \vdots & & \vdots \\ a_{n1} & a_{n2} & \cdots & a_{nn} \end{vmatrix}.$$

拉普拉斯展开法

讨论三阶或三阶以上行列式的值,即要为高于二阶的行列式赋值,可采用拉普拉斯(Laplace)展开法. 对于给定的三阶矩阵

$$\boldsymbol{A} = \begin{bmatrix} a_{11} & a_{12} & a_{13} \\ a_{21} & a_{22} & a_{23} \\ a_{31} & a_{32} & a_{33} \end{bmatrix},$$

其行列式

$$|\boldsymbol{A}| = \begin{vmatrix} a_{11} & a_{12} & a_{13} \\ a_{21} & a_{22} & a_{23} \\ a_{31} & a_{32} & a_{33} \end{vmatrix}$$

的值定义为

$$|\boldsymbol{A}| = a_{11} \begin{vmatrix} a_{22} & a_{23} \\ a_{32} & a_{33} \end{vmatrix} - a_{12} \begin{vmatrix} a_{21} & a_{23} \\ a_{31} & a_{33} \end{vmatrix} + a_{13} \begin{vmatrix} a_{21} & a_{22} \\ a_{31} & a_{32} \end{vmatrix}.$$

上式似乎十分麻烦,仔细观察不难发现它具有规律,$|\boldsymbol{A}|$ 为三项之和,其中每一项都是第 1 行的一个元素与某个二阶行列式之积,对应的二阶行列式是按特定的法则确定的.

例如,与 a_{11} 相乘的行列式 $\begin{vmatrix} a_{22} & a_{23} \\ a_{32} & a_{33} \end{vmatrix}$ 是从 $|\boldsymbol{A}|$ 中划去 a_{11} 所在行和所在列的元素后得到的一个子行列式,这个子行列式称为元素 a_{11} 的**余子式**,记为 M_{11};按同样的方法,与 a_{12} 相乘的二阶行列式是 a_{12} 的余子式,记为 M_{12},它是由 $|\boldsymbol{A}|$ 划去 a_{12} 所在行和所在列的元素(即划去第 1 行、第 2 列的元素)后得到的一个子行列式;与 a_{13} 相乘的二阶行列式是 a_{13} 的余子式,记作 M_{13},它是由 $|\boldsymbol{A}|$ 划去 a_{13} 所在行和所在列的元素(即划去第 1 行、第 3 列的元素)后得到的一个子行列式. 这样就有

$$|\boldsymbol{A}| = a_{11}M_{11} - a_{12}M_{12} + a_{13}M_{13}.$$

下面举例说明.

已知 $|\boldsymbol{A}| = \begin{vmatrix} 3 & 0 & 1 \\ 2 & 2 & 5 \\ 7 & -1 & 2 \end{vmatrix}$,则有

$$\begin{aligned} |\boldsymbol{A}| &= a_{11}M_{11} - a_{12}M_{12} + a_{13}M_{13} \\ &= 3 \begin{vmatrix} 2 & 5 \\ -1 & 2 \end{vmatrix} - 0 \begin{vmatrix} 2 & 5 \\ 7 & 2 \end{vmatrix} + 1 \begin{vmatrix} 2 & 2 \\ 7 & -1 \end{vmatrix} \\ &= 3 \times 9 - 0 \times (-31) + 1 \times (-16) = 11. \end{aligned}$$

上述这种用一些二阶行列式来为三阶行列式赋值的步骤称为行列式的**拉普拉斯**

展开法,这一方法也可以用来计算四阶或更高阶的行列式.

为了进一步说明这一方法,我们来定义代数余子式,M_{ij} 表示 a_{ij} 的余子式,它是由给定的行列式划去第 i 行和第 j 列所得到的,而元素 a_{ij} 的**代数余子式**记作 A_{ij},就是带有符号的余子式,规定为

$$A_{ij} = (-1)^{i+j} M_{ij}.$$

例如:当 $i=1, j=3$ 时,则 $A_{13} = (-1)^{1+3} M_{13} = M_{13}$;当 $i=2, j=3$ 时,则

$$A_{23} = (-1)^{2+3} M_{23} = -M_{23}.$$

设 $\boldsymbol{A} = \begin{bmatrix} a_{11} & a_{12} & a_{13} \\ a_{21} & a_{22} & a_{23} \\ a_{31} & a_{32} & a_{33} \end{bmatrix}$,则

$$|\boldsymbol{A}| = a_{11}M_{11} - a_{12}M_{12} + a_{13}M_{13}$$

$$= a_{11}A_{11} + a_{12}A_{12} + a_{13}A_{13} = \sum_{j=1}^{3} a_{1j}A_{1j}.$$

这样,三阶行列式就表示为三项之和,其中每一项都是第 1 行的一个元素与其相应的代数余子式的乘积.

由三阶行列式可以得到用代数余子式来表达四阶行列式的拉普拉斯展开式.例如,

$$|\boldsymbol{A}| = \begin{vmatrix} a_{11} & a_{12} & a_{13} & a_{14} \\ a_{21} & a_{22} & a_{23} & a_{24} \\ a_{31} & a_{32} & a_{33} & a_{34} \\ a_{41} & a_{42} & a_{43} & a_{44} \end{vmatrix} = \begin{vmatrix} 1 & 0 & 2 & 4 \\ 0 & -1 & 0 & 1 \\ 3 & 2 & 0 & 7 \\ 1 & 0 & 5 & 2 \end{vmatrix},$$

则有

$$|\boldsymbol{A}| = \sum_{j=1}^{4} a_{1j}A_{1j} = a_{11}A_{11} + a_{12}A_{12} + a_{13}A_{13} + a_{14}A_{14}$$

$$= 1\begin{vmatrix} -1 & 0 & 1 \\ 2 & 0 & 7 \\ 0 & 5 & 2 \end{vmatrix} - 0\begin{vmatrix} 0 & 0 & 1 \\ 3 & 0 & 7 \\ 1 & 5 & 2 \end{vmatrix} + 2\begin{vmatrix} 0 & -1 & 1 \\ 3 & 2 & 7 \\ 1 & 0 & 2 \end{vmatrix} - 4\begin{vmatrix} 0 & -1 & 0 \\ 3 & 2 & 0 \\ 1 & 0 & 5 \end{vmatrix}$$

$$= 1 \times 45 - 0 \times 15 + 2 \times (-3) - 4 \times 15 = -21.$$

从这个例子可以看出,四阶行列式的拉普拉斯展开式先是涉及为四个三阶行列式赋值,从而涉及为三阶行列式赋值.一般说来,n 阶行列式的拉普拉斯展开,先涉及为 n 个 $n-1$ 阶行列式赋值,然后重复应用这个步骤,使问题逐步转化为阶数越来越低的行列式赋值,直至转化为二阶行列式赋值为止,从而取得行列式的数值结果.

以上我们对拉普拉斯展开步骤的描述,都是按第 1 行元素的代数余子式展开的,其实也可以按任意的一行(或一列)的代数余子式展开一个行列式.

例如 $,\mid \boldsymbol{A} \mid = \begin{vmatrix} 2 & 1 & 0 \\ 3 & 0 & -1 \\ 5 & 0 & 1 \end{vmatrix}$，按第 2 行展开，得

$$\mid \boldsymbol{A} \mid = a_{21}A_{21} + a_{22}A_{22} + a_{23}A_{23}$$

$$= -3\begin{vmatrix} 1 & 0 \\ 0 & 1 \end{vmatrix} + 0\begin{vmatrix} 2 & 0 \\ 5 & 1 \end{vmatrix} - (-1)\begin{vmatrix} 2 & 1 \\ 5 & 0 \end{vmatrix}$$

$$= -3 + 0 - 5 = -8.$$

按第 2 列展开，得

$$\mid \boldsymbol{A} \mid = a_{12}A_{12} + a_{22}A_{22} + a_{32}A_{32}$$

$$= -1\begin{vmatrix} 3 & -1 \\ 5 & 1 \end{vmatrix} + 0\begin{vmatrix} 2 & 0 \\ 5 & 1 \end{vmatrix} - 0\begin{vmatrix} 2 & 0 \\ 3 & -1 \end{vmatrix}$$

$$= -8 + 0 - 0 = -8.$$

由此可见，按第 2 行或第 2 列展开，所得的结果都是 -8. 对于一个行列式，既然可以按任一行或任一列展开，那么，最好是选择其中 0 或 1 较多的行或列，这样计算起来比较简单.

总之 $,n$ 阶行列式 $\mid \boldsymbol{A} \mid$ 的值等于它任一行（或任一列）的各元素与对应于它们的代数余子式乘积的和.

一般地，对 n 阶行列式 $\mid \boldsymbol{A} \mid$ 按第 $i(1 \leqslant i \leqslant n)$ 行的拉普拉斯展开式为

$$\mid \boldsymbol{A} \mid = \sum_{j=1}^{n} a_{ij}A_{ij} = \sum_{j=1}^{n} (-1)^{i+j} a_{ij}M_{ij},$$

按第 $j(1 \leqslant j \leqslant n)$ 列的拉普拉斯展开式为

$$\mid \boldsymbol{A} \mid = \sum_{i=1}^{n} a_{ij}A_{ij} = \sum_{i=1}^{n} (-1)^{i+j} a_{ij}M_{ij}.$$

4.2.3　行列式的性质

性质 1　方阵 $\boldsymbol{A}$ 的行列式 $\mid \boldsymbol{A} \mid$ 和它的转置矩阵的行列式 $\mid \boldsymbol{A}^{\mathrm{T}} \mid$ 相等，即 $\mid \boldsymbol{A} \mid = \mid \boldsymbol{A}^{\mathrm{T}} \mid$，亦即

$$\begin{vmatrix} a_{11} & a_{12} & \cdots & a_{1n} \\ a_{21} & a_{22} & \cdots & a_{2n} \\ \vdots & \vdots & & \vdots \\ a_{n1} & a_{n2} & \cdots & a_{nn} \end{vmatrix} = \begin{vmatrix} a_{11} & a_{21} & \cdots & a_{n1} \\ a_{12} & a_{22} & \cdots & a_{n2} \\ \vdots & \vdots & & \vdots \\ a_{1n} & a_{2n} & \cdots & a_{nn} \end{vmatrix}.$$

例如 $,\mid \boldsymbol{A} \mid = \begin{vmatrix} 2 & 0 & 0 \\ 1 & 1 & 2 \\ 3 & 3 & 5 \end{vmatrix}$，按第 1 行展开，得

$$|\boldsymbol{A}| = 2\begin{vmatrix} 1 & 2 \\ 3 & 5 \end{vmatrix} = 2 \times (5-6) = -2.$$

而 $|\boldsymbol{A}^{\mathrm{T}}| = \begin{vmatrix} 2 & 1 & 3 \\ 0 & 1 & 3 \\ 0 & 2 & 5 \end{vmatrix}$,按第 1 列展开,得

$$|\boldsymbol{A}^{\mathrm{T}}| = 2\begin{vmatrix} 1 & 3 \\ 2 & 5 \end{vmatrix} = 2 \times (5-6) = -2.$$

性质 2　互换行列式的两行(列),行列式的值变号.

例如,
$$\begin{vmatrix} 0 & 1 & 4 \\ 2 & 3 & 1 \\ 0 & 2 & 3 \end{vmatrix} = -2\begin{vmatrix} 1 & 4 \\ 2 & 3 \end{vmatrix} = -2 \times (3-8) = 10,$$

将第 1 行与第 2 行对调,得

$$\begin{vmatrix} 2 & 3 & 1 \\ 0 & 1 & 4 \\ 0 & 2 & 3 \end{vmatrix} = 2\begin{vmatrix} 1 & 4 \\ 2 & 3 \end{vmatrix} = 2 \times (3-8) = -10,$$

即

$$\begin{vmatrix} 0 & 1 & 4 \\ 2 & 3 & 1 \\ 0 & 2 & 3 \end{vmatrix} = -\begin{vmatrix} 2 & 3 & 1 \\ 0 & 1 & 4 \\ 0 & 2 & 3 \end{vmatrix}.$$

性质 3　如果行列式中某两行(或两列)的对应元素相同,则此行列式的值为零.

例如,
$$\begin{vmatrix} 1 & 2 & 3 \\ 1 & 2 & 3 \\ 4 & 5 & 6 \end{vmatrix} = 0.$$

性质 4　行列式的某一行(或列)中的所有元素都乘以数 k,等于用数 k 乘以此行列式.

例如,
$$\begin{vmatrix} a_{11} & a_{12} & a_{13} \\ ka_{21} & ka_{22} & ka_{23} \\ a_{31} & a_{32} & a_{33} \end{vmatrix} = k\begin{vmatrix} a_{11} & a_{12} & a_{13} \\ a_{21} & a_{22} & a_{23} \\ a_{31} & a_{32} & a_{33} \end{vmatrix}.$$

推论 1　行列式中的某一行(或列)所有元素的公因子可以提到行列式外面.

例如,
$$\begin{vmatrix} 2 & 0 & 0 \\ 4 & 6 & 8 \\ 1 & 0 & 1 \end{vmatrix} = 2\begin{vmatrix} 2 & 0 & 0 \\ 2 & 3 & 4 \\ 1 & 0 & 1 \end{vmatrix} = 4\begin{vmatrix} 1 & 0 & 0 \\ 2 & 3 & 4 \\ 1 & 0 & 1 \end{vmatrix}.$$

推论 2　若行列式的两行(或列)的对应元素成比例,则此行列式的值为零.

例如，
$$\begin{vmatrix} 1 & 2 & 3 \\ 2 & 4 & 6 \\ 1 & 0 & 7 \end{vmatrix} = 0.$$

推论 3　若行列式某一行(或一列)的所有元素全为零,则此行列式的值为零.

例如，
$$\begin{vmatrix} 7 & 5 & 3 \\ 0 & 0 & 0 \\ -1 & 2 & 4 \end{vmatrix} = 0.$$

性质 5　若行列式的某一行(列)的元素都可写成两数之和,则这个行列式等于两个行列式的和.

例如，
$$\begin{vmatrix} a_{11}+b_{11} & a_{12} & a_{13} \\ a_{21}+b_{21} & a_{22} & a_{23} \\ a_{31}+b_{31} & a_{32} & a_{33} \end{vmatrix} = \begin{vmatrix} a_{11} & a_{12} & a_{13} \\ a_{21} & a_{22} & a_{23} \\ a_{31} & a_{32} & a_{33} \end{vmatrix} + \begin{vmatrix} b_{11} & a_{12} & a_{13} \\ b_{21} & a_{22} & a_{23} \\ b_{31} & a_{32} & a_{33} \end{vmatrix}.$$

性质 6　行列式某一行(或某一列)各元素同乘以 k 加到另一行(或另一列)各对应元素上,所得的行列式的值不变.

例如，
$$\begin{vmatrix} a_{11} & a_{12} & a_{13} \\ a_{21} & a_{22} & a_{23} \\ a_{31} & a_{32} & a_{33} \end{vmatrix} = \begin{vmatrix} a_{11}+ka_{21} & a_{12}+ka_{22} & a_{13}+ka_{23} \\ a_{21} & a_{22} & a_{23} \\ a_{31} & a_{32} & a_{33} \end{vmatrix}.$$

性质 7　行列式中某一行(或某一列)的各元素与另一行(或另一列)对应元素的代数余子式的乘积之和必为零.

例如，
$$|\boldsymbol{A}| = \begin{vmatrix} 3 & 2 & 1 \\ 5 & 0 & -2 \\ 1 & 4 & 0 \end{vmatrix} = 40,$$

$|\boldsymbol{A}|$ 的第 1 行元素与第 2 行元素对应的代数余子式的乘积之和

$$\begin{aligned}
\sum_{j=1}^{3} a_{1j}A_{2j} &= a_{11}A_{21} + a_{12}A_{22} + a_{13}A_{23} \\
&= -3\begin{vmatrix} 2 & 1 \\ 4 & 0 \end{vmatrix} + 2\begin{vmatrix} 3 & 1 \\ 1 & 0 \end{vmatrix} - 1\begin{vmatrix} 3 & 2 \\ 1 & 4 \end{vmatrix} \\
&= -3\times(-4) + 2\times(-1) - 1\times 10 \\
&= 12 - 2 - 10 = 0.
\end{aligned}$$

性质 8　设 $\boldsymbol{A}$ 与 $\boldsymbol{B}$ 是两个 n 阶方阵,则乘积矩阵 $\boldsymbol{AB}$ 的行列式等于 $\boldsymbol{A}$ 与 $\boldsymbol{B}$ 的行列式的乘积,即 $|\boldsymbol{AB}| = |\boldsymbol{A}||\boldsymbol{B}|$.

为了便于书写,在行列式计算过程中约定下列记法:

(1) 以 r 代表行,以 c 代表列;

(2) 第 i 行与第 j 行互换,记作 $r_i \leftrightarrow r_j$,第 i 列与第 j 列互换,记作 $c_i \leftrightarrow c_j$;

（3）把第 i 行（或第 i 列）的每一个元素加上第 j 行（或第 j 列）对应元素的 k 倍，记作 $r_i + kr_j$（或 $c_i + kc_j$）；

（4）行列式的第 i 行（或第 i 列）中所有元素都乘以 k，记作 kr_i（或 kc_j）.

例 15　　计算上三角行列式 $D = \begin{vmatrix} a_{11} & a_{12} & \cdots & a_{1n} \\ 0 & a_{22} & \cdots & a_{2n} \\ \vdots & \vdots & & \vdots \\ 0 & 0 & \cdots & a_{nn} \end{vmatrix}$.

解　$D = a_{11}a_{22}\cdots a_{nn}$.

例 16　　计算四阶行列式 $D = \begin{vmatrix} 1 & 1 & 0 & -5 \\ -1 & 3 & 1 & 3 \\ 3 & -5 & 2 & 1 \\ 2 & -4 & -1 & -3 \end{vmatrix}$.

解 1　　利用拉普拉斯展开法，按第 1 行展开，得

$$D = 1 \times (-1)^{1+1} \begin{vmatrix} 3 & 1 & 3 \\ -5 & 2 & 1 \\ -4 & -1 & -3 \end{vmatrix} + 1 \times (-1)^{1+2} \begin{vmatrix} -1 & 1 & 3 \\ 3 & 2 & 1 \\ 2 & -1 & -3 \end{vmatrix}$$

$$+ (-5) \times (-1)^{1+4} \begin{vmatrix} -1 & 3 & 1 \\ 3 & -5 & 2 \\ 2 & -4 & -1 \end{vmatrix}$$

$$= 5 - (-5) + 5 \times 6 = 40.$$

解 2　　化为上三角行列式求解.

$$D = \begin{vmatrix} 1 & 1 & 0 & -5 \\ -1 & 3 & 1 & 3 \\ 3 & -5 & 2 & 1 \\ 2 & -4 & -1 & -3 \end{vmatrix} \xrightarrow{r_2 + r_1, r_3 - 3r_1, r_4 - 2r_1} \begin{vmatrix} 1 & 1 & 0 & -5 \\ 0 & 4 & 1 & -2 \\ 0 & -8 & 2 & 16 \\ 0 & -6 & -1 & 7 \end{vmatrix}$$

$$\xrightarrow{r_3 + 2r_2, r_4 + \frac{3}{2}r_2} \begin{vmatrix} 1 & 1 & 0 & -5 \\ 0 & 4 & 1 & -2 \\ 0 & 0 & 4 & 12 \\ 0 & 0 & \frac{1}{2} & 4 \end{vmatrix} \xrightarrow{r_4 - \frac{1}{8}r_3} \begin{vmatrix} 1 & 1 & 0 & -5 \\ 0 & 4 & 1 & -2 \\ 0 & 0 & 4 & 12 \\ 0 & 0 & 0 & \frac{5}{2} \end{vmatrix},$$

此为上三角行列式，其值为主对角线元素的连乘积，即

$$D = 1 \times 4 \times 4 \times \frac{5}{2} = 40.$$

解 3　　综合法.

$$D = \begin{vmatrix} 1 & 1 & 0 & -5 \\ -1 & 3 & 1 & 3 \\ 3 & -5 & 2 & 1 \\ 2 & -4 & -1 & -3 \end{vmatrix} \xrightarrow{c_2 - c_1, c_4 + 5c_1} \begin{vmatrix} 1 & 0 & 0 & 0 \\ -1 & 4 & 1 & -2 \\ 3 & -8 & 2 & 16 \\ 2 & -6 & -1 & 7 \end{vmatrix}$$

$$= 1 \times (-1)^{1+1} \begin{vmatrix} 4 & 1 & -2 \\ -8 & 2 & 16 \\ -6 & -1 & 7 \end{vmatrix} \xrightarrow{r_2 - 2r_1, r_3 + r_1} \begin{vmatrix} 4 & 1 & -2 \\ -16 & 0 & 20 \\ -2 & 0 & 5 \end{vmatrix}$$

$$= 1 \times (-1)^{1+2} \begin{vmatrix} -16 & 20 \\ -2 & 5 \end{vmatrix} = -[-16 \times 5 - (-2) \times 20] = 40.$$

例 17　计算行列式 $D = \begin{vmatrix} 1 & 1/2 & 1/2 & 1/2 \\ 1/2 & 1 & 1/2 & 1/2 \\ 1/2 & 1/2 & 1 & 1/2 \\ 1/2 & 1/2 & 1/2 & 1 \end{vmatrix}$.

解　将此行列式每行均提取公因子 $\frac{1}{2}$ 到行列式符号外面,则有

$$D = \left(\frac{1}{2}\right)^4 \begin{vmatrix} 2 & 1 & 1 & 1 \\ 1 & 2 & 1 & 1 \\ 1 & 1 & 2 & 1 \\ 1 & 1 & 1 & 2 \end{vmatrix} \xrightarrow{c_1 + c_k (k=2,3,4)} \frac{1}{16} \begin{vmatrix} 5 & 1 & 1 & 1 \\ 5 & 2 & 1 & 1 \\ 5 & 1 & 2 & 1 \\ 5 & 1 & 1 & 2 \end{vmatrix}$$

$$= \frac{5}{16} \begin{vmatrix} 1 & 1 & 1 & 1 \\ 1 & 2 & 1 & 1 \\ 1 & 1 & 2 & 1 \\ 1 & 1 & 1 & 2 \end{vmatrix} \xrightarrow{r_k - r_1 (k=2,3,4)} \frac{5}{16} \begin{vmatrix} 1 & 1 & 1 & 1 \\ 0 & 1 & 0 & 0 \\ 0 & 0 & 1 & 0 \\ 0 & 0 & 0 & 1 \end{vmatrix} = \frac{5}{16}.$$

习　题　4.2

1. 写出下列行列式中元素 a_{31}, a_{22}, a_{12} 的代数余子式 A_{31}, A_{22}, A_{12}.

(1) $\begin{vmatrix} x & y & z \\ 1 & 2 & 2 \\ 2 & 1 & 1 \end{vmatrix}$;　　　　(2) $\begin{vmatrix} s & t & u & v \\ 2 & 1 & 1 & 1 \\ 1 & 3 & 1 & 1 \\ 1 & 1 & 4 & 1 \end{vmatrix}$.

2. 计算下列行列式.

(1) $\begin{vmatrix} 2 & 3 & 4 \\ 5 & -2 & 1 \\ 1 & 2 & 3 \end{vmatrix}$;　(2) $\begin{vmatrix} 1 & a & a^2 \\ 1 & b & b^2 \\ 1 & c & c^2 \end{vmatrix}$;　(3) $\begin{vmatrix} 3 & 1 & 1 & 1 \\ 1 & 3 & 1 & 1 \\ 1 & 1 & 3 & 1 \\ 1 & 1 & 1 & 3 \end{vmatrix}$;　(4) $\begin{vmatrix} 1 & 1 & 1 & 0 \\ 1 & 1 & 0 & 1 \\ 1 & 0 & 1 & 1 \\ 0 & 1 & 1 & 1 \end{vmatrix}$.

3. 用行列式的性质计算下列各行列式.

(1) $\begin{vmatrix} 1 & 1 & 2 \\ 2 & 1 & 1 \\ 1 & 2 & 1 \end{vmatrix}$;

(2) $\begin{vmatrix} 1 & 1 & 1 \\ a & b & c \\ b+c & c+a & a+b \end{vmatrix}$;

(3) $\begin{vmatrix} 1+\cos x & 1+\sin x & 1 \\ 1-\sin x & 1+\cos x & 1 \\ 1 & 1 & 1 \end{vmatrix}$;

(4) $\begin{vmatrix} 1 & 1 & 1 & 1 \\ 1 & -1 & 1 & 1 \\ 1 & 1 & -1 & 1 \\ 1 & 1 & 1 & -1 \end{vmatrix}$;

(5) $\begin{vmatrix} 1 & 4 & 4 & 4 & 4 \\ 4 & 2 & 4 & 4 & 4 \\ 4 & 4 & 3 & 4 & 4 \\ 4 & 4 & 4 & 4 & 4 \\ 4 & 4 & 4 & 4 & 5 \end{vmatrix}$.

4.3 逆矩阵及其求法

4.3.1 线性方程组的矩阵表示

对于线性方程组

$$\begin{cases} a_{11}x_1 + a_{12}x_2 + \cdots + a_{1n}x_n = b_1, \\ a_{21}x_1 + a_{22}x_2 + \cdots + a_{2n}x_n = b_2, \\ \quad\quad\quad\quad\quad\quad\quad\quad\vdots \\ a_{m1}x_1 + a_{m2}x_2 + \cdots + a_{mn}x_n = b_m, \end{cases}$$

如果记矩阵

$$\boldsymbol{A} = \begin{bmatrix} a_{11} & a_{12} & \cdots & a_{1n} \\ a_{21} & a_{22} & \cdots & a_{2n} \\ \vdots & \vdots & & \vdots \\ a_{m1} & a_{m2} & \cdots & a_{mn} \end{bmatrix}, \quad \boldsymbol{X} = \begin{bmatrix} x_1 \\ x_2 \\ \vdots \\ x_n \end{bmatrix}, \quad \boldsymbol{B} = \begin{bmatrix} b_1 \\ b_2 \\ \vdots \\ b_m \end{bmatrix},$$

则根据矩阵的乘法,得

$$\boldsymbol{AX} = \begin{bmatrix} a_{11} & a_{12} & \cdots & a_{1n} \\ a_{21} & a_{22} & \cdots & a_{2n} \\ \vdots & \vdots & & \vdots \\ a_{m1} & a_{m2} & \cdots & a_{mn} \end{bmatrix} \begin{bmatrix} x_1 \\ x_2 \\ \vdots \\ x_n \end{bmatrix} = \begin{bmatrix} a_{11}x_1 + a_{12}x_2 + \cdots + a_{1n}x_n \\ a_{21}x_1 + a_{22}x_2 + \cdots + a_{2n}x_n \\ \vdots \\ a_{m1}x_1 + a_{m2}x_2 + \cdots + a_{mn}x_n \end{bmatrix}.$$

它是一个 $m \times 1$ 矩阵. 由矩阵相等的定义,得

$$\begin{bmatrix} a_{11}x_1 + a_{12}x_2 + \cdots + a_{1n}x_n \\ a_{21}x_1 + a_{22}x_2 + \cdots + a_{2n}x_n \\ \vdots \\ a_{m1}x_1 + a_{m2}x_2 + \cdots + a_{mn}x_n \end{bmatrix} = \begin{bmatrix} b_1 \\ b_2 \\ \vdots \\ b_m \end{bmatrix}, \quad \text{即} \quad \boldsymbol{AX} = \boldsymbol{B}.$$

上式说明,方程组可以用矩阵表示.

矩阵 $\boldsymbol{A}$ 是由方程组的系数组成,称为**系数矩阵**.方程组中的系数与常数组成的矩阵

$$\begin{bmatrix} a_{11} & a_{12} & \cdots & a_{1n} & b_1 \\ a_{21} & a_{22} & \cdots & a_{2n} & b_2 \\ \vdots & \vdots & & \vdots & \vdots \\ a_{m1} & a_{m2} & \cdots & a_{mn} & b_m \end{bmatrix}$$

称为方程组的**增广矩阵**,记作 $\widetilde{\boldsymbol{A}}$ 或 $[\boldsymbol{A} \vdots \boldsymbol{B}]$.

对于代数方程 $ax = b\,(a \neq 0)$,可以在方程两边同时乘以 a^{-1} 的方法得到它的解 $x = a^{-1}b$.对于一个线性方程组,利用矩阵可表示为 $\boldsymbol{AX} = \boldsymbol{B}$.

对于 n 阶方阵 $\boldsymbol{A}$,如果存在一个矩阵记作 $\boldsymbol{A}^{-1}$,使 $\boldsymbol{A}^{-1}\boldsymbol{A} = \boldsymbol{E}$,用 $\boldsymbol{A}^{-1}$ 左乘方程 $\boldsymbol{AX} = \boldsymbol{B}$ 的两端,得

$$\boldsymbol{A}^{-1}(\boldsymbol{AX}) = \boldsymbol{A}^{-1}\boldsymbol{B},$$

即

$$(\boldsymbol{A}^{-1}\boldsymbol{A})\boldsymbol{X} = \boldsymbol{A}^{-1}\boldsymbol{B}.$$

因为 $\boldsymbol{A}^{-1}\boldsymbol{A} = \boldsymbol{E}$,$\boldsymbol{EX} = \boldsymbol{X}$,所以 $\boldsymbol{X} = \boldsymbol{A}^{-1}\boldsymbol{B}$.这就是 n 元线性方程组的解.

4.3.2　逆矩阵的概念

定义 4.3　设 $\boldsymbol{A}$ 是 n 阶方阵,$\boldsymbol{E}$ 是 n 阶单位阵,如果存在 n 阶方阵 $\boldsymbol{B}$,使得 $\boldsymbol{AB} = \boldsymbol{BA} = \boldsymbol{E}$,则称 $\boldsymbol{B}$ 是 $\boldsymbol{A}$ 的逆矩阵,记为 $\boldsymbol{A}^{-1}$,即 $\boldsymbol{B} = \boldsymbol{A}^{-1}$.

显然,有 $\boldsymbol{A}^{-1}\boldsymbol{A} = \boldsymbol{A}\boldsymbol{A}^{-1} = \boldsymbol{E}$.

在什么条件下 $\boldsymbol{A}$ 才有逆矩阵?如果 $\boldsymbol{A}$ 的逆矩阵 $\boldsymbol{A}^{-1}$ 存在,那么又怎么来求 $\boldsymbol{A}^{-1}$ 呢?为此,需要介绍一下非奇异矩阵和伴随矩阵.

定义 4.4　若 n 阶方阵 $\boldsymbol{A}$ 的行列式 $|\boldsymbol{A}| \neq 0$,则称 $\boldsymbol{A}$ 为**非奇异矩阵**,否则称 $\boldsymbol{A}$ 为**奇异矩阵**.

定义 4.5　对 n 阶方阵 $\boldsymbol{A} = [a_{ij}]$,由其元素 a_{ij} 的代数余子式 A_{ij} 按如下形式构成的矩阵:

$$\boldsymbol{A}^* = \begin{bmatrix} A_{11} & A_{21} & \cdots & A_{n1} \\ A_{12} & A_{22} & \cdots & A_{n2} \\ \vdots & \vdots & & \vdots \\ A_{1n} & A_{2n} & \cdots & A_{nn} \end{bmatrix}$$

称为方阵 $\boldsymbol{A}$ 的**伴随矩阵**(简称伴随阵).

例 18　求矩阵 $\boldsymbol{A} = \begin{bmatrix} 2 & 2 & 2 \\ 1 & 2 & 3 \\ 1 & 3 & 6 \end{bmatrix}$ 的伴随矩阵 $\boldsymbol{A}^*$,并计算 $\boldsymbol{AA}^*$.

解　　$A_{11} = (-1)^{1+1} \begin{vmatrix} 2 & 3 \\ 3 & 6 \end{vmatrix} = 3, \quad A_{21} = (-1)^{2+1} \begin{vmatrix} 2 & 2 \\ 3 & 6 \end{vmatrix} = -6,$

$$A_{31} = (-1)^{3+1} \begin{vmatrix} 2 & 2 \\ 2 & 3 \end{vmatrix} = 2,$$

$$A_{12} = (-1)^{1+2} \begin{vmatrix} 1 & 3 \\ 1 & 6 \end{vmatrix} = -3, \quad A_{22} = (-1)^{2+2} \begin{vmatrix} 2 & 2 \\ 1 & 6 \end{vmatrix} = 10,$$

$$A_{32} = (-1)^{3+2} \begin{vmatrix} 2 & 2 \\ 1 & 3 \end{vmatrix} = -4, \quad A_{13} = (-1)^{1+3} \begin{vmatrix} 1 & 2 \\ 1 & 3 \end{vmatrix} = 1,$$

$$A_{23} = (-1)^{2+3} \begin{vmatrix} 2 & 2 \\ 1 & 3 \end{vmatrix} = -4, \quad A_{33} = (-1)^{3+3} \begin{vmatrix} 2 & 2 \\ 1 & 2 \end{vmatrix} = 2,$$

所以

$$\boldsymbol{A}^* = \begin{bmatrix} 3 & -6 & 2 \\ -3 & 10 & -4 \\ 1 & -4 & 2 \end{bmatrix},$$

$$\boldsymbol{A}\boldsymbol{A}^* = \begin{bmatrix} 2 & 2 & 2 \\ 1 & 2 & 3 \\ 1 & 3 & 6 \end{bmatrix} \begin{bmatrix} 3 & -6 & 2 \\ -3 & 10 & -4 \\ 1 & -4 & 2 \end{bmatrix} = \begin{bmatrix} 2 & 0 & 0 \\ 0 & 2 & 0 \\ 0 & 0 & 2 \end{bmatrix} = 2\boldsymbol{E}.$$

而 $|\boldsymbol{A}| = \begin{vmatrix} 2 & 2 & 2 \\ 1 & 2 & 3 \\ 1 & 3 & 6 \end{vmatrix} = 2$,可知 $\boldsymbol{A}\boldsymbol{A}^* = 2\boldsymbol{E} = |\boldsymbol{A}| \boldsymbol{E}.$

可以证明,n 阶方阵 $\boldsymbol{A}$ 的伴随矩阵 $\boldsymbol{A}^*$ 具有如下性质:

$$\boldsymbol{A}\boldsymbol{A}^* = \boldsymbol{A}^* \boldsymbol{A} = |\boldsymbol{A}| \boldsymbol{E}.$$

4.3.3　逆矩阵的存在性及其求法

定理 4.1　设 $\boldsymbol{A} = [a_{ij}]$ 为 n 阶方阵,则

(1) $\boldsymbol{A}$ 的逆矩阵 $\boldsymbol{A}^{-1}$ 存在的充分必要条件是 $\boldsymbol{A}$ 为非奇异方阵;

(2) $\boldsymbol{A}^{-1} = \dfrac{1}{|\boldsymbol{A}|} \boldsymbol{A}^*$,其中 $\boldsymbol{A}^*$ 为 $\boldsymbol{A}$ 的伴随矩阵.

证　先证必要性.设 $\boldsymbol{A}^{-1}$ 存在,则有 $\boldsymbol{A}\boldsymbol{A}^{-1} = \boldsymbol{E}$,取行列式,得

$$| \boldsymbol{A}\boldsymbol{A}^{-1} | = | \boldsymbol{A} | | \boldsymbol{A}^{-1} | = | \boldsymbol{E} | = 1,$$

所以 $|\boldsymbol{A}| \neq 0$,即 $\boldsymbol{A}$ 为非奇异方阵.

再证充分性.设 $|\boldsymbol{A}| \neq 0$,在式 $\boldsymbol{A}\boldsymbol{A}^* = \boldsymbol{A}^* \boldsymbol{A} = |\boldsymbol{A}| \boldsymbol{E}$ 两边同时乘以 $\dfrac{1}{|\boldsymbol{A}|}$,得

$$\frac{1}{|\boldsymbol{A}|} \boldsymbol{A}\boldsymbol{A}^* = \frac{1}{|\boldsymbol{A}|} \boldsymbol{A}^* \boldsymbol{A} = \frac{1}{|\boldsymbol{A}|} |\boldsymbol{A}| \boldsymbol{E},$$

即
$$A\left(\frac{1}{|A|}A^*\right) = \left(\frac{1}{|A|}A^*\right)A = E.$$

由逆矩阵的定义知，A^{-1} 存在，且 $A^{-1} = \dfrac{1}{|A|}A^*$.

此定理既给出了判别方阵是否可逆的方法，同时又给出了求逆矩阵的方法. 即首先求出方阵 A 的行列式 $|A| \neq 0$(若 $|A| = 0$，则 A 不可逆)，再求出 A 的伴随矩阵 A^*，便得到 A 的逆矩阵 $A^{-1} = \dfrac{1}{|A|}A^*$，如此求逆矩阵的方法称为**伴随矩阵法**.

例 19　求 $A = \begin{bmatrix} 2 & 2 & 2 \\ 1 & 2 & 3 \\ 1 & 3 & 6 \end{bmatrix}$ 的逆矩阵 A^{-1}.

解　因为 $|A| = \begin{vmatrix} 2 & 2 & 2 \\ 1 & 2 & 3 \\ 1 & 3 & 6 \end{vmatrix} = 2 \neq 0$，所以 A^{-1} 存在，且

$$A^* = \begin{bmatrix} 3 & -6 & 2 \\ -3 & 10 & -4 \\ 1 & -4 & 2 \end{bmatrix},$$

得
$$A^{-1} = \frac{1}{|A|}A^* = \frac{1}{2}\begin{bmatrix} 3 & -6 & 2 \\ -3 & 10 & -4 \\ 1 & -4 & 2 \end{bmatrix}$$

$$= \begin{bmatrix} \dfrac{3}{2} & -3 & 1 \\ -\dfrac{3}{2} & 5 & -2 \\ \dfrac{1}{2} & -2 & 1 \end{bmatrix}.$$

4.3.4　逆矩阵的性质

性质 1　若矩阵 A 可逆，则 A^{-1} 也可逆，且 $(A^{-1})^{-1} = A$.

性质 2　若 n 阶方阵 A, B 均可逆，则 AB 也可逆，且有 $(AB)^{-1} = B^{-1}A^{-1}$.

证　因为 A, B 均可逆，故 A^{-1}, B^{-1} 存在，于是

$$(AB)(B^{-1}A^{-1}) = ABB^{-1}A^{-1} = AEA^{-1} = AA^{-1} = E,$$

$$(B^{-1}A^{-1})(AB) = B^{-1}A^{-1}AB = B^{-1}EB = B^{-1}B = E,$$

所以 AB 可逆，且 $(AB)^{-1} = B^{-1}A^{-1}$.

性质 3　若 A 可逆，则 A^{T} 也可逆，且有 $(A^{\mathrm{T}})^{-1} = (A^{-1})^{\mathrm{T}}$.

证 A 可逆,故 A^{-1} 存在,且有

$$A^T(A^{-1})^T = (A^{-1}A)^T = E^T = E,$$
$$(A^{-1})^T A^T = (AA^{-1})^T = E^T = E,$$

所以 $(A^T)^{-1} = (A^{-1})^T$. 即矩阵的转置运算与矩阵的逆运算可以交换顺序.

性质 4 若 A 可逆,则 $|A^{-1}| = \dfrac{1}{|A|}$.

证 由行列式的性质 $|AB| = |A||B|$,可知 $|AA^{-1}| = |A||A^{-1}|$,又因为 $AA^{-1} = E$,得 $|AA^{-1}| = |E| = 1$,所以

$$|A||A^{-1}| = 1, \quad 即 \quad |A^{-1}| = \dfrac{1}{|A|}.$$

例 20 试证:若 n 阶方阵 A 可逆,则其伴随矩阵 A^* 也可逆.

证 因为 A 可逆,即 $|A| \neq 0, A^{-1}$ 存在.

由 $A^{-1} = \dfrac{1}{|A|}A^*$,可得 $A^* = |A|A^{-1}$,由行列式的运算知

$$|A^*| = ||A|A^{-1}| = |A|^n |A^{-1}|$$
$$= |A|^n \dfrac{1}{|A|} = |A|^{n-1} \neq 0,$$

即有 $|A^*| \neq 0$,所以 A^* 可逆.

习 题 4.3

1. 判断下列矩阵是否可逆,如可逆,求其逆矩阵.

(1) $\begin{bmatrix} 1 & 2 \\ -3 & 4 \end{bmatrix}$;   (2) $\begin{bmatrix} 2 & 1 & 1 \\ 3 & -1 & 2 \\ 1 & -1 & 0 \end{bmatrix}$.

2. 求下列矩阵的逆矩阵.

(1) $\begin{bmatrix} 2 & 5 \\ 1 & 3 \end{bmatrix}$;   (2) $\begin{bmatrix} 1 & 0 & 0 \\ 0 & 2 & 0 \\ 0 & 0 & 3 \end{bmatrix}$;   (3) $\begin{bmatrix} 1 & 2 & -3 \\ 0 & 1 & 2 \\ 0 & 1 & 1 \end{bmatrix}$.

4.4 矩阵的秩与初等变换

4.4.1 矩阵的秩

定义 4.6 设 A 是 $m \times n$ 矩阵,从 A 中任取 r 行 r 列 $(r \leqslant \min(m,n))$,位于这 r 行 r 列交叉位置上的元素构成的 r 阶子行列式,称为矩阵 A 的一个 r **阶子式**. 如果子式

的值不为零,就称为**非零子式**.

例如,$A = \begin{bmatrix} 1 & 3 & 4 & 5 \\ -1 & 0 & 2 & 3 \\ 0 & 1 & -1 & 0 \end{bmatrix}$,矩阵 A 的第 1,3 行与第 2,4 列交叉位置的元素构

成的二阶子式为 $\begin{vmatrix} 3 & 5 \\ 1 & 0 \end{vmatrix}$.

定义 4.7　若 A 有一个 r 阶子式,其值不为零,而所有 $r+1$ 阶子式的值均为零,或无 $r+1$ 阶子式,则称矩阵 A 的秩为 r. 记为 $\mathrm{R}(A) = r$. 即矩阵的秩就是矩阵 A 的不为零的子式的最高阶数.

例如,$A = \begin{bmatrix} 1 & 2 & 3 & 0 \\ 0 & 1 & 2 & 1 \\ 2 & 4 & 6 & 0 \end{bmatrix}$ 有一个二阶子式 $\begin{vmatrix} 1 & 2 \\ 0 & 1 \end{vmatrix} = 1 \neq 0$,而它的所有三阶子式

全为零.

$$\begin{vmatrix} 1 & 2 & 3 \\ 0 & 1 & 2 \\ 2 & 4 & 6 \end{vmatrix} = 0, \quad \begin{vmatrix} 2 & 3 & 0 \\ 1 & 2 & 1 \\ 4 & 6 & 0 \end{vmatrix} = 0,$$

$$\begin{vmatrix} 1 & 2 & 0 \\ 0 & 1 & 1 \\ 2 & 4 & 0 \end{vmatrix} = 0, \quad \begin{vmatrix} 1 & 3 & 0 \\ 0 & 2 & 1 \\ 2 & 6 & 0 \end{vmatrix} = 0.$$

即不为零的子式的最高阶数是 2,故矩阵 A 的秩 $\mathrm{R}(A) = 2$.

对于 n 阶方阵 A,若其秩 $\mathrm{R}(A) = n$,则称 A 为**满秩方阵**,简称 A **满秩**. 若 A 满秩,则 A 的行列式 $|A| \neq 0$,反之亦然.

定理 4.2　设 A 为 n 阶方阵,则以下命题等价:

(1) A 可逆;

(2) A 为非奇异矩阵($|A| \neq 0$);

(3) A 为满秩方阵($\mathrm{R}(A) = n$).

4.4.2　利用初等变换求矩阵的秩

定义 4.8　矩阵的初等变换是指对矩阵施行以下几种变换:

(1) 互换矩阵的两行(或两列)的位置;

(2) 用一个非零的数乘以矩阵的某一行(或一列);

(3) 将矩阵的某一行(或某一列)乘以一个常数加到矩阵的另一行(或另一列)上去.

如果仅对矩阵的行而言,则称为**初等行变换**;如果仅对矩阵的列而言,就称为**初等列变换**.

定义 4.9 满足下列两个条件的矩阵称为**行阶梯形矩阵**：

(1) 矩阵的零行(元素全为零的行)在非零行(元素不全为零的行)的下方；

(2) 各个非零行的首非零元(即第一个非零元素)的列标随着行标的递增而严格增大.

例如，矩阵

$$\begin{bmatrix} 0 & 3 & 2 & 0 \\ 0 & 0 & -2 & 3 \\ 0 & 0 & 0 & 5 \\ 0 & 0 & 0 & 0 \end{bmatrix}, \quad \begin{bmatrix} 1 & 2 & 3 & -1 \\ 0 & 2 & 1 & 1 \\ 0 & 0 & 0 & 3 \end{bmatrix}$$

都是行阶梯形矩阵，而矩阵

$$\begin{bmatrix} 1 & 2 & 4 & 0 \\ 0 & 0 & 2 & 1 \\ 0 & 3 & 0 & -3 \\ 0 & 0 & 0 & 0 \end{bmatrix}, \quad \begin{bmatrix} 1 & 2 & -1 & 3 \\ 0 & 6 & 4 & 8 \\ 0 & 3 & 8 & 1 \\ 0 & 0 & 0 & 0 \end{bmatrix}, \quad \begin{bmatrix} 4 & -1 & 3 & 4 \\ 0 & 0 & 0 & 0 \\ 0 & 1 & 5 & 6 \\ 0 & 0 & 0 & 0 \end{bmatrix}$$

都不是行阶梯形矩阵.

矩阵的初等变换有如下的性质.

性质 1 矩阵的初等行变换不改变矩阵的秩.

性质 2 任何一个矩阵经过若干次初等行变换总可以化为行阶梯形矩阵. 即

$$A = \begin{bmatrix} a_{11} & a_{12} & \cdots & a_{1n} \\ a_{21} & a_{22} & \cdots & a_{2n} \\ \vdots & \vdots & & \vdots \\ a_{m1} & a_{m2} & \cdots & a_{mn} \end{bmatrix} \xrightarrow{\text{行变换}} \begin{bmatrix} a'_{11} & a'_{12} & \cdots & a'_{1r} & a'_{1,r+1} & \cdots & a'_{1n} \\ 0 & a'_{22} & \cdots & a'_{2r} & a'_{2,r+1} & \cdots & a'_{2n} \\ \vdots & \vdots & & \vdots & \vdots & & \vdots \\ 0 & 0 & 0 & a'_{rr} & a'_{r,r+1} & \cdots & a'_{rn} \\ 0 & 0 & \cdots & 0 & 0 & \cdots & 0 \\ \vdots & \vdots & & \vdots & \vdots & & \vdots \\ 0 & 0 & \cdots & 0 & 0 & \cdots & 0 \end{bmatrix}$$

性质 3 行阶梯形矩阵的秩就是它的非零行的个数.

例 21 将矩阵 $A = \begin{bmatrix} 1 & -2 & 3 & 5 \\ 0 & 1 & 2 & 1 \\ 1 & -1 & 5 & 6 \end{bmatrix}$ 化为行阶梯形矩阵.

解 $A = \begin{bmatrix} 1 & -2 & 3 & 5 \\ 0 & 1 & 2 & 1 \\ 1 & -1 & 5 & 6 \end{bmatrix} \xrightarrow{r_3 - r_1} \begin{bmatrix} 1 & -2 & 3 & 5 \\ 0 & 1 & 2 & 1 \\ 0 & 1 & 2 & 1 \end{bmatrix}$

$\xrightarrow{r_3 - r_2} \begin{bmatrix} 1 & -2 & 3 & 5 \\ 0 & 1 & 2 & 1 \\ 0 & 0 & 0 & 0 \end{bmatrix}.$

根据以上性质可以得到用矩阵初等行变换求矩阵 A 的秩的方法：对矩阵 A 进行有限次初等行变换，把它化成行阶梯形矩阵 B，若 B 的非零行的行数是 r，则得 $R(A) = r$.

例 22　求矩阵 $A = \begin{bmatrix} 1 & 3 & 2 \\ -2 & -1 & 1 \\ 2 & -1 & -3 \\ 3 & 5 & 4 \\ 1 & -3 & -2 \end{bmatrix}$ 的秩.

解　$A = \begin{bmatrix} 1 & 3 & 2 \\ -2 & -1 & 1 \\ 2 & -1 & -3 \\ 3 & 5 & 4 \\ 1 & -3 & -2 \end{bmatrix} \xrightarrow[\substack{r_3 - 2r_1 \\ r_4 - 3r_1 \\ r_5 - r_1}]{r_2 + 2r_1} \begin{bmatrix} 1 & 3 & 2 \\ 0 & 5 & 5 \\ 0 & -7 & -7 \\ 0 & -4 & -2 \\ 0 & -6 & -4 \end{bmatrix} \xrightarrow{\frac{1}{5}r_2} \begin{bmatrix} 1 & 3 & 2 \\ 0 & 1 & 1 \\ 0 & -7 & -7 \\ 0 & -4 & -2 \\ 0 & -6 & -4 \end{bmatrix}$

$\xrightarrow[\substack{r_4 + 4r_2 \\ r_5 + 6r_2}]{r_3 + 7r_2} \begin{bmatrix} 1 & 3 & 2 \\ 0 & 1 & 1 \\ 0 & 0 & 0 \\ 0 & 0 & 2 \\ 0 & 0 & 2 \end{bmatrix} \xrightarrow{r_5 - r_4} \begin{bmatrix} 1 & 3 & 2 \\ 0 & 1 & 1 \\ 0 & 0 & 0 \\ 0 & 0 & 2 \\ 0 & 0 & 0 \end{bmatrix} \xrightarrow{r_3 \leftrightarrow r_4} \begin{bmatrix} 1 & 3 & 2 \\ 0 & 1 & 1 \\ 0 & 0 & 2 \\ 0 & 0 & 0 \\ 0 & 0 & 0 \end{bmatrix} = B,$

因为 $R(B) = 3$，所以 $R(A) = R(B) = 3$.

习　题　4.4

1. 求下列矩阵的秩.

(1) $\begin{bmatrix} 1 & -1 & 2 & 1 \\ -1 & 2 & 3 & -2 \\ 2 & -3 & -2 & 2 \end{bmatrix}$;

(2) $\begin{bmatrix} 3 & 1 & 2 & 1 & 4 \\ 1 & 1 & 0 & -1 & 2 \\ 2 & 1 & 1 & 0 & 3 \\ 5 & 2 & 3 & 1 & 7 \end{bmatrix}$.

2. 用初等行变换将下列矩阵化为行阶梯形矩阵.

(1) $\begin{bmatrix} 2 & 1 & -3 & 1 \\ 3 & 1 & 0 & 7 \\ -1 & 2 & 4 & -2 \\ 1 & 0 & -1 & 5 \end{bmatrix}$;

(2) $\begin{bmatrix} 3 & 2 & -1 & -3 & -2 \\ 2 & -1 & 3 & 1 & -3 \\ 4 & 5 & -5 & -6 & 1 \\ 5 & 1 & 2 & -2 & -5 \end{bmatrix}$.

3. 用初等变换求下列矩阵的的秩.

(1) $\begin{bmatrix} 2 & 2 & 3 \\ 1 & -1 & 0 \\ -1 & -2 & 1 \end{bmatrix}$;

(2) $\begin{bmatrix} 1 & 0 & 0 & 0 \\ 1 & 2 & 0 & 0 \\ 2 & 1 & 3 & 0 \\ 1 & 2 & 1 & 4 \end{bmatrix}$.

4.5　线性方程组

4.5.1　克莱姆法则

下面介绍用行列式来求解方程个数与未知数个数相等的线性方程组的一种方法 —— 克莱姆法则.

定理 4.3(克莱姆法则)　如果线性方程组

$$\begin{cases} a_{11}x_1 + a_{12}x_2 + \cdots + a_{1n}x_n = b_1, \\ a_{21}x_1 + a_{22}x_2 + \cdots + a_{2n}x_n = b_2, \\ \qquad\qquad\qquad\qquad\qquad\qquad \vdots \\ a_{n1}x_1 + a_{n2}x_2 + \cdots + a_{nn}x_n = b_n \end{cases}$$

的系数行列式不等于零,即

$$D = \begin{vmatrix} a_{11} & a_{12} & \cdots & a_{1n} \\ a_{21} & a_{22} & \cdots & a_{2n} \\ \vdots & \vdots & & \vdots \\ a_{n1} & a_{n2} & \cdots & a_{nn} \end{vmatrix} \neq 0,$$

则此方程组有唯一解

$$x_1 = \frac{D_1}{D}, \quad x_2 = \frac{D_2}{D}, \quad \cdots, \quad x_n = \frac{D_n}{D},$$

其中 $D_j (j = 1, 2, \cdots, n)$ 是把系数行列式 D 中第 j 列元素用方程组右端的常数代替后所得到的 n 阶行列式,即

$$D_j = \begin{vmatrix} a_{11} & a_{12} & \cdots & a_{1,j-1} & b_1 & a_{1,j+1} & \cdots & a_{1n} \\ a_{21} & a_{22} & \cdots & a_{2,j-1} & b_2 & a_{2,j+1} & \cdots & a_{2n} \\ \vdots & \vdots & & \vdots & \vdots & \vdots & & \vdots \\ a_{n1} & a_{n2} & \cdots & a_{n,j-1} & b_n & a_{n,j+1} & \cdots & a_{nn} \end{vmatrix} \quad (j = 1, 2, \cdots, n).$$

例 23　用克莱姆法则解线性方程组

$$\begin{cases} x_1 - x_2 + x_3 - 2x_4 = 2, \\ 2x_1 - x_3 + 4x_4 = 4, \\ 3x_1 + 2x_2 + x_3 = -1, \\ -x_1 + 2x_2 - x_3 + 2x_4 = -4. \end{cases}$$

解　
$$D = \begin{vmatrix} 1 & -1 & 1 & -2 \\ 2 & 0 & -1 & 4 \\ 3 & 2 & 1 & 0 \\ -1 & 2 & -1 & 2 \end{vmatrix} = -2 \neq 0,$$

$$D_1 = \begin{vmatrix} 2 & -1 & 1 & -2 \\ 4 & 0 & -1 & 4 \\ -1 & 2 & 1 & 0 \\ -4 & 2 & -1 & 2 \end{vmatrix} = -2, \quad D_2 = \begin{vmatrix} 1 & 2 & 1 & -2 \\ 2 & 4 & -1 & 4 \\ 3 & -1 & 1 & 0 \\ -1 & -4 & -1 & 2 \end{vmatrix} = 4,$$

$$D_3 = \begin{vmatrix} 1 & -1 & 2 & -2 \\ 2 & 0 & 4 & 4 \\ 3 & 2 & -1 & 0 \\ -1 & 2 & -4 & 2 \end{vmatrix} = 0, \quad D_4 = \begin{vmatrix} 1 & -1 & 1 & 2 \\ 2 & 0 & -1 & 4 \\ 3 & 2 & 1 & -1 \\ -1 & 2 & -1 & -4 \end{vmatrix} = -1,$$

于是

$$x_1 = D_1/D = 1, \quad x_2 = D_2/D = -2,$$
$$x_3 = D_3/D = 0, \quad x_4 = D_4/D = 1/2.$$

应用克莱姆法则解线性方程组时有两个前提条件：

(1) 方程个数与未知数个数相等；

(2) 系数行列式不等于零.

定义 4.10　如果线性方程组中的常数项 $b_1, b_2, \cdots, b_n$ 均为零，即

$$\begin{cases} a_{11}x_1 + a_{12}x_2 + \cdots + a_{1n}x_n = 0, \\ a_{21}x_1 + a_{22}x_2 + \cdots + a_{2n}x_n = 0, \\ \qquad\qquad\qquad\qquad\qquad \vdots \\ a_{n1}x_1 + a_{n2}x_2 + \cdots + a_{nn}x_n = 0, \end{cases}$$

该方程组称为**齐次线性方程组**. 显然 $x_1 = x_2 = \cdots = x_n = 0$ 是齐次线性方程组的解，这种全为零的解称为**零解**. 对于齐次线性方程组是否有**非零解**，可以由下列定理判定.

定理 4.4　如果齐次线性方程组的系数行列式 $D \neq 0$，则它有且只有零解.

证　因为 $D \neq 0$，由克莱姆法则知，方程组有唯一解 $x_j = D_j/D\ (j = 1, 2, \cdots, n)$. 又由于 $D_j (j = 1, 2, \cdots, n)$ 中有一列元素全为零，因而 $D_j = 0\ (j = 1, 2, \cdots, n)$，所以齐次线性方程组只有零解，即

$$x_j = D_j/D = 0 \quad (j = 1, 2, \cdots, n).$$

这个定理也可以说成：如果齐次线性方程组有非零解，则它的系数行列式 $D = 0$. 还可以证明：如果 $D = 0$，则齐次线性方程组有非零解.

例 24　k 在什么条件下，齐次线性方程组 $\begin{cases} kx_1 + x_2 = 0, \\ x_1 + kx_2 = 0 \end{cases}$ 有非零解？

解　如果齐次线性方程组有非零解，则系数行列式

$$D = \begin{vmatrix} k & 1 \\ 1 & k \end{vmatrix} = k^2 - 1 = 0,$$

即当 $k = \pm 1$ 时,该方程组有非零解.

4.5.2　用逆矩阵法解线性方程组

求逆矩阵可以用伴随矩阵法,也可以用下面介绍的方法求逆矩阵.

1. 利用初等行变换求逆矩阵

求非奇异方阵 $\boldsymbol{A}$ 的逆矩阵,只需在 $\boldsymbol{A}$ 的右边并列排放一个与 $\boldsymbol{A}$ 同阶的单位阵 $\boldsymbol{E}$,然后对 $[\boldsymbol{A} \vdots \boldsymbol{E}]$ 实施初等行变换,若 $\boldsymbol{A}$ 变成了单位阵,则它的右边就是要求的 $\boldsymbol{A}^{-1}$,即

$$[\boldsymbol{A} \vdots \boldsymbol{E}] \xrightarrow{\text{初等行变换}} [\boldsymbol{E} \vdots \boldsymbol{A}^{-1}].$$

例 25　求矩阵 $\boldsymbol{A} = \begin{bmatrix} 1 & 2 & 3 \\ 2 & 2 & 1 \\ 3 & 4 & 3 \end{bmatrix}$ 的逆矩阵 $\boldsymbol{A}^{-1}$.

解　对矩阵施行初等行变换.

$$[\boldsymbol{A} \vdots \boldsymbol{E}] = \begin{bmatrix} 1 & 2 & 3 & \vdots & 1 & 0 & 0 \\ 2 & 2 & 1 & \vdots & 0 & 1 & 0 \\ 3 & 4 & 3 & \vdots & 0 & 0 & 1 \end{bmatrix} \xrightarrow{r_2 - 2r_1, r_3 - 3r_1} \begin{bmatrix} 1 & 2 & 3 & \vdots & 1 & 0 & 0 \\ 0 & -2 & -5 & \vdots & -2 & 1 & 0 \\ 0 & -2 & -6 & \vdots & -3 & 0 & 1 \end{bmatrix}$$

$$\xrightarrow{r_1 + r_2, r_3 - r_2} \begin{bmatrix} 1 & 0 & -2 & \vdots & -1 & 1 & 0 \\ 0 & -2 & -5 & \vdots & -2 & 1 & 0 \\ 0 & 0 & -1 & \vdots & -1 & -1 & 1 \end{bmatrix}$$

$$\xrightarrow{r_1 - 2r_3, r_2 - 5r_3} \begin{bmatrix} 1 & 0 & 0 & \vdots & 1 & 3 & -2 \\ 0 & -2 & 0 & \vdots & 3 & 6 & -5 \\ 0 & 0 & -1 & \vdots & -1 & -1 & 1 \end{bmatrix}$$

$$\xrightarrow{r_2 \times \left(-\frac{1}{2}\right), r_3 \times (-1)} \begin{bmatrix} 1 & 0 & 0 & \vdots & 1 & 3 & -2 \\ 0 & 1 & 0 & \vdots & -\frac{3}{2} & -3 & \frac{5}{2} \\ 0 & 0 & 1 & \vdots & 1 & 1 & -1 \end{bmatrix}$$

$$= [\boldsymbol{E} \vdots \boldsymbol{A}^{-1}],$$

所以

$$\boldsymbol{A}^{-1} = \begin{bmatrix} 1 & 3 & -2 \\ -\frac{3}{2} & -3 & \frac{5}{2} \\ 1 & 1 & -1 \end{bmatrix}.$$

2. 利用逆矩阵法求解线性方程组

对于线性方程组

$$\begin{cases} a_{11}x_1 + a_{12}x_2 + \cdots + a_{1n}x_n = b_1, \\ a_{21}x_1 + a_{22}x_2 + \cdots + a_{2n}x_n = b_2, \\ \qquad\qquad\qquad\qquad\qquad\vdots \\ a_{n1}x_1 + a_{n2}x_2 + \cdots + a_{nn}x_n = b_n \end{cases}$$

可以表示成矩阵方程：

$$AX = B,$$

其中
$$A = \begin{bmatrix} a_{11} & a_{12} & \cdots & a_{1n} \\ a_{21} & a_{22} & \cdots & a_{2n} \\ \vdots & \vdots & & \vdots \\ a_{n1} & a_{n2} & \cdots & a_{nn} \end{bmatrix}, \quad X = \begin{bmatrix} x_1 \\ x_2 \\ \vdots \\ x_n \end{bmatrix}, \quad B = \begin{bmatrix} b_1 \\ b_2 \\ \vdots \\ b_n \end{bmatrix}.$$

若系数矩阵 A 的逆矩阵 A^{-1} 存在,则 $X = A^{-1}B$.

由此便可以先求出其系数矩阵 A 的逆矩阵 A^{-1},再乘以常数项矩阵 B,即得到线性方程组的解为 $X = A^{-1}B$,此方法称为**逆矩阵法**.

例 26　用逆矩阵法求解线性方程组

$$\begin{cases} x_1 + 2x_2 + 3x_3 = 1, \\ 2x_1 + 2x_2 + x_3 = 0, \\ 3x_1 + 4x_2 + 3x_3 = 1. \end{cases}$$

解　该方程组可表示成矩阵形式 $AX = B$,其中

$$A = \begin{bmatrix} 1 & 2 & 3 \\ 2 & 2 & 1 \\ 3 & 4 & 3 \end{bmatrix}, \quad B = \begin{bmatrix} 1 \\ 0 \\ 1 \end{bmatrix}.$$

由
$$A^{-1} = \begin{bmatrix} 1 & 3 & -2 \\ -\dfrac{3}{2} & -3 & \dfrac{5}{2} \\ 1 & 1 & -1 \end{bmatrix},$$

得
$$X = A^{-1}B = \begin{bmatrix} 1 & 3 & -2 \\ -\dfrac{3}{2} & -3 & \dfrac{5}{2} \\ 1 & 1 & -1 \end{bmatrix}\begin{bmatrix} 1 \\ 0 \\ 1 \end{bmatrix} = \begin{bmatrix} -1 \\ 1 \\ 0 \end{bmatrix},$$

即
$$x_1 = -1, \quad x_2 = 1, \quad x_3 = 0.$$

例 27　解矩阵方程 $XB = D$,其中 $B = \begin{bmatrix} 4 & 7 \\ 5 & 9 \end{bmatrix}, D = \begin{bmatrix} 1 & 0 \\ 0 & 2 \\ -1 & 0 \end{bmatrix}.$

解　因为 $|B| = \begin{vmatrix} 4 & 7 \\ 5 & 9 \end{vmatrix} = 1 \neq 0$，所以矩阵 B 可逆，且可求出

$$B^{-1} = \begin{bmatrix} 9 & -7 \\ -5 & 4 \end{bmatrix}.$$

以 B^{-1} 同时右乘方程 $XB = D$ 的两端，得 $X = DB^{-1}$，即

$$X = \begin{bmatrix} 1 & 0 \\ 0 & 2 \\ -1 & 0 \end{bmatrix} \begin{bmatrix} 9 & -7 \\ -5 & 4 \end{bmatrix} = \begin{bmatrix} 9 & -7 \\ -10 & 8 \\ -9 & 7 \end{bmatrix}.$$

4.5.3　用初等变换法解线性方程组

克莱姆法则和逆矩阵法只适用于方程个数等于未知数个数，且系数行列式不等于零的情形，而当方程个数不等于未知数个数或方程组系数行列式等于零时，克莱姆法则和逆矩阵法就无能为力了，为此下面将介绍求解一般的线性方程组的消元法.

例 28　用消元法解线性方程组

$$\begin{cases} x_1 + 2x_2 + 3x_3 = -7, & ① \\ 2x_1 - x_2 + 2x_3 = -8, & ② \\ x_1 + 3x_2 = 7. & ③ \end{cases}$$

解　将式 ① × (−2) 加到式 ② 上去；式 ① × (−1) 加到式 ③ 去，得

$$\begin{cases} x_1 + 2x_2 + 3x_3 = -7, \\ -5x_2 - 4x_3 = 6, \\ x_2 - 3x_3 = 14. \end{cases}$$

将式 ② 与式 ③ 对换，得

$$\begin{cases} x_1 + 2x_2 + 3x_3 = -7, \\ x_2 - 3x_3 = 14, \\ -5x_2 - 4x_3 = 6. \end{cases}$$

将式 ② × 5 加到式 ③，得

$$\begin{cases} x_1 + 2x_2 + 3x_3 = -7, \\ x_2 - 3x_2 = 14, \\ -19x_3 = 76. \end{cases}$$

将式 ③ × $\left(-\dfrac{1}{19}\right)$，得

$$\begin{cases} x_1 + 2x_2 + 3x_3 = -7, \\ x_2 - 3x_2 = 14, \\ x_3 = -4. \end{cases}$$

将式 ③ × (−3) 加到式 ①,式 ③ × 3 加到式 ②,得
$$\begin{cases} x_1 + 2x_2 = 5, \\ x_2 = 2, \\ x_3 = -4. \end{cases}$$

将式 ② × (−2) 加到式 ①,得
$$\begin{cases} x_1 = 1, \\ x_2 = 2, \\ x_3 = -4. \end{cases}$$

上述解线性方程组的方法,称为**消元法**. 消元法实际上是对线性方程组进行如下变换:

(1) 用一个非零的数乘某个方程的两端;

(2) 用一个数乘某个方程后加到另一个方程上去;

(3) 互换两个方程的位置.

这个变换过程与化增广矩阵为阶梯形矩阵的过程是一样的,因此可以利用对线性方程组的增广矩阵施行初等行变换来得到原方程组的同解变形,而最后得出的阶梯形矩阵,正好对应于原方程组同解的梯形方程组,再由梯形方程组用回代法求得每个未知数的值.

消元法实质上是对增广矩阵的初等行变换,即

$$\widetilde{A} = \begin{bmatrix} 1 & 2 & 3 & \vdots & -7 \\ 2 & -1 & 2 & \vdots & -8 \\ 1 & 3 & 0 & \vdots & 7 \end{bmatrix} \xrightarrow{r_3 - r_1, r_2 - 2r_1} \begin{bmatrix} 1 & 2 & 3 & \vdots & -7 \\ 0 & -5 & -4 & \vdots & 6 \\ 0 & 1 & -3 & \vdots & 14 \end{bmatrix}$$

$$\xrightarrow{r_2 \leftrightarrow r_3} \begin{bmatrix} 1 & 2 & 3 & \vdots & -7 \\ 0 & 1 & -3 & \vdots & 14 \\ 0 & -5 & -4 & \vdots & 6 \end{bmatrix} \xrightarrow{r_3 + 5r_2} \begin{bmatrix} 1 & 2 & 3 & \vdots & -7 \\ 0 & 1 & -3 & \vdots & 14 \\ 0 & 0 & -19 & \vdots & 76 \end{bmatrix}$$

$$\xrightarrow{-\frac{1}{19}r_3} \begin{bmatrix} 1 & 2 & 3 & \vdots & -7 \\ 0 & 1 & -3 & \vdots & 14 \\ 0 & 0 & 1 & \vdots & -4 \end{bmatrix} \xrightarrow{r_2 + 3r_3, r_1 - 3r_3} \begin{bmatrix} 1 & 2 & 0 & \vdots & 5 \\ 0 & 1 & 0 & \vdots & 2 \\ 0 & 0 & 1 & \vdots & -4 \end{bmatrix}$$

$$\xrightarrow{r_1 - 2r_2} \begin{bmatrix} 1 & 0 & 0 & \vdots & 1 \\ 0 & 1 & 0 & \vdots & 2 \\ 0 & 0 & 1 & \vdots & -4 \end{bmatrix}.$$

一般地,对一个 n 元线性方程组,当它的系数行列式不等于零时,只要对方程组的增广矩阵施以适当的初等行变换,即

$$\widetilde{A} = \begin{bmatrix} A & \vdots & B \end{bmatrix} \xrightarrow{\text{初等行变换}} \begin{bmatrix} E & \vdots & A^{-1}B \end{bmatrix},$$

故 $X = A^{-1}B$,则矩阵的最后一列元素就是方程组的解,这种消元法称为**高斯消元法**.

例 29　　用初等变换解线性方程组 $\begin{cases} 2x_1 - 3x_2 + x_3 - x_4 = 3, \\ 3x_1 + x_2 + x_3 + x_4 = 0, \\ 4x_1 - x_2 - x_3 - x_4 = 7, \\ -2x_1 - x_2 + x_3 + x_4 = -5. \end{cases}$

解

$$\widetilde{A} = \begin{bmatrix} 2 & -3 & 1 & -1 & \vdots & 3 \\ 3 & 1 & 1 & 1 & \vdots & 0 \\ 4 & -1 & -1 & -1 & \vdots & 7 \\ -2 & -1 & 1 & 1 & \vdots & -5 \end{bmatrix} \xrightarrow{r_2 \leftrightarrow r_1} \begin{bmatrix} 3 & 1 & 1 & 1 & \vdots & 0 \\ 2 & -3 & 1 & -1 & \vdots & 3 \\ 4 & -1 & -1 & -1 & \vdots & 7 \\ -2 & -1 & 1 & 1 & \vdots & -5 \end{bmatrix}$$

$$\xrightarrow{r_1 + r_3} \begin{bmatrix} 7 & 0 & 0 & 0 & \vdots & 7 \\ 2 & -3 & 1 & -1 & \vdots & 3 \\ 4 & -1 & -1 & -1 & \vdots & 7 \\ -2 & -1 & 1 & 1 & \vdots & -5 \end{bmatrix} \xrightarrow{\frac{1}{7}r_1, -r_4} \begin{bmatrix} 1 & 0 & 0 & 0 & \vdots & 1 \\ 2 & -3 & 1 & -1 & \vdots & 3 \\ 4 & -1 & -1 & -1 & \vdots & 7 \\ 2 & 1 & -1 & -1 & \vdots & 5 \end{bmatrix}$$

$$\xrightarrow{r_4 - 2r_1, r_3 - 4r_1, r_2 - 2r_1} \begin{bmatrix} 1 & 0 & 0 & 0 & \vdots & 1 \\ 0 & -3 & 1 & -1 & \vdots & 1 \\ 0 & -1 & -1 & -1 & \vdots & 3 \\ 0 & 1 & -1 & -1 & \vdots & 3 \end{bmatrix} \xrightarrow{r_2 \leftrightarrow r_4} \begin{bmatrix} 1 & 0 & 0 & 0 & \vdots & 1 \\ 0 & 1 & -1 & -1 & \vdots & 3 \\ 0 & -1 & -1 & -1 & \vdots & 3 \\ 0 & -3 & 1 & -1 & \vdots & 1 \end{bmatrix}$$

$$\xrightarrow{r_4 + 3r_2, r_3 + r_2} \begin{bmatrix} 1 & 0 & 0 & 0 & \vdots & 1 \\ 0 & 1 & -1 & -1 & \vdots & 3 \\ 0 & 0 & -2 & -2 & \vdots & 6 \\ 0 & 0 & -2 & -4 & \vdots & 10 \end{bmatrix} \xrightarrow{r_4 - r_3} \begin{bmatrix} 1 & 0 & 0 & 0 & \vdots & 1 \\ 0 & 1 & -1 & -1 & \vdots & 3 \\ 0 & 0 & -2 & -2 & \vdots & 6 \\ 0 & 0 & 0 & -2 & \vdots & 4 \end{bmatrix}$$

$$\xrightarrow{-\frac{1}{2}r_3, -\frac{1}{2}r_4} \begin{bmatrix} 1 & 0 & 0 & 0 & \vdots & 1 \\ 0 & 1 & -1 & -1 & \vdots & 3 \\ 0 & 0 & 1 & 1 & \vdots & -3 \\ 0 & 0 & 0 & 1 & \vdots & -2 \end{bmatrix} \xrightarrow{r_2 + r_3, r_3 - r_4} \begin{bmatrix} 1 & 0 & 0 & 0 & \vdots & 1 \\ 0 & 1 & 0 & 0 & \vdots & 0 \\ 0 & 0 & 1 & 0 & \vdots & -1 \\ 0 & 0 & 0 & 1 & \vdots & -2 \end{bmatrix}.$$

因此,方程组的解为 $x_1 = 1, x_2 = 0, x_3 = -1, x_4 = -2$.

4.5.4　线性方程组解的判定

设线性方程组

$$\begin{cases} a_{11}x_1 + a_{12}x_2 + \cdots + a_{1n}x_n = b_1, \\ a_{21}x_1 + a_{22}x_2 + \cdots + a_{2n}x_n = b_2, \\ \qquad\qquad\qquad\qquad\qquad \vdots \\ a_{m1}x_1 + a_{m2}x_2 + \cdots + a_{mn}x_n = b_m, \end{cases} \tag{4-1}$$

它的系数矩阵为

$$
\boldsymbol{A} = \begin{bmatrix} a_{11} & a_{12} & \cdots & a_{1n} \\ a_{21} & a_{22} & \cdots & a_{2n} \\ \vdots & \vdots & & \vdots \\ a_{m1} & a_{m2} & \cdots & a_{mn} \end{bmatrix},
$$

增广矩阵为

$$
\widetilde{\boldsymbol{A}} = \left[\begin{array}{cccc:c} a_{11} & a_{12} & \cdots & a_{1n} & b_1 \\ a_{21} & a_{22} & \cdots & a_{2n} & b_2 \\ \vdots & \vdots & & \vdots & \vdots \\ a_{m1} & a_{m2} & \cdots & a_{mn} & b_m \end{array} \right].
$$

通过初等行变换将 $\widetilde{\boldsymbol{A}}$ 化为阶梯形矩阵

$$
\left[\begin{array}{cccccc:c} a'_{11} & a'_{12} & \cdots & a'_{1r} & \cdots & a'_{1n} & b'_1 \\ 0 & a'_{22} & \cdots & a'_{2r} & \cdots & a'_{2n} & b'_2 \\ \vdots & \vdots & & \vdots & & \vdots & \vdots \\ 0 & 0 & \cdots & a'_{rr} & \cdots & a'_{rn} & b'_r \\ \hdashline 0 & 0 & \cdots & 0 & \cdots & 0 & b'_{r+1} \\ \vdots & \vdots & & \vdots & & \vdots & \vdots \\ 0 & 0 & \cdots & 0 & \cdots & 0 & 0 \end{array} \right],
$$

它对应的线性方程组为

$$
\begin{cases} a'_{11}x_1 + a'_{12}x_2 + \cdots + a'_{1r}x_r + \cdots + a'_{1n}x_n = b'_1, \\ \quad\quad\quad a'_{22}x_2 + \cdots + a'_{2r}x_r + \cdots + a'_{2n}x_n = b'_2, \\ \quad\quad\quad\quad\quad\quad\quad\quad\quad\quad\quad\quad\quad\quad\quad\quad\quad \vdots \\ \quad\quad\quad\quad\quad\quad\quad\quad a'_{rr}x_r + \cdots + a'_{rn}x_n = b'_r, \\ \quad\quad\quad\quad\quad\quad\quad\quad\quad\quad\quad\quad\quad\quad 0 = b'_{r+1}, \\ \quad\quad\quad\quad\quad\quad\quad\quad\quad\quad\quad\quad\quad\quad\quad\quad \vdots \\ \quad\quad\quad\quad\quad\quad\quad\quad\quad\quad\quad\quad\quad\quad 0 = 0. \end{cases} \tag{4-2}
$$

因为方程组(4-1)与方程组(4-2)同解,而方程组(4-2)有没有解的关键是左边未知数系数全为 0 的第一个方程 $0 = b'_{r+1}$,即 $0x_1 + 0x_2 + \cdots + 0x_n = b'_{r+1}$.

如果 $b'_{r+1} = 0$,则方程组(4-2)有解,从而方程组(4-1)也有解;如果 $b'_{r+1} \neq 0$,则方程组(4-2)无解,从而方程组(4-1)也无解. 而当 $b'_{r+1} = 0$ 时,显然有 $\mathrm{R}(\boldsymbol{A}) = \mathrm{R}(\widetilde{\boldsymbol{A}})$ $= r$;当 $b'_{r+1} \neq 0$ 时,$\mathrm{R}(\boldsymbol{A}) = r$,$\mathrm{R}(\widetilde{\boldsymbol{A}}) = r+1$,即 $\mathrm{R}(\boldsymbol{A}) \neq \mathrm{R}(\widetilde{\boldsymbol{A}})$.

对于 $\mathrm{R}(\boldsymbol{A}) = \mathrm{R}(\widetilde{\boldsymbol{A}}) = r$ 情形,当 $r = n$ 时,此时系数矩阵为上三角形矩阵,且 a'_{ii} $\neq 0$ $(i = 1, 2, \cdots, n)$,故系数行列式不等于零,由克莱姆法则知,方程组(4-2)有唯一

解,即方程组(4-1)有唯一解;当 $r < n$ 时,方程组(4-2)中未知数多于方程的个数,称 $x_{r+1}, x_{r+2}, \cdots, x_n$ 为**自由未知数**,将它们移到方程组(4-1)的右边,对 $x_{r+1}, x_{r+2}, \cdots, x_n$ 每取一组值,方程组(4-2)都能得出确定的一组解,因此方程组(4-2)有无穷多组解,即方程组(4-1)也有无穷多组解.

定理 4.5(解的判定定理) 设线性方程组 $AX = B$,则

(1) 当 $R(A) = R(\tilde{A})$ 时,线性方程组有解,且

① 当 $R(A) = R(\tilde{A}) = n$(未知数个数)时,线性方程组有唯一解;

② 当 $R(A) = R(\tilde{A}) = r < n$(未知数个数)时,线性方程组有无穷多组解.

(2) 当 $R(A) \neq R(\tilde{A})$ 时,线性方程组无解.

例 30 判定下列线性方程组解的情况:

$$(1) \begin{cases} 4x_1 + 2x_2 - x_3 = 2, \\ 3x_1 - x_2 + 2x_3 = 10, \\ 11x_1 + 3x_2 = 8; \end{cases} \qquad (2) \begin{cases} x_1 + 5x_2 + x_3 = 2, \\ 2x_1 - 5x_2 - 3x_3 = -1, \\ -3x_1 + 12x_2 + 6x_3 = 3; \end{cases}$$

$$(3) \begin{cases} x_1 - x_2 + 2x_3 = 1, \\ x_1 - 2x_2 - x_3 = 2, \\ 3x_1 - x_2 + 5x_3 = 3, \\ -2x_1 + 2x_2 + 3x_3 = -4. \end{cases}$$

解 (1) $\tilde{A} = \begin{bmatrix} 4 & 2 & -1 & \vdots & 2 \\ 3 & -1 & 2 & \vdots & 10 \\ 11 & 3 & 0 & \vdots & 8 \end{bmatrix} \xrightarrow{r_1 - r_2} \begin{bmatrix} 1 & 3 & -3 & \vdots & -8 \\ 3 & -1 & 2 & \vdots & 10 \\ 11 & 3 & 0 & \vdots & 8 \end{bmatrix}$

$$\xrightarrow{r_2 - 3r_1, r_3 - 11r_1} \begin{bmatrix} 1 & 3 & -3 & \vdots & -8 \\ 0 & -10 & 11 & \vdots & 34 \\ 0 & -30 & 33 & \vdots & 96 \end{bmatrix}$$

$$\xrightarrow{r_3 - 3r_2} \begin{bmatrix} 1 & 3 & -3 & \vdots & -8 \\ 0 & -10 & 11 & \vdots & 34 \\ 0 & 0 & 0 & \vdots & -6 \end{bmatrix},$$

可得 $R(A) = 2, R(\tilde{A}) = 3$. 由于 $R(A) \neq R(\tilde{A})$,故方程组无解.

$$(2) \tilde{A} = \begin{bmatrix} 1 & 5 & 1 & \vdots & 2 \\ 2 & -5 & -3 & \vdots & -1 \\ -3 & 12 & 6 & \vdots & 3 \end{bmatrix} \xrightarrow{r_2 - 2r_1, r_3 + 3r_1} \begin{bmatrix} 1 & 5 & 1 & \vdots & 2 \\ 0 & -15 & -5 & \vdots & -5 \\ 0 & 27 & 9 & \vdots & 9 \end{bmatrix}$$

$$\xrightarrow{r_1 - \frac{1}{5}r_2, r_3 \times \frac{1}{9}} \begin{bmatrix} 1 & 5 & 1 & \vdots & 2 \\ 0 & 3 & 1 & \vdots & 1 \\ 0 & 3 & 1 & \vdots & 1 \end{bmatrix} \xrightarrow{r_3 - r_2} \begin{bmatrix} 1 & 5 & 1 & \vdots & 2 \\ 0 & 3 & 1 & \vdots & 1 \\ 0 & 0 & 0 & \vdots & 0 \end{bmatrix},$$

得 $R(\boldsymbol{A}) = R(\widetilde{\boldsymbol{A}}) = 2 < 3 = n$,故方程组有无穷多组解.

$$(3)\ \widetilde{\boldsymbol{A}} = \begin{bmatrix} 1 & -1 & 2 & \vdots & 1 \\ 1 & -2 & -1 & \vdots & 2 \\ 3 & -1 & 5 & \vdots & 3 \\ -2 & 2 & 3 & \vdots & -4 \end{bmatrix} \xrightarrow{r_2 - r_1, r_3 - 3r_1, r_4 + 2r_1} \begin{bmatrix} 1 & -1 & 2 & \vdots & 1 \\ 0 & -1 & -3 & \vdots & 1 \\ 0 & 2 & -1 & \vdots & 0 \\ 0 & 0 & 7 & \vdots & -2 \end{bmatrix}$$

$$\xrightarrow{r_3 + 2r_2} \begin{bmatrix} 1 & -1 & 2 & \vdots & 1 \\ 0 & -1 & -3 & \vdots & 1 \\ 0 & 0 & -7 & \vdots & 2 \\ 0 & 0 & 7 & \vdots & -2 \end{bmatrix} \xrightarrow{r_4 + 2r_3} \begin{bmatrix} 1 & -1 & 2 & \vdots & 1 \\ 0 & -1 & -3 & \vdots & 1 \\ 0 & 0 & -7 & \vdots & 2 \\ 0 & 0 & 0 & \vdots & 0 \end{bmatrix},$$

可得
$$R(\boldsymbol{A}) = R(\widetilde{\boldsymbol{A}}) = 3 = n,$$

故方程组有唯一解.

例 31　解线性方程组 $\begin{cases} x_1 + x_2 - x_3 = 0, \\ 2x_1 - 8x_2 + 3x_3 = 0, \\ -8x_1 + 2x_2 + 3x_3 = 0. \end{cases}$

解　因为

$$|\boldsymbol{A}| = \begin{vmatrix} 1 & 1 & -1 \\ 2 & -8 & 3 \\ -8 & 2 & 3 \end{vmatrix} = 0,$$

所以方程组有无穷多组解.

$$\widetilde{\boldsymbol{A}} = \begin{bmatrix} 1 & 1 & -1 & \vdots & 0 \\ 2 & -8 & 3 & \vdots & 0 \\ -8 & 2 & 3 & \vdots & 0 \end{bmatrix} \xrightarrow{r_3 + 6r_1 + r_2} \begin{bmatrix} 1 & 1 & -1 & \vdots & 0 \\ 2 & -8 & 3 & \vdots & 0 \\ 0 & 0 & 0 & \vdots & 0 \end{bmatrix}$$

$$\xrightarrow{r_2 - 2r_1} \begin{bmatrix} 1 & 1 & -1 & \vdots & 0 \\ 0 & -10 & 5 & \vdots & 0 \\ 0 & 0 & 0 & \vdots & 0 \end{bmatrix} \xrightarrow{-\frac{1}{10}r_2} \begin{bmatrix} 1 & 1 & -1 & \vdots & 0 \\ 0 & 1 & -\frac{1}{2} & \vdots & 0 \\ 0 & 0 & 0 & \vdots & 0 \end{bmatrix}$$

$$\xrightarrow{r_1 - r_2} \begin{bmatrix} 1 & 0 & -\frac{1}{2} & \vdots & 0 \\ 0 & 1 & -\frac{1}{2} & \vdots & 0 \\ 0 & 0 & 0 & \vdots & 0 \end{bmatrix}.$$

这时 $R(\boldsymbol{A}) = R(\widetilde{\boldsymbol{A}}) = 2 < 3 = n$,所以方程组有无穷多组解,且自由未知数的个

数为 1,对应的同解方程组为

$$\begin{cases} x_1 - \dfrac{1}{2}x_3 = 0, \\[2mm] x_2 - \dfrac{1}{2}x_3 = 0. \end{cases}$$

设自由未知数 $x_3 = c$,则方程组的解为

$$\begin{cases} x_1 = c/2, \\ x_2 = c/2, \\ x_3 = c. \end{cases}$$

习　　题　　4.5

1. 用克莱姆法则求解下列线性方程组.

(1) $\begin{cases} 3x + 4y - 5z = 32, \\ 4x - 5y + 3z = 18, \\ 5x - 3y - 4z = 2; \end{cases}$
(2) $\begin{cases} x_1 + 2x_2 + x_3 \quad\ \ = 0, \\ x_1 + x_2 + x_3 + x_4 = 0, \\ 3x_2 \qquad\ - x_4 = 0, \\ x_1 + x_2 \qquad - x_4 = 1. \end{cases}$

2. 用逆矩阵法解下列线性方程组.

(1) $\begin{cases} x_1 + x_2 = 2, \\ x_2 + x_3 = 1, \\ x_1 + 2x_2 + 3x_3 = -1; \end{cases}$
(2) $\begin{cases} -x_1 + 2x_2 + 4x_3 = 4, \\ 2x_1 + x_2 + 2x_3 = 1, \\ 2x_1 + 2x_2 - x_3 = 2. \end{cases}$

3. 解下列矩阵方程.

(1) $\begin{bmatrix} 1 & 3 \\ 2 & 4 \end{bmatrix} \boldsymbol{X} = \begin{bmatrix} 1 & 0 & 1 \\ 4 & 3 & 1 \end{bmatrix};$
(2) $\boldsymbol{X} \begin{bmatrix} 2 & 1 & -1 \\ 2 & 1 & 0 \\ 1 & -1 & 1 \end{bmatrix} = \begin{bmatrix} 1 & -1 & 3 \\ 4 & 3 & 2 \end{bmatrix};$

(3) $\begin{bmatrix} 1 & 3 \\ 2 & 4 \end{bmatrix} \boldsymbol{X} \begin{bmatrix} 2 & 3 \\ 1 & 5 \end{bmatrix} = \begin{bmatrix} 1 & 2 \\ 1 & 3 \end{bmatrix}.$

4. 用初等变换解下列方程组.

(1) $\begin{cases} x_1 + 2x_2 + 3x_3 = 8, \\ 2x_1 + 5x_2 + 9x_3 = 16, \\ 3x_1 - 4x_2 - 5x_3 = 32; \end{cases}$

(2) $\begin{cases} 4x_1 - 3x_2 + x_3 + 5x_4 - 7 = 0, \\ x_1 - 2x_2 - 2x_3 - 3x_4 - 3 = 0, \\ 3x_1 - x_2 + 2x_3 + 1 = 0, \\ 2x_1 + 3x_2 + 2x_3 - 8x_4 + 7 = 0. \end{cases}$

5. 讨论 λ 为何值时,齐次线性方程组 $\begin{cases} \lambda x_1 + x_2 + x_3 = 0, \\ x_1 + \lambda x_2 + x_3 = 0, \\ x_1 + x_2 + \lambda x_3 = 0 \end{cases}$ 有非零解.

6. 讨论当 λ 为何值时,非齐次方程组 $\begin{cases} \lambda x_1 + x_2 + x_3 = 1, \\ x_1 + \lambda x_2 + x_3 = \lambda, \\ x_1 + x_2 + \lambda x_3 = \lambda^2 \end{cases}$ 有唯一解?有无穷多解?无解?

7. 设非齐次线性方程组 $AX = B$ 的增广矩阵 $[A \vdots B]$ 经过一系列的初等行变换化为

$$[A \vdots B] \xrightarrow{\text{初等行变换}} \begin{bmatrix} 1 & 0 & -2 & 0 & \vdots & 3 \\ 0 & 1 & 1 & 3 & \vdots & 1 \\ 0 & 0 & 0 & 0 & \vdots & \lambda^2 - 1 \end{bmatrix}.$$

(1) 当 λ 为何值时, $AX = B$ 无解?

(2) 当 λ 为何值时, $AX = B$ 有解?并求出其解.

【数学史话】

矩阵与行列式的发展史

行列式出现于线性方程组的求解,它最早是一种速记的表达式,现在它已经是数学中一种非常有用的工具.行列式是由莱布尼兹和日本数学家关孝和发明的.1693 年 4 月,莱布尼兹在写给洛必达的一封信中使用并给出了行列式,并给出方程组的系数行列式为零的条件.与他同时代的日本数学家关孝和在其著作《解伏题元法》中也提出了行列式的概念与算法.

1750 年,瑞士数学家克莱姆在其著作《线性代数分析导引》中,对行列式的定义和展开方法则给出了比较完整、明确的阐述,并给出了现在我们所称的解线性方程组的克莱姆法则.数学家贝祖将确定行列式每一项符号的方法进行了系统化,利用系数行列式概念指出了如何判断一个齐次线性方程组有非零解.

总之,在很长一段时间内,行列式只是作为解线性方程组的一种工具使用,并没有人意识到它可以独立于线性方程组之外,单独形成一门理论加以研究.

在行列式的发展史上,第一个对行列式理论作出连贯的逻辑的阐述,即把行列式理论与线性方程组求解相分离的人,是法国数学家范德蒙.他给出了用二阶子式和它们的余子式来展开行列式的法则.单独就行列式来说,他是这门理论的奠基人.

1772 年,拉普拉斯在一篇论文中证明了范德蒙提出的一些规则,推广了他的展开行列式的方法.

在行列式的理论方面,作出突出贡献的就是另一位法国大数学家柯西. 1815年,柯西在一篇论文中给出了行列式的第一个系统的、几乎是近代的处理,其中主要结果之一是行列式的乘法定理.另外,他第一个把行列式的元素排成方阵,采用双足标记法,引进了行列式特征方程的术语,给出了相似行列式概念,改进了拉普拉斯的行列式展开定理并给予了证明等.

柯西之后,德国数学家雅可比引进了函数行列式,即"雅可比行列式",他指出函数行列式在多重积分的变量替换中的作用,给出了函数行列式的导数公式.雅可比的著名论文《论行列式的形成和性质》标志着行列式系统理论的建成.由于行列式在数学分析、几何学、线性方程组理论、二次型理论等多方面的应用,促使行列式理论自身在 19 世纪也得到了很大的发展.整个 19 世纪都有行列式的新理论或定理出现.除了一般行列式的大量定理之外,还有许多有关特殊行列式的其他定理都相继得出.

矩阵是数学中的一个重要的基本概念,是代数学的一个主要研究对象,也是数学研究和应用的一个重要工具.矩阵这个词是由西尔维斯特首先使用的,他是为了将数字的矩形阵列区别于行列式而发明了这个术语.而实际上,矩阵这个课题在诞生之前就已经发展的很好了.矩阵从行列式的大量工作中明显地表现出来,为了很多目的,不管行列式的值是否与问题有关,矩阵本身都是值得研究和加以利用的,矩阵的许多基本性质也是在行列式的发展中建立起来的.在逻辑上,矩阵的概念应先于行列式的概念,然而在历史上的次序正好相反.

英国数学家凯莱一般被公认为是矩阵论的创立者,因为他首先把矩阵作为一个独立的数学概念提出来,并首先发表了关于这个题目的一系列文章.凯莱把研究线性变换下的不变量相结合,首先引进矩阵以简化记号. 1858 年,他发表了关于这一课题的第一篇论文《矩阵论的研究报告》,系统地阐述了关于矩阵的理论.文中他定义了矩阵的相等、矩阵的运算法则、矩阵的转置及矩阵的逆等一系列基本概念,指出了矩阵加法的可交换性与可结合性.另外,凯莱还给出了方阵的特征方程和特征根(特征值)及有关矩阵的一些基本结果.凯莱出生于一个古老而有才能的英国家庭,就读于剑桥大学三一学院,大学毕业后留校讲授数学,三年后转为律师职业,工作卓有成效,并利用业余时间研究数学,发表了大量的数学论文.

1855 年,埃米特证明了别的数学家发现的一些矩阵类的特征根的特殊性质,如现在称为埃米特矩阵的特征根性质等.后来,克莱伯施、布克海姆等证明了对称矩阵的特征根性质.泰伯引入矩阵的迹的概念并给出了一些有关的结论.

在矩阵论的发展史上,弗罗伯纽斯的贡献是不可磨灭的.他讨论了最小多项式问题,引进了矩阵的秩、不变因子和初等因子、正交矩阵、矩阵的相似变换、合同矩阵等概念,以合乎逻辑的形式整理了不变因子和初等因子的理论,并讨论了正交矩阵与合同矩阵的一些重要性质. 1854 年,约旦研究了矩阵化为标准型的问题. 1892 年,梅茨勒引进了矩阵的超越函数概念并将其写成矩阵的幂级数的形式.傅里叶、西尔和庞加莱的著作中还讨论了无限阶矩阵问题，这主要是适用方程发展的需要而研究的.

矩阵本身所具有的性质依赖于元素的性质，矩阵由最初作为一种工具经过两个多世纪的发展，现在已成为独立的一门数学分支 —— 矩阵论. 而矩阵论又可分为矩阵方程论、矩阵分解论和广义逆矩阵论等矩阵的现代理论. 矩阵及其理论现已广泛地应用于现代科技的各个领域.

第 5 章 线性规划初步

线性规划是近代应用数学中运筹学的一个重要分支. 它研究的问题涉及两个方面:一方面,如何运用现有的人力、物力、财力去完成尽可能多的任务;另一方面,在任务一定的条件下,如何精打细算、统筹安排,以最小的人力、物力、财力去完成它. 实际上这两个问题本质上是一样的,均可统一为求最优值(最优方案)问题. 线性规划无论在解决技术问题中最优化,或在工业、农业、交通运输、财政经济、商业的管理和决策中都能发挥作用,它是现代经济管理科学的重要基础和手段.

5.1 线性规划问题及数学模型

5.1.1 实际问题线性规划的数学模型的建立

例 1(最优利用问题) 某厂下属两个车间,生产甲、乙两种产品,每件产品都必须经过第一、第二两车间加工,第一车间生产每件甲、乙产品所需时间分别为 8 h 和 4 h;第二车间生产每件甲、乙产品所需时间分别为 2 h 和 6 h. 每生产一件甲、乙产品可获得的利润分别为 3 百元和 4 百元. 现该厂一、二车间可共占用时间分别为 160 h 和 60 h,如表 5-1 所示. 试问如何安排生产,才能使该厂的总利润最大?

表 5-1

单位产品所需时间/h 工厂 车间	A	B	可用时间/h
一车间	8	4	160
二车间	2	6	60

解 设该厂生产甲、乙两种产品的产量分别为 x_1, x_2,则问题的数学模型为:求变量 x_1, x_2 的值,使其满足约束条件

$$\begin{cases} 8x_1 + 4x_2 \leqslant 160, & (一车间生产甲、乙两种产品可用时间总数不超过 160 \text{ h}) \\ 2x_1 + 6x_2 \leqslant 60, & (二车间生产甲、乙两种产品可用时间总数不超过 60 \text{ h}) \\ x_1 \geqslant 0, x_2 \geqslant 0, & (产品数量不能为负数) \end{cases}$$

并使目标函数(该厂所获总利润)

$$z = 3x_1 + 4x_2$$

达到最大值,即该厂获得最大利润函数为

$$\max z = 3x_1 + 4x_2.$$

例 2(运输问题)　设有三个仓库 A,B,C,分别储存某种商品 150 t,200 t,250 t,现有四个商店甲、乙、丙、丁需要该种商品分别为 100 t,150 t,200 t,150 t,已知各仓库到各商店每吨的运价如表 5-2 所示.问应如何调运,才能使总运费最省?

表 5-2

运价 商店 仓库	甲	乙	丙	丁	库存量/t
A	7	2	3	4	150
B	2	5	1	8	200
C	3	4	6	2	250
需求量/t	100	150	200	150	600

解　设由 A 调到甲、乙、丙、丁的运量分别为 $x_{11}, x_{12}, x_{13}, x_{14}$,由 B 调到甲、乙、丙、丁的运量分别为 $x_{21}, x_{22}, x_{23}, x_{24}$,由 C 调到甲、乙、丙、丁的运量分别为 $x_{31}, x_{32}, x_{33}, x_{34}$.

此问题的数学模型为求一组变量 $x_{ij}(i = 1,2,3; j = 1,2,3,4)$ 的值,使其满足约束条件

$$\begin{cases} x_{11} + x_{12} + x_{13} + x_{14} = 150, \\ x_{21} + x_{22} + x_{23} + x_{24} = 200, \\ x_{31} + x_{32} + x_{33} + x_{34} = 250, \\ x_{11} + x_{21} + x_{31} = 100, \\ x_{12} + x_{22} + x_{32} = 150, \\ x_{13} + x_{23} + x_{33} = 200, \\ x_{14} + x_{24} + x_{34} = 150, \\ x_{ij} \geqslant 0, \end{cases}$$

$\left.\begin{array}{l}\text{仓库 A,B,C 运给四个}\\ \text{商店的物资总量之和}\\ \text{等于 A,B,C 的库存量}\end{array}\right\}$

$\left.\begin{array}{l}\text{三个仓库运给四个}\\ \text{商店的物资总和等于}\\ \text{商店的需求量}\end{array}\right\}$

（调运量不能为负数）

并使目标函数(运输总费用)

$$z = 7x_{11} + 2x_{12} + 3x_{13} + 4x_{14} + 2x_{21} + 5x_{22}$$
$$+ x_{23} + 8x_{24} + 3x_{31} + 4x_{32} + 6x_{33} + 2x_{34}$$

达到最小值,即

$$\min z = 7x_{11} + 2x_{12} + 3x_{13} + 4x_{14} + 2x_{21} + 5x_{22}$$
$$+ x_{23} + 8x_{24} + 3x_{31} + 4x_{32} + 6x_{33} + 2x_{34}.$$

例 3(配料问题)　某炼油厂采取不同的配料过程,在每个周期中的投入和产出如表 5-3 所示.该厂现有甲种原油 60 个单位、乙种原油 100 个单位,且按合同至少向市场提供一级汽油 30 个单位、二级汽油 20 个单位,并且配料过程 Ⅰ 和 Ⅱ 依次在每一

周期中利润分别为 1000 元和 2000 元. 试确定两种配料过程的生产周期,以获得最大利润.

表 5-3

配料过程	投　　入		产　　出	
	甲种原油	乙种原油	一级汽油	二级汽油
I	3	4	1	2
II	2	5	3	1

解　设两种配料过程的生产周期数分别是 x_1,x_2,因为确定两种配料过程的生产周期数的原则是使获得的利润最大,所以在生产周期中,对应的利润函数为

$$z=1000x_1+2000x_2.$$

此问题的数学模型为求变量 x_1,x_2 之值,使其满足约束条件

$$\begin{cases} 3x_1+2x_2 \leqslant 60, & \left(\begin{array}{l}\text{产出的周期数受}\\ \text{现有原油的限制}\end{array}\right)\\ 4x_1+5x_2 \leqslant 100, \\ x_1+3x_2 \geqslant 30, & \left(\begin{array}{l}\text{保证产出的汽油量}\\ \text{不低于合同的要求}\end{array}\right)\\ 2x_1+x_2 \geqslant 20, \\ x_1,x_2 \geqslant 0, & (\text{产出周期数不能为负数}) \end{cases}$$

并使目标函数

$$z=1000x_1+2000x_2$$

达到最大值,即所获最大利润函数为

$$\max z=1000x_1+2000x_2.$$

5.1.2　数学模型

从以上三个例子可以看出,它们都是最优化问题,具有如下的共同特征:

(1) 用一组未知数 $(x_1,x_2,\cdots,x_n)$ 来表示某一方案;

(2) 未知数满足一定的条件,这些条件可用一组线性方程或不等式表示;

(3) 有一个线性的目标函数,要求未知数在满足约束条件下,使目标函数取得最大值或最小值.

定义 5.1　求一组变量的值,使其满足一组线性的约束条件(线性等式或线性不等式),并使一线性的目标函数达到最大值或最小值. 在数学中,称这类问题为**线性规划问题**,简称线性规划(Linear Programming,简记为 LP),其特定的数学模式(表达式)称为**线性规划数学模型**,简称为**线性规划模型**,它的一般形式可表示为

目标函数

$$\max(\min)z=c_1x_1+c_2x_2+\cdots+c_nx_n,$$

其中 $x_1, x_2, \cdots, x_n$ 满足以下约束条件(在下面,"约束条件"用"s. t."表示)

$$
\begin{cases}
a_{11}x_1 + a_{12}x_2 + \cdots + a_{1n}x_n \leqslant (=, \geqslant)b_1, \\
a_{21}x_1 + a_{22}x_2 + \cdots + a_{2n}x_n \leqslant (=, \geqslant)b_2, \\
\qquad\qquad\qquad\qquad\qquad\vdots \\
a_{m1}x_1 + a_{m2}x_2 + \cdots + a_{mn}x_n \leqslant (=, \geqslant)b_m, \\
x_1 \geqslant 0, x_2 \geqslant 0, \cdots, x_n \geqslant 0.
\end{cases}
$$

5.1.3　标准形式

不同的实际问题就有不同的线性规划问题,表现为有的求目标函数的最大值,而有的是求最小值,约束条件中各有"$=$、$\geqslant$、$\leqslant$",这无疑给讨论线性规划问题的一般解法带来困难.为此,有必要建立线性规划模型的标准形式.

通常,要设法将线性规划的一般形式化为下面的标准形式:

$$\max z = c_1 x_1 + c_2 x_2 + \cdots + c_n x_n,$$

$$
\text{s. t.}
\begin{cases}
a_{11}x_1 + a_{12}x_2 + \cdots + a_{1n}x_n = b_1, \\
a_{21}x_1 + a_{22}x_2 + \cdots + a_{2n}x_n = b_2, \\
\qquad\qquad\qquad\qquad\qquad\vdots \\
a_{m1}x_1 + a_{m2}x_2 + \cdots + a_{mn}x_n = b_m, \\
x_1 \geqslant 0, x_2 \geqslant 0, \cdots, x_n \geqslant 0,
\end{cases}
$$

其中所有的 $b_i \geqslant 0$ $(i=1,2,\cdots,m)$.

对于非标准形式的线性规划问题,可以通过以下的方法化为标准形式.

(1)若约束条件右边是负数,将其两边同乘以"-1",使每一个约束条件的右边常数均为非负常数;若约束条件是含有绝对值的,则应先去掉绝对值符号(一个约束条件变为两个约束条件).

(2)若约束条件右边已为非负常数,但其符号是"$\leqslant$"或"$\geqslant$"时,则可增加或减去一个非负变量(s_j),使得约束条件变为等式,且称 s_j 为**松弛变量**.

(3)若模型的目标函数是最小化类型,则可令 $z' = -z$,则求 z 的最小值等价于求 z' 的最大值,即

$$\min z = c_1 x_1 + c_2 x_2 + \cdots + c_n x_n \Leftrightarrow \max z' = -(c_1 x_1 + c_2 x_2 + \cdots + c_n x_n).$$

(4)若决策变量 x_i 没有非负的限制,则可作如下处理:

① 若 $x_i \leqslant 0$,则令 $x_i' = -x_i$ 来换掉 x_i;

② 若 x_i 无符号限制,则令 $x_i = x_i' - x_i''$ 来换掉 x_i.

显然,以上的 x_i', x_i'' 均满足非负约束.

例 4　将下列线性规划问题化为标准形式.

$$\max z = x_1 + 2x_2 + 3x_3,$$

$$\text{s. t.} \begin{cases} |3x_1 + 2x_2 + x_3| \leqslant 8, \\ 2x_1 + x_2 \leqslant -5, \\ x_1 \leqslant 0, x_2 \geqslant 0, x_3 \geqslant 0. \end{cases}$$

解 （1）把第一个绝对值约束条件

$$|3x_1 + 2x_2 + x_3| \leqslant 8$$

等价地变为两个约束条件 $-8 \leqslant 3x_1 + 2x_2 + x_3 \leqslant 8$，即

$$\begin{cases} 3x_1 + 2x_2 + x_3 \leqslant 8, \\ 3x_1 + 2x_2 + x_3 \geqslant -8. \end{cases}$$

（2）对第二个约束条件两边同乘以 -1，得 $-2x_1 - x_2 \geqslant 5$.

（3）对 $x_1 \leqslant 0$ 不满足非负约束，令 $x_1 = -x_1'$，显然有 $x_1' \geqslant 0$，并用 $-x_1'$ 替换所有的 x_1.

综合以上三点，可以把原线性规划化为

$$\max z = -x_1' + 2x_2 + 3x_3,$$

$$\text{s. t.} \begin{cases} -3x_1' + 2x_2 + x_3 \leqslant 8, \\ 3x_1' - 2x_2 - x_3 \leqslant 8, \\ 2x_1' - x_2 \geqslant 5, \\ x_1' \geqslant 0, x_2 \geqslant 0, x_3 \geqslant 0. \end{cases}$$

（4）在第一、第二个不等式约束中分别加上一个松弛变量 s_1, s_2，并在第三个不等式约束中减去一个松弛变量 s_3，则原线性规划的标准形式为

$$\max z = -x_1' + 2x_2 + 3x_3,$$

$$\text{s. t.} \begin{cases} -3x_1' + 2x_2 + x_3 + s_1 = 8, \\ 3x_1' - 2x_2 - x_3 + s_2 = 8, \\ 2x_1' - x_2 - s_3 = 5, \\ x_1', x_2, x_3, s_1, s_2, s_3 \geqslant 0. \end{cases}$$

例 5 将下面的线性规划问题化为标准形式.

$$\min z = -5x_1 + 10x_2 - 15x_3,$$

$$\text{s. t.} \begin{cases} 3x_1 + 3x_2 + 3x_3 \leqslant 25, \\ 2x_1 - 2x_2 + 2x_3 \geqslant 5, \\ 3x_1 - 2x_2 - 2x_3 = 7, \\ x_1, x_2 \geqslant 0, x_3 \ \text{无符号约束}. \end{cases}$$

解 令 $z' = -z$，把目标函数化为最大值类型；再令 $x_3 = x_3' - x_3''(x_3', x_3'' \geqslant 0)$，把符号无限制的 x_3 换掉；在第一个约束条件中加上一个松弛变量 s_1，并在第二个约束条件中减去一个松弛变量 s_2. 这样，便得到线性规划的标准形式为

$$\max z' = 5x_1 - 10x_2 + 15(x_3' - x_3''),$$

$$\text{s. t.} \begin{cases} 3x_1 + 3x_2 + 3(x_3' - x_3'') + s_1 = 25, \\ 2x_1 - 2x_2 + 2(x_3' - x_3'') - s_2 = 5, \\ 3x_1 - 2x_2 - 2(x_3' - x_3'') = 7, \\ x_1, x_2, x_3', x_3'', s_1, s_2 \geqslant 0. \end{cases}$$

习　题　5.1

1. 有两种蔬菜 A 和 B,其价格分别为每百千克 33 元和 24 元,每种蔬菜包含三种营养物,但数量不同,如表 5-4 所示.

表 5-4

营养物 蔬菜	I	II	III
A	10 个单位	3 个单位	4 个单位
B	2 个单位	3 个单位	9 个单位

　　某种食品中需要得到的营养物的数量为:营养物 I,至少 20 个单位;营养物 II,至少 18 个单位;营养物 III,至少 36 个单位.

　　在保证营养符合标准的条件下,需要蔬菜 A 和 B 各多少千克,才能使费用最小? 试写出该问题的数学模型.

2. 某工厂生产两种产品 A_1,A_2,已知制造 10000 件产品 A_1 要用原料 B_1 为 5 kg,B_2 为 308 kg,B_3 为 12 kg,可获得利润为 8000 元;制造 10000 件产品 A_2 要用原料 B_1 为 3 kg,B_2 为 80 kg,B_3 为 4 kg,可获得利润 3000 元. 今该厂有原料 B_1 为 500 kg,B_2 为 20000 kg,B_3 为 900 kg. 问在现有条件下,生产 A_1,A_2 各多少件,才能使该厂获得的总利润最大? 试写出该问题的数学模型.

3. 将下面的线性规划问题化为标准形式.

$$\min z = 3x_1 + 4x_2,$$

$$\text{s. t.} \begin{cases} x_1 + 2x_2 \geqslant 5, \\ 2x_1 + x_2 \geqslant 10, \\ 4x_1 + 9x_2 \geqslant 7, \\ x_1, x_2 \geqslant 0. \end{cases}$$

5.2　线性规划问题的解及其性质

5.2.1 线性规划问题的解

在讨论线性规划问题的一般解法以前,先来介绍一下线性规划问题的解的概念.

1. 可行解

满足某线性规划所有的约束条件(指全部前约束条件和后约束条件)的任意一组决策变量的取值,都称为该线性规划的一个**可行解**.所有可行解构成的集合称为该线性规划的**可行解域**,记为 K.

2. 最优解

使某线性规划的目标函数达到最优值(最大值或最小值)的任一可行解,都称为该线性规划的一个**最优解**.线性规划的最优解不一定唯一,若有多个最优解,则所有最优解构成的集合称为该线性规划**最优解域**.

3. 最优值

线性规划最优解相应的目标函数值称为**最优值**.

4. 解线性规划

判定线性规划最优解的过程和求线性规划的最优解的过程,称为**解线性规划**.

5.2.2 解的性质

关于线性规划的解,我们给出一个重要的性质.

定理 5.1 对双变量的线性规划,如果其可行解域 K 为凸多边形,则该线性规划的最优值必能在这个凸多边形的某个顶点处达到.

所谓凸多边形就是指满足如下条件的多边形:在多边形中任取两点(含边界点),其连接线上的所有点都在该多边形之中.

定理 5.1 为求解线性规划提供了捷径,即从这些凸多边形的顶点中,找出最优的那个(些)顶点即为最优解,即从无限多个点(可行解域 K)中求最优转化成从有限多个点(可行解域 K 的顶点)中寻最优,即一个无限问题简化为一个有限问题,这也是求解线性规划的主要方法——单纯形法的理论基础和重要思想方法.

5.3 线性规划的图解法

所谓图解法就是直接在直角坐标系中作图求解线性规划问题的一种方法,它简单、直观,特别适合求解两个决策变量的线性规划问题.

下面以例1(最优利用问题)为例,来说明线性规划问题求解的图解法.

例 6 用图解法求解下列数学模型的线性规划问题.

$$\max z = 3x_1 + 4x_2,$$

$$\text{s. t.} \begin{cases} 2x_1 + x_2 \leqslant 40, \\ x_1 + 3x_2 \leqslant 30, \\ x_1, x_2 \geqslant 0. \end{cases}$$

解　(1) 确定可行解域 K.

在平面上以 x_1 为横轴、x_2 为纵轴,作一直角坐标系.因有 $x_1 \geqslant 0, x_2 \geqslant 0$,所以线性规划问题的解 x_1, x_2 必在第 I 象限内取值,如图 5-1 所示.约束条件 $2x_1 + x_2 \leqslant 40$ 是一个二元一次不等式,先取等式 $2x_1 + x_2 = 40$.这条直线及其左下方所有点均满足 $2x_1 + x_2 \leqslant 40$,它与 $x_1 \geqslant 0, x_2 \geqslant 0$ 均构成三角形 $\triangle OAB$,则三角形 $\triangle OAB$ 内及其边界上的所有点均满足约束条件 $2x_1 + x_2 \leqslant 40$.同理,满足约束条件 $x_1 + 3x_2 \leqslant 30$ 及 $x_1 \geqslant 0, x_2 \geqslant 0$ 的所有点是 $\triangle OCD$ 内及其边界上的所有点.

这样,$\triangle OAB$ 和 $\triangle OCD$ 的重合部分,即凸四边形 $OCEB$,如图 5-1 所示的阴影部分,其中任意一点所对应的坐标都是这个线性规划问题的一个解,通常把它称为线性规划问题的可行解,阴影部分是可行解的全体集合,因此,称之为可行解域,记作 K.

(2) 目标函数 $z = 3x_1 + 4x_2$ 的图形:它实质上是一族斜率为 $-\dfrac{3}{4}$ 的平行线,即

$$x_2 = -\frac{3}{4}x_1 + \frac{z}{4}.$$

z 的取值不同,直线的截距也不同,如图 5-2 所示.

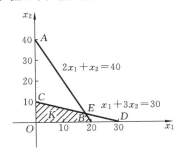

图 5-1

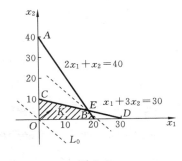

图 5-2

(3) 确定最优解:最优解是在满足全体约束条件下使目标函数达到最大值的可行解.由图 5-2 可知,随着 $z = 3x_1 + 4x_2 \left(\text{即 } x_2 = -\dfrac{3}{4}x_1 + \dfrac{z}{4}\right)$ 在平面直角坐标系中从坐标原点向右上角方向平行移动,对应的目标函数值将随着这条直线的移动而增大,当移动到凸四边形 $OCEB$ 的点 E 时,对应的 z 值也就是目标函数在可行解域 $OCEB$ 上的最大值,因此点 E 的坐标 (x_1^*, x_2^*) 就是所求的最优解.由图可知,最优解是直线 $2x_1 + x_2 = 40$ 与直线 $x_1 + 3x_2 = 30$ 的交点,因此,联立求解方程组

$$\begin{cases} 2x_1 + x_2 = 40, \\ x_1 + 3x_2 = 30, \end{cases}$$

得 $x_1 = 18, x_2 = 4$. 即当 $x_1^* = 18, x_2^* = 4$ 时,目标函数值为

$$z^* = 3x_1^* + 4x_2^* = (3 \times 18 + 4 \times 4) \text{百元} = 70 \text{百元}.$$

所以该线性规划问题的最优解为 $x_1^* = 18, x_2^* = 4$;最优值为 $z^* = 70$ 百元. 即当该厂两个车间的产量分别为 18 件和 4 件时,最大总利润为 7000 元.

图解法的一般步骤如下.

(1) 作出可行解域 K:把所有约束条件在平面直角坐标系上用图形表示出来,从而确定出可行解域 K.

(2) 确定目标直线 L_0:令 $z = c_1 x_1 + c_2 x_2 = 0$,解出 $x_2 = -\dfrac{c_1}{c_2} x_1$,即为目标直线 L_0. 再确定目标函数的增大(或减小)方向,常用箭头表示.

(3) 找出最优解:在可行解域 K 中针对目标函数 $\mathrm{max} z$(或 $\mathrm{min} z$)将目标直线 L_0 按(2)所确定的方向,在可行解域 K 中平行移动,确定出最优点 M,并找出确定点 M 的边界直线方程,联立解之,其解 (x_1^*, x_2^*) 即为最优解.

(4) 计算最优值 z^*.

例 7　用图解法求解下列数学模型的线性规划问题.

$$\mathrm{max} z = 1000 x_1 + 2000 x_2,$$

$$\text{s. t.} \begin{cases} 3x_1 + 2x_2 \leqslant 60, \\ 4x_1 + 5x_2 \leqslant 100, \\ x_1 + 3x_2 \geqslant 30, \\ 2x_1 + x_2 \geqslant 20, \\ x_1, x_2 \geqslant 0. \end{cases}$$

解　(1) 作出可行解域 K:如图 5-3 中所示的凸多边形 $ABCD$.

(2) 确定目标直线 L_0:令 $z = 1000 x_1 + 2000 x_2 = 0$,解得 $x_2 = -\dfrac{1}{2} x_1$. 由于要求 $\mathrm{max} z$,故将目标直线 L_0 沿右上方平行移动时,目标函数 z 的值增大.

(3) 找出最优解:由图 5-3 可知,D 为最优点,解联立方程组

$$\begin{cases} 4x_1 + 5x_2 = 100, \\ x_1 = 0, \end{cases}$$

得 $x_1 = 0, x_2 = 20$,即线性规划问题的最优解为 $x_1^* = 0, x_2^* = 20$.

(4) 计算最优值 z^*:$z^* = 1000 x_1^* + 2000 x_2^* = 40000$ 元.

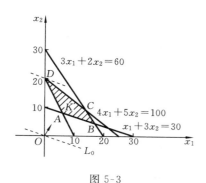

图 5-3

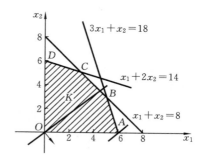

图 5-4

例 8　用图解法求解下列数学模型的线性规划问题.

$$\max z = 2x_1 - 3x_2,$$

$$\text{s. t.} \begin{cases} x_1 + 2x_2 \leqslant 14, \\ x_1 + x_2 \leqslant 8, \\ 3x_1 + x_2 \leqslant 18, \\ x_1, x_2 \geqslant 0. \end{cases}$$

解　(1) 作出可行解域 K:如图 5-4 中阴影部分所示的凸多边形 $OABCD$.

(2) 定目标直线 L_0:令 $z = 0$,得目标直线 $x_2 = \dfrac{2}{3}x_1$. 由于要求 $\max z$,将目标直线向右下平行移动时,目标函数增大.

(3) 找出最优解:由图可知,最优解在点 A 处取得,解联立方程组

$$\begin{cases} 3x_1 + x_2 = 18, \\ x_2 = 0, \end{cases}$$

得 $x_1 = 6, x_2 = 0$,即线性规划问题的最优解为

$$x_1^* = 6, \quad x_2^* = 0.$$

(4) 计算最优值 z^*:$z^* = 2x_1^* - 3x_2^* = 12$.

习　题　5.3

用图解法解下列线性规划模型.

(1) $\min z = 2x_1 + x_2$,

$$\text{s. t.} \begin{cases} x_1 - x_2 \geqslant -2, \\ x_1 + 2x_2 \geqslant 6, \\ x_1, x_2 \geqslant 0; \end{cases}$$

(2) $\min z = -2x_1 - x_2$,

$$\text{s. t.} \begin{cases} x_1 - x_2 \geqslant -2, \\ x_1 + 2x_2 \geqslant 6, \\ x_1, x_2 \geqslant 0; \end{cases}$$

(3) $\max z = 3x_1 + 6x_2$,

$$\text{s. t.} \begin{cases} x_1 - x_2 \geqslant -2, \\ x_1 + 2x_2 \geqslant 6, \\ x_1, x_2 \geqslant 0; \end{cases}$$

(4) $\max z = 5x_1 + 4x_2$,

$$\text{s. t.} \begin{cases} x_1 - x_2 \leqslant -2, \\ x_1 + x_2 \leqslant -5, \\ x_1, x_2 \geqslant 0; \end{cases}$$

(5) $\max z = 2x_1 + 5x_2$,

$$\text{s. t.} \begin{cases} 2x_1 + 3x_2 \leqslant 15, \\ x_1 - 2x_2 \leqslant 4, \\ x_1, x_2 \geqslant 0. \end{cases}$$

5.4 单纯形法

5.4.1 基本概念

为了给用单纯形法求解线性规划问题做好准备,先介绍几个概念.

如果线性规划问题已化为标准形式

$$\max z = \sum_{i=1}^{n} c_i x_i,$$

$$\text{s. t.} \begin{cases} \sum_{j=1}^{n} a_{ij} x_j = b_i \quad (i = 1, 2, \cdots, m), \\ x_j \geqslant 0 \quad (j = 1, 2, \cdots, n). \end{cases}$$

设系数矩阵 $\boldsymbol{A} = [a_{ij}]_{m \times n}$ 的秩 $\mathrm{R}(\boldsymbol{A}) = m$,$\boldsymbol{A}$ 的列向量为 $\boldsymbol{P}_1, \boldsymbol{P}_2, \cdots, \boldsymbol{P}_n$,即记

$$\boldsymbol{A} = (\boldsymbol{P}_1, \boldsymbol{P}_2, \cdots, \boldsymbol{P}_n).$$

若能从 $\boldsymbol{A}$ 的几个列向量中选出 m 个线性无关的列向量 $\boldsymbol{P}_{B_1}, \boldsymbol{P}_{B_2}, \cdots, \boldsymbol{P}_{B_m}$,则称矩阵 $\boldsymbol{B} = (\boldsymbol{P}_{B_1}, \boldsymbol{P}_{B_2}, \cdots, \boldsymbol{P}_{B_m})$ 为线性规划问题的一个**基矩阵**,简称**基**,此时 $\boldsymbol{X}_{B_1}, \boldsymbol{X}_{B_2}, \cdots,$ $\boldsymbol{X}_{B_m}$ 称为关于基 $\boldsymbol{B}$ 的**基变量**,其他变量均称为**非基变量**. 若令非基变量全为零,则由方程组

$$\sum_{j=1}^{n} a_{ij} x_j = b_i \quad (i = 1, 2, \cdots, m)$$

可求出一组 $x_1, x_2, \cdots, x_n$,这组解称为线性规划问题关于基 $\boldsymbol{B}$ 的**基本解**,如果基本解的所有分量全部非负,则称这组基本解为关于基 $\boldsymbol{B}$ 的**基本可行解**.

例如,例 6 中的线性规划问题化为标准形式后为

$$\max z = 3x_1 + 4x_2,$$

$$\text{s. t.} \begin{cases} 2x_1 + x_2 + s_1 = 40, \\ x_1 + 3x_2 + s_2 = 30, \\ x_1, x_2, s_1, s_2 \geqslant 0, \end{cases}$$

其中

$$\begin{matrix} & x_1 & x_2 & s_1 & s_2 \\ \boldsymbol{A} = & \begin{bmatrix} 2 & 1 & 1 & 0 \\ 1 & 3 & 0 & 1 \end{bmatrix}. \end{matrix}$$

$$\boldsymbol{P}_1 \quad \boldsymbol{P}_2 \quad \boldsymbol{P}_3 \quad \boldsymbol{P}_4$$

由于 $\boldsymbol{P}_3, \boldsymbol{P}_4$ 线性无关,所以 $\boldsymbol{B} = \begin{bmatrix} 1 & 0 \\ 0 & 1 \end{bmatrix}$,则 $\boldsymbol{P}_3, \boldsymbol{P}_4$ 构成一组基向量,故 $\boldsymbol{P}_3, \boldsymbol{P}_4$ 对应的变量 s_1, s_2 称为基变量,余下的变量 x_1, x_2 称为非基变量,若令非基变量 $x_1 = x_2 = 0$,则由约束方程组

$$\begin{cases} 2x_1 + x_2 + s_1 = 40, \\ x_1 + 3x_2 + s_2 = 30, \end{cases}$$

解得 $s_1 = 40, s_2 = 30$,即 $x_1 = 0, x_2 = 0, s_1 = 40, s_2 = 30$ 为线性规划问题的一个基本可行解(因为它是满足非负约束的基本解).

从图 5-1 中看出,这个基本可行解正好是可行解域 K 的顶点 $O(0,0)$. 如果选取线性无关的向量组 $\boldsymbol{P}_2, \boldsymbol{P}_3$ 为基向量,即

$$\boldsymbol{B} = \begin{bmatrix} 1 & 1 \\ 3 & 0 \end{bmatrix}$$

这时基变量为 x_2, s_1,余下变量 x_1, s_2 为非基变量,若令非基变量为即 $x_1 = s_2 = 0$,从方程组中解得 $x_2 = 10, s_1 = 30$. 于是得另一个基本可行解为 $x_1 = 0$, $x_2 = 10$, $s_1 = 30, s_2 = 0$. 从图 5-1 中可以看出,这个基本可行解正好是可行解域 K 的顶点 $C(0,10)$.

类似地,若选取线性无关的向量组 $\boldsymbol{P}_1, \boldsymbol{P}_2$ 为基变量,即 $\boldsymbol{B} = \begin{bmatrix} 2 & 0 \\ 1 & 1 \end{bmatrix}$,得基本可行解为 $x_1 = 20, x_2 = 0, s_1 = 0, s_2 = 10$,它正好对应于图 5-1 中的顶点 $B(20,0)$.

若选取线性无关的向量组 $\boldsymbol{P}_1, \boldsymbol{P}_2$ 为基向量,即 $\boldsymbol{B} = \begin{bmatrix} 2 & 1 \\ 1 & 3 \end{bmatrix}$,得基本可行解为

$$x_1 = 18, \quad x_2 = 4, \quad s_1 = 0, \quad s_2 = 0,$$

它正好对应于图 5-1 中的顶点 $E(18,4)$,即此线性规划的最优解.

如果选取线性无关的向量组 $\boldsymbol{P}_1, \boldsymbol{P}_3$ 为基向量,则从方程组解得

$$x_1 = 30, \quad x_2 = 0, \quad s_1 = -20, \quad s_2 = 0,$$

它是基本解,但不是基本可行解,它对应于图 5-1 中的顶点 $D(30,0)$.

同理,若取 $\boldsymbol{P}_2, \boldsymbol{P}_3$ 为基向量,即

$$x_1 = 0, \quad x_2 = 40, \quad s_1 = 0, \quad s_2 = -90,$$

正好是图 5-1 中顶点 $A(0,40)$,它是基本解,但不是基本可行解.

由此可见,线性规划问题的基本可行解正好是可行解域的某些顶点,可以证明,这个结论对多变量线性规划问题也是正确的,即线性规划的基本可行解正好对应于凸多面体(可行域 K)的顶点. 这一结论为研究单纯形解法提供了重要依据,而且还可以看出,若线性规划存在最优解,则最优值必定能在它的一个基本可行解处出现. 不过,处理一个多变量的线性规划问题,要逐一求出全部基本可行解,计算量还是很大的,甚至非常困难. 图解法虽然简单、直观,但一般仅适用于二元(两个决策变量)线性规划问题,对三元或三元以上的线性规划问题,可行解域 K 难于画出或甚至画不出,所以说难以用图解法求解线性规划问题. 为此,必须寻求一种方法以能尽快找到最优解.

单纯形法就是从标准形式出发,通过换基迭代,以尽快达到最优解的一种常用方法,它的基本思路是从一个基本可行解(对应于一组基 $\boldsymbol{B}$)出发,并用一种检验方法判断这个解是不是最优解. 如果是最优解,则问题已经解决;如果不是最优解,则以增大目标函数值为前提,通过基变量(对应相应的基)的替换(为了简便,每次只替换一个基变量),找出另一个基本可行解. 若目标函数值还能增大,则继续这种换基迭代过程,直到根据判断方法判断出已是最优解为止. 因为基本可行解的个数一定是有限的,并且每次替换基变量即替换基本可行解都会使目标函数值增大,故总可以经过若干步,求出最优基本可行解 —— 最优解.

5.4.2 引例和思路

下面仍然通过例 6 中的线性规划问题来阐述单纯形法的解题过程. 即对线性规划问题

$$\max z = 3x_1 + 4x_2,$$

$$\text{s. t.} \begin{cases} 2x_1 + x_2 \leqslant 40, \\ x_1 + 3x_2 \leqslant 30, \\ x_1, x_2 \geqslant 0, \end{cases}$$

首先将其化为标准形式

$$\max z = 3x_1 + 4x_2,$$

$$\text{s. t.} \begin{cases} 2x_1 + x_2 + s_1 = 40, \\ x_1 + 3x_2 + s_2 = 30, \\ x_1, x_2, s_1, s_2 \geqslant 0, \end{cases}$$

此时

$$\boldsymbol{A} = \begin{matrix} x_1 & x_2 & s_1 & s_2 \\ \begin{bmatrix} 2 & 1 & 1 & 0 \\ 1 & 3 & 0 & 1 \end{bmatrix} \end{matrix},$$

由于 A 中含有二阶单位阵 $\boldsymbol{B}=\begin{bmatrix}1&0\\0&1\end{bmatrix}$，开始就可以 $\boldsymbol{B}$ 的列向量相应的变量为基变量，因此 s_1,s_2 为基变量，其余变量 x_1,x_2 为非基变量.现在将目标函数改为

$$z-3x_1-4x_2-0s_1-0s_2=0,$$

并称其为目标方程,然后将它与约束条件中的所有系数填入一个特制的表格 —— 单纯形表,如表 5-5 所示.

表 5-5

基	z	x_1	x_2	s_1	s_2	解
z	1	-3	-4	0	0	0
s_1	0	2	1	1	0	40
s_2	0	1	3	0	1	30

表中第一列"基"是指基变量,本例中为 s_1,s_2；表中间五列正好是目标方程和约束方程的相应系数；最后一列"解"栏中的 40,30 是指非基变量取 0 时,对应的基变量 s_1,s_2 的值(此栏正好是约束方程的常数列),而"解"栏中的第一行"0"是指当 x_1,x_2 取 0 时,对应的目标函数值.

此时,由于 $\boldsymbol{B}$ 的列向量

$$\begin{bmatrix}1\\0\end{bmatrix},\quad\begin{bmatrix}0\\1\end{bmatrix}$$

为基向量, s_1,s_2 为基变量,当非基变量 x_1,x_2 取 0 时,对应函数值 $z=3\times0+4\times0=0$,当然不是最优解.

于是,从目标函数 $z=3x_1+4x_2$ 中可以看出,由于系数 3,4 均为正数,无论是增大 x_1 或 x_2,都能使 z 值增加,但由于 x_2 的系数大于 x_1 的系数,故增大 x_2 更好,于是选择 x_2 为基变量,称为**调入变量**.但此时非基变量只剩下 x_1,必须再从 s_1,s_2 中选择一个为非基变量,称为**调出变量**.为了保证从一个基本可行解迭代得到另一个基本可行解,规定选择调出变量的原则是:求出每个方程的常数项对调入变量之系数的比值,取非负比值的最小者(不考虑负比值)所对应的前基变量为调出变量,本例中, s_1 方程的常数项与调入变量 x_2 的系数之比为 $40/1=40$； s_2 方程的常数项与调入变量 x_2 的系数之比为 $30/3=10$,故非负比值中的最小者为 10,因此取 s_2 为调出变量.

为了清楚地看出调入变量和调出变量,可以在单纯形表 5-5 上标出,调入变量和调出变量相交处的元素,称为**主元素**,并在表中主元素处加上方框标出,如表 5-6 所示.

表 5-6

基	z	x_1	x_2	s_1	s_2	解
z	1	-3	-4	0	0	0
s_1	0	2	1	1	0	40
s_2	0	1	$\boxed{3}$	0	1	30

现在将表中的数字用矩阵表示,并对矩阵进行初等行变换,将主元素变为1,主元素所在列的其他元素全变为0,

$$
\begin{array}{c} z \\ s_1 \\ s_2 \end{array}
\begin{bmatrix} 1 & -3 & -4 & 0 & 0 & 0 \\ 0 & 2 & 1 & 1 & 0 & 40 \\ 0 & 1 & 3 & 0 & 1 & 30 \end{bmatrix}
\xrightarrow{\frac{1}{3}r_3}
\begin{bmatrix} 1 & -3 & -4 & 0 & 0 & 0 \\ 0 & 2 & 1 & 1 & 0 & 40 \\ 0 & \frac{1}{3} & 1 & 0 & \frac{1}{3} & 10 \end{bmatrix}
$$

$$
\xrightarrow{r_2-r_3,\,r_1+4r_3}
\begin{bmatrix} 1 & -\frac{5}{3} & 0 & 0 & \frac{4}{3} & 40 \\ 0 & \frac{5}{3} & 0 & 1 & -\frac{1}{3} & 30 \\ 0 & \frac{1}{3} & 1 & 0 & \frac{1}{3} & 10 \end{bmatrix},
$$

将最后一个矩阵所有系数相应地填入单纯形表,其结果如表 5-7 所示.

表 5-7

基	z	x_1	x_2	s_1	s_2	解
z	1	$-5/3$	0	0	$4/3$	40
s_1	0	$5/3$	0	1	$-1/3$	30
x_2	0	$1/3$	1	0	$1/3$	10

此时,基变量为 s_1,x_2,非基变量为 x_1,s_2.令非基变量为 0,得线性规划的第二个基本可行解:

$$x_1=0, \quad x_2=10, \quad s_1=30, \quad s_2=0.$$

此时,对应的目标函数值为

$$z=3x_1+4x_2=3\times 0+4\times 10=40,$$

它正好是目标方程的"解"栏值,显然经过一次迭代,目标函数值增加了 40.

现从表 5-7 中可以得出目标方程为

$$z-\frac{5}{3}x_1+0x_2+0s_1+\frac{4}{3}s_2=40,$$

其目标函数形式为

$$z = \frac{5}{3}x_1 - \frac{4}{3}s_2 + 40.$$

由于 z 中 x_1 的系数仍为正,而 s_2 系数为负,故只要增大 x_1,仍能使目标函数值增大,依照前面过程,再进行换基迭代.下面确定 x_1 为调入变量,此时,s_1 栏方程的常数项与 x_1 的系数之比为 $\frac{30}{5/3} = 18$;x_2 栏方程的常数项与 x_1 的系数之比为 $\frac{10}{1/3} = 30$.可以看出,由于非负比值中最小者为 18,故确定 s_1 栏方程中对应的基变量 s_1 为调出变量.调出变量与调入变量相交处的元素称为主元素,并在表 5-7 中加上有关记号,如表 5-8 所示.

表 5-8

基	z	x_1	x_2	s_1	s_2	解
z	1	$-5/3$	0	0	$4/3$	40
s_1	0	$\boxed{5/3}$	0	1	$-1/3$	30
x_2	0	$1/3$	1	0	$1/3$	30

再将表 5-8 中的有关数字写成矩阵形式,并进行初等行变换;将主元素变为 1,主元素所在列的其他元素变为 0.

$$
\begin{array}{c}
z \\ s_1 \\ s_2
\end{array}
\begin{bmatrix}
1 & -\dfrac{5}{3} & 0 & 0 & \dfrac{4}{3} & 40 \\
0 & \dfrac{5}{3} & 0 & 1 & -\dfrac{1}{3} & 30 \\
0 & \dfrac{1}{3} & 1 & 0 & \dfrac{1}{3} & 10
\end{bmatrix}
\xrightarrow{r_2 \times \frac{3}{5}}
\begin{bmatrix}
1 & -\dfrac{5}{3} & 0 & 0 & \dfrac{4}{3} & 40 \\
0 & 1 & 0 & \dfrac{3}{5} & -\dfrac{1}{5} & 18 \\
0 & \dfrac{1}{3} & 1 & 0 & \dfrac{1}{3} & 10
\end{bmatrix}
$$

$$
\xrightarrow{r_1 + \frac{5}{3}r_2,\, r_3 + \left(-\frac{1}{3}\right) \times r_2}
\begin{bmatrix}
1 & 0 & 0 & 1 & 1 & 70 \\
0 & 1 & 0 & \dfrac{3}{5} & -\dfrac{1}{5} & 18 \\
0 & 0 & 1 & -\dfrac{1}{5} & \dfrac{2}{5} & 4
\end{bmatrix}.
$$

最后将矩阵有关数字填入新的单纯形表,如表 5-9 所示.

表 5-9

基	z	x_1	x_2	s_1	s_2	解
z	1	0	0	1	1	70
x_1	0	1	0	3/5	$-1/5$	18
x_2	0	0	1	$-1/5$	2/5	4

此时,令非基以量为 0,得第三个基本可行解

$$x_1 = 18, \quad x_2 = 4, \quad s_1 = 0, \quad s_2 = 0,$$

对应目标函数值为

$$z = 3x_1 + 4x_2 = 3 \times 18 + 4 \times 4 = 70.$$

它正好是目标方程的"解"栏值,现在目标函数为

$$z = 70 - 0x_1 - 0x_2 - s_1 - s_2.$$

由于 4 个变量的系数均非正数,无论增大哪个变量都不会增大 z 值,因此,已达到最优值,最优解为 $x_1^* = 18, x_2^* = 4$,最优值为 $z^* = 70$. 这个结果与用图解法求得的结果相同.

上述过程是为了详细说明单纯形法的解题步骤,比较烦琐. 实际上,只要对单纯形表 5-5 按上述原则改进就可得到表 5-7,继续按上述原则改进即可得表 5-9,从而得出最优解和最优值.

5.4.3　求解步骤

一般来说,用单纯形法解题时,首先要将线性规划问题化为标准形式,如果系数矩阵 A 的秩为 m,而 A 中正好有一个 m 阶单位阵时,则以这个 m 阶单位阵的列向量为基向量,基向量所对应的变量为基变量,令非基变量全为 0,于是得出第一个基本可行解(称为初始基本可行解),再按以下步骤进行:

(1) 写出对应于初始基本可行解的单纯形表——初始单纯形表;

(2) 若此时目标函数的决策变量系数均为非正数,则已求得最优解;如果目标函数中有正系数,则选取最大的正系数所对应的变量为调入变量;

(3) 将每个约束方程的常数项与调入变量的系数相比,选取其中非负比值之最小者所在方程对应的基变量为调出变量,并确定主元素;

(4) 利用矩阵(或直接用单纯形表)的初等行变换,将主元素化为 1,主元素所在列的其他元素化为 0,从而得到新的单纯形表;

(5) 若表中对应的目标函数的变量的系数均为非正,则已是最优解,否则,继续上述过程,直到取得最优解为止.

例 9　用单纯形法求解下列数学模型的线性规划问题.

$$\min z = x_1 - 3x_2 + 2x_3,$$

$$\text{s. t.} \begin{cases} 3x_1 - x_2 + 2x_3 \leqslant 7, \\ -2x_1 + 4x_2 \leqslant 12, \\ -4x_1 + 3x_2 + 8x_3 \leqslant 10, \\ x_1, x_2, x_3 \geqslant 0. \end{cases}$$

解　原线性规划问题等价于其标准形式：

$$\max z' = -x_1 + 3x_2 - 2x_3,$$

$$\text{s. t.} \begin{cases} 3x_1 - x_2 + 2x_3 + s_1 = 7, \\ -2x_1 + 4x_2 + s_2 = 12, \\ -4x_1 + 3x_2 + 8x_3 + s_3 = 10, \\ x_1, x_2, x_3, s_1, s_2, s_3 \geqslant 0, \end{cases}$$

此时，

$$A = \begin{bmatrix} 3 & -1 & 2 & 1 & 0 & 0 \\ -2 & 4 & 0 & 0 & 1 & 0 \\ -4 & 3 & 8 & 0 & 0 & 1 \end{bmatrix},$$

其中有三阶单位矩阵 $B = \begin{bmatrix} 1 & 0 & 0 \\ 0 & 1 & 0 \\ 0 & 0 & 1 \end{bmatrix}$，所以以 B 的列向量为基向量，此时相应的基变量为 s_1, s_2, s_3，非基变量为 x_1, x_2, x_3，列出初始单纯形表，如表 5-10 所示.

（1）确定调入变量：目标函数为

$$z' = -x_1 + 3x_2 - 2x_3.$$

由于 z' 中 x_2 的系数为正，其他变量 x_1, x_2 的系数均为负，故选取 x_2 为调入变量.

（2）确定调出变量和主元素：约束方程中，常数项与将调入的变量 x_2 的系数之比值分别为 $7/(-1), 12/4, 10/3$，其中非负比值中最小者为 $12/4$，故对应的第二个前基变量 s_2 为调出变量，调入变量 x_2 与调出变量 s_2 相交处的元素 4 为主元素，记上记号码 □，如表 5-10 所示.

表 5-10

基	z'	x_1	x_2	x_3	s_1	s_2	s_3	解
z	1	1	-3	2	0	0	0	0
s_1	0	3	-1	2	1	0	0	7
s_2	0	-2	4	0	0	1	0	12
s_3	0	-4	3	8	0	0	1	10

（3）再将表 5-10 中的有关数字写成矩阵形式，并进行初等行变换，将主元素 4 变为 1，主元素 4 所在列的其他元素变为 0.

$$\begin{array}{c} z' \\ s_1 \\ s_2 \\ s_3 \end{array} \begin{bmatrix} 1 & 1 & -3 & 2 & 0 & 0 & 0 & 0 \\ 0 & 3 & -1 & 2 & 1 & 0 & 0 & 7 \\ 0 & -2 & 4 & 0 & 0 & 1 & 0 & 12 \\ 0 & -4 & 3 & 8 & 0 & 0 & 1 & 10 \end{bmatrix} \xrightarrow{r_3 \times \frac{1}{4}} \begin{bmatrix} 1 & 1 & -3 & 2 & 0 & 0 & 0 & 0 \\ 0 & 3 & -1 & 2 & 1 & 0 & 0 & 7 \\ 0 & -\dfrac{1}{2} & 1 & 0 & 0 & \dfrac{1}{4} & 0 & 3 \\ 0 & -4 & 3 & 8 & 0 & 0 & 1 & 10 \end{bmatrix}$$

$$\xrightarrow{r_1 + 3r_3, r_2 + r_3, r_4 + (-3) \times r_3} \begin{bmatrix} 1 & -\dfrac{1}{2} & 0 & 2 & 0 & \dfrac{3}{4} & 0 & 9 \\ 0 & \dfrac{5}{2} & 0 & 2 & 1 & \dfrac{1}{4} & 0 & 10 \\ 0 & -\dfrac{1}{2} & 1 & 0 & 0 & \dfrac{1}{4} & 0 & 3 \\ 0 & -\dfrac{5}{2} & 0 & 8 & 0 & -\dfrac{3}{4} & 1 & 1 \end{bmatrix}.$$

将有关系数填入单纯形表 5-11 中,其方法与表 5-10 的处理方法一样.

（4）确定调入变量：目标函数为

$$z' = 9 + \frac{1}{2}x_1 - 2x_2 - \frac{3}{4}s_2.$$

由于 z' 中只有 x_1 的系数为正,故选 x_1 为调入变量.

表 5-11

基	z'	x_1	x_2	x_3	s_1	s_2	s_3	解
z'	1	$-1/2$	0	2	0	3/4	0	9
s_1	0	$\boxed{5/2}$	0	2	1	1/4	0	10
x_2	0	$-1/2$	1	0	0	1/4	0	3
s_3	0	$-5/2$	0	8	0	$-3/4$	1	1

（5）确定调出变量和主元素：约束条件中常数项与调入变量 x_1 的系数之比值分别为:4,-6,$-2/5$,其中仅有一个非负比值 4.故对应的基变量 s_1 为调出变量,调入变量 x_1 与调出变量 s_1 相交处的元素 $\dfrac{5}{2}$ 为主元素,记上记号 □,如表 5-11 所示.

（6）再将表 5-11 中的有关数字写成矩阵的形式,并进行初等行变换,将主元素 $\dfrac{5}{2}$ 变为 1,主元素 $\dfrac{5}{2}$ 所在列的其他元素变为 0.

$$
\begin{array}{c} z' \\ s_1 \\ s_2 \\ s_3 \end{array}
\begin{bmatrix}
1 & -\dfrac{1}{2} & 0 & 2 & 0 & \dfrac{3}{4} & 0 & 9 \\[2mm]
0 & \dfrac{5}{2} & 0 & 2 & 1 & \dfrac{1}{4} & 0 & 10 \\[2mm]
0 & -\dfrac{1}{2} & 1 & 0 & 0 & \dfrac{1}{4} & 0 & 3 \\[2mm]
0 & -\dfrac{5}{2} & 0 & 8 & 0 & -\dfrac{3}{4} & 1 & 1
\end{bmatrix}
\xrightarrow{r_2 \times \frac{2}{5}}
\begin{bmatrix}
1 & -\dfrac{1}{2} & 0 & 2 & 0 & \dfrac{3}{4} & 0 & 9 \\[2mm]
0 & 1 & 0 & \dfrac{4}{5} & \dfrac{2}{5} & \dfrac{1}{10} & 0 & 4 \\[2mm]
0 & -\dfrac{1}{2} & 1 & 0 & 0 & \dfrac{1}{4} & 0 & 3 \\[2mm]
0 & -\dfrac{5}{2} & 0 & 8 & 0 & -\dfrac{3}{4} & 1 & 1
\end{bmatrix}
$$

$$
\xrightarrow{r_1 + \frac{1}{2}r_2,\, r_3 + \frac{1}{2}r_2,\, r_4 + \frac{5}{2}r_2}
\begin{bmatrix}
1 & 0 & 0 & \dfrac{12}{5} & \dfrac{1}{5} & \dfrac{4}{5} & 0 & 11 \\[2mm]
0 & 1 & 0 & \dfrac{4}{5} & \dfrac{2}{5} & \dfrac{1}{10} & 0 & 4 \\[2mm]
0 & 0 & 1 & \dfrac{2}{5} & \dfrac{1}{5} & \dfrac{3}{10} & 0 & 5 \\[2mm]
0 & 0 & 0 & 10 & 1 & -\dfrac{1}{2} & 1 & 11
\end{bmatrix}.
$$

将有关数字填入单纯形表 5-12 中.

目标函数

$$
z' = -\frac{12}{5}x_3 - \frac{1}{5}s_1 - \frac{4}{5}s_2
$$

的变量系数全为非正数,即已达到最优解,此时相应的单纯形表成为最优单纯形表.

表 5-12

基	z'	x_1	x_2	x_3	s_1	s_2	s_3	解
z'	1	0	0	12/5	1/5	4/5	0	11
x_1	0	1	0	4/5	2/5	1/10	0	4
x_2	0	0	1	2/5	1/5	3/10	0	5
s_3	0	0	0	10	1	$-1/2$	1	11

此时,由表 5-12 即得作为基变量 x_1, x_2, s_3 的取值分别为

$$
x_1 = 4, \quad x_2 = 5, \quad s_3 = 11.
$$

而基变量 x_3, s_1, s_3 取值全为 0. 即得标准形式线性规划最优解为

$$
x_1^* = 4, \quad x_2^* = 5, \quad x^3 = 0, \quad s_1^* = 0, \quad s_2^* = 0, \quad s_3^* = 11,
$$

最优值为 $\max z' = 11$,从而得到原线性规划的最优解为

$$
x_1^* = 4, \quad x_2^* = 5, \quad x^3 = 0,
$$

其最优值为

$$
z^* = \min z = \max(-z') = -\max z' = -11.
$$

习　题　5.4

用单纯形法解下列线性规划模型.

(1) $\max z = x_1 + x_2$,

$$\text{s. t.} \begin{cases} 3x_1 + 2x_2 \leqslant 12, \\ x_1 + 4x_2 \leqslant 8, \\ 3x_1 + x_2 \leqslant 9, \\ x_1, x_2 \geqslant 0; \end{cases}$$

(2) $\max z = x_1 + x_2$,

$$\text{s. t.} \begin{cases} -2x_1 + x_2 \leqslant 2, \\ x_1 - x_2 \leqslant 1, \\ x_1, x_2 \geqslant 0; \end{cases}$$

(3) $\max z = 6x_1 + 5x_2 + 3x_3$,

$$\text{s. t.} \begin{cases} x_1 + 2x_2 + 3x_3 \leqslant 9, \\ 2x_1 + x_2 + x_3 \leqslant 3, \\ x_1, x_2, x_3 \geqslant 0. \end{cases}$$

【数学史话】

线性规划的发展史

线性规划是运筹学中研究较早、发展较快、应用广泛、方法较成熟的一个重要分支,它是辅助人们进行科学管理的一种数学方法.在经济管理、交通运输、工农业生产等经济活动中,提高经济效果是人们不可缺少的要求,而提高经济效果一般通过两种途径:一是技术方面的改进,例如改善生产工艺,使用新设备和新型原材料;二是生产组织与计划的改进,即合理安排人力、物力资源.线性规划所研究的是:在一定条件下,合理安排人力、物力等资源,使经济效果达到最好.一般地,求线性目标函数在线性约束条件下的最大值或最小值的问题,统称为线性规划问题.满足线性约束条件的解称为可行解,由所有可行解组成的集合称为可行域.决策变量、约束条件、目标函数是线性规划的三要素.

法国数学家 J. B. J. 傅里叶和 C. 瓦莱‐普森分别于1832年和1911年独立地提出线性规划的想法,但未引起注意.

1939 年,苏联数学家 Л. В. 康托罗维奇在《生产组织与计划中的数学方法》一书中提出线性规划问题,也未引起重视.

1947 年,美国数学家 G. B. 丹齐克提出线性规划的一般数学模型和求解线性规划问题的通用方法 —— 单纯形法,为这门学科奠定了基础.

1947 年,美国数学家 J. von 诺伊曼提出对偶理论,开创了线性规划的许多新的研究领域,扩大了它的应用范围和解题能力.

1951 年,美国经济学家 T. C. 库普曼斯把线性规划应用到经济领域,为此与康托罗维奇一起获得 1975 年诺贝尔经济学奖.

20 世纪 50 年代后,人们对线性规划进行大量的理论研究,并涌现出一大批新的算法.例如,1954 年 C. 莱姆基提出了对偶单纯形法,1954 年 S. 加斯和 T. 萨迪等人解决了线性规划的灵敏度分析和参数规划问题,1956 年 A. 塔克提出互补松弛定理,1960 年 G. B. 丹齐克和 P. 沃尔夫提出分解算法等.

线性规划的研究成果还直接推动了其他数学规划问题包括整数规划、随机规划和非线性规划的算法研究.由于数字电子计算机的发展,出现了许多线性规划软件,如 MPSX、OPHEIE、UMPIRE 等,可以很方便地求解几千个变量的线性规划问题.

1979 年,苏联数学家 L. G. Khachian 提出解线性规划问题的椭球算法,并证明它是多项式时间算法.

1984 年,美国贝尔电话实验室的印度数学家 N. 卡马卡提出解线性规划问题的新的多项式时间算法.用这种方法求解线性规划问题在变量个数为 5000 时只需要单纯形法所用时间的 1/50,现已形成线性规划多项式算法理论.20 世纪 50 年代后,线性规划的应用范围不断扩大.

第6章 概率与数理统计

在自然界和人类社会中,人们经常会遇到两类不同的现象:一类是在一定条件下必然发生(或必然不发生)某一确定结果的现象.例如:上抛一枚硬币,必然下落;纯水在标准大气压下加热到 100 ℃必然沸腾;这类现象称为**确定性(或必然)现象**.微积分学、矩阵方法等就是研究这类确定性现象的规律性的数学学科.概率统计使我们将目光投向客观世界中的另一类现象:非确定性现象——**随机现象**.什么叫随机现象?例如,上抛一硬币,即可能出现正面朝上,也可能出现反面朝上,但在抛硬币之前,又不能预先肯定到底出现哪一面朝上.又例如,为了了解产品的质量,现从某一批产品中任查一件,它可能是正品,也可能是次品,事先无法确定.这类在一定条件下时而出现这种结果,时而出现另一种结果,且事先无法预知出现哪种结果的现象称为**随机现象**.概率统计就是研究这类随机现象的统计规律性的数学学科.随机现象由于人们事先无法肯定它将出现哪一种结果,从表面上看似乎难以捉摸,纯属偶然,其实并非这样,前人的实践证明,在相同条件下,只要对随机现象进行大量的重复试验(或观测),就会发现各种结果出现的可能性又呈现出某种规律性,称之为**统计规律性**.

为了使读者对随机现象统计规律性有一个直观的理解,这里我们不妨来考察一个实例.某熟练技术工人,在相同的条件下(比如采用同种原材料、同一机床、同一工艺过程等),按照零件设计的长度 a,加工生产这种零件.很明显,零件长度是什么结果,是不能事先预言的,纯属不确定型随机现象.如果仅加工生产一个或两个这样的少数零件,其长度似乎是看不出有什么规律;但若大量重复加工生产这种零件,比如 n 个,经统计观察,其长度比 a 小的个数和比 a 大的个数大致相等(即具有对称性或均等性,记为 $m_左 \approx m_右$);同时这 n 个零件的长度偏离 a 近的个数"多",偏离 a 远的个数"少",偏离 a 特别远的个数"极少"(即具有密集性——近密远疏).也就是说:这 n 个零件中,正品是多数,次品是少数,废品是极少数,且当加工零件个数 n 越大时,上述两个特性——对称性、密集性就越明显.这种统计规律就是著名的正态分布,即中间大、两头小的分布.当然随机现象的统计规律不只是具有这两个特性的规律,还有许多其他的一些规律,这里我们只是想举例说明随机现象有规律可循的这个事实罢了.

概率统计就是揭示与研究随机现象统计规律性的一门数学学科.

6.1 随机事件与概率

事件和概率是本章两个最基本的概念,先借助集合论的方法讨论事件的关系与运算,然后给出概率的定义,并讨论它的性质及计算概率的各种法则,为后续的内容提供概型和工具.

6.1.1　随机事件

在科学研究或经济管理中经常需要在相同的条件下重复地进行多次试验或观察,并通过这样的试验或观察来研究随机现象出现的结果.下面还是从具体例子进行分析.

例 1　一袋中有编号分别为 $1,2,\cdots,n$ 的 n 个球,从这袋中任取一球,观察后立即放回袋中,多次做这样的试验,每次取得的球的号数就不一定相同.

例 2　某人射击一次,可能命中 0 环,1 环,$\cdots$,10 环.

例 3　圆圈车轮上均匀地刻上区间为 $[0,3]$ 的诸数字,当车轮停下时,观察车轮与地面触点的刻度 x.由于该试验的可能结果有无穷多个,多次做这种试验,各次刻度就不一定相同.

以上试验具有以下两个特点:

(1) 可以在相同的条件下重复进行;

(2) 可以知道试验所得可能的结果,但试验前不能预测会出现哪一种结果.

把具有上述两个特点的试验称为**随机试验**,以后提到的试验均指随机试验,简称**试验**.

随机试验可能出现的结果称为**随机事件**,简称**事件**,通常用大写字母 $A,B,C,\cdots$ 等表示.例如,在例 1 中,{取得球的号数小于 3}是随机事件;在例 2 中,{击中的环数大于 5}是随机事件;在例 3 中,{圆圈车轮与地面触点的刻度 x 在区间 $[0,3]$ 内}是随机事件;等等.

在随机试验中,把试验的每一个可能发生但不能再分(或者说最"小")的事件称为**基本事件**,或称为**样本点**,一般用 $\omega_1,\omega_2,\cdots$ 表示.例如,例 1 中{取得球的号码恰为 1}是随机试验的一个基本事件,而随机事件{取得球的号数小于 3}是由{取得球的号数为 1}和{取得球的号数为 2}这两个基本事件构成.

某随机试验的全体基本事件(或样本点)所组成的集合,称为该试验的**样本空间**,记为 Ω.引入样本空间后,就可以从集合论的角度描述随机事件,以及它们之间的关系和运算.因此,任一事件可以看成样本点的集合,即样本空间的子集.在上述意义下,基本事件可以作为样本点的单点集,样本点是样本空间 Ω 和 Ω 的子集的元素.因为一次随机试验必然出现 Ω 中的某个样本点,所以把样本空间 Ω 也看做一个事件,称为**必然事件**.显然,必然事件包括试验的所有基本事件.在每次试验中,必定不发生的事件,称为**不可能事件**,通常记为 $\varnothing$.

概率论中研究的是随机事件,但为了讨论问题方便起见,一般将必然事件和不可能事件看成随机事件的两个极端情况.

例 4 从装有 4 个红球、1 个白球的口袋中任取 2 球,作为一次试验.

(1) 求试验的基本事件和样本空间;

(2) 哪个试验为必然事件,哪个试验为不可能事件.

解 (1)考察被取的球中所含红、白球的可能情况,为此把红球编号为①、②、③、④,把白球编为⑤号. 于是,基本事件有以下几种:

$$\omega_1=\{①,②\}, \quad \omega_2=\{①,③\}, \quad \omega_3=\{①,④\},$$
$$\omega_4=\{①,⑤\}, \quad \omega_5=\{②,③\}, \quad \omega_6=\{②,④\},$$
$$\omega_7=\{②,⑤\}, \quad \omega_8=\{③,④\}, \quad \omega_9=\{③,⑤\}, \quad \omega_{10}=\{④,⑤\}.$$

因此,样本空间为

$$\Omega=(\omega_1,\omega_2,\omega_3,\omega_4,\omega_5,\omega_6,\omega_7,\omega_8,\omega_9,\omega_{10}).$$

(2) $B=\{$至少有 1 个红球$\}$为必然事件,$C=\{2$ 个都是白球$\}$为不可能事件.

6.1.2 随机事件的关系与运算

一个试验可产生这样或那样的事件,它们各有特点,彼此之间有一定的联系,而概率论中的事件是赋予了具体含义的集合.因此,它们的关系及运算可以按照集合之间的关系及运算来处理.

1. 包含

如果事件 A 发生必导致事件 B 发生,则称事件 B 包含事件 A(或称 A 是 B 的子事件),记为 $A{\subset}B$ 或 $B{\supset}A$.

例如,一件产品合格是指直径和长度都合格,且记

$$A_1=\{直径合格\}, \quad A_2=\{长度合格\}, \quad B=\{产品合格\},$$

则有 $A_1{\subset}B, A_2{\subset}B$.

2. 相等

如果 $A{\subset}B$,且 $B{\subset}A$,则称事件 A 与事件 B 相等或等价,记作 $A{=}B$.

3. 和(或并)事件

事件 A 与事件 B 至少有一个发生构成的事件称为事件 A 与事件 B 的和(或并)事件,记作 $A{\cup}B$.

类似地,n 个事件 $A_1,A_2,\cdots,A_n$ 至少有一个发生所构成的事件,称为 $A_1,A_2,\cdots,A_n$ 的和(或并),记为 $A_1{\cup}A_2{\cup}\cdots{\cup}A_n$ 或 $\bigcup\limits_{i=1}^{n}A_i$.

4. 积(或交)事件

事件 A 与事件 B 同时发生所构成的事件,称为事件 A 与事件 B 的积(或交),记作 $A{\cap}B$ 或 AB.

例如,事件$\{$产品合格$\}$便是$\{$直径合格$\}$与$\{$长度合格$\}$两事件的积事件.

类似地,n 个事件 $A_1,A_2,\cdots,A_n$ 同时发生的事件称为 $A_1,A_2,\cdots,A_n$ 这 n 个事件

的积（或交），记作 $A_1 \cap A_2 \cap \cdots \cap A_n$ 或 $\bigcap\limits_{i=1}^{n} A_i$.

5. 互斥（或互不相容）事件

如果事件 A 与事件 B 不能同时发生，即 $AB=\varnothing$，则称事件 A 与 B 互斥（或互不相容）. 例如，事件{取得 1 号球}与事件{取得偶数号球}互斥.

对于互斥事件 A,B，可以把和事件 $A \cup B$ 记作 $A+B$.

类似地，对 n 个事件 $A_1,A_2,\cdots,A_n$，若

$$A_i A_j = \varnothing \quad (i \neq j; i,j=1,2,\cdots,n),$$

则称 $A_1,A_2,\cdots,A_n$ **互不相容**（或两两互斥），且其和事件可记作 $\bigcup\limits_{i=1}^{n} A_i = \sum\limits_{i=1}^{n} A_i$.

6. 对立（或互逆）事件

如果事件 A 与事件 B 虽不能同时发生，但必定有一个发生，既 $AB=\varnothing$，且 $A \cup B = \Omega$，则称事件 A 与事件 B **对立**（或互逆），并称事件 A 为事件 B 的**对立事件**（或逆事件），记为 $B=\overline{A}$（或 $A=\overline{B}$）.

显然，若两事件互逆，则必然互斥；但若两事件互斥，则不一定互逆，并有

$$\overline{\overline{A}}=A.$$

德·摩根（De Morgan）定理　$\overline{A \cup B}=\overline{A}\,\overline{B}$,　$\overline{AB}=\overline{A} \cup \overline{B}$.

7. 差事件

事件 A 发生而事件 B 不发生所构成的事件称为事件 A 与事件 B 的**差事件**，记为 $A-B$，显然 $A-B=A\overline{B}$.

当把事件看做集合时，上述事件的关系和运算与集合中对应的关系和运算完全一致（参见表 6-1），并且都可由文氏图直观表示（参见图 6-1）.

表 6-1

记　号	概　率　论	集　合　论
Ω	样本空间，必然事件	全集
$\varnothing$	不可能事件	空集
ω	样本点	元素
A	事件	子集
$\overline{A}$	逆事件	A 的余集
$A \subset B$	事件 A 发生导致事件 B 发生	A 是 B 的子集
$A=B$	事件 A 与事件 B 相等	A 与 B 相等
$A \cup B$	事件 A 与事件 B 至少有一个发生（和事件）	A 与 B 的和（并）集
$A \cap B=AB$	事件 A,B 同时发生（积事件）	A 与 B 的交集
$A-B$	事件 A 发生而事件 B 不发生	A 与 B 的差集
$A \cap B=\varnothing$	事件 A、B 互不相容	A 与 B 无公共元素

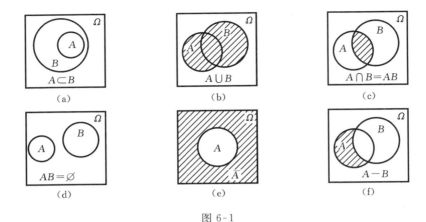

图 6-1

例 5   向预定目标发射三发炮弹,记 $A_i = \{$第 i $(i=1,2,3)$发炮弹击中目标$\}$,试用 A_1, A_2, A_3 表示下列各事件:

(1) 三发都击中;(2) 至少有一发击中;(3) 只有第一发击中;(4) 只有一发击中;(5) 只有两发击中;(6) 至少两发击中;(7) 第三发击中,第二发未击中;(8) 前两发未击中.

解   由题设知,A_1, A_2, A_3 分别表示第一、二、三发炮弹击中目标,可得 $\overline{A_1}, \overline{A_2},$ $\overline{A_3}$分别表示第一、二、三发炮弹未击中目标三个事件.

(1) 三发都击中,意味着事件 A_1, A_2, A_3 同时发生,即 $A_1 A_2 A_3$.

(2) 至少有一发命中,意味着事件中至少有一个发生,即 $A_1 \cup A_2 \cup A_3$.

(3) 只有第一发击中,意味着第一发击中,而第二、三发均未击中,也意味着 $A_1,$ $\overline{A_2}, \overline{A_3}$同时发生,即 $A_1 \overline{A_2} \overline{A_3}$.

(4) 只有一发击中,但并未确定是哪一发击中,三个事件$\{$只有第一发击中$\}$,$\{$只有第二发击中$\}$,$\{$只有第三发击中$\}$中任意一个发生,都意味着事件$\{$只有一发击中$\}$发生,即

$$A_1 \overline{A_2} \overline{A_3} + \overline{A_1} A_2 \overline{A_3} + \overline{A_1} \overline{A_2} A_3.$$

(5) 只有两发击中,可表示为

$$A_1 A_2 \overline{A_3} + A_1 \overline{A_2} A_3 + \overline{A_1} A_2 A_3.$$

(6) 至少两发击中,意味着有两发击中或三发击中,即

$$A_1 A_2 \overline{A_3} + A_1 \overline{A_2} A_3 + \overline{A_1} A_2 A_3 + A_1 A_2 A_3.$$

(7) 第三发击中,第二发未击中,可表示为 $A_3 - A_2 = A_3 \overline{A_2}$.

(8) 前两发未击中,意味着$\overline{A_1}, \overline{A_2}$同时发生,即 $\overline{A_1} \overline{A_2} = \overline{A_1 \cup A_2}$.

6.1.3　事件的频率与概率

由于概率统计是研究随机现象统计规律的一门数学学科,因此,只知道试验中可

能出现哪些事件是不够的,还必须对事件的发生作量的描述,即研究随机事件发生的可能性的大小问题,这就是事件的概率.

当多次做某一随机试验时,常常会察觉到某些事件发生的可能性要大些,而另一些事件发生的可能性要小些.比如,一批产品中若优质品很多,则从中任取一件恰为优质品的可能性就比较大;当优质品很少时,取到优质品的可能性就比较小.这就是说,事件发生的可能性大小是事件本身所固有的一种客观属性.为了研究事件发生可能性的大小,就需要用一个数能把这种可能性大小表示出来,这种表示事件发生可能性大小的数值称为**事件的概率**,通常将事件 A 的概率用符号 $P(A)$ 来表示.

对于一个给定的事件 A,其概率 $P(A)$ 到底是一个什么数? 这个数又如何求出? 在概率论的发展史上,人们曾对不同的问题,从不同的角度给出了概率的定义和计算概率的方法,在此,主要介绍概率的统计定义和古典定义.

1. 统计概率

随机事件就个别试验而言具有偶然性的一面,但在大量重复试验中却又具有规律性的一面,从以下引例可以看到这一点.

引例　历史上有不少人做过抛掷硬币试验,连续投掷一枚均匀硬币,几个有名的试验结果如表 6-2 所示.

表 6-2

实　验　者	掷币次数 n	出现"硬币正面朝上"的次数 m_A(频数)	频率 $f_n(A) = \dfrac{m_A}{n}$
德·摩根	2048	1061	0.5181
浦丰	4040	2048	0.5019
费勒	10000	4979	0.4979
皮尔逊	12000	6019	0.5016
皮尔逊	24000	12012	0.5005
维尼	30000	14994	0.4998

设 A 表示{硬币正面朝上}这一事件,事件 A 在 n 次试验中出现 m_A 次,则比值 $f_n(A) = \dfrac{m_A}{n}$ 称为事件 A 在这 n 次试验中出现的**频率**.

频率反映了一个事件发生的频繁程度,从而在一定程度上刻画了这个事件发生的可能性大小.经验证明,每次试验的频率不尽相同,即频率具有波动性的一面;但在相同条件下重复进行同一实验,当试验的次数 n 很大时,事件 A 发生的频率又总是在一个固定值 p 上下波动,一般而言,重复试验的次数 n 越大,波动的振幅就越小,即频率又具有稳定性的一面.因此,事件 A 发生的可能性大小,即事件发生的概率,用这个稳定常数值来描述是适宜的.

定义 6.1(概率的统计定义)　在相同的条件下进行大量的重复试验,当试验次数 n 充分大时,事件 A 发生的频率 $f_n(A)$ 始终在某一个确定值 p 附近摆动,则称 p 为事件 A 出现的**统计概率**,简称概率. 记为 $P(A)=p$.

由于这个定义是以统计角度为出发点而抽象出来的,因此人们常称它为概率的统计定义,并且,这个定义适合于一切类型的随机试验.

注意　事件 A 的频率 $f_n(A)$ 与概率 $P(A)$ 是有区别的. 频率是一个试验值,具有波动性,它回答的是 n 次试验中事件 A 发生的可能性大小,因此它只能是事件 A 发生可能性大小的一种近似度量. 而概率是个理论值,它是由事件的本质所决定的,只能取唯一值,它回答的是一次试验中事件 A 发生的可能性大小,因此,它能精确地度量事件 A 发生的可能性的大小. 又由于概率的统计定义只是描述性的,一般不能用来计算事件的概率,通常只能在 n 充分大时,以事件出现的频率作为事件概率的近似值,即

$$P(A) \approx f_n(A).$$

由于 $0 \leqslant m_A \leqslant n$,故频率 $0 \leqslant f_n(A) \leqslant 1$,即概率具有以下性质:

(1) $0 \leqslant P(A) \leqslant 1$　(A 为任意事件);

(2) $P(\Omega)=1$　(Ω 为必然事件).

2. 古典概率

观察本章例 1、例 4 中的两个随机试验,它们都有一个共同的特点:样本点的个数有限,且每个样本点出现的机会又是相同的.

一般地,若随机试验满足下面两个条件:

(1) 基本事件的个数是有限的,即

$$\Omega = (\omega_1, \omega_2, \cdots, \omega_n).$$

(2) 每个基本事件发生的可能性相同,即

$$P(\omega_1) = P(\omega_2) = \cdots = P(\omega_n).$$

这种随机现象是概率论早期研究的对象,称为**古典型随机试验**. 古典型随机试验所描述的数学模型称为**古典概型**.

定义 6.2(古典定义)　在古典概型中,如果基本事件的总数为 n,而事件 A 又由其中 m_A 个基本事件组成,则定义事件 A 的概率为

$$P(A) = \frac{m_A}{n} \left(= \frac{A \text{ 中包含的基本事件数}}{\text{试验的基本事件总数}} \right). \tag{6-1}$$

由式(6-1)所定义的概率,称为**古典概率**. 可见,对古典概型问题,只要求出基本事件总数 n 和事件 A 所包含的基本事件数 m_A,就可通过式(6-1)直接计算事件 A 的概率.

例 6　在 8 位数的电话号码中,求 8 个数字都不相同的概率.

解　8 位数的电话与数字顺序有关,故为排列的问题.基本事件总数为 $n=10^8$.

设事件 $B=\{8$ 位数的电话号码中,8 个数字都不相同$\}$,从 $0,1,2,\cdots,9$ 这 10 个数字任取 8 个不同的数字,可以排成 P_{10}^8 个不同的 8 位数电话号码,故事件 B 包含基本事件个数为

$$m_B = P_{10}^8.$$

由古典概率的定义,得

$$P(B)=\frac{m_B}{10^8}=\frac{P_{10}^8}{10^8}=\frac{10\times9\times8\times7\times6\times5\times4\times3}{10^8}=0.01814.$$

例 7　已知 100 件产品中共有 5 件废品,求:

(1) 这批产品的废品率(即从中任取一件是废品的概率);

(2) 任取 3 件恰有 1 件废品的概率;

(3) 任取 3 件全为正品的概率.

解　(1) 对 100 件产品任意抽取时,每一件都有相同的出现机会,即一共有 100 种等可能的结果,$n=100$;若设事件 $A=\{$任取一件为废品$\}$,则 A 发生的可能结果有 5 种,即 $m_A=5$.由古典概率定义知

$$P(A)=\frac{m_A}{n}=\frac{5}{100}=\frac{1}{20}=0.05,$$

即这批产品的废品率为 0.05.

(2) 由题意,从 100 件产品中任取 3 件是一次试验,因是一次 3 件,又与顺序无关,故为组合问题,基本事件总数为 $n=C_{100}^3$.

设事件 $B=\{$任取 3 件恰有一件废品$\}$,为保证事件 B 的发生,需且只需先从 95 件正品中任取 2 件,再从 5 件废品中取 1 件组成一个基本事件,则 B 所包含的基本事件数 $m_B=C_{95}^2C_5^1$,于是

$$P(B)=\frac{m_B}{n}=\frac{C_{95}^2C_5^1}{C_{100}^3}=\frac{\frac{95\times94}{2\times1}\times5}{\frac{100\times99\times98}{3\times2\times1}}=0.1381.$$

(3) 设事件 $C=\{$任取 3 件全为正品$\}$,则 C 所包含的基本事件数 $m_C=C_{95}^3$,于是

$$P(C)=\frac{m_C}{n}=\frac{C_{95}^3}{C_{100}^3}=\frac{\frac{95\times94\times93}{3\times2\times1}}{\frac{100\times99\times98}{3\times2\times1}}=0.8560.$$

例 8　将 3 个球随机地放入 4 个杯子中去,问杯子中球的最大个数分别为 1,2,3 的概率各为多少?

解　3 只球放入 4 个杯子中,每只球都有 4 种放法,所以共有 4^3 种放法,即样本点总数为 $n=4^3$.

设事件 $B_i=\{$杯子中球最大个数为 $i\,(i=1,2,3)\}$，则事件 B_1 表示有 3 个杯子，每杯放 1 个球，1 个杯子空着，共有 P_4^3 种放法. 即事件 B_1 包含的基本事件个数为 $m_{B_1}=P_4^3$，由古典概率定义知

$$P(B_1)=\frac{m_{B_1}}{n}=\frac{P_4^3}{4^3}=\frac{4\times3\times2}{4^3}=\frac{3}{8}.$$

事件 B_2 表示有 1 个杯子放 2 个球，有 1 个杯子放 1 个球，另 2 个杯子空着. 选定的 2 个球放在任取的 1 个杯子中，剩下的 1 个球放在另 1 个任取的杯中，有 P_4^2 种放法，而从 3 个球中任选 2 个球的方法共有 C_3^2 种，即事件 B_2 包含的基本事件个数为 $m_{B_2}=C_3^2P_4^2$，由古典概率定义知

$$P(B_2)=\frac{m_{B_2}}{n}=\frac{C_3^2P_4^2}{4^3}=\frac{3\times4\times3}{4^3}=\frac{9}{16}.$$

事件 B_3 表示有 1 个杯子中放 3 个球，其余杯子都空着，即得 $m_{B_3}=C_4^1$，同上得

$$P(B_3)=\frac{m_{B_3}}{n}=\frac{C_4^1}{4^3}=\frac{4}{4^3}=\frac{1}{16}.$$

习　题　6.1

1. 写出下列随机试验的样本空间.
   (1) 将一枚硬币连掷 3 次，观察正面 H，反面 T 出现的情形；
   (2) 将一枚硬币连掷 3 次，观察出现正面的次数；
   (3) 袋中装有编号为 1,2 和 3 的 3 个球，随机地取 2 个，考察这两个球的编号；
   (4) 袋中装有编号为 1,2 和 3 的 3 个球，依次随机地取 2 次，每次取 1 个，不放回，考察这两个球的编号；
   (5) 投掷甲、乙两颗骰子，观察出现的点数之和.

2. 设 A、B、C 为任意三个事件，试用 A、B、C 表示下列事件：
   (1) 只有 B 发生；　　(2) 只有 B 不发生；　　(3) 至少有 1 个发生；
   (4) 恰有 1 个发生；　　(5) 没有 1 个发生；　　(6) 至少有 2 个不发生；
   (7) 至多有 2 个发生；　(8) 至多有 3 个发生.

3. 设 $\Omega=\{a,b,c,d,e,f,g\}$，$A=\{a,c,d\}$，$B=\{d,f,g\}$，$C=\{b,c,d,e\}$，试表示下列事件：
   (1) $A\cup B$；　(2) $A\bar{C}$；　(3) $\overline{(A\cup B)}C$.

4. 随机抽查 3 件产品，设 A 表示 3 件中至少有 1 件次品，B 表示 3 件中至少有 2 件是次品，C 表示 3 件都是正品. 问 $\bar{A}$，$A\cup B$，AC 各表示什么事件？

5. 有一批产品 100 件，其中合格品是 95 件，不合格的是 5 件，求：
   (1) 恰取得 1 件次品的概率；(2) 至少取得 1 件次品的概率.

6. 掷一颗均匀骰子，求：

(1) 出现偶数点事件 A;(2) 出现奇数点事件 B;(3) 出现点数不超过 4 的事件 C 的概率.

7. 同时掷 2 枚质地均匀的硬币,求:

(1) 2 枚都是正面朝上的概率;

(2) 一枚正面朝上,另一枚反面朝上的概率.

6.2　概率的基本性质与公式

6.2.1　概率的基本性质

由定义 6.1 和定义 6.2,可归纳出事件的概率具有以下基本性质.

性质 1(非负性)　对任何随机事件 A,均有 $0 \leqslant P(A) \leqslant 1$.

性质 2(规范性)　必然事件的概率为 1,不可能事件的概率为 0,即

$$P(\Omega)=1, \quad P(\varnothing)=0.$$

性质 3(互斥可加性)　若事件 A,B 互斥,即 $AB=\varnothing$,则

$$P(A+B)=P(A)+P(B). \tag{6-2}$$

推论 1　若事件 $A_1,A_2,\cdots,A_n$ 两两互斥,即

$$A_iA_j=\varnothing \quad (i \neq j; i,j=1,2,\cdots,n),$$

则

$$P(\bigcup_{k=1}^{n} A_k)=\sum_{k=1}^{n} P(A_k).$$

推论 2　若 A 为任一随机事件,则

$$P(\overline{A})=1-P(A). \tag{6-3}$$

例 9　一批产品共有 100 件,其中有 95 件合格品,现从这批产品中任取 4 件,求其中有不合格品的概率.

解　设事件 $A=\{$任取的 4 件产品中有不合格品$\}$,事件 $A_i=\{$任取的 4 件产品中恰有 i $(i=1,2,3,4)$件不合格品$\}$,则 A_1,A_2,A_3,A_4 两两互斥,且

$$A=A_1+A_2+A_3+A_4,$$

所以

$$P(A)=P(A_1+A_2+A_3+A_4)=P(A_1)+P(A_2)+P(A_3)+P(A_4)$$

$$=\frac{C_5^1 C_{95}^3}{C_{100}^4}+\frac{C_5^2 C_{95}^2}{C_{100}^4}+\frac{C_5^3 C_{95}^1}{C_{100}^4}+\frac{C_5^4 C_{95}^0}{C_{100}^4}$$

$$=0.17649+0.01139+0.00024+0.00000=0.18812.$$

用推论 2 来解,就简便多了,此时 $\overline{A}$ 表示任取的 4 件产品都是合格品,所以

$$P(\overline{A})=\frac{C_{95}^4}{C_{100}^4}=0.81188.$$

由式(6-3),得

$$P(A) = 1 - P(\overline{A}) = 1 - 0.81188 = 0.18812.$$

性质 4　若 A, B 为任意两个随机事件,则

$$P(A - B) = P(A) - P(AB).$$

特别地,当 $B \subset A$ 时有 $AB = B$,故

$$P(A - B) = P(A) - P(B).$$

性质 5(广义加法定理)　若 A, B 为任意两个事件,则

$$P(A \bigcup B) = P(A) + P(B) - P(AB). \tag{6-4}$$

6.2.2　条件概率与乘法公式

在实际问题中,经常要讨论如下问题:一个事件 B 发生时另一个事件 A 发生的概率到底有多大(相互影响有多大)? 此概率与两事件同时发生(积事件)的概率 $P(AB)$ 有什么关系? 两随机事件相互影响最小(即没有影响)的情形的概率表现形式又是怎样的呢? 这些交织在一起的问题的解决将产生一个新概率——条件概率、一个新公式——概率乘法公式及一个新概念——独立性的研究.

1. 条件概率

定义 6.3　在事件 B 已发生的条件下,事件 A 发生的概率称为事件 A 在事件 B 发生的前提下的**条件概率**,记作

$$P(A \mid B) \quad (P(B) > 0).$$

例如,甲、乙两车间共生产同一种产品 1000 件,其中甲车间生产 600 件,次品有 30 件;乙车间生产 400 件,次品有 10 件. 现从这 1000 件产品中任抽一件,设事件 $A = \{$抽到次品$\}$,事件 $B = \{$抽到甲车间生产的产品$\}$,则事件 AB 表示$\{$抽到的产品是甲车间生产的次品$\}$,那么

$$P(A) = \frac{30 + 10}{1000} = 0.04, \quad P(B) = \frac{600}{1000} = 0.6,$$

$$P(AB) = \frac{30}{1000} = 0.03, \quad P(A \mid B) = \frac{30}{600} = 0.05.$$

显然 $P(A) \neq P(A \mid B)$,但是

$$P(A \mid B) = \frac{30}{600} = \frac{30/1000}{600/1000} = \frac{P(AB)}{P(B)}.$$

一般地,如果 $P(B) > 0$,则事件 A 在事件 B 已发生条件下的条件概率为

$$P(A \mid B) = \frac{P(AB)}{P(B)}. \tag{6-5}$$

类似地,如果 $P(A) > 0$,则事件 B 在事件 A 已发生条件下的条件概率为

$$P(B \mid A) = \frac{P(AB)}{P(A)}. \tag{6-6}$$

2. 乘法公式

由条件概率公式,立即可得乘法公式.

设 $P(B)>0$,则
$$P(AB)=P(B)P(A|B).$$

或设 $P(A)>0$,则　　　　$P(AB)=P(A)P(B|A).$　　　　　　　　　(6-7)

即两事件的积事件的概率,等于其中一个事件的概率(>0)与另一事件在前一事件发生下的条件概率之积.

乘法公式可推广到有限多个,例如
$$P(A_1A_2A_3)=P(A_1)P(A_2|A_1)P(A_3|A_1A_2).$$

例 10　已知 10 件产品中有 2 件次品,现无放回地依次抽取 2 件,求 2 件都是合格品的概率.

解　设事件 $A_i=\{$第 $i\ (i=1,2)$ 次取得合格品$\}$,则两件都是合格品就是 A_1,A_2 同时发生,要求的是 $P(A_1A_2)$.因
$$P(A_1)=\frac{8}{10}=\frac{4}{5},\quad P(A_2|A_1)=\frac{7}{9},$$

由乘法公式得
$$P(A_1A_2)=P(A_1)P(A_2|A_1),\quad P(A_1A_2)=\frac{4}{5}\times\frac{7}{9}=0.62222.$$

例 11　一盒灯泡共 100 个,其中有一等品 90 个、二等品 10 个,每次任取一个,检验后不放回,求第三次才取到 1 个一等品的概率.

解　设 $A_1=\{$第一次取到二等品$\}$,$A_2=\{$第二次取到二等品$\}$,$A_3=\{$第三次取到一等品$\}$,则$\{$第三次才取到一等品$\}$这个事件可表示为 $A_1A_2A_3$,即要求 $P(A_1A_2A_3)$.因
$$P(A_1)=\frac{10}{100}=\frac{1}{10},\quad P(A_2|A_1)=\frac{9}{99}=\frac{1}{11},\quad P(A_3|A_1A_2)=\frac{90}{98}=\frac{45}{49},$$

由乘法公式得
$$P(A_1A_2A_3)=P(A_1)P(A_2|A_1)P(A_3|A_1A_2)$$
$$=\frac{1}{10}\times\frac{1}{11}\times\frac{45}{49}$$
$$=0.0083488.$$

6.2.3　全概率公式

例 12　袋中装有 10 个球,其中 6 个红球、4 个白球,每次任取一个,无放回地取 2 次,求第二次取到红球的概率.

解　设 $A=\{$第一次取到红球$\}$,$B=\{$第二次取到红球$\}$,则 AB 表示事件$\{$第一

次取到红球且第二次取到红球},$\overline{A}B$ 表示事件{第一次取到白球且第二次取到红球},由于 AB 与 $\overline{A}B$ 互斥,即得

$$B = (AB) \bigcup (\overline{A}B) = AB + \overline{A}B.$$

根据概率的性质 3 和乘法公式(6-7),得

$$P(B) = P[(AB) \bigcup (\overline{A}B)] = P(AB) + P(\overline{A}B)$$

$$= P(A)P(B|A) + P(\overline{A})P(B|\overline{A})$$

$$= \frac{6}{10} \times \frac{5}{9} + \frac{4}{10} \times \frac{6}{9} = 0.6.$$

从形式上看,好像把 B 分解为 AB 与 $\overline{A}B$ 是将问题复杂化了,实际上事件 B 是一个较复杂的事件,是无法直接使用加法定理和乘法定理进行计算的,而 AB 与 $\overline{A}B$ 则是较简单的互斥事件,只要利用乘法定理就可直接计算其概率,然后利用加法定理即可得到 B 的概率 $P(B)$.

为了从已知的简单事件的概率,推算未知的复杂事件的概率,往往把一个复杂事件分解为若干个两两互斥的简单事件的和,然后利用概率的有限可加性得到最终结果,这种解题的思想方法对概率计算十分有用,将其一般化,就是全概率公式.

定义 6.4　设 Ω 为样本空间,一组事件 $A_1, A_2, \cdots, A_n$,若满足以下两个条件:

(1) $A_1, A_2, \cdots, A_n$ 两两互斥,即 $A_i A_j = \varnothing$　$(i \neq j; i, j = 1, 2, \cdots, n)$,

(2) $A_1 + A_2 + \cdots + A_n = \Omega$,

则称 $A_1, A_2, \cdots, A_n$ 为样本空间 Ω 的一个**完备事件组**.

定理 6.1(全概率公式)　设事件 $A_1, A_2, \cdots, A_n$ 为样本空间的一个完备事件组,则对于任意事件 B,有

$$P(B) = \sum_{k=1}^{n} P(A_k)P(B \mid A_k). \tag{6-8}$$

　　证　由于　　　　　$B = B\Omega = B(A_1 + A_2 + \cdots + A_n)$

$$= BA_1 + BA_2 + \cdots + BA_n,$$

又　　　　　　　　　　　$A_i A_j = \varnothing$,

故　　　　　$(BA_i)(BA_j) = \varnothing$　$(i \neq j; i, j = 1, 2, \cdots, n)$.

由概率的加法定理和乘法公式,有

$$P(B) = P(BA_1 + BA_2 + \cdots + BA_n)$$

$$= P\left(\sum_{k=1}^{n}(A_k B)\right) = \sum_{k=1}^{n} P(A_k B)$$

$$= \sum_{k=1}^{n} P(A_k)P(B \mid A_k).$$

全概率公式是概率论的一个基本公式.当事件 B 比较复杂,而 $P(A_i)$ 与 $P(B|A_i)$

都比较容易计算或为已知时,可以利用全概率公式来求解.

例 13　某厂有甲、乙、丙三个车间,生产同一种产品,每个车间的产量分别占该厂总产量的 25%,35% 和 40%,各车间的废品率分别是 5%,4% 和 2%,问从工厂总的产品中抽出一个产品为废品的概率是多少?

解　设事件 $B_i(i=1,2,3)$ 为所抽的产品分别由甲、乙、丙车间生产的,则
$$P(B_1)=0.25,\quad P(B_2)=0.35,\quad P(B_3)=0.4,$$
且 B_1,B_2,B_3 构成完备事件组.

设事件 A 为所抽的一个产品是废品,则
$$P(A|B_1)=0.05,\quad P(A|B_2)=0.04,\quad P(A|B_3)=0.02.$$
于是,所求的概率为
$$P(A)=\sum_{k=1}^{3}P(B_k)P(A\mid B_k)$$
$$=0.25\times0.05+0.35\times0.04+0.4\times0.02$$
$$=0.0345.$$

习　题　6.2

1. 某射手射击一次,击中 10 环的概率为 0.24,击中 9 环的概率为 0.28,击中 8 环的概率为 0.31,求:

   (1) 这位射手一次射击至多击中 8 环的概率;

   (2) 这位射手一次射击至少击中 8 环的概率.

2. 已知某产品的次品率为 4%,正品中 75% 为一级品,求任选一件产品是一级品的概率.

3. 某种电子元件能使用 3000 h 的概率是 0.75,能使用 5000 h 的概率是 0.5. 一元件已使用了 3000 h,问能用到 5000 h 的概率是多少?

4. 已知 $P(A)=1/4,P(B|A)=1/3,P(A|B)=1/2$,求 $P(A\cup B)$.

5. 有 10 个签,其中 2 个"中",第一人随机抽一个签,不放回,第二人再随机地抽一个签,说明两人抽"中"的概率相同.

6. 小麦种子中一等品、二等品、三等品各占 80%,10%,10%,它们的发芽率分别为 90%,70%,50%,求小麦种子的发芽率.

7. 两个信号 A 与 B 传输到接收站,已知 A 错收为 B 的概率为 0.02,B 错收为 A 的概率为 0.01,而 A 发射的机会是 B 的 2 倍,求:

   (1) 收到信号 A 的概率;

   (2) 收到信号 B 的概率;

   (3) 收到信号 A 而发射的信号是 B 的概率.

6.3　事件的独立性

6.3.1　事件的独立性

一般来说,条件概率 $P(A|B)$ 与概率 $P(A)$ 是不等的,这个事实说明,事件 B 的发生,对事件 A 发生的概率是有影响的.否则,如果事件 B 的发生对事件 A 发生的概率没有影响,即 $P(A|B)=P(A)$,这时就有

$$P(AB)=P(B)P(A|B)=P(A)P(B),$$

从而就自然认为事件 A 与事件 B 是相互独立的.因此,引入以下定义.

定义 6.5　若事件 A 与 B 满足条件

$$P(AB)=P(A)P(B),\qquad\qquad\qquad (6\text{-}9)$$

则称事件 A 与 B **相互独立**.

定理 6.2　若 4 对事件 $\{A,B\}$, $\{A,\overline{B}\}$, $\{\overline{A},B\}$ 和 $\{\overline{A},\overline{B}\}$ 中有一对相互独立,则另外 3 对也相互独立.

证　由对称性知,只要由 $\{A,B\}$ 相互独立导出其余 3 对独立即可.由 $\{A,B\}$ 相互独立,有 $P(AB)=P(A)P(B)$,因此

$$P(\overline{A}B)=P[(\Omega-A)B]=P(B-AB)$$
$$=P(B)-P(AB)=P(B)-P(A)P(B)$$
$$=[1-P(A)]P(B)=P(\overline{A})P(B).$$

由上式可知, $\{\overline{A},B\}$ 相互独立,由此又可推出 $\{\overline{A},\overline{B}\}$ 相互独立.再由 $\overline{\overline{A}}=A$ 可推出 $\{A,\overline{B}\}$ 相互独立.

例 14　甲、乙两人向同一目标射击,已知甲的命中率为 0.7,乙的命中率为 0.4,求目标被击中的概率.

解　设事件 $A=\{$甲击中目标$\}$,事件 $B=\{$乙击中目标$\}$,事件 $C=\{$目标被击中$\}$,则有 $C=A\bigcup B$.由问题的实际意义知,事件 A 发生与否不影响事件 B 的发生,反之亦然,即事件 A 与 B 相互独立.

方法一　因为 $P(A)=0.7$, $P(B)=0.4$,且 A 与 B 相互独立,所以

$$P(C)=P(A\bigcup B)=P(A)+P(B)-P(AB)$$
$$=P(A)+P(B)-P(A)P(B)$$
$$=0.7+0.4-0.7\times 0.4=0.82.$$

注意　此时若没有考虑到 A 与 B 不互斥,就会得出

$$P(A\bigcup B)=P(A)+P(B)$$
$$=0.7+0.4=1.1>1.$$

这是一个错误的结论.

方法二　事件 $\overline{A}\,\overline{B}$ 表示甲、乙两人均未击中目标,也即{目标未被击中}事件,故有 $\overline{C}=\overline{A}\,\overline{B}$,又 $\overline{A}$ 与 $\overline{B}$ 相互独立,于是

$$P(\overline{C})=P(\overline{A}\,\overline{B})=P(\overline{A})P(\overline{B})=[1-P(A)][1-P(B)]$$
$$=(1-0.7)(1-0.4)=0.18.$$

因此,目标被击中的概率为

$$P(C)=1-P(\overline{C})=1-0.18=0.82.$$

例 15　设每支步枪射击飞机时命中率为 $p=0.004$,求 250 支步枪同时独立进行一次射击时,飞机被击中的概率. 又问,至少应有多少支步枪同时射击,才能保证飞机被击中的概率达到 0.99 以上.

解　(1) 设事件 $A=${飞机被击中},事件 $A_i=${第 i $(i=1,2,\cdots,250)$ 支步枪击中飞机},{飞机被击中}即{至少有一支步枪击中飞机},故有

$$A=A_1 \bigcup A_2 \bigcup \cdots \bigcup A_{250}, \quad P(A_i)=0.004,$$
$$P(\overline{A}_i)=1-P(A_i)=1-0.004=0.996 \quad (i=1,2,\cdots,250),$$

于是

$$P(A)=P(A_1 \bigcup A_2 \bigcup \cdots \bigcup A_{250})=1-P(\overline{A_1 \bigcup A_2 \bigcup \cdots \bigcup A_{250}})$$
$$=1-P(\overline{A}_1 \overline{A}_2 \cdots \overline{A}_{250})=1-P(\overline{A}_1)P(\overline{A}_2)\cdots P(\overline{A}_{250})$$
$$=1-(1-0.004)^{250}=1-0.996^{250}$$
$$=1-0.37=0.63.$$

(2) 设同时射击的步枪支数为 n,由题意知

$$1-(1-0.004)^n \geqslant 0.99,$$

即

$$0.01 \geqslant 0.996^n,$$

两边取对数,得

$$n>\frac{\lg 0.01}{\lg 0.996}=1150.$$

因此,至少应有 1150 支步枪同时射击,才能保证击中飞机的概率达到 0.99 以上.

6.3.2　二项概率公式

1. 伯努利概型

在相同的条件下,将同一试验重复做 n 次,如果每次试验的结果都与其他各次试验的结果无关,则称这种试验为**重复独立试验**. 又如果每次试验只有两种可能结果 A 与 $\overline{A}$,且事件 A 发生的概率 $P(A)$ 在每次试验中保持不变,这种 n 次重复独立试验的随机现象称为 n **重伯努利概型**. 这是一种非常重要而又常见的概型,它有广泛的应用,许多实际问题都可归纳为这种概型. 一个有放回的抽样模型,就是一个标准的伯

努利概型.

伯努利概型与古典概型的重要区别在于它的样本点的出现不一定是等可能的. 它常用来讨论 n 次重复试验中事件 A 发生的次数及其概率.

2. 二项概率公式

若一次试验中事件 A 发生的概率为 p，则在 n 重伯努利试验中，事件 A 恰好发生 k 次的概率为

$$P_n(k) = C_n^k p^k q^{n-k} \quad (k=0,1,2,\cdots,n), \tag{6-10}$$

其中 $q = 1-p$.

证 由于一次试验中 A 发生的概率为 p，故在 n 重伯努利试验中的每一次试验，A 发生的概率都是 p.

设在 n 次试验中，A 在某 k 次发生而在其余 $n-k$ 次不发生(不妨设前 k 次发生)，则由独立事件的乘法公式知，其概率为

$$\underbrace{p \cdot p \cdot \cdots \cdot p}_{k} \cdot \underbrace{q \cdot q \cdot \cdots \cdot q}_{n-k} = p^k q^{n-k}.$$

由于上面只考虑到 A 在前某 k 次发生——在 n 个位置上的前 k 个位置上出现这一种情况，事实上，A 在 n 个位置上的任意 k 个位置都可能出现，因此｛在 n 次试验中恰好发生 k 次｝事件中共有 C_n^k 种互斥情况，而且每一种情况的概率都是 $p^k q^{n-k}$，于是由概率的加法公式，得

$$P_n(k) = C_n^k p^k q^{n-k} \quad (k=0,1,2,\cdots,n).$$

例 16 一种治疗心脏病的新药，临床疗效为 70%，今有 5 位患者同时服用此药，试求服用后分别有 $1,2,3$ 位见效的概率.

解 把一位病人服药作为一次试验，试验的结果只考虑见效与不见效两种可能，各人服药是否见效认为是相互独立的，所以这是一个 5 重伯努利试验，其中 $n=5$，$p=0.7, q=1-0.7=0.3$. 由二项概率公式可知，有 $1,2,3$ 位见效的概率分别为

$$P_5(1) = C_5^1 \times 0.7^1 \times 0.3^4 = 0.02835,$$

$$P_5(2) = C_5^2 \times 0.7^2 \times 0.3^3 = 0.1323,$$

$$P_5(3) = C_5^3 \times 0.7^3 \times 0.3^2 = 0.3087.$$

例 17 电灯泡使用寿命在 5000 h 以上的概率为 0.2，求 3 个灯泡在使用 5000 h 以后，只有 1 个不坏的概率？

解 设 A 表示事件｛一个灯泡使用 5000 h 以上｝，则

$$p = P(A) = 0.2, \quad q = P(\overline{A}) = 1-0.2 = 0.8,$$

考虑使用 3 个灯泡这相当于进行三次独立试验，只有 1 个不坏，意味着 A 只发生一次，有 $k=1$，由二项概率公式，有

$$P_3(1) = C_3^1 \times 0.2^1 \times 0.8^2 = 0.384.$$

习　题　6.3

1. 设 $P(A)=0.5, P(B)=0.4$,若 A 与 B 互不相容,则 $P(A \cup B)=$ _____;若 A 与 B 相互独立,则 $P(A \cup B)=$ _____;若 $P(B|A)=0.6$,则 $P(A \cup B)=$ _____.

2. 电路如图所示,其中 S_1, S_2, S_3, S_4 为开关,设各开关闭合 与否相互独立,且每一开关闭合的概率均为 p,求 L 与 R 为通路(用 T 表示)的概率.

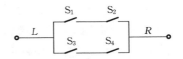

3. 甲、乙两人射击,甲命中的概率为 0.7,乙命中的概率为 0.8,今甲、乙各自独立射击一发,求:

(1) 两人都中靶的概率;

(2) 至少有一人中靶的概率.

4. 三个人独立地破译一个密码,各人能译出密码的概率分别是 $1/5, 1/3, 1/4$.求密码被译出的概率.

5. 某种火工品的废品率为 5%,今取 100 件检验,求其中恰有 4 件废品的概率.

6. 灯泡使用寿命在 1000 h 以上的概率为 0.2,求 3 个灯泡在使用 1000 h 以后最多损坏一个的概率.

7. 某工人在一天的工作中出废品的概率是 0.1,不出废品的概率是 0.9,各天的工作互不影响,求工作 20 天中:

(1) 恰有 2 天出废品的概率;(2) 至少有 2 天出废品的概率.

6.4　随机变量及其分布

　　大家或许已经注意到,上一节对于随机事件及其概率问题的处理方法并不完全是定量的.例如,掷硬币这一最简单的随机试验,其可能的结果是{正}、{反}两个事件,这里“正”和“反”都是定性的描述,与数学最基本的研究对象与工具——数——没有任何直接的联系,这种定性的处理方法对于进一步深入研究随机现象是十分不利的,因此,如何采用定量的方法,以充分发挥数学手段的特长来研究随机现象是我们面临的一个新问题.事实上,定量化——随机变量的引入为人们描述各种随机现象,研究它们的性质、规律等带来了极大的方便,它使得概率统计学科取得了飞跃的发展,本节就介绍其基本内容.

6.4.1　随机变量与分布函数

1. 随机变量

　　随机试验的结果是事件.就“事件”这一概念而言,它是定性的.要定量地研究随机现象,事件的定量化是一个基本前提.很自然的想法是,既然实验的所有可能结果都是知道的,我们就可以对每一个结果赋予一个相应的值,在结果(事件)与数值之间建立起一定的对立关系,从而对任何一个随机试验进行定量的描述.

　　引例 1　设 100 件产品中有 5 件次品,从中随即抽取 3 件,观察其次品数.令 ξ 表示抽取的次品件数,且 $\{\xi=i\}$ 表示事件 $\{$次品数为 $i\}$,其中 $i=0,1,2,3$.可见, ξ 是一个随着试验结果而变的变量.

　　引例 2　抛掷一枚硬币,其结果只有"正面"朝上或"反面"朝上,为方便起见,用 ξ 表示其结果,当"正面"朝上时,规定 $\{\xi=1\}$;当"反面"朝上时,规定 $\{\xi=0\}$.

　　显然, ξ 是随着试验的不同结果而取不同值的变量.

　　引例 3　从一批灯泡中任取一个进行寿命(耐用时间)实验,用 ξ 表示寿命,则 ξ 的可取值为 $\{\xi\geqslant x\}(x>0)$,且 $\{\xi=2000\}$ 表示事件 $\{$灯泡寿命为 2000 h$\}$, $\{\xi\geqslant2500\}$ 表示事件 $\{$灯泡寿命不少于 2500 h$\}$,等等.可以看出, ξ 仍是随着试验结果不同而取不同值的变量.

　　我们知道,上述引例中的对应关系在数学上被称为函数关系,但这里的函数关系与微积分中的函数关系却又略有不同.在微积分中,函数关系反映某一因变量与某一自变量(为简单起见,这里只讨论一元函数,多元函数的情形完全类似)之间的联系;在概率论中,把试验结果作为自变量,把结果所对应的值作为因变量的取值,由此建立的函数关系形式上与微积分中的函数关系是完全一样的.但不同的是,这里自变量所取的值不是数,而是样本空间中的样本点,因此这种函数可称为样本点的函数.另外,概率论是以随机现象为研究对象的,相应地,不论是自变量还是因变量,它们取到某个"值"都是带有偶然性的,是不确定的.我们把这种取值带有随机性的变量称为随机变量,一般用希腊字母 $\xi,\eta,\zeta,\cdots$ 来表示.

　　定义 6.6　设 Ω 为样本空间,如果对于每一个可能结果 $\omega\in\Omega$,变量 ξ 都有唯一的一个实数值 $\xi(\omega)$ 与之对应,则称 $\xi(\omega)$ 为定义在 Ω 上的**随机变量**,简记为 ξ.

　　对于随机变量 ξ,如果仅知道它可能取哪些值往往是不够的,更有意义的是应该知道它取某个值或取值在某个区间上的概率. ξ 取某个值 x,即 $\{\xi=x\}$ 就意味着某一个相应的随机事件 A 发生,两者是完全等价的;随机变量 ξ 不大于某一个数 x 或取值于区间 $(x_1,x_2]$ 内或大于某一个数 x,即 $\{\xi\leqslant x\}$ 或 $\{x_1<\xi\leqslant x_2\}$ 或 $\{\xi>x\}$ 都表示某一个随机事件.因此,可以求 ξ 取某些值或取值在某一区间的概率.

　　例如,在引例 2 中,有

$$P\{\xi=1\}=P\{\text{正面}\}=\frac{1}{2}.$$

　　在引例 1 中,有

$$P\{\xi=0\}=P\{\text{次品数为 }0\}=\frac{C_5^0 C_{95}^3}{C_{100}^3}=0.855999,$$

$$P\{\xi=1\}=P\{\text{次品数为 }1\}=\frac{C_5^1 C_{95}^2}{C_{100}^3}=0.138064,$$

$$P\{\xi=2\}=P\{\text{次品数为 } 2\}=\frac{C_5^2 C_{95}^1}{C_{100}^3}=0.005875,$$

$$P\{0\leqslant\xi<2\}=P\{\xi=0\}+P\{\xi=1\}=0.994063,$$

$$P\{\xi\geqslant 3\}=P\{\varnothing\}=0.$$

2. 随机变量的分布函数

随机变量的取值虽有随机性的一面,但它所有可能的取值可以预先知道,且取这些可能值又具有一定的规律,通常用分布函数来描述随机变量 ξ 的取值规律性. 由于任何一个随机事件的概率计算,都可以归结为对事件$\{\xi\leqslant x\}$的概率 $P\{\xi\leqslant x\}$ 的计算,因此,从某种意义上讲,概率 $P\{\xi\leqslant x\}$ 全面地描述了随机现象的统计规律. 为此,引入分布函数的概念. 一般而言,$P\{\xi\leqslant x\}$ 的取值是随 x 的变化而有所不同的.

定义 6.7　设 ξ 是一个随机变量,x 是任意一实数,称定义在实数轴上的函数

$$F(x)=P\{\xi\leqslant x\} \tag{6-11}$$

为随机变量 ξ 的**概率分布函数**,简称 ξ 的**分布函数**.

从几何上讲,如果将 ξ 看做随机点的坐标,分布函数 $F(x)$ 的值就是随机变量 ξ 落在区间$(-\infty,x]$内的概率,且有

$$P\{a<\xi\leqslant b\}=P\{\xi\leqslant b\}-P\{\xi\leqslant a\}=F(b)-F(a), \tag{6-12}$$

$$P\{\xi>a\}=1-P\{\xi\leqslant a\}=1-F(a). \tag{6-13}$$

注意　分布函数的概念看起来很抽象,实际上它具有明确的概率意义. 它是一种概率:对任意一个给定的 x,$\{\xi\leqslant x\}$ 是一个随机事件,而 $F(x)$ 就是这一事件发生的概率. 请读者务必牢记这一点,它对我们理解与应用这一概念都是十分重要的.

3. 分布函数的性质

分布函数 $F(x)$ 具有以下性质.

性质 1(单调不减性)　若 $x_1<x_2$,则 $F(x_1)\leqslant F(x_2)$.

性质 2(非负有界性)　若 $0\leqslant F(x)\leqslant 1$,则

$$F(-\infty)=\lim_{x\to-\infty}F(x)=0,\quad F(+\infty)=\lim_{x\to+\infty}F(x)=1.$$

性质 3(右连续性)　$\lim_{x\to x_0^+}F(x)=F(x_0).$

从随机试验可能出现的结果来看,随机变量至少有两种不同的类型. 一种是 ξ 所有可能取到的值是有限个或可列个,这种随机变量称为**离散型随机变量**;另一种随机变量的取值不止是可列个,而是可取到某个区间$[a,b]$或$(-\infty,+\infty)$上的一切值,这样的随机变量称为**连续型随机变量**. 如引例 1、引例 2 中的随机变量 ξ 均为离散型随机变量,而引例 3 中的随机变量 ξ 为连续型随机变量.

6.4.2　离散型随机变量及其分布

可以说,到目前为止我们接触到的都是离散型随机变量,古典概型也是其中的一

种特例,因此我们先来讨论这种比较熟悉也较为简单的随机变量.

1. 概率分布

为了全面描述离散型随机变量 ξ,除了知道随机变量取什么值之外,还要知道随机变量 ξ 取值的概率规律,这就是分布列的概念.

定义 6.8　设 ξ 为一个离散型随机变量,它所有可能取的值为 $x_1, x_2, \cdots, x_n, \cdots$,事件 $\{\xi = x_k\}$ 的概率为 $p_k(k=1,2,\cdots,n,\cdots)$,即

$$P\{\xi = x_k\} = p_k \quad (k=1,2,\cdots,n,\cdots).$$

则称表 6-3 为随机变量 ξ 的**概率分布**或**分布列**.

表 6-3

ξ	x_1	x_2	$\cdots$	x_n	$\cdots$
$P\{\xi = x_k\}$	p_1	p_2	$\cdots$	p_n	$\cdots$

离散型随机变量的概率分布具有以下两个基本性质:

(1) $p_k \geqslant 0 \quad (k=1,2,\cdots,n,\cdots)$;　　(2) $\sum\limits_{k=1}^{\infty} p_k = 1.$

由分布函数的定义可知,离散型随机变量的分布函数具有如下形式:

$$F(x) = P\{\xi \leqslant x\} = \sum_{x_i \leqslant x} P\{\xi = x_i\} = \sum_{x_i \leqslant x} p_i. \tag{6-14}$$

例 18　求引例 2 中随机变量 ξ 的分布列和分布函数 $F(x)$.

解　因 $P\{\xi = 0\} = \dfrac{1}{2} = 0.5, P\{\xi = 1\} = \dfrac{1}{2} = 0.5$,所以,$\xi$ 的分布列(或概率分布)如表 6-4 所示。

表 6-4

ξ	0	1
$P\{\xi = x_k\}$	0.5	0.5

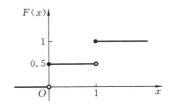

图 6-2

当 $x < 0$ 时,　　　　　　$F(x) = P\{\xi \leqslant x\} = P\{\varnothing\} = 0$;

当 $0 \leqslant x < 1$ 时,　　　$F(x) = P\{\xi \leqslant x\} = P\{\xi = 0\} = 0.5$;

当 $1 \leqslant x < +\infty$ 时,　$F(x) = P\{\xi \leqslant x\} = P(\{\xi = 0\} + \{\xi = 1\})$

$$= P\{\xi = 0\} + P\{\xi = 1\}$$

$$= 0.5 + 0.5 = 1.$$

所以,ξ 的分布函数为

$$F(x)=\begin{cases} 0, & x<0, \\ 0.5, & 0\leqslant x<1, \\ 1, & 1\leqslant x<+\infty. \end{cases}$$

其函数图形如图 6-2 所示.

例 19　设盒中有 5 个球,其中 2 个白球、3 个黑球.从中任取 3 个,则抽得的白球数 ξ 是一个随机变量,求 ξ 的分布列和分布函数.

解　由题意知,ξ 的可能取值为 0,1,2.又因

$$P\{\xi=0\}=\frac{C_2^0 C_3^3}{C_5^3}=0.1,\quad P\{\xi=1\}=\frac{C_2^1 C_3^2}{C_5^3}=0.6,\quad P\{\xi=2\}=\frac{C_2^2 C_3^1}{C_5^3}=0.3,$$

故 ξ 的分布列如表 6-5 所示.

于是,ξ 的分布函数为

$$F(x)=\begin{cases} 0, & x<0, \\ 0.1, & 0\leqslant x<1, \\ 0.1+0.6=0.7, & 1\leqslant x<2, \\ 0.1+0.6+0.3=1, & x\geqslant2, \end{cases}$$

其函数图形如图 6-3 所示.

表 6-5

ξ	0	1	2
$P\{\xi=x_k\}$	0.1	0.6	0.3

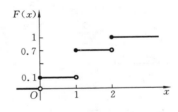

图 6-3

由上例可知,离散型随机变量 ξ 的分布函数 $F(x)$ 是定义域为 $(-\infty,+\infty)$、值域为 $[0,1]$、右连续、单调不减的分段函数,且 $F(-\infty)=0,F(+\infty)=1$.

2. 几种常用的离散型随机变量的分布

1) 两点(0-1)分布

若随机变量 ξ 只能取 0 和 1 两个值,它们的概率分布是

$$P\{\xi=0\}=p,\quad P\{\xi=1\}=q\quad(p+q=1),\tag{6-15}$$

则称 ξ 服从**两点(0-1)分布**或**伯努利分布**.

两点分布的分布列如表 6-6 所示.

表 6-6

ξ	0	1
$P\{\xi=x_k\}$	p	q

分布函数为

$$F(x)=\begin{cases} 0, & x<0, \\ p, & 0\leqslant x<1, \\ p+q=1, & x\geqslant1. \end{cases}$$

凡是事件总数只有两个基本事件的,都能用两点分布来描述它.例如,检验产品是否合格,机器是否工作正常,新生婴儿性别登记,射击是否命中目标,抛掷硬币是否出现正面等都可以用服从 0-1 分布的随机变量 ξ 来描述.

2)二项分布

前面了解了 n 重独立重复试验的概念,若想用 ξ 表示 n 重独立重复试验中随机事件 A 出现的次数,则 ξ 是一个随机变量,ξ 可能取到的值为 $0,1,2,\cdots,n$,且相应的概率为

$$P\{\xi=k\}=C_n^k p^k q^{n-k} \quad (k=0,1,2,\cdots,n),$$

其分布列如表 6-7 所示.其中 $0\leqslant p=P(A)\leqslant1,q=1-p$,称 ξ 所服从的分布为参数为 n,p 的二项分布,简记为

$$\xi\sim B(n,p).$$

显然,二项分布满足性质

$$\sum_{k=0}^{n} P(\xi=k) = \sum_{k=0}^{n} C_n^k p^k q^{n-k} = (p+q)^n = 1. \tag{6-16}$$

表 6-7

ξ	0	1	2	$\cdots$	k	$\cdots$	n
$P\{\xi=k\}$	$C_n^0 p^0 q^n=q^n$	$C_n^1 p^1 q^{n-1}$	$C_n^2 p^2 q^{n-2}$	$\cdots$	$C_n^k p^k q^{n-k}$	$\cdots$	p^n

二项分布的实际背景是伯努利概型,n 重伯努利概型中的每一个试验结果 A(或 $\overline{A}$)的发生次数,全部服从二项分布.二项分布在实践中有广泛的应用,例如,有放回的摸球试验;n 次抛掷硬币出现 k 次正面的试验;在次品率为 p 的一大批产品中任取 n 件产品,那么取得的次品数 ξ 服从 $B(n,p)$;又如在 n 次独立射击中,击中目标的次数 ξ 也服从二项分布.

特别地,当 $n=1$ 时,二项分布就是 0-1 分布.

例 20 设某个车间里共有 10 台车床,每台车床使用电力都是间歇性的,平均每小时中约有 15 min 使用电力.假定车工的工作是相互独立的,试问在同一时刻有 6 台或 6 台以上的车床用电的概率是多少?

解 在任一时刻,某一车床使用或不使用电力是随机的,可以看做一次试验."使用电力"记为事件 A,从题中所给条件知,事件 A 发生的概率为

$$P(A)=p=\frac{15}{60}=0.25,$$

且各次试验之间是相互独立的. 用 ξ 记任一时刻使用电力的车床的台数,则 ξ 服从二项分布,即 $\xi \sim B(10,0.25)$. 因此,所求概率为

$$P\{\xi=6\}+P\{\xi=7\}+P\{\xi=8\}+P\{\xi=9\}+P\{\xi=10\}$$
$$=C_{10}^6 0.25^6 0.75^4+C_{10}^7 0.25^7 0.75^3+C_{10}^6 0.25^8 0.75^2$$
$$+C_{10}^6 0.25^9 0.75^1+C_{10}^6 0.25^{10} 0.75^0$$
$$=0.0197.$$

这一结果说明:如果供给该车间的电力只允许 5 台车床同时开动,那么,电力使用超负荷的概率为 0.0197. 也就是说,平均在 100 min 中,约有 2 min 超负荷.

例 20 的结果对科学地、经济地使用电力无疑是有用的. 但同时也可看到,二项分布的计算往往相当复杂. 特别是当 n 很大时,计算公式中的组合数就更难对付. 为了便于实际使用,人们往往采用列表的方法将结果事先计算好(这当然可以用计算机来进行),使用时只要查表就可以了. 但二项分布有两个参数 n 和 p,而且它们的取值可有无限多个,这就使制表也很难完全满足实践的需要. 另一种可用的方法正好能够弥补这一缺陷,这就是近似计算的方法. 由于它涉及另一重要分布——泊松分布. 因此,我们在介绍了泊松分布之后,再来加以说明.

3) 泊松分布

泊松分布是很常见的一种分布,许多随机现象都服从泊松分布,甚至有人把泊松分布比喻为构造随机现象的"基本粒子"之一. 下面,首先给出其概率分布.

设随机变量 ξ 可取无穷多个值 $0,1,2,\cdots$,其概率分布为

$$P\{\xi=k\}=\frac{\lambda^k}{k!}e^{-\lambda} \quad (k=0,1,2,\cdots,\lambda>0), \tag{6-17}$$

则称 ξ 服从参数为 λ 的**泊松分布**,简记为 $\xi \sim P(\lambda)$.

容易证明

$$\sum_{k=0}^{\infty} P\{\xi=k\}=\sum_{k=0}^{\infty}\frac{\lambda^k}{k!}e^{-\lambda}=e^{-\lambda}\sum_{k=0}^{\infty}\frac{\lambda^k}{k!}$$
$$=e^{-\lambda} \cdot e^{\lambda}=1.$$

可以证明,当 n 很大、p 接近于零时,二项分布 $B(n,p)$ 可近似看成参数为 $\lambda=np$ 的泊松分布. 在应用时,通常认为当 $n \geq 10$,$p<0.1$,$\lambda=np$ 在 0.1 到 10 之间时,就可以用近似公式 $C_n^k p^k q^{n-k} \approx \frac{\lambda^k}{k!}e^{-\lambda}$ 来计算概率.

在实际中,一切大次数、小概率的事件(即稀有事件)A 发生的次数 ξ 都近似地服从泊松分布. 例如,电话交换台的呼唤次数、车站的候车人数、商店的顾客人数、纺织机的断头次数、铸件的疵点个数、某一时间间隔里放射性物质放射到某区域的质点个数等,都可用泊松分布来描述. 泊松分布表见附录 1.

例 21 为了保证设备正常工作,需要配备适量的维修工人.现有同类型设备 300 台,各台设备的工作相互独立,发生故障的概率均为 0.01,通常情况下一台设备的故障由一个人即可排除.试问:

(1) 为保证当设备发生故障时,不能及时排除的概率小于 0.01,至少要配备多少维修工人?

(2) 若由 3 人共同负责维修 80 台设备,不能及时排除故障的概率是多少?

解 设需要配备的工人数为 x,同时发生故障的设备台数为 ξ,因为一台设备的故障可由一个工人来处理,不能及时维修将是设备同时发生故障的台数多于配备的工人数,依题意,有 $P\{\xi > x\} \leqslant 0.01$.

(1) 因为设备发生故障只有"是"或"否"两种可能,所以概率服从二项分布,其中 $p = 0.01, n = 300$,此时 $\lambda = np = 3$,于是,由泊松分布近似计算得

$$P\{\xi > x\} = 1 - P\{\xi \leqslant x\} = 1 - \sum_{k=0}^{x} C_{300}^{k}(0.01)^{k}(0.99)^{300-k}$$

$$\approx 1 - \sum_{k=0}^{x} \frac{3^{k}}{k!} e^{-3} \leqslant 0.01,$$

即得 $\sum_{k=0}^{x} \frac{3^{k}}{k!} e^{-3} \geqslant 0.99$,由附录 1 可查得最小的 x 应为 8.

(2) 由于是 3 人共同维修 80 台设备,故 $n = 80, p = 0.01, \lambda = np = 0.8$,若 $\xi \geqslant 4$,则不能及时排除故障,因此,所求概率为

$$P\{\xi \geqslant x\} \approx \sum_{k=4}^{\infty} \frac{(0.8)^{k}}{k!} e^{-0.8} = 1 - \sum_{k=0}^{3} \frac{(0.8)^{k}}{k!} e^{-0.8}$$

$$= 1 - 0.9909 = 0.0091.$$

注意 在 n 重伯努利概型中,用 ξ 表示事件 A 发生次数的随机变量.当 $n = 1$ 时,ξ 服从 0-1 分布;当 n 为其他确定的常数时,ξ 服从二项分布;当 $n \to \infty$ 时,ξ 服从泊松分布.

6.4.3 连续型随机变量及其分布

前面讲的离散型随机变量,可取的值是可列个,这些值是孤立(离散)的,在每一个孤立点上都有一定的概率.而连续型随机变量取值不止是可列个,而是可取到某个区间 $[a, b]$ 或 $(-\infty, +\infty)$ 上的一切值,如 6.4.1 节引例 3 中的灯泡使用寿命 ξ,其取值范围为 $\{\xi \mid \xi \geqslant x\}(x > 0)$ 上的一切实数.

1. 密度函数和分布函数

由于连续型随机变量的可能取值是不能一一列举的,因此讨论它的分布列是不适合的,为此引入分布密度.

定义 6.9 设 ξ 是一个随机变量，$F(x)$ 是它的分布函数，如果存在非负可积函数 $f(x)$，使得对于任意实数 x，有

$$F(x) = P\{\xi \leqslant x\} = \int_{-\infty}^{x} f(t)\mathrm{d}t, \tag{6-18}$$

则称 ξ 为**连续型随机变量**，而 $f(x)$ 称为 ξ 的**概率密度函数**，简称**密度函数**. $y = f(x)$ 的几何图形称为 ξ 的**密度曲线**.

若 $f(x)$ 给定，则可以通过式（6-18）求分布函数. 另一方面，在 $f(x)$ 的连续点上，有 $F'(x) = f(x)$. 可见连续型随机变量的密度函数与分布函数是可以相互确定的，因而密度函数和分布函数一样，完整地描述了连续型随机变量取值的概率规律.

连续型随机变量的密度函数具有如下性质.

（1）$f(x) \geqslant 0$，即 ξ 的密度曲线在 Ox 轴的上方.

（2）$\int_{-\infty}^{+\infty} f(x)\mathrm{d}x = P\{-\infty < x < +\infty\} = 1$，即介于密度曲线与 Ox 轴之间的面积总和为 1.

（3）$P\{a < \xi \leqslant b\} = \int_{a}^{b} f(x)\mathrm{d}x$，即 ξ 落在区间 $(a,b]$ 内的概率等于随机变量 ξ 的密度函数 $f(x)$ 在区间 $(a,b]$ 上的定积分值，或等于区间 $(a,b]$ 上密度曲线下的曲边梯形的面积（见图 6-4）. 事实上，有

$$
\begin{aligned}
P\{a < \xi \leqslant b\} &= P\{\xi \leqslant b\} - P\{\xi \leqslant a\} \\
&= \int_{-\infty}^{b} f(x)\mathrm{d}x - \int_{-\infty}^{a} f(x)\mathrm{d}x \\
&= \int_{a}^{b} f(x)\mathrm{d}x.
\end{aligned}
$$

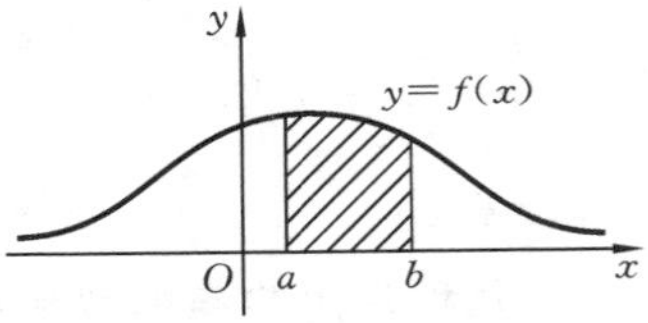

图 6-4

由此可得，$P\{\xi = b\} = \lim\limits_{a \to b}\int_{a}^{b} f(x)\mathrm{d}x = 0$，即连续型随机变量取任一固定值的概率等于零.

因而，在计算连续型随机变量取值于区间上的概率时，可以不必计较区间的开、闭，即有

$$
\begin{aligned}
P\{a \leqslant \xi \leqslant b\} &= P\{a < \xi \leqslant b\} = P\{a \leqslant \xi < b\} \\
&= P\{a < \xi < b\} = \int_{a}^{b} f(x)\mathrm{d}x.
\end{aligned}
$$

例 22 设连续型随机变量 ξ 的密度函数为

$$f(x) = \begin{cases} kx, & 0 \leqslant x \leqslant 1, \\ 0, & \text{其他}. \end{cases}$$

求：(1) 系数 k；(2) ξ 的分布函数 $F(x)$；(3) 概率 $P\left\{\dfrac{1}{3} \leqslant \xi \leqslant 2\right\}$.

解　(1) 由密度函数的性质 $\int_{-\infty}^{+\infty} f(x)\mathrm{d}x = 1$，得

$$\int_0^1 kx\,\mathrm{d}x = \frac{1}{2}kx^2 \Big|_0^1 = \frac{1}{2}k = 1, \quad 即 \quad k = 2.$$

(2) $\qquad\qquad F(x) = P(\xi \leqslant x) = \int_{-\infty}^x f(t)\,\mathrm{d}t.$

当 $x < 0$ 时，

$$F(x) = \int_{-\infty}^x 0\,\mathrm{d}t = 0;$$

当 $0 \leqslant x < 1$ 时，

$$F(x) = \int_{-\infty}^x f(t)\,\mathrm{d}t = \int_{-\infty}^0 0\,\mathrm{d}t + \int_0^x 2t\,\mathrm{d}t = x^2;$$

当 $x \geqslant 1$ 时，

$$F(x) = \int_{-\infty}^x f(t)\,\mathrm{d}t = \int_{-\infty}^0 0\,\mathrm{d}t + \int_0^1 2t\,\mathrm{d}t + \int_1^x 0\,\mathrm{d}t = 1.$$

综上所述，

$$F(x) = \begin{cases} 0, & x < 0, \\ x^2, & 0 \leqslant x < 1, \\ 1, & x \geqslant 1. \end{cases}$$

(3) $\qquad P\left\{\frac{1}{3} \leqslant \xi \leqslant 2\right\} = \int_{\frac{1}{3}}^2 f(t)\,\mathrm{d}t = \int_{\frac{1}{3}}^1 2t\,\mathrm{d}t + \int_1^2 0\,\mathrm{d}t$

$$= t^2 \Big|_{\frac{1}{3}}^1 = 1 - \frac{1}{9} = \frac{8}{9}.$$

2. 几种常用的连续型随机变量的分布

1) 均匀分布

设随机变量 ξ 在有限区间 $[a,b]$ 上取值，其密度函数为

$$f(x) = \begin{cases} \dfrac{1}{b-a}, & a \leqslant x \leqslant b, \\ 0, & 其他, \end{cases} \qquad (6\text{-}19)$$

则称 ξ 在区间 $[a,b]$ 上服从参数为 a,b 的**均匀分布**，记为 $\xi \sim U[a,b]$.

应用公式(6-18)，可求得均匀分布的分布函数为

$$F(x) = \begin{cases} 0, & x < a, \\ \dfrac{x-a}{b-a}, & a \leqslant x < b, \\ 1, & x \geqslant b, \end{cases}$$

均匀分布的密度函数与分布函数的图形分别如图 6-5(a)、(b) 所示.

设 $\xi \sim U[a,b]$，$[x_1,x_2] \subset [a,b]$，则有

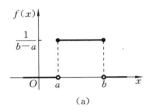 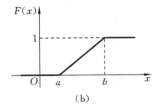

图 6-5

$$P\{x_1 \leqslant \xi \leqslant x_2\} = \int_{x_1}^{x_2} \frac{1}{b-a} \mathrm{d}x = \frac{x_2 - x_1}{b-a}. \tag{6-20}$$

均匀分布在实际中也有广泛应用,例如在数字计算中由于四舍五入,小数点后某一位小数引入的误差;每隔一定时间有一辆公共汽车通过的停车站上乘客的候车时间等变量,都服从均匀分布.

例 23　设电阻的阻值 R 是一个随机变量,均匀分布在 $900 \sim 1100\ \Omega$ 之间,求 R 在 $950 \sim 1050\ \Omega$ 的概率.

解 1　由题意知,$R \sim U[900, 1100]$,其密度函数为

$$f(x) = \begin{cases} \dfrac{1}{200}, & 900 \leqslant x \leqslant 1100, \\ 0, & \text{其他,} \end{cases}$$

所以

$$P\{950 \leqslant \xi \leqslant 1050\} = \int_{950}^{1050} \frac{1}{200} \mathrm{d}x = \left. \frac{1}{200}x \right|_{950}^{1050} = \frac{1}{2}.$$

解 2　由式(6-20)直接得

$$P\{950 \leqslant \xi \leqslant 1050\} = \frac{1050 - 950}{1100 - 900} = \frac{1}{2}.$$

2)指数分布

若随机变量 ξ 的密度函数为

$$f(x) = \begin{cases} \lambda \mathrm{e}^{-\lambda x}, & x \geqslant 0, \\ 0, & x < 0, \end{cases} \tag{6-21}$$

其中 $\lambda > 0$ 为常数,则称 ξ 服从参数为 λ 的**指数分布**,记为 $\xi \sim E(\lambda)$.

容易求得,指数分布的分布函数为

$$F(x) = \int_{-\infty}^{x} f(t)\mathrm{d}t = \begin{cases} 1 - \mathrm{e}^{-\lambda x}, & x \geqslant 0, \\ 0, & x < 0. \end{cases} \tag{6-22}$$

指数分布的密度函数与分布函数的图形分别如图 6-6(a)、(b)所示.

指数分布的实际背景是各种消耗性产品的"寿命",如无线电元件的寿命、动物的寿命、电话的通话时间、随机服务系统的服务时间等都近似地服从指数分布.

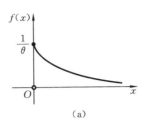

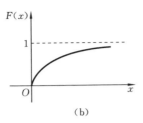

图 6-6

3. 正态分布

正态分布是所有概率分布中最重要、最常见的一种分布,这有实践与理论两个方面的原因.实践方面的原因在于其常见性.如产品的长度、密度、高度、质量指标;人体的高、体重;测量的误差;等等,都近似服从正态分布.事实上,如果影响某一随机变量的因素很多,而每一个因素都不起决定性作用,且这些影响是可以叠加的,那么,这一随机变量就被认为是服从正态分布(可利用概率论中的极限定理证明).从理论方面讲,正态分布可以导出一些其他的分布,而某些分布在一定条件下又可用正态分布来近似,因此正态分布在理论研究中具有重要地位.

若随机变量 ξ 的密度函数为

$$f(x) = \frac{1}{\sqrt{2\pi}\sigma} e^{-\frac{(x-\mu)^2}{2\sigma^2}} \quad (-\infty < x < +\infty), \tag{6-23}$$

其中 μ, σ 为常数,且 $\sigma > 0$,则称 ξ 服从参数为 μ, σ 的**正态分布**,记作 $\xi \sim N(\mu, \sigma^2)$. 正态分布的分布函数为

$$F(x) = \int_{-\infty}^{x} f(t)\mathrm{d}t = \int_{-\infty}^{x} \frac{1}{\sqrt{2\pi}\sigma} e^{-\frac{(t-\mu)^2}{2\sigma^2}} \mathrm{d}t \quad (-\infty < x < +\infty). \tag{6-24}$$

正态分布的密度曲线呈钟型,其图形如图 6-7(a)所示,且具有以下性质.

(1) $f(x)$ 的密度曲线关于直线 $x = \mu$ 对称.

(2) 当 $x = \mu$ 时,$f(x)$ 取得最大值 $\dfrac{1}{\sqrt{2\pi}\sigma}$.

(3) $f(x)$ 的图形以 x 轴为水平渐近线.

(4) $f(x)$ 的密度曲线有两个拐点 $\left(\mu \pm \sigma, \dfrac{1}{\sqrt{2\pi}\sigma} e^{-\frac{1}{2}}\right)$.

(5) $\displaystyle\int_{-\infty}^{+\infty} \frac{1}{\sqrt{2\pi}\sigma} e^{-\frac{(t-\mu)^2}{2\sigma^2}} \mathrm{d}t = 1.$

(6) 若固定 σ,改变 μ 的值,则密度曲线沿 x 轴方向水平移动,曲线的几何形状不变;若固定 μ,而改变 σ 的值,由 $f(x)$ 的最大值可知,当 σ 越大时,$f(x)$ 的图形越平坦,当 σ 越小时,$f(x)$ 的图形越陡峭,如图 6-7(b)所示.

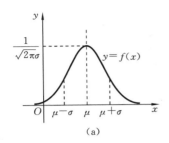 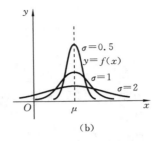

图 6-7

特别地,若 $\xi \sim N(\mu, \sigma^2)$,且 $\mu = 0, \sigma = 1$ 时,称 ξ 服从**标准正态分布**,记为 $\xi \sim N(0,1)$.为了与一般的正态分布相区别,将标准正态分布的密度函数和分布函数分别用 $\varphi(x)$ 和 $\Phi(x)$ 来表示,即

$$\varphi(x) = \frac{1}{\sqrt{2\pi}} \mathrm{e}^{-\frac{x^2}{2}} \quad (-\infty < x < +\infty), \tag{6-25}$$

$$\Phi(x) = \int_{-\infty}^{x} \varphi(t)\,\mathrm{d}t = \int_{-\infty}^{x} \frac{1}{\sqrt{2\pi}} \mathrm{e}^{-\frac{t^2}{2}}\,\mathrm{d}t. \tag{6-26}$$

标准正态分布的密度函数和分布函数的图形如图 6-8(a)、(b)所示.

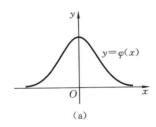 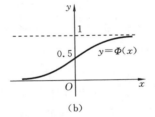

图 6-8

标准正态分布函数有以下性质.

性质 1　若 $\xi \sim N(0,1)$,则

$$\Phi(-x) = 1 - \Phi(x). \tag{6-27}$$

由于经常用到标准正态分布 $\Phi(x)$ 的数值,已制成正态分布表(见附录 2),读者根据需要可查找 $\Phi(x)$ 的数值,表中只对 x 的正值列出 $\Phi(x)$ 的值,当 x 为负值时,可利用式(6-27)得到.

性质 2　若 $\xi \sim N(\mu, \sigma^2)$,$\eta \sim N(0,1)$,且其分布函数分别为 $F(x)$ 和 $\Phi(x)$,则

$$F(x) = \Phi\left(\frac{x-\mu}{\sigma}\right). \tag{6-28}$$

证　正态变量 ξ 的分布函数为

$$F(x) = \int_{-\infty}^{x} \frac{1}{\sqrt{2\pi}\sigma} e^{-\frac{(t-\mu)^2}{2\sigma^2}} dt \xrightarrow{\frac{t-\mu}{\sigma} = y} \int_{-\infty}^{\frac{x-\mu}{\sigma}} \frac{1}{\sqrt{2\pi}} e^{-\frac{y^2}{2}} dy = \Phi\left(\frac{x-\mu}{\sigma}\right),$$

即
$$F(x) = \Phi\left(\frac{x-\mu}{\sigma}\right).$$

这个公式十分重要,可把一般正态分布的分布函数的计算转化为标准正态分布的分布函数值来计算.

由分布函数的性质 $P\{x_1 < \xi \leqslant x_2\} = F(x_2) - F(x_1)$ 知,当 $\xi \sim N(\mu, \sigma^2)$ 时,有

$$P\{x_1 < \xi \leqslant x_2\} = F(x_2) - F(x_1) = \Phi\left(\frac{x_2-\mu}{\sigma}\right) - \Phi\left(\frac{x_1-\mu}{\sigma}\right).$$

例 24　设测量误差 $\xi \sim N(0,1)$,求:

(1) $P\{\xi < 2.3\}$;　　　　　　　(2) $P\{\xi < -1\}$;

(3) $P\{-1.5 < \xi < 2\}$;　　　　(4) $P\{|\xi| < 1.26\}$.

解　(1) $P\{\xi < 2.3\} = \Phi(2.3) = 0.98928$.

(2) $P\{\xi < -1\} = \Phi(-1) = 1 - \Phi(1) = 1 - 0.8413 = 0.1587$.

(3) $P\{-1.5 < \xi < 2\} = \Phi(2) - \Phi(-1.5) = \Phi(2) - [1 - \Phi(1.5)]$

$$= \Phi(2) + \Phi(1.5) - 1$$

$$= 0.97725 + 0.93319 - 1 = 0.91044.$$

(4) $P\{|\xi| < 1.26\} = P\{-1.26 < \xi < 1.26\} = \Phi(1.26) - \Phi(-1.26)$

$$= \Phi(1.26) - [1 - \Phi(1.26)] = 2\Phi(1.26) - 1$$

$$= 2 \times 0.8962 - 1 = 0.7924.$$

例 25　假定人的体重符合参数为 $\mu = 55, \sigma = 10$(单位:kg)的正态分布,即 $\xi \sim N(55, 100)$. 试求任选一人,他的体重

(1) 在区间 $[45, 65]$ 之间的概率;

(2) 大于 85 kg 的概率.

解　(1) 体重在区间 $[45, 65]$ 之间的概率为

$$P\{45 < \xi < 65\} = F(65) - F(45) = \Phi\left(\frac{65-55}{10}\right) - \Phi\left(\frac{45-55}{10}\right)$$

$$= \Phi(1) - \Phi(-1) = 2\Phi(1) - 1$$

$$= 2 \times 0.8413 - 1 = 0.6826.$$

(2) 大于 85 kg 的概率为

$$P\{\xi > 85\} = 1 - P\{\xi \leqslant 85\} = 1 - \Phi\left(\frac{85-55}{10}\right) = 1 - \Phi(3)$$

$$= 1 - 0.99865 = 0.00145.$$

以上结果说明,至少有三分之二的人的体重在 45 kg 至 65 kg 之间,而体重超过

85 kg 的人仅占总人口的千分之一多一点.

例 26　设 $\xi \sim N(\mu, \sigma^2)$,试求:

(1) $P\{|\xi - \mu| < \sigma\}$;　　(2) $P\{|\xi - \mu| < 2\sigma\}$;　　(3) $P\{|\xi - \mu| < 3\sigma\}$.

解　(1) $P\{|\xi - \mu| < \sigma\} = P\{\mu - \sigma < \xi < \mu + \sigma\} = \Phi\left(\dfrac{\mu + \sigma - \mu}{\sigma}\right) - \Phi\left(\dfrac{\mu - \sigma - \mu}{\sigma}\right)$

$$= \Phi(1) - \Phi(-1) = 2\Phi(1) - 1$$

$$= 2 \times 0.8413 - 1 = 0.6826.$$

(2)　　　　　　　$P\{|\xi - \mu| < 2\sigma\} = \Phi(2) - \Phi(-2) = 2\Phi(2) - 1$

$$= 2 \times 0.97725 - 1 = 0.9545.$$

(3)　　　　　　　$P\{|\xi - \mu| < 3\sigma\} = \Phi(3) - \Phi(-3) = 2\Phi(3) - 1$

$$= 2 \times 0.99865 - 1 = 0.9974.$$

第(3)小题的结论揭示了一个极为重要的统计规律,习惯上称为"3σ"规则,它表明在一次随机试验中,服从正态分布的随机变量几乎可以肯定落在区间$(\mu - 3\sigma, \mu + 3\sigma)$之内,这是因为 ξ 落入该区间的概率几乎等于 1. 在现代企业管理和生产中常用"3σ"规则进行质量管理和控制.

习　题　6.4

1. 试用随机变量表示下列事件.

   (1) 口袋内有 5 个乒乓球,编号分别为 1,2,3,4,5,从中任意取出一球,试表示事件{取出的球号码为 4},{取出的球号码不超过 3}.

   (2) 一批运动员参加了 100 m 跑比赛,并记录了他们的成绩,其中最快的为 10 s,最慢的为 12 s. 现任意抽取一名运动员考察其成绩,试表示事件"成绩在 10 s 与 11 s 之间","成绩大于 10.5 s".

2. 一个小盒中有 7 支铅笔,其中 4 支是红铅笔,3 支是蓝铅笔,现从小盒中任取出 3 支铅笔,设取出红铅笔支数为 ξ,试求:

   (1) ξ 的分布列;(2) $P\{0 \leqslant \xi \leqslant 2\}$.

3. 猎人对一只野兽射击,直至首次命中为止. 由于时间紧迫,他最多只能射击 4 次,如果猎人每次射击命中的概率为 0.7,并记在这段时间内猎人没有命中的次数为 ξ,试求:

   (1) ξ 的分布列;　　(2) $P\{\xi < 2\}$;　　(3) $P\{1 < \xi \leqslant 3\}$.

4. 设随机变量的分布列为

ξ	-1	0	1
p	$\dfrac{1}{3}$	$\dfrac{1}{6}$	$\dfrac{1}{2}$

试求:(1) 分布函数 $F(x)$;　　(2) $P\left\{|\xi| < \dfrac{1}{2}\right\}$;　　(3) $P\left\{\xi < \dfrac{1}{3}\right\}$.

5. 设随机变量的分布列为

ξ	0	1
p	$9C^2-C$	$3-8C$

试确定常数 C.

6. 一个大楼有 5 个同类型的供水设备,调查表明在任一时刻 t,每个设备被使用的概率为 0.1,问在同一时刻:

    (1) 恰有 2 个设备被使用的概率;　　　(2) 至少有 3 个设备被使用的概率;

    (3) 至多有 3 个设备被使用的概率;　　　(4) 至少有 1 个设备被使用的概率.

7. 设连续型随机变量 ξ 的分布函数为

$$F(x)=\begin{cases} 0, & x<0, \\ Ax^2, & 0\leqslant x<1, \\ 1, & x\geqslant 1. \end{cases}$$

    试求:(1) 系数 A;(2) ξ 落在区间 $(0.3,0.7)$ 内的概率;(3) ξ 的概率分布密度 $p(x)$.

8. 某电话交换台每分钟接到的呼叫次数 ξ 服从参数 $\lambda=4$ 的泊松分布,求:

    (1) 每分钟恰好收到呼叫 8 次的概率;

    (2) 每分钟恰好收到呼叫的次数大于 10 次的概率.

9. 公共汽车站每隔 5 min 有一班汽车通过.假设乘客在车站上的候车时间为 ξ,若在区间 $[0,5]$ 上服从均匀分布,求:

    (1) 密度函数 $p(x)$;　　　(2) 分布函数 $F(x)$;　　　(3) 候车时间不超过 2 min 的概率.

10. 假设打一次电话所用时间(单位:min)ξ 服从参数 $\lambda=0.2$ 的指数分布,如某人刚好在你前面走进电话亭,试求:

    (1) 超过 10 min 的概率;　　　(2) 你等待 10 min 到 20 min 的概率.

11. 某城市每天的耗电量不超过 100×10^4 kW·h,每天的耗电量与 100×10^4 kW·h 的比值称为耗电率.设城市的耗电率为 ξ,其密度函数为

$$P(x)=\begin{cases} 12(1-x^2), & 0<x<1, \\ 0, & 其他. \end{cases}$$

    如果发电厂每天的供电量为 80×10^4 kW·h,问任意一天供电量不足的概率为多少?

12. 设 $\xi\sim N(0,1)$,试求:

    (1) $P\{\xi\leqslant 2.2\}$;　　　(2) $P\{0.5<\xi\leqslant 1.29\}$;

    (3) $P\{\xi>3\}$;　　　(4) $P\{|\xi|<1.5\}$.

13. 设 $\xi\sim N(3,2^2)$,试求:

    (1) $P\{2<\xi\leqslant 5\}$;　　(2) $P\{-3<\xi<9\}$;　　(3) $P\{|\xi|>2\}$;

    (4) $P\{\xi>3\}$;　　(5) 若 $P\{\xi>C\}=P\{\xi\leqslant C\}$,确定 C.

14. 某标准间厂生产的螺栓长度 $\xi\sim N(10.05,0.06^2)$.若规定长度在 (10.05 ± 0.12) min 范围内为合格品,从一批螺栓中任取 1 只,求该螺栓为不合格的概率.

15. 某批钢材的强度 $\xi\sim N(200,18^2)$,现从中任取 1 件.

(1) 求取出的钢材强度不低于 180 MPa 的概率;

(2) 如果要以 99% 的概率保证强度不低于 150,问这批钢材是否合格?

16. 某班的一次数学考试成绩 $\varepsilon \sim N(70,10^2)$,按规定 85 分以上为优秀,60 分以下为不合格,试求:

(1) 成绩达到优秀的学生占全班的比例;

(2) 成绩不及格的学生占全班的比例.

6.5 随机变量的数字特征

分布函数全面反映了随机变量取到各个值或取值于各个区间内的概率的大小.然而,在实践中,许多情形下并不需要也不可能确切地了解一个随机变量取值规律的全貌,而只需或只能知道它的某些侧面.例如,在测量某种零件的长度时,由于种种随机因素的影响,测量值是一个随机变量,一般并不大关心它服从什么分布,而应着重关心它的平均数等于多少? 其精确度(测量长度对平均数的偏离程度)又如何? 因为这两个指标反映了随机变量的两个重要的统计特征.这些能反映随机变量某种特征的数字在概率论中称为**随机变量的数字特征**.用数字特征来刻画随机变量具有直观、简明的优点,同时还将看到随机变量分布中某些参数不是别的,恰好是即将研究的随机变量的数字特征.这样一来,只要知道随机变量的分布类型,则随机变量的分布函数就由其数字特征完全确定了.可见,随机变量的数字特征在概率统计及其应用中的重要地位,本节着重讨论随机变量的两种常用的数字特征——数学期望和方差.

6.5.1 数学期望

为了描述一组事物的大致情况,经常使用平均值这个概念.例如,从一批螺栓中随机抽 10 根测量它们的直径,测量的结果 ξ 为一随机变量,测量值(单位:mm)分别为

$$9.8,9.9,9.9,10,10,10.1,10.1,10.1,10.2,10.4.$$

那么,10 根螺栓的平均直径为

$$(9.8+9.9+9.9+10+10+10.1+10.1+10.1+10.2+10.4)\times\frac{1}{10}$$

$$=9.8\times\frac{1}{10}+9.9\times\frac{2}{10}+10\times\frac{2}{10}+10.1\times\frac{3}{10}+10.2\times\frac{1}{10}+10.4\times\frac{1}{10}=10.05.$$

由此可见,直径的平均值不是 ξ 的可取值 $9.8,9.9,10,10.1,10.2,10.4$ 这六个数的算术平均值为

$$(9.8+9.9+10+10.1+10.2+10.4)\times\frac{1}{6}=10.066667.$$

而 ξ 的六个可取值与相应频率相乘之和,称其为 $9.8,9.9,10,10.1,10.2,10.4$ 的以

频率为权数的加权平均,而频率$\frac{1}{10},\frac{2}{10},\frac{2}{10},\frac{3}{10},\frac{1}{10},\frac{1}{10}$称为**权数**.这六个数不同,反映了 $9.8,9.9,10,10.1,10.2,10.4$ 在相加时所占有的比重不同.由于对于不同的试验,随机变量取值的频率往往不一样,也就是说,如果另外再抽 10 根螺栓进行测量,所得的平均直径可能是不同的,这主要是由于频率的波动所引起的.为此,用概率代替频率以消除这种波动性.

1. 离散型随机变量的数学期望

定义 6.10 设离散型随机变量 ξ 的分布列如表 6-8 所示.

表 6-8

ξ	x_1	x_2	$\cdots$	x_k	$\cdots$	x_n
p	p_1	p_2	$\cdots$	p_k	$\cdots$	p_n

则称和式

$$\sum_{k=1}^{n} x_k p_k = x_1 p_1 + x_2 p_2 + \cdots + x_k p_k + \cdots + x_n p_n$$

为随机变量 ξ 的**数学期望**(或均值),记作 $E(\xi)$ 或 $E\xi$,即

$$E(\xi) = \sum_{k=1}^{n} x_k p_k. \tag{6-29}$$

当 ξ 可取的值为无穷可列个时,若级数 $\sum\limits_{k=1}^{\infty} x_k p_k$ 绝对收敛,则 $E(\xi)$ 存在,且

$$E(\xi) = \sum_{k=1}^{\infty} x_k p_k.$$

数学期望是以概率为权数的加权平均,体现了随机变量 ξ 取值的集中位置或平均水平,所以数学期望也称**均值**.

显然,离散型随机变量的数学期望由它的分布列唯一确定.

例 27 某班甲、乙两位同学,在一学年所有的数学测验中考试成绩的概率分布如表 6-9 所示.

表 6-9

学生	甲				乙			
成绩	60	80	90	100	70	80	90	100
概率	0.1	0.2	0.3	0.4	0.3	0.3	0.3	0.1

问谁的成绩较好?

解 仅从概率分布来看,很难给出答案,但由于甲、乙的数学期望分别为

$$E_甲(\xi) = 60 \times 0.1 + 80 \times 0.2 + 90 \times 0.3 + 100 \times 0.4 = 89,$$

$$E_乙(\xi)=70\times0.3+80\times0.3+90\times0.3+100\times0.1=82.$$

由此可知,甲的成绩较好.因为从考试成绩的加权平均值来看,甲的成绩比乙高.

下面介绍几种常用离散型随机变量的数学期望.

1) 两点(0-1)分布的数学期望

从两点分布的分布列如表 6-10 所示,

表 6-10

ξ	0	1
$P\{\xi=x_k\}$	p	q

立即可得

$$E(\xi)=0\cdot p+1\cdot q=q. \tag{6-30}$$

2) 二项分布的数学期望

由二项概率分布

$$P\{\xi=k\}=C_n^k p^k q^{n-k} \quad (k=0,1,2,\cdots,n),$$

得

$$E(\xi) = \sum_{k=1}^{n} k C_n^k p^k q^{n-k} = \sum_{k=1}^{n} k\,\frac{n!}{k!(n-k)!}p^k q^{n-k}$$

$$= \sum_{k=1}^{n} n\,\frac{(n-1)!}{(k-1)!(n-k)!}\cdot p\cdot p^{k-1}\cdot q^{n-k}$$

$$= np\cdot \sum_{k=1}^{n} \frac{(n-1)!}{(k-1)!(n-k)!}p^{k-1}q^{n-k}$$

$$= np\cdot \sum_{k=1}^{n} C_{n-1}^{k-1} p^{k-1} q^{n-k} = np(p+q)^{n-1} = np. \tag{6-31}$$

3) 泊松分布的数学期望

由泊松概率分布

$$P\{\xi=k\}=\frac{\lambda^k}{k!}e^{-\lambda} \quad (k=0,1,2,\cdots;\lambda>0),$$

得

$$E(\xi) = \sum_{k=0}^{\infty} k p_k = \sum_{k=1}^{\infty} k\cdot\frac{\lambda^k}{k!}e^{-\lambda} = \sum_{k=1}^{\infty}\lambda e^{-\lambda}\frac{\lambda^{k-1}}{(k-1)!}$$

$$= \lambda e^{-\lambda}\sum_{k=0}^{\infty}\frac{\lambda^k}{k!} = \lambda e^{-\lambda}\cdot e^{\lambda} = \lambda. \tag{6-32}$$

2. 连续型随机变量的数学期望

对于连续型随机变量,设其密度函数为 $f(x)$,注意到 $f(x)\mathrm{d}x$ 的作用与离散型随机变量中的 p_k 相类似,而 $\sum$ 的极限就是定积分,于是得到以下定义.

定义 6. 11　设连续型随机变量 ξ 的密度函数为 $f(x)$,如果广义积分

$\displaystyle\int_{-\infty}^{+\infty}xf(x)\mathrm{d}x$ 绝对收敛（即 $\displaystyle\int_{-\infty}^{+\infty}|x|f(x)\mathrm{d}x$ 收敛），则称此积分值为随机变量 ξ 的**数学期望**，记为 $E(\xi)$，即

$$E(\xi)=\int_{-\infty}^{+\infty}xf(x)\mathrm{d}x. \tag{6-33}$$

如果 $\eta=g(\xi)$ 是随机变量 ξ 的函数，则 η 的数学期望记为

$$E(\eta)=E[g(\xi)]=\int_{-\infty}^{+\infty}g(x)f(x)\mathrm{d}x. \tag{6-34}$$

显然，连续型随机变量的数学期望是由它的密度函数唯一确定的.

下面介绍几种常用连续型随机变量的数学期望.

1）均匀分布的数学期望

设随机变量 $\xi\sim U[a,b]$，即 ξ 的密度函数为

$$f(x)=\begin{cases}\dfrac{1}{b-a}, & a\leqslant x\leqslant b,\\[2mm] 0, & \text{其他.}\end{cases}$$

由定义知

$$\begin{aligned}E(\xi)&=\int_{-\infty}^{+\infty}xf(x)\mathrm{d}x=\int_{a}^{b}\frac{x}{b-a}\mathrm{d}x\\[2mm]&=\frac{1}{2(b-a)}x^{2}\bigg|_{a}^{b}=\frac{a+b}{2}.\end{aligned} \tag{6-35}$$

这说明均匀分布的数学期望为参数 a,b 和的一半，这正是均匀密度细棒的重心位置.

2）指数分布的数学期望

设随机变量 $\xi\sim E(\lambda)$，则其密度函数为

$$f(x)=\begin{cases}\lambda\mathrm{e}^{-\lambda x}, & x\geqslant 0,\\ 0, & x<0.\end{cases}$$

因此，

$$E(\xi)=\int_{0}^{+\infty}x\lambda\mathrm{e}^{-\lambda x}\mathrm{d}x=\int_{0}^{+\infty}\mathrm{e}^{-\lambda x}\mathrm{d}x=\frac{1}{\lambda}. \tag{6-36}$$

3）正态分布的数学期望

设随机变量 $\xi\sim N(\mu,\sigma^{2})$，则其密度函数为

$$f(x)=\frac{1}{\sqrt{2\pi}\sigma}\mathrm{e}^{-\frac{(x-\mu)^{2}}{2\sigma^{2}}}\quad(-\infty<x<+\infty).$$

因此，

$$E(\xi)=\int_{-\infty}^{+\infty}x\,\frac{1}{\sqrt{2\pi}\sigma}\mathrm{e}^{-\frac{(x-\mu)^{2}}{2\sigma^{2}}}\mathrm{d}x.$$

作标准化变换，令 $y=\dfrac{x-\mu}{\sigma}$，则

$$\text{上式右端}=\frac{1}{\sqrt{2\pi}}\int_{-\infty}^{+\infty}(\sigma y+\mu)\mathrm{e}^{-\frac{y^{2}}{2}}\mathrm{d}y$$

$$= \frac{\mu}{\sqrt{2\pi}} \int_{-\infty}^{+\infty} e^{-\frac{y^2}{2}} dy + \frac{\sigma}{\sqrt{2\pi}} \int_{-\infty}^{+\infty} y e^{-\frac{y^2}{2}} dy,$$

而 $\frac{1}{\sqrt{2\pi}} \int_{-\infty}^{+\infty} e^{-\frac{y^2}{2}} dy = 1, \int_{-\infty}^{+\infty} y e^{-\frac{y^2}{2}} dy = 0$,所以

$$E(\xi) = \mu \cdot 1 + \sigma \cdot 0 = \mu. \tag{6-37}$$

上式说明,正态分布中的参数 μ 正是它的数学期望.

3. 数学期望的性质

设 a, b, c 为常数,ξ, η 为随机变量,且 $E(\xi), E(\eta)$ 均存在,则数学期望具有以下性质.

性质 1 $E(c) = c$.

上式中的 c 可看做是一个特殊的随机变量,即只取一个值的随机变量.当然它取到该值的概率为 1. 这种分布被称为**退化分布**或**单点分布**.

性质 2 $E(c\xi) = cE(\xi)$.

性质 3 $E(a\xi + b) = aE(\xi) + b$.

性质 4 $E(\xi \pm \eta) = E(\xi) \pm E(\eta)$.

性质 5 设随机变量 ξ, η 相互独立,则 $E(\xi \cdot \eta) = E(\xi) \cdot E(\eta)$.

例 28 某企业生产的化工原料,市场需求量(单位:t)ξ 在区间 $[1000, 4000]$ 上服从均匀分布.每售出 1 t,可获利 6 千元.但若销售不出去,则每吨需保管费、人工费等 2 千元.问应如何安排生产,企业才能获得最大利润.

解 设生产量为 m t,市场需求量为 ξ,收益函数为 R,显然有 $1000 \leqslant t \leqslant 4000$,且

$$R = R(\xi) = \begin{cases} 6m, & \xi \geqslant m, \\ 6\xi - 2(m - \xi), & \xi < m. \end{cases}$$

因为 $\xi \sim U[1000, 4000]$,其密度函数为

$$f(x) = \begin{cases} \dfrac{1}{3000}, & x \in [1000, 4000], \\ 0, & x \notin [1000, 4000]. \end{cases}$$

根据公式(6-34),有

$$E[R(\xi)] = \int_{-\infty}^{+\infty} R(x) f(x) dx = \int_{1000}^{4000} \frac{1}{3000} R(x) dx$$

$$= \frac{1}{3000} \left[\int_{1000}^{m} (8x - 2m) dx + \int_{m}^{4000} 6m \, dx \right]$$

$$= \frac{1}{750} (-m^2 + 6500m - 10^6).$$

令 $\{E[R(\xi)]\}'_m = \left[\frac{1}{750} (-m^2 + 6500m - 10^6) \right]' = -\frac{1}{375} m + \frac{26}{3} = 0$,解得

$$m = 3250.$$

又因 $\{E[R(\xi)]\}''_m = -\dfrac{1}{375} < 0$，所以，当 $m = 3250$ t 时，$E[R(\xi)]$ 达到最大值，即企业可获得最大利润.

6.5.2 方差

1. 方差的概念

随机变量的数学期望描述了随机变量取值的平均大小，它是随机变量的重要数字特征. 然而，对于一个随机变量来说，仅仅知道它的数学期望往往不能很好地反映随机变量的全部特点，特别是随机变量的取值与其数学期望的偏离程度.

引例 对两批标定直径分别为 10（单位：mm）的螺栓进行测量，每批各 10 根，测得的结果分别为

第一批：9.6，9.7，9.8，10，10，10.1，10.1，10.1，10.2，10.4；

第二批：9.3，9.5，9.6，9.8，10，10.1，10.3，10.3，10.4，10.7.

这两批螺栓直径的平均值都是 10，但是第一批螺栓的直径与平均值的偏差较小，质量较好，第二批螺栓的直径与平均值的偏差较大，质量相对较差. 由此可见，在实际问题中，除了要了解随机变量的数学期望外，一般还要知道随机变量的取值与其数学期望的偏差程度. 那么，如何去度量随机变量的取值与其数学期望的偏差程度呢？若用 $E[\xi - E(\xi)]$ 来描述，则可能会出现正、负相互抵消的情况，若用 $E(|\xi - E(\xi)|)$ 来描述，虽然可以避免正、负相互抵消的现象，但绝对值又不便运算. 因此，通常采用 $E[\xi - E(\xi)]^2$ 来描述随机变量 ξ 与其均值 $E(\xi)$ 的偏差程度，从而给出如下定义.

定义 6.12 设 ξ 为随机变量，其数学期望为 $E(\xi)$，如果 $E[\xi - E(\xi)]^2$ 存在，则称它为 ξ 的**方差**，记为 $D(\xi)$，即

$$D(\xi) = E[\xi - E(\xi)]^2. \tag{6-38}$$

方差的算术平方根称为**标准差**或**均方差**，记为 $\sigma(\xi)$，即

$$\sigma(\xi) = \sqrt{D(\xi)} = \sqrt{E[\xi - E(\xi)]^2}.$$

方差或标准差是描述随机变量 ξ 取值的集中（或分散）程度的一个数字特征，它描述随机变量取值的离散程度. 方差越小，ξ 取值越集中；方差越大，ξ 的取值越分散. 显然，方差只能是一个非负常数. 另一方面，还可看出方差是一种特定的数学期望.

若 ξ 为离散型随机变量，且其概率分布为

$$P\{\xi = x_k\} = p_k \quad (k = 1, 2, \cdots, n, \cdots),$$

则其方差为

$$D(\xi) = E[\xi - E(\xi)]^2 = \sum_{k=1}^{\infty} [x_k - E(\xi)]^2 p_k \quad （级数收敛）. \qquad (6\text{-}39)$$

若 ξ 为连续型随机变量,且其密度函数为 $f(x)$,则其方差为

$$D(\xi) = E[\xi - E(\xi)]^2 = \int_{-\infty}^{+\infty} [x - E(\xi)]^2 f(x)\mathrm{d}x \quad （广义积分收敛）. \qquad (6\text{-}40)$$

为了便于计算,下面来推导一个十分有用的方差计算公式,由方差的定义,有

$$D(\xi) = E[\xi - E(\xi)]^2 = E\{\xi^2 - 2\xi \cdot E(\xi) + [E(\xi)]^2\}$$
$$= E(\xi^2) - 2E(\xi) \cdot E(\xi) + [E(\xi)]^2 = E(\xi^2) - [E(\xi)]^2. \qquad (6\text{-}41)$$

用公式(6-41)来计算方差,不仅比用定义计算方差简便得多,而且这个公式对离散型、连续型随机变量都适用.

例 29　计算前述引例中,第一批、第二批螺栓直径的方差 $D(\xi_1)$ 和 $D(\xi_2)$.

解　前面已求得 $E(\xi_1) = E(\xi_2) = 10$,又由式(6-41)得

$$E(\xi_1^2) = 9.6^2 \times \frac{1}{10} + 9.7^2 \times \frac{1}{10} + 9.8^2 \times \frac{1}{10} + 10^2 \times \frac{2}{10}$$

$$+ 10.1^2 \times \frac{3}{10} + 10.2^2 \times \frac{1}{10} + 10.4^2 \times \frac{1}{10}$$

$$= 100.05,$$

$$E(\xi_2^2) = 9.3^2 \times \frac{1}{10} + 9.5^2 \times \frac{1}{10} + 9.6^2 \times \frac{1}{10} + 9.8 \times \frac{1}{10}$$

$$+ 10^2 \times \frac{1}{10} + 10.1^2 \times \frac{1}{10} + 10.3^2 \times \frac{2}{10} + 10.4^2 \times \frac{1}{10} + 10.7^2 \times \frac{1}{10}$$

$$= 100.178,$$

所以

$$D(\xi_1) = E(\xi_1^2) - [E(\xi_1)]^2 = 100.05 - 10^2 = 0.05,$$

$$D(\xi_2) = E(\xi_2^2) - [E(\xi_2)]^2 = 100.178 - 10^2 = 0.178.$$

因为 $D(\xi_1) < D(\xi_2)$,故第一批螺栓比第二批螺栓的直径更标准.

例 30　设随机变量 $\xi \sim P(\lambda)$,求 $D(\xi)$.

解　由泊松分布知,

$$P\{\xi = k\} = \frac{\lambda^k}{k!}\mathrm{e}^{-\lambda} \quad (k = 0,1,2,\cdots;\lambda > 0).$$

由式(6-32)知,$E(\xi) = \sum_{k=1}^{\infty} k \cdot \frac{\lambda^k}{k!}\mathrm{e}^{-\lambda} = \lambda$,又

$$E(\xi^2) = \sum_{k=0}^{\infty} k^2 \cdot \frac{\lambda^k}{k!}\mathrm{e}^{-\lambda} = \sum_{k=1}^{\infty} k \cdot \frac{\lambda^k}{(k-1)!}\mathrm{e}^{-\lambda}$$

$$= \sum_{k=2}^{\infty} \frac{\lambda^{k-2}}{(k-2)!}\lambda^2 \mathrm{e}^{-\lambda} + \sum_{k=1}^{\infty} \frac{\lambda^{k-1}}{(k-1)!}\lambda \mathrm{e}^{-\lambda}$$

$$= \lambda^2 e^{-\lambda} e^{\lambda} + \lambda e^{-\lambda} e^{\lambda} = \lambda^2 + \lambda,$$

由式(6-41)得

$$D(\xi) = E(\xi^2) - [E(\xi)]^2 = \lambda^2 + \lambda - \lambda^2 = \lambda.$$

例 31　设随机变量 $\xi \sim N(\mu, \sigma^2)$，求 $D(\xi)$.

解　ξ 的密度函数为

$$f(x) = \frac{1}{\sqrt{2\pi}\sigma} e^{-\frac{(x-\mu)^2}{2\sigma^2}} \quad (-\infty < x < +\infty).$$

由式(6-37)知，$E(\xi) = \mu$，根据方差的定义，得

$$D(\xi) = E[\xi - E(\xi)]^2 = \int_{-\infty}^{+\infty} (x-\mu)^2 \frac{1}{\sqrt{2\pi}\sigma} e^{-\frac{(x-\mu)^2}{2\sigma^2}} dx$$

$$\xlongequal{令 \, y=(x-\mu)/\sigma} \int_{-\infty}^{+\infty} y^2 \frac{\sigma^2}{\sqrt{2\pi}} e^{-\frac{y^2}{2}} dy$$

$$= \frac{\sigma^2}{\sqrt{2\pi}} \left(-ye^{-\frac{y^2}{2}} \Big|_{-\infty}^{+\infty} + \int_{-\infty}^{+\infty} e^{-\frac{y^2}{2}} dy \right)$$

$$= \sigma^2 \left(\frac{1}{\sqrt{2\pi}} \int_{-\infty}^{+\infty} e^{-\frac{y^2}{2}} dy \right) = \sigma^2.$$

现在我们知道了正态分布的第二个参数 σ 的概率意义，它就是正态分布的标准差. 因此，正态分布由其数学期望 μ 和标准差 σ（或方差 σ^2）所唯一确定.

2. 方差的性质

设 c 为常数，且 $D(\xi), D(\eta)$ 存在，方差具有以下性质.

性质 1　$D(c) = 0$，即常数的方差为零.

实际上，$D(c) = E[c - E(c)]^2 = E(c-c)^2 = E(0^2) = 0.$

性质 2　$D(c\xi) = c^2 D(\xi).$

实际上，$\quad D(c\xi) = E[c\xi - E(c\xi)]^2 = E[c\xi - cE(\xi)]^2$

$$= E\{c[\xi - E(\xi)]\}^2 = c^2 E[\xi - E(\xi)]^2$$

$$= c^2 D(\xi).$$

性质 3　若 ξ, η 独立，则 $D(\xi \pm \eta) = D(\xi) + D(\eta)$. 证明从略.

下面以表格的形式列出六个常用分布的数字特征（见表 6-11），以备查用.

表 6-11

名　　称	0-1分布	二项分布	泊松分布	指数分布	均匀分布	正态分布
$E(\xi)$	q	np	λ	$\dfrac{1}{\lambda}$	$\dfrac{a+b}{2}$	μ
$D(\xi)$	pq	npq	λ	$\dfrac{1}{\lambda^2}$	$\dfrac{(a-b)^2}{12}$	σ^2

习　题　6.5

1. 盒中有 5 个球,其中 2 个是红球,随机地取 3 个,用 ξ 表示取到的红球个数,求 $E(\xi)$,$D(\xi)$.

2. 甲、乙两位打字员每页出错个数分别用 ξ,η 表示,其分布律如下表,问哪位打字员打印的质量较好?

ξ	0	1	2	3	4
p	0.2	0.2	0.3	0.2	0.1

η	0	1	2	3	4
p	0.1	0.2	0.1	0.5	0.1

3. 设随机变量 ξ 有密度函数 $P(x)=\begin{cases}3x^2/8, & 0\leqslant x\leqslant 2,\\ 0, & 其他,\end{cases}$ 求 $E(\xi)$,$E(2\xi-1)$,$D(\xi)$.

4. 设 ξ 的密度函数为 $P(x)=\begin{cases}a+bx, & 0\leqslant x<2,\\ 0, & 其他,\end{cases}$ 已知 $E(\xi)=0.6$,求 a 和 b 的值.

5. 设 ξ 的分布列如下,求 $E(\xi^2-2\xi+3)$.

ξ	0	1	2	3
p	0.1	0.2	0.3	0.4

6. 设 ξ 的密度函数为 $P(x)=\begin{cases}(x+1)/4, & 0\leqslant x<2,\\ 0, & 其他,\end{cases}$ 求 $D(\xi)$.

7. 设 $\xi\sim U(a,b)$,$\eta\sim N(4,3)$,ξ 与 η 有相同的期望和公差,求 a,b 的值.

8. 甲、乙两台机床同时加工一批零件,每加工 1000 件零件,甲、乙两台机床所出的次品数一次为 ξ 和 η,已知随机变量 ξ,η 的分布列为

ξ	0	1	2	3
p	0.7	0.2	0.06	0.04

η	0	1	2	3
p	0.74	0.12	0.1	0.04

问哪台机床加工质量比较稳定?

6.6　数理统计基础

　　随机变量的分布函数给出了随机现象在大量试验下所呈现出的统计规律性.然而在实际问题中,随机变量的分布往往是未知的,或者由于现象的某些事实而知道其概型,但不知其分布函数中所含的参数,这就需要从所研究的对象全体中抽取一部分进行观测或试验以取得信息,从而对整体作出推断.由于观测和试验是随机现象,依据有限个观测试验对整体所作出的推论不可能绝对准确,总有一定程度的不确定性,

而不确定性用概率的大小来表示是最恰当了. 概率大, 推断就比较可靠; 概率小, 推断就比较不可靠. 数理统计学中一个基本问题就是依据观测或试验所取得的有限的信息对整体如何进行推断的问题. 每个推断必须伴随一定的概率以表明推断的可靠程度. 这种伴随有一定概率的推断称为**统计推断**.

6.6.1   数理统计中的几个概念

1. 总体与样本

引例   工厂生产一批灯泡, 要以使用寿命作为检验灯泡的质量标准, 当规定寿命低于 1500 h 者为次品时, 那么这批灯泡次品率的确定, 可以归结为求灯泡寿命 X 这个随机变量的分布函数 $F(x)$, 即 $P\{x \leqslant 1500\} = F(1500)$ 就是所要求的次品率. 由于寿命试验是破坏性的, 显然要想通过了解每只灯泡寿命来计算次品率是不现实的, 故只能从整批灯泡中, 选取一些灯泡作寿命试验, 并记录结果, 然后根据这组数据来推断整批灯泡的寿命情况, 以解决提出的问题.

在数理统计中, 把研究对象的全部元素组成的集合称为**总体**(或**母体**), 记为 X, $Y, Z, \cdots$, 而组成总体的元素称为**个体**. 例如, 引例中该批灯泡的寿命的全体为总体, 其中每支灯泡的寿命为个体.

从总体 X 中进行随即抽样观察, 抽取 n 个个体 $X_1, X_2, \cdots, X_n$ 称为总体 X 的**样本**(或**子样**), n 称为**样本容量**. 在实际应用中, 一般称 $n \geqslant 50$ 的样本为大样本, $n < 50$ 的样本为小样本. 因为每一个 $X_i (i = 1, 2, \cdots, n)$ 是从总体 X 中随机抽取的, 所以 X_1, $X_2, \cdots, X_n$ 应看成 n 个随机变量, 在每一次抽取后, 它们都是确定的数值, 记作 x_1, $x_2, \cdots, x_n$ 称它们为**样本观测值**, 简称**样本值**.

统计推断方法就是根据样本所提供的信息对总体中的未知参数, 甚至总体的分布规律进行估计、检验. 为了使样本能客观地反映总体的特性, 通常要求样本满足以下两点:

(1) 同一性 $X_i (i = 1, 2, \cdots, n)$ 与总体 X 具有相同的分布;

(2) 独立性 $X_1, X_2, \cdots, X_n$ 是相互独立的随机变量.

满足上述两条性质的样本称为**简单随机样本**. 当总体有限时, 通常采用放回抽样的方法, 得到的是简单随机样本, 对无限总体或个体的数目 N 很大的总体可采用不放回抽样. 在实际应用中, 只要 $n/N < 0.1$, 用不放回抽样得到的样本 $X_1, X_2, \cdots, X_n$ 可以近似地看做简单随机样本. 今后如不特别说明, 所指样本均为简单随机样本.

2. 统计量

为了通过样本 $X_1, X_2, \cdots, X_n$ 推断总体 X 的特性, 需要就所关心的问题构造样本的某种函数, 如果 $f(X_1, X_2, \cdots, X_n)$ 是样本 $X_1, X_2, \cdots, X_n$ 构成的函数, 且不包含来自总体分布的未知参数, 则函数 $f(X_1, X_2, \cdots, X_n)$ 为**统计量**.

例如,设总体 $X \sim N(u,\sigma^2)$,其中 u 和 σ^2 未知,$X_1,X_2,\cdots,X_n$ 是取自总体 X 的一个大小为 n 的样本,则

$$f(X_1,X_2,\cdots,X_n)=\max\{X_1,X_2,\cdots,X_n\},$$
$$f(X_1,X_2,\cdots,X_n)=X_1+X_2-X_3$$

均为统计量,而

$$f(X_1,X_2,\cdots,X_n)=\frac{1}{2}(X_1+X_2)-u,$$
$$f(X_1,X_2,\cdots,X_n)=\frac{X_1}{\sigma^2}$$

不是统计量,因为它们含有总体的未知参数.

统计量作为样本的函数也是随机变量,只要给定总体 X 的分布,便可根据概率论知识推出统计量的分布,称统计量的分布为**抽样分布**.

下面介绍几个常用的统计量.

设 $X_1,X_2,\cdots,X_n$ 是来自总体 X 的一个样本,$x_1,x_2,\cdots,x_n$ 是该样本的观察值,常用的统计量有以下几种:

(1) 样本平均值(均值)

$$\overline{X}=\frac{1}{n}\sum_{i=1}^n X_i;$$

(2) 样本方差

$$S^2=\frac{1}{n-1}\sum_{i=1}^n (X_i-\overline{X})^2;$$

(3) 样本均方差(标准差)

$$S=\sqrt{S^2};$$

(4) 样本 k 阶原点矩

$$A_k=\frac{1}{n}\sum_{i=1}^n X_i^k,\quad k=1,2,\cdots;$$

(5) 样本 k 阶中心矩

$$B_k=\frac{1}{n}\sum_{i=1}^n (X_i-\overline{X})^k,\quad k=1,2,\cdots.$$

它们对应的观察值分别为

$$\overline{x}=\frac{1}{n}\sum_{i=1}^n x_i,\quad s^2=\frac{1}{n-1}\sum_{i=1}^n (x_i-\overline{x})^2,\quad s=\sqrt{s^2},$$
$$a_k=\frac{1}{n}\sum_{i=1}^n x_i^k,\quad b_k=\frac{1}{n}\sum_{i=1}^n (x_i-\overline{x})^k,\quad k=1,2,\cdots.$$

这里,样本方差是除以 $n-1$,而不是 n,后面将说明理由.

例 32　样本观测值为

$$4.5,2.0,1.0,1.5,3.4,4.5,6.5,5.0,3.5,4.0,$$

试求样本均值和样本方差.

解　$\overline{x} = \dfrac{1}{10}\sum_{i=1}^{10} x_i$

$\qquad = \dfrac{1}{10}(4.5+2.0+1.0+1.5+3.4+4.5+6.5+5.0+3.5+4.0)$

$\qquad = 3.59,$

$s^2 = \dfrac{1}{10-1}\sum_{i=1}^{10}(x_i - \overline{x})^2$

$\quad = \dfrac{1}{9}\big[(4.5-3.59)^2 + (2.0-3.59)^2 + (1.0-3.59)^2 + (1.5-3.59)^2$

$\qquad + (3.4-3.59)^2 + (4.5-3.59)^2 + (6.5-3.59)^2 + (5.0-3.59)^2$

$\qquad + (3.5-3.59)^2 + (4.0-3.59)^2\big]$

$\quad = 2.881.$

说明　借助有统计功能的计算器来计算比较简单.

6.6.2　数理统计中的几个分布

由于样本是随机变量,因此,作为样本的函数的统计量也是随机变量,也有其统计规律和概率分布,我们称统计量的分布为**抽样分布**.下面介绍几个在数理统计中常用的抽样分布.

1. $\overline{X}$ 的分布

定理 6.3　设总体 $X \sim N(\mu, \sigma^2)$,$X_1, X_2, \cdots, X_n$ 是取自总体 X 的一个样本,则样本均值分布为

$$\overline{X} \sim N\left(\mu, \dfrac{\sigma^2}{n}\right).$$

把 $\overline{X}$ 标准化,并记作 U,则

$$U = \dfrac{\overline{X} - \mu}{\sigma/\sqrt{n}} \sim N(0,1).$$

对于给定的 $\alpha \in (0,1)$,查标准正态分布表(见附表 2)可得数值 z_a(见图 6-9),使其满足

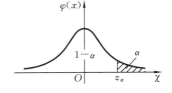

图 6-9

$$P\{U \leqslant z_a\} = \int_{-\infty}^{z_a} \varphi(x)\,\mathrm{d}x = 1 - \alpha,$$

即

$$P\{U > z_a\} = \alpha.$$

通常,称这样的数值 z_a 为**临界值**.

当 $\alpha = 0.05$ 时,$P\{U \leqslant z_{0.05}\} = 1 - 0.05$,即 $\Phi(z_{0.05}) = 0.95$,查标准正态分布表,得 $z_{0.05} = 1.645$.

2. χ^2 分布

定义 6.13　设总体 $X \sim N(0,1)$，$X_1, X_2, \cdots, X_n$ 是取自总体 X 的一个样本，则称随机变量

$$\chi^2 = X_1^2 + X_2^2 + \cdots + X_n^2$$

的分布为**自由度为 n 的 χ^2 分布**，记为 $\chi^2 \sim \chi^2(n)$.

χ^2 分布的密度函数 $p(x,n)$ 的图形如图 6-10 所示，它是一种不对称的分布，当自由度 n 较大时，χ^2 分布渐进于正态分布.

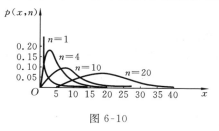
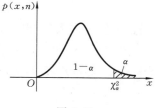

图 6-10　　　　　　　　　　　　　　图 6-11

对于给定的 $\alpha \in (0,1)$，可由已知的自由度 n 查 χ^2 分布表（见附录 4），求得满足

$$P\{\chi^2 > \chi_\alpha^2(n)\} = \alpha, \quad 即 \quad P\{\chi^2 \leqslant \chi_\alpha^2(n)\} = 1-\alpha$$

的临界值 $\chi_\alpha^2(n)$（见图 6-11）.

例如，当 $\alpha = 0.05$，$n = 20$ 时，查 χ^2 分布表，得到临界值

$$\chi_{0.95}^2(20) = 10.85,$$

使 $P\{\chi^2 > 10.85\} = 0.05$.

定理 6.4　设总体 $X \sim N(\mu, \sigma^2)$，$X_1, X_2, \cdots, X_n$ 是取自总体 X 的一个样本，则

（1）统计量 $\dfrac{n-1}{\sigma^2} S^2$ 服从自由度为 $n-1$ 的 χ^2 分布，即

$$\frac{n-1}{\sigma^2} S^2 \sim \chi^2(n-1);$$

（2）样本均值 $\overline{X}$ 和样本方差 S^2 相互独立.

3. t 分布

定义 6.14　设随机变量 $X \sim N(0,1)$，$Y \sim \chi^2(n)$，且 X 与 Y 相互独立，则称随机变量

$$T = \frac{X}{\sqrt{Y/n}}$$

的分布为**自由度为 n 的 t 分布**，记为 $T \sim t(n)$.

自由度为 n 的 t 分布的密度函数 $p(x)$ 的图形如图 6-12 所示，它关于直线 $x = 0$

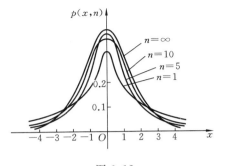

图 6-12

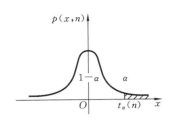

图 6-13

对称,当自由度 n 较大(一般 $n \geqslant 50$)时,t 分布近似于标准正态分布 $N(0,1)$.

对于给定的 $\alpha \in (0,1)$,可以由已知自由度 n 查 t 分布表(见附录 3),求得满足

$$P\{T > t_\alpha(n)\} = \alpha, \quad 即 \quad P\{T \leqslant t_\alpha(n)\} = 1 - \alpha$$

的临界值 $t_\alpha(n)$(见图 6-13).

例如,当 $\alpha = 0.05, n = 6$ 时,查 t 分布表,得 $t_{0.05}(6) = 1.943$,使

$$P\{T \leqslant 1.943\} = 0.95.$$

定理 6.5 设总体 $X \sim N(\mu, \sigma^2)$,$X_1, X_2, \cdots, X_n$ 是取自总体 X 的一个样本,$\overline{X}$ 和 S 分别为样本均值和样本标准差,则

$$T = \frac{\overline{X} - \mu}{S / \sqrt{n}} \sim t(n-1).$$

习 题 6.6

1. 设总体 $X \sim N(\mu, \sigma^2)$,其中 μ 已知,σ^2 未知,又 $X_1, X_2, \cdots, X_n$ 是总体 X 的一个样本,试指出下列哪些是统计量,哪些不是统计量?

(1) $\sum\limits_{i=1}^{n} X_i$;　　(2) $\dfrac{1}{\sigma^2} \sum\limits_{i=1}^{n} (X_i - \mu)$;　　(3) $\sum\limits_{i=1}^{n} X_i^2$;

(4) $\min\limits_{1 \leqslant i \leqslant n} X_i$;　　(5) $\dfrac{\overline{X}}{S} - \dfrac{\mu}{S}$;　　(6) $\dfrac{1}{\sigma}(X_1 + X_2 + X_3) - \mu$.

2. 设有 $n = 10$ 的样本为

$$1.2, \quad 1.4, \quad 1.9, \quad 2.0, \quad 1.5, \quad 1.5, \quad 1.6, \quad 1.4, \quad 1.8, \quad 1.4,$$

求样本的均值、样本方差、样本标准差.

3. 试推导样本方差 $S^2 = \dfrac{1}{n-1} \sum\limits_{i=1}^{n} (X_i - \overline{X})^2$ 的简化公式:

$$S^2 = \frac{1}{n-1}\left(\sum X_i^2 - n\overline{X}^2\right).$$

4. 查表求下列各值.

(1) $z_{0.05}$, $z_{0.05/2}$, $z_{0.9}$;　　　　(2) $\chi^2_{0.1}(5)$, $\chi^2_{0.9}(5)$, $\chi^2_{0.05/2}(5)$, $\chi^2_{1-0.05/2}(5)$;

(3) $t_{0.05}(10)$, $t_{0.05/2}(10)$.

5. 设总体 $X \sim N(1,0.04)$, $X_1, X_2, \cdots, X_{16}$ 是取自总体 X 的一个样本.

(1) 求 $\overline{X} = \dfrac{1}{16} \sum\limits_{i=1}^{16} X_i$ 的分布;　　(2) 求 $P\{0.95 \leqslant \overline{X} \leqslant 1.05\}$;

(3) 已知 $P\{\overline{X} > \lambda\} = 0.05$,求 λ 的值.

6.7　参 数 估 计

对于某些随机现象,可以根据以往的经验或理论分析来判断总体的分布类型,但其中所含的参数一般是未知的.这类已知总体的分布类型,通过样本来估计总体分布中的未知数的问题便是我们所要讨论的参数估计的问题.

参数估计包括两个方面的内容:一是估计参数的大小,即点估计问题;二是估计参数所在的区间及这个区间包含真值的概率,即区间估计问题.

6.7.1　参数的点估计

设 θ 是总体 X 的分布中的未知参数,点估计问题就是由样本 $X_1, X_2, \cdots, X_n$ 构造一个统计量 $\hat{\theta} = \hat{\theta}(X_1, X_2, \cdots, X_n)$ 来估计未知参数,通常称统计量 $\hat{\theta}$ 为 θ 的**估计量**;对应于样本 $X_1, X_2, \cdots, X_n$ 的一组观测值 $x_1, x_2, \cdots, x_n$,估计 $\hat{\theta}$ 的值 $\hat{\theta} = \hat{\theta}(x_1, x_2, \cdots, x_n)$ 称为 θ 的**估计值**.

下面先介绍两种常见的点估计方法.

1. 矩估计方法

用样本矩作为相应总体矩的估计方法,称为**矩估计法**.

设 $X_1, X_2, \cdots, X_n$ 是总体 X 的一个样本,总体的二阶矩存在,则总体均值 μ 和方差 σ^2 的估计量分别是样本均值 $\overline{X}$ 和样本方差 S^2 ,即

$$\hat{\mu} = \overline{X} = \frac{1}{n} \sum_{i=1}^{n} X_i,$$

$$\hat{\theta}^2 = S^2 = \frac{1}{n-1} \sum_{i=1}^{n} (X_i - \overline{X})^2.$$

例 33　设某种灯泡的寿命 $X \sim N(\mu, \sigma^2)$ 其中 μ, σ^2 ,都未知,在这批灯泡中随机抽取 10 只,测得其寿命(单位:h)如下:

948,1067,919,1196,785,1126,936,918,1156,920.

试用矩估计法估计 μ 和 σ^2 .

解　μ 和 σ^2 的估计量分别是

$$\hat{\mu} = \overline{X} = \frac{1}{n}\sum_{i=1}^{n}X_i,$$

$$\sigma^2 = S^2 = \frac{1}{n-1}\sum_{i=1}^{n}(X_i - \overline{X})^2.$$

由题设知,样本容量 $n=10$,样本观测值为

$$x_1 = 948, \quad x_2 = 1076, \quad x_3 = 919, \quad x_4 = 1196, \quad x_5 = 785,$$

$$x_6 = 1126, \quad x_7 = 936, \quad x_8 = 918, \quad x_9 = 1156, \quad x_{10} = 920.$$

μ 和 σ^2 的估计值分别是

$$\hat{\mu} = \overline{x} = \frac{1}{10}\sum_{i=1}^{10}x_1 = 997.1,$$

$$\sigma^2 = S^2 = \frac{1}{10-1}\sum_{i=1}^{10}(x_i - \overline{x})^2 = 17304.77.$$

例 34　设总体 X 的密度函数为 $p(x,\theta)=\begin{cases}(\theta+1)x^{\theta}, & 0<x<1, \\ 0, & \text{其他},\end{cases}$ 求参数 θ 的估

计量.

解　$E(x) = \int_{-\infty}^{+\infty}xp(x,\theta)\mathrm{d}x = \int_0^1(\theta+1)x^{\theta+1}\mathrm{d}x = \frac{\theta+1}{\theta+2}x^{\theta+2}\Big|_0^1 = \frac{\theta+1}{\theta+2}.$

由 $\hat{E}(X) = \overline{X}$,得 θ 的矩估计量为 $\hat{\theta} = \dfrac{2\overline{X}-1}{1-\overline{X}}$.

2. 顺序统计量法

设总体 X,有样本 $X_1, X_2, \cdots, X_n$,将样本点从小到大排列,表示为

$$X_1^*, X_2^*, \cdots, X_n^*.$$

定义**样本中位数**为

$$\widetilde{X} = \begin{cases} X_{(n+1)/2}^*, & n \text{ 是奇数}, \\ (X_{n/2}^* + X_{(n/2)+1}^*)/2, & n \text{ 是偶数}. \end{cases}$$

定义**样本极差**为

$$R = X_n^* - X_1^* = \max(X_1, X_2, \cdots, X_n) - \min(X_1, X_2, \cdots, X_n).$$

样本中位数 $\widetilde{X}$ 作为总体均值 $E(X)$ 的估计量,即 $\hat{E}(X) = \widetilde{X}$;总体均方差 $\sqrt{D(X)}$ 用样本极差 R 作为估计量,即

$$\sqrt{D(X)} = R/d_n,$$

其中 d_n 的数值如表 6-12 所示.

表 6-12

n	2	3	4	5	6	7	8	9	10
d_n	1.128	1.693	2.059	2.326	2.534	2.704	2.847	2.970	3.087

特别地,对于正态总体 $X \sim N(\mu, \sigma^2)$, μ 和 σ 的估计量分别为 $\hat{\mu} = \widetilde{X}$, $\hat{\sigma} = \dfrac{R}{d_n}$,且可以证明

$$\widetilde{X} \sim N\left(\mu, \frac{\pi}{2n}\sigma^2\right).$$

$\widetilde{X}$ 和 R 都是样本按大小顺序排列而确定的,故称为**顺序统计量**,相应的估计方法称为**顺序统计量法**.这里只叙述顺序统计量法的基本概念,进一步的讨论和证明请参看其他资料.

计算简便是顺序统计量法的特点,所以,在工程领域有广泛应用. $\widetilde{X}$ 还可以排除样本中过大和过小的值的影响,对连续型总体且密度函数具有对称性的场合比较合适. R 本身是总体离散程度的一个尺度,但由它估计总体的均方差不如用 S 可靠,当 n 越大时,可靠性越差,这时,可以把按从小到大顺序排列后的样本分成点数相等的若干个组,每组样本点数 $k \leqslant 10$,求出每组的极差,再以各组极差的平均值作为总体均方差的估算量,可以提高估计质量,此时常数应该用 d_k.

例 35　设总体 X 为某厂产品的寿命(单位:h),现抽查 8 件进行测试,结果如下:

$$105, \quad 112, \quad 108, \quad 120, \quad 104, \quad 113, \quad 130, \quad 125.$$

试用顺序统计量法估计 μ 和 σ 的值.

解　按从小到大顺序排列为

$$104, \quad 105, \quad 108, \quad 112, \quad 113, \quad 120, \quad 125, \quad 130,$$

其中位数和极差分别为

$$\widetilde{X} = (112 + 113)/2 = 112.5, \quad R = 130 - 104 = 26,$$
$$\hat{\mu} = \bar{x} = 112.5, \quad \hat{\sigma} = R/d_8 = 26/2.847 = 9.13.$$

本例同样可以用矩估计法来估计 μ 和 σ.

$$\hat{\mu} = \bar{x} = 114.63, \quad \hat{\sigma} = s = 9.50$$

这样,对同一总体的同一参数 μ,用不同的方法作点估计,可能得到不同的估计值.这就要我们选择一种较好的方法进行估计.下面给出估计量的标准.

6.7.2　估计量的评价标准

主要评价标准有三个:无偏性、有效性、一致性.本书主要讨论无偏性和有效性.

1. 无偏性

通常希望估计量的取值在未知参数真值附近徘徊,且它的数学期望等于未知参数的真值.

定义 6.15　设 $\hat{\theta}$ 是未知参数 θ 的一个估计量,如果 $E(\hat{\theta}) = \theta$,则称 $\hat{\theta}$ 为 θ 的**无偏**

估计量.

2. 有效性

还要求估计量的取值密集于未知数参数真值相近,即方差尽可能地小.

定义 6.16 设 $\hat{\theta}_1$ 和 $\hat{\theta}_2$ 是 θ 的两个无偏估计量,即 $E(\hat{\theta}) = E(\hat{\theta}) = \theta$,如果 $D(\hat{\theta}_1) < D(\hat{\theta}_2)$,则称 $\hat{\theta}_1$ 比 $\hat{\theta}_2$ **有效**.

例 36 设总体 $X \sim N(\mu, \sigma^2)$,$X_1, X_2, \cdots, X_n$ 是取自总体 X 的一个样本,试证明:样本均值 $\overline{X}$ 和样本方差 S^2 分别是 μ 和 σ^2 的一个无偏估计量.

证 因为

$$E(\overline{X}) = E\left(\frac{1}{n}\sum_{i=1}^{n}X_i\right) = \frac{1}{n}\sum_{i=1}^{n}E(X_i) = \frac{1}{n}n\mu = \mu,$$

所以 $\overline{X}$ 是总体数学期望 $E(X) = \mu$ 的一个无偏估计量.

又因为

$$E(S^2) = E\left[\frac{1}{n-1}\sum_{i=1}^{n}(X_i - \overline{X})^2\right] = \frac{1}{n-1}E\left\{\sum_{i=1}^{n}\left[(X_i - \mu) - (\overline{X} - \mu)\right]^2\right\}$$

$$= \frac{1}{n-1}E\left[\sum(X_i - \mu)^2 - 2(\overline{X} - \mu)\sum_{i=1}^{n}(X_i - \mu) + \sum_{i=1}^{n}(\overline{X} - \mu)^2\right]$$

$$= \frac{1}{n-1}E\left[\sum_{i=1}^{n}(X_i - \mu)^2 - 2n(\overline{X} - \mu)^2 + n(\overline{X} - \mu)^2\right]$$

$$= \frac{1}{n-1}E\left[\sum_{i=1}^{n}(X_i - \mu)^2 - n(\overline{X} - \mu)^2\right] = \frac{1}{n-1}\left[nD(X) - nD(\overline{X})\right]$$

$$= \frac{1}{n-1}\left(n\sigma^2 - n \cdot \frac{\sigma^2}{n}\right) = \sigma^2,$$

所以 S^2 是总体方差 $D(X) = \sigma^2$ 的无偏估计量.

若 S^2 的表达式中,除数是 n 而不是 $n-1$,记 $S^{*2} = \frac{1}{n}\sum_{i=1}^{n}(X_i - \overline{X})^2$,则

$$E(S^{*2}) = E\left[\frac{n-1}{n} \times \frac{1}{n-1}\sum_{i=1}^{n}(X_i - \overline{X})^2\right]$$

$$= E\left(\frac{n-1}{n}S^2\right) = \frac{n-1}{n}\sigma^2 \neq \sigma^2,$$

可见 S^{*2} 不是 σ^2 无偏估计量. 这就是样本方差常用 S^2,而不是 S^{*2} 的原因.

例 37 设总体 $X \sim N(\mu, 1)$,X_1, X_2 是取自 X 的一个样本,试证:估计量

$$\hat{\mu}_1 = \frac{1}{4}X_1 + \frac{3}{4}X_2, \quad \hat{\mu}_2 = \frac{1}{5}X_1 + \frac{4}{5}X_2, \quad \hat{\mu}_3 = \frac{1}{6}X_1 + \frac{5}{6}X_2$$

都是 μ 的无偏估计,并指出哪一个更有效.

证 计算数学期望.

$$E(\hat{\mu}_1) = \frac{1}{4}E(X_1) + \frac{3}{4}E(X_2) = \frac{1}{4}\mu + \frac{3}{4}\mu = \mu,$$

$$E(\hat{\mu}_2) = \frac{1}{5}E(X_1) + \frac{4}{5}E(X_2) = \frac{1}{5}\mu + \frac{4}{5}\mu = \mu,$$

$$E(\hat{\mu}_3) = \frac{1}{6}E(X_1) + \frac{5}{6}E(X_2) = \frac{1}{6}\mu + \frac{5}{6}\mu = \mu,$$

所以估计量 $\hat{\mu}_1, \hat{\mu}_2, \hat{\mu}_3$ 都是 μ 的无偏估计. 又因为

$$D(\hat{\mu}_1) = \frac{1}{16}D(X_1) + \frac{9}{16}D(X_2) = \frac{5}{8},$$

$$D(\hat{\mu}_2) = \frac{1}{25}D(X_1) + \frac{16}{25}D(X_2) = \frac{17}{25},$$

$$D(\hat{\mu}_3) = \frac{1}{36}D(X_1) + \frac{25}{36}D(X_2) = \frac{13}{18},$$

则　　　　　　　　　　　　$$D(\hat{\mu}_1) < D(\hat{\mu}_2) < D(\hat{\mu}_3),$$

所以用 $\hat{\mu}_1 = \frac{1}{4}X_1 + \frac{3}{4}X_2$ 作为 μ 的无偏估计量比 $\hat{\mu}_2, \hat{\mu}_3$ 更有效.

6.7.3　参数的区间估计

用点估计来估计总体参数,即使是无偏且有效的估计量,也会由于样本的随机性,从一个样本计算的估计量的值不一定恰是所要估计的参数真值. 而且,即使真正相等,但由于参数本身是未知的,也无从肯定这种相等. 也就是说,由点估计得到的参数估计值没有给出它与真值之间偏差的大小,在实际应用中往往还需要知道参数的估计值落在其真值附近的哪一个范围及此范围包含参数真值的概率. 为此,我们要求由样本求得一个以较大的概率包含真实参数的一个范围或区间,这种带有概率的区间称为**置信区间**,通过求得一个置信区间对未知参数进行估计的方法称为**区间估计**.

设 θ 为总体 X 的未知参数,由样本 $X_1, X_2, \cdots, X_n$ 构造两个统计量 $\theta_1 = \theta_1(X_1, X_2, \cdots X_n)$ 和 $\theta_2 = \theta_2(X_1, X_2, \cdots, X_n)$,如果对于给定的 $\alpha \in (0,1)$,有

$$P\{\theta_1 < \theta < \theta_2\} = 1 - \alpha,$$

则随机区间 (θ_1, θ_2) 为 θ 的**置信度**为 $1 - \alpha$ 的**置信区间**,θ_1 和 θ_2 分别为**置信下限**和**置信上限**.

1. 正态总体均值的区间估计

设总体 $X \sim N(\mu, \sigma^2)$,$X_1, X_2, \cdots, X_n$ 是取自总体 X 的一个样本,$\overline{X}$ 和 S^2 分别是样本均值和样本方差.

1）已知总体方差 σ^2,求均值 μ 的 $1 - \alpha$ 置信区间

若总体 $X \sim N(\mu, \sigma^2)$,则 $\overline{X} \sim N\left(\mu, \frac{\sigma^2}{n}\right)$,统计量

$$U=\frac{\overline{X}-\mu}{\sigma/\sqrt{n}}\sim N(0,1).$$

对于给定的 $\alpha\in(0,1)$，由标准正态分布表求满足

$$P\{|U|<z_{\alpha/2}\}=1-\alpha \quad 或 \quad P\{U<z_{\alpha/2}\}=1-\frac{\alpha}{2}$$

的临界值 $z_{\alpha/2}$（见图 6-14），从而有

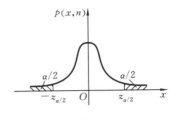

图 6-14

$$P\left\{\frac{|\overline{X}-\mu|}{\sigma/\sqrt{n}}<z_{\alpha/2}\right\}=1-\alpha,$$

亦即

$$P\left\{\overline{X}-\frac{\sigma}{\sqrt{n}}z_{\alpha/2}<\mu<\overline{X}+\frac{\sigma}{\sqrt{n}}z_{\alpha/2}\right\}=1-\alpha.$$

由此得到总体均值 μ 的 $1-\alpha$ 置信区间为

$$\left(\overline{X}-\frac{\sigma}{\sqrt{n}}z_{\alpha/2},\overline{X}+\frac{\sigma}{\sqrt{n}}z_{\alpha/2}\right).$$

由样本观测值得到样本均值 $\overline{x}$，则总体均值 μ 的 $1-\alpha$ 置信区间为

$$\left(\overline{x}-\frac{\sigma}{\sqrt{n}}z_{\alpha/2},\overline{x}+\frac{\sigma}{\sqrt{n}}z_{\alpha/2}\right).$$

例 38　某车间生产滚珠已知其直径服从正太分布 $N(\mu,0.06)$．今从某天产品中随机地抽取 6 个，测得直径（单位：mm）为

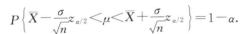

14.6，　15.1，　14.9，　14.8，　15.2，　15.1.

试求滚珠直径 X 的均值 μ 的置信区间（$\alpha=0.05$）．

解　$\overline{x}=\frac{1}{6}\sum\limits_{i=1}^{n}x_i=14.95$，由 $\alpha=0.05$，有

$$P\{U<z_{\alpha/2}\}=1-\frac{\alpha}{2}, \quad 即 \quad \Phi(z_{\alpha/2})=1-\frac{\alpha}{2}=0.975,$$

查标准正态分布表，得 $z_{\alpha/2}=1.96$．

由已知 $\sigma=\sqrt{0.06}$，$n=6$，从而得

$$\frac{\sigma}{\sqrt{n}}z_{\alpha/2}=\frac{\sqrt{0.06}}{\sqrt{6}}\times1.96=0.196,$$

$$\overline{x}-\frac{\sigma}{\sqrt{n}}z_{\alpha/2}=14.95-0.196=14.75,$$

$$\overline{x}+\frac{\sigma}{\sqrt{n}}z_{\alpha/2}=14.95+0.196=15.15.$$

由此得到滚珠直径 μ 的 $1-\alpha$ 置信区间为 $(14.75,15.15)$．

2）总体方差 σ^2 未知，求均值 μ 的 $1-\alpha$ 置信区间

由于 σ^2 未知,用 σ^2 的无偏估计量 $S^2 = \dfrac{1}{n-1}\sum\limits_{i=1}^{n}(X_i-\overline{X})^2$ 代替 σ^2,统计量

$$T = \frac{\overline{X}-\mu}{S/\sqrt{n}} \sim t(n-1).$$

对于给定的 $\alpha \in (0,1)$,由 t 分布表求出,使得

$$P\{\,|t|<t_{\alpha/2}(n-1)\}=1-\alpha$$

成立的临界值 $t_{\alpha/2}(n-1)$(见图 6-15),从而有

$$P\left\{-t_{\alpha/2}(n-1)<\frac{\overline{X}-\mu}{S/\sqrt{n}}<t_{\alpha/2}(n-1)\right\}=1-\alpha,$$

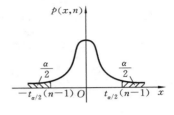

图 6-15

即

$$P\left\{\overline{X}-\frac{S}{\sqrt{n}}t_{\alpha/2}(n-1)<\mu<\overline{X}+\frac{S}{\sqrt{n}}t_{\alpha/2}(n-1)\right\}=1-\alpha.$$

所以,均值 μ 的置信度为 $1-\alpha$ 的置信区间为

$$\left(\overline{X}-\frac{S}{\sqrt{n}}t_{\alpha/2}(n-1),\ \overline{X}+\frac{S}{\sqrt{n}}t_{\alpha/2}(n+1)\right).$$

由样本观测值得样本均值 $\overline{x}$ 和样本标准差 s,则均值 μ 的置信度为 $1-\alpha$ 的置信区间为

$$\left(\overline{x}-\frac{s}{\sqrt{n}}t_{\alpha/2}(n-1),\ \overline{x}+\frac{s}{\sqrt{n}}t_{\alpha/2}(n-1)\right).$$

例 39　在例 38 中假设方差 σ^2 未知,试求滚珠 X 的 μ 的 95% 的置信区间.

解　由样本观测值算得(可利用待统计功能的计算器)

$$\overline{x} = \frac{1}{n}\sum_{i=1}^{6}x_i = 14.95, \quad s = \sqrt{\frac{1}{n-1}\sum_{i=1}^{6}(x_i-\overline{x})^2} = 0.2258.$$

因 $\alpha=0.05, n=6$,查 t 分布表,得 $t_{0.025}(5)=2.571$,则

$$\frac{s}{\sqrt{n}}t_{\alpha/2}(n-1)=\frac{0.2258}{\sqrt{6}}\times 2.571=0.237,$$

$$\overline{x}-\frac{s}{\sqrt{n}}t_{\alpha/2}(n-1)=14.95-0.237=14.71,$$

$$\overline{x}+\frac{s}{\sqrt{n}}t_{\alpha/2}(n-1)=14.95+0.237=15.19.$$

由此得到滚珠直径 μ 的 95% 的置信区间为 $(14.71,15.19)$.

2. 正态总体方差的区间估计

设总体均值 μ 未知,求总体方差 σ^2 的 $1-\alpha$ 置信区间.

已知统计量

$$\chi^2 = \frac{(n-1)S^2}{\sigma^2} \sim \chi(n-1),$$

对于给定的 $\alpha \in (0,1)$，由自由度为 $n-1$ 的 χ^2 分布表，求出使得

$$P\left\{\chi^2_{1-(\alpha/2)}(n-1) < \frac{(n-1)S^2}{\sigma^2} < \chi^2_{\alpha/2}(n-1)\right\} = 1 - \alpha,$$

即　$P\left\{\dfrac{(n-1)S^2}{\chi^2_{\alpha/2}(n-1)} < \sigma^2 < \dfrac{(n-1)S^2}{\chi^2_{1-(\alpha/2)}(n-1)}\right\} = 1$
$-\alpha$

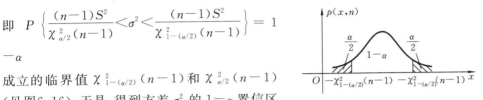

成立的临界值 $\chi^2_{1-(\alpha/2)}(n-1)$ 和 $\chi^2_{\alpha/2}(n-1)$
（见图6-16）. 于是，得到方差 σ^2 的 $1-\alpha$ 置信区间为

图 6-16

$$\left(\frac{(n-1)S^2}{\chi^2_{\alpha/2}(n-1)}, \frac{(n-1)S^2}{\chi^2_{1-(\alpha/2)}(n-1)}\right),$$

标准差 σ 的 $1-\alpha$ 置信区间为

$$\left(\sqrt{\frac{n-1}{\chi^2_{\alpha/2}}}S, \sqrt{\frac{n-1}{\chi^2_{1-(\alpha/2)}(n-1)}}S\right].$$

由样本观测值得样本方差 s^2，则方差 σ^2 的 $1-\alpha$ 置信区间为

$$\left(\frac{(n-1)s^2}{\chi^2_{\alpha/2}(n-1)}, \frac{(n-1)s^2}{\chi^2_{1-(\alpha/2)}(n-1)}\right),$$

标准差 σ 的 $1-\alpha$ 置信区间为

$$\left(\sqrt{\frac{n-1}{\chi^2_{\alpha/2}}}s, \sqrt{\frac{n-1}{\chi^2_{1-(\alpha/2)}(n-1)}}s\right].$$

例 40　某手表生产厂生产的手表的走时误差（单位：s/h）服从正态分布，检查员从装配线上随机抽取 9 只进行检测，检测的结果如下：

$$-4, \quad 0, \quad 3.1, \quad 2.5, \quad -2.9, \quad 0.9, \quad 1.1, \quad 2.0, \quad -3.0, \quad 2.8.$$

求该手表走时误差的方差 σ^2 的 90% 置信区间.

解　由样本观测值求得

$$\bar{x} = 0.278, \quad s^2 = 7.804.$$

由 $1-\alpha = 90\%$ 得 $\alpha = 0.10$，查 χ^2 分布表，可得临界值

$$\chi^2_{1-\alpha/2}(n-1) = \chi_{0.95}(8) = 2.733,$$

$$\chi^2_{\alpha/2}(n-1) = \chi^2_{0.05}(8) = 15.507,$$

则　$\dfrac{(n-1)s^2}{\chi^2_{\alpha/2}(n-1)} = \dfrac{8 \times 7.804}{15.507} = 4.03,$

$$\frac{(n-1)s^2}{\chi^2_{1-\alpha/2}(n-1)}=\frac{8\times7.804}{2.733}=22.84.$$

所以,手表走时误差的方差 σ^2 的 90% 置信区间为 $(4.03,22.84)$.

正态总体的参数 μ 与 σ^2 置信区间如表 6-13 所示.

表 6-13

估 计 参 数		统 计 量	置 信 区 间
μ	σ^2 已知	$U=\dfrac{\overline{X}-\mu}{\sigma/\sqrt{n}}\sim N(0,1)$	$\left(\overline{X}-\dfrac{\sigma}{\sqrt{n}}z_{\frac{\alpha}{2}},\overline{X}+\dfrac{\sigma}{\sqrt{n}}z_{\frac{\alpha}{2}}\right)$
	σ^2 未知	$T=\dfrac{\overline{X}-\mu}{\dfrac{S}{\sqrt{n}}}\sim t(n-1)$	$\left(\overline{X}-\dfrac{S}{\sqrt{n}}t_{\frac{\alpha}{2}}(n-1),\overline{X}+\dfrac{S}{\sqrt{n}}t_{\frac{\alpha}{2}}(n-1)\right)$
σ^2	μ 未知	$\chi^2=\dfrac{(n-1)S^2}{\sigma^2}\sim\chi^2(n-1)$	$\left(\dfrac{(n-1)S^2}{\chi^2_{\alpha/2}(n-1)},\dfrac{(n-1)S^2}{\chi^2_{1-\alpha/2}(n-1)}\right)$

习　题　6.7

1. 设某批食品的有效期 $X\sim N(\mu,\sigma^2)$,其中 μ,σ^2 是未知参数,现从中随机抽取 5 个样品进行测试, 测得有效期(单位:天)如下:

$$1050,\quad 1031,\quad 1078,\quad 1021,\quad 1065.$$

试用矩估计法估计 μ 和 σ^2.

2. 设总体 X 的密度函数为 $P(x)=\begin{cases}2(\theta-x),&0<x<\theta,\\0,&\text{其他},\end{cases}$ 有样本 $X_1,X_2,\cdots,X_n$,求未知参数 θ 的 矩估计量;若有 $n=5$ 的样本:$0.3,0.9,0.5,1.1,0.2$,求 θ 的矩估计值.

3. 设总体 X 服从区间 $(a,1)$ 上的均匀分布,有样本 $X_1,X_2,\cdots,X_n$,求未知参数 a 的矩估计量.

4. 已知某种白炽灯泡的寿命服从 $N(\mu,\sigma^2)$ 分布,其中 μ,σ^2 都是未知的.今随机取得 5 只灯泡,测 得寿命(单位:h)为

$$1502,\quad 1453,\quad 1067,\quad 1156,\quad 1196.$$

用顺序统计量法估计 μ,σ,并求生产的白炽灯泡寿命大于 1100 h 的概率.

5. 某电器元件的使用寿命 X(单位:h)服从参数为 λ 的指数分布,随机取 5 个元件做寿命试验,得 寿命为 $1.5,0.8,2.1,1.7,1.9$.

(1) 求 λ 的矩估计值;　　　(2) 用中位数 $\widetilde{X}$ 估计 λ 的值.

6. 设 X_1,X_2,X_3 为总体 X 的一个样本.试证明:统计量

$$T_1(X_1,X_2,X_3)=\frac{2}{5}X_1+\frac{1}{5}X_2+\frac{2}{5}X_3,$$

$$T_2(X_1,X_2,X_3)=\frac{1}{6}X_1+\frac{1}{3}X_2+\frac{1}{2}X_3,$$

$$T_3(X_1,X_2,X_3)=\frac{1}{7}X_1+\frac{3}{14}X_2+\frac{9}{14}X_3$$

都是总体 X 的数学期望 $E(X)$ 的无偏估计量,并指出哪一个更有效.

7. 已知铁液含碳量(单位:质量分数%)在正常情况下服从正态分布,其方差 $\sigma^2=0.108^2$. 现测定 9 炉铁液,其平均含碳量数值为 4.484. 求铁液平均碳的是量分数为 95% 置信区间.

8. 测试铝的密度(单位:kg/m³)16 次,测得 $\bar{x}=2.075$,$s=0.029$,设测量结果服从正态分布,求铝的密度的 95% 的置信区间.

9. 纤度是衡量纤维粗细程度的一个量,某厂生产的化纤纤度 $X\sim N(\mu,\sigma^2)$,抽取 9 根纤维,测量其纤度为

$$1.36,1.49,1.43,1.41,1.37,1.40,1.32,1.42,1.47.$$

试求 μ 的置信度为 0.95 的区间:(1) 若已知 $\sigma^2=0.048^2$;(2) 若 σ^2 未知.

10. 假设初生男婴的体重服从正态分布,现随机地测定 12 名,测得其体重(单位:g)如下:

$$3100,\quad 2520,\quad 3000,\quad 3000,\quad 3600,\quad 3160,$$
$$3560,\quad 3320,\quad 2880,\quad 2600,\quad 3400,\quad 2540.$$

试求初生男婴体重的标准差 σ 的 95% 的置信区间.

6.8 假设检验

6.8.1 假设检验的基本概念

假设检验通常由直观或经验对观测对象总体的某个参数或形态作出假设,然后抽取样本,根据样本信息对假设的正确性进行判断. 下面,通过例子来介绍假设检验的基本概念.

例 41 某食品厂自动包装机的包装量 X 在正常情况下服从正态分布 $N(\mu,12^2)$,每包的标准质量规定为 500 g,为了检验包装机工作是否正常,现随机抽验装好的 9 包食品,测得其重量(单位:g)为:

$$514,508,516,498,506,517,505,510,507.$$

问自动包装机工作是否正常?

在此例中,自动包装机的装包量 X 是一个随机变量,且 $X\sim N(\mu,12^2)$. 检验包装机工作是否正常,就是检验所包装的食品的平均重量是否符合标准为 500 g,即检验等式"$\mu=500$"是否成立. 因而,可对总体的均值作出假设

$$H_0:\mu=500.$$

然后利用测得的 9 个数据(样本观测值)来推断假设 H_0 的正确性,从而作出拒绝或接受假设 H_0 的决定.

上面这个例子是先对总体作出某种假设(记为 H_0),然后利用样本信息对假设

H_0 进行检验,从而作出拒绝还是接受假设 H_0 的决定,这种统计方法称为**假设检验**.

　　在一个统计问题中仅提出一个统计假设,要实现的也仅是判断这一统计假设是否成立,这类检验问题称为**显著性检验**.上例中的 H_0 通常称为**原假设**(或**零假设**),与原假设一起存在的另一个假设 H_1 称为**备选假设**(或**对立假设**).假如原假设 H_0: $\mu=\mu_0$,备选假设可以是 H_0:$\mu\neq\mu_0$.在进行显著性试验时,一般不写出备选假设.

　　由样本作出拒绝或接受假设 H_0 是以小概率原理为准则的.小概率原理认为:在一次试验(观察)中,小概率事件几乎是不可能发生的.如果在所作假设成立的条件下,小概率事件在一次试验中竟然发生了,那么有理由怀疑原假设的正确性,从而拒绝该假设.什么是小概率事件? 一般来说,没有一个统一的规定,在假设检验中概率为0.01,0.05 的事件就算小概率事件,有时也把 0.10 包括在内.

　　在例 41 中,如果假设包装机工作正常,即假设 H_0:$\mu=500$ 正确,则包装量
$$X\sim N(500,12^2),$$
样本均值 $\overline{X}\sim N\left(500,\dfrac{12^2}{9}\right)$,因而统计量
$$U=\frac{\overline{X}-500}{12/\sqrt{9}}\sim N(0,1)$$

　　给定一个小概率 α,称为**显著性水平**,查标准正态分布表(见附录 2)可得临界值 $z_{\alpha/2}$(见图 6-17),使其满足
$$P\{|U|>z_{\alpha/2}\}=\alpha,$$
即
$$P\{U\leqslant z_{\alpha/2}\}=1-\frac{\alpha}{2}.$$

图 6-17

　　如果取 $\alpha=0.05$,则由标准正态分布表得 $z_{\alpha/2}=z_{0.025}=1.96$,使 $P\{|U|>1.96\}=0.05$,即
$$P\left\{\left|\frac{\overline{X}-500}{12/\sqrt{9}}\right|>1.96\right\}=0.05.$$

于是,$P\left\{\left|\dfrac{\overline{X}-500}{12/\sqrt{9}}\right|>1.96\right\}$ 是小概率事件.对于所给的样本观测值,计算得
$$\left|\frac{\overline{x}-500}{12/\sqrt{9}}\right|=2.25>1.96,$$

这就是说,小概率事件
$$\left\{\left|\frac{\overline{X}-500}{12/\sqrt{9}}\right|>1.96\right\}$$

竟然在一次抽样中发生了,因而我们有理由怀疑原假设 H_0 的正确性,从而拒绝假设 H_0,即认为包装机工作不正常.

　　拒绝原假设 H_0 的区域称为**拒绝域**.例如,上例中的拒绝域为

$$\left|\frac{\overline{X}-500}{12/\sqrt{9}}\right|>1.96,\quad 即\quad (-\infty,-1.96)\bigcup(1.96,+\infty).$$

拒绝域以外的区域称为**接受域**. 例如,上例中的接受域为

$$\left|\frac{\overline{X}-500}{12/\sqrt{9}}\right|\leqslant 1.96,\quad 即\quad [-1.96,1.96].$$

综上所述,可得假设检验的一般步骤如下.

(1) 根据给定问题提出原假设 H_0.

(2) 构造适当的统计量,在 H_0 成立的条件下确定它的分布.

(3) 选取适当的显著水平 α,由统计量的分布确定对应于 α 的临界值,并求出拒绝域.

(4) 由样本值计算统计量的值. 若该值落入拒绝域,则拒绝假设 H_0;否则,接受假设 H_0.

前面已经说过,假设检验是样本信息对假设 H_0 的正确性进行判断. 由于样本的随机性及按小概率原理判断 H_0,因此难免会犯下列两类错误:

(1) 当 H_0 实际上为真值时,可能犯拒绝 H_0 的错误,这类"弃真"的错误称为**第一类错误**. 犯这类错误的概率等于显著性水平 α.

(2) 当 H_0 实际上不真时,也有可能接受 H_0,这类"取伪"的错误称为**第二类错误**. 犯这类错误的概率记为 β.

在样本容量一定的情况下,犯以上两类错误的概率 α 和 β 不可能同时减少,如果其中一个减少,另一个往往就会增大. 在实际应用中,通常要控制犯第一类错误的概率,即给出显著性水平 α,α 的大小视具体情况而定,通常 α 取 $0.1,0.05,0.01,0.005$ 等值.

6.8.2 一个正态总体均值的假设检验

设总体 $X\sim N(\mu,\sigma^2)$,$X_1,X_2,\cdots,X_n$ 是取自总体 X 的样本,样本均值和样本方差分别为 $\overline{X}$ 和 S^2. 下面分几种情况讨论其检验步骤.

1. 已知 σ^2,检验 $\mu=\mu_0$

(1) 提出假设 $H_0: \mu=\mu_0$.

(2) 构造统计量 $U=\dfrac{\overline{X}-\mu_0}{\sigma/\sqrt{n}}$. 当 H_0 成立时,$U\sim N(0,1)$.

(3) 对给定的显著性水平 α,查标准正态分布表得临界值 $z_{\alpha/2}$,使其满足

$$P\{|U|>z_{\alpha/2}\}=\alpha.$$

由此得到 H_0 的拒绝域为 $|U|>z_{\alpha/2}$.

(4) 利用样本值 $x_1,x_2,\cdots,x_n$ 算统计量 U 的值为

$$\mu = \frac{\overline{x} - \mu_0}{\sigma/\sqrt{n}}.$$

若 μ 落入拒绝域,即 $|U| > z_{\alpha/2}$,则拒绝假设 H_0;若 μ 落入接受域,即 $|\mu| \leqslant z_{\alpha/2}$,则接受假设 H_0.上述检验法称之为 **u 检验法**.

例 42　某厂生产的维尼龙纤度在正常条件下服从正态分布 $X \sim N(1.38,$ $0.08^2)$,某日抽取 6 根纤维,测得其纤度为

$$1.38, \quad 1.41, \quad 1.48, \quad 1.44, \quad 4.43, \quad 4.50.$$

试问该天维尼龙纤度的均值有无显著变化($\alpha = 0.05$)?

解　(1) 提出假设 $H_0 : \mu = \mu_0 = 1.38$.

(2) 构造统计量 $U = \dfrac{\overline{X} - 1.38}{0.08/\sqrt{6}}$. 当 H_0 成立时,有 $U \sim N(0,1)$.

(3) 由 $\alpha = 0.05$,查标准正态分布得表临界值 $z_{\alpha/2} = z_{0.025} = 1.96$. 因而,$H_0$ 的拒绝域为 $|U| > 1.96$.

(4) 由样本观测值算出 $\overline{x} = 1.44$,统计量 U 的值为

$$\mu = \frac{\overline{x} - 1.38}{0.08/\sqrt{6}} = \frac{1.44 - 1.38}{0.08/\sqrt{6}} = 1.837.$$

因为 $|\mu| = 1.837 < 1.96$,所以接受原假设 H_0,即认为该天维尼龙纤度的均值在 $\alpha = 0.05$ 时无显著的变化.

2. 未知 σ^2,检验 $\mu = \mu_0$.

(1) 提出假设 $H_0 : \mu = \mu_0$.

(2) 构造统计量 $T = \dfrac{\overline{X} - \mu_0}{S/\sqrt{n}}$. 当 H_0 成立时,$T \sim t(n-1)$.

(3) 对给定的显著性水平为 α,自由度为 $n-1$. 查 t 分布表(见附录 3),可得临界值 $t_{\alpha/2}(n-1)$(见图 6-18),使其满足

$$P\{|T| > t_{\alpha/2}(n-1)\} = \alpha.$$

由此得到 H_0 的拒绝域为 $|T| > t_{\alpha/2}(n-1)$.

(4) 利用样本值 $x_1, x_2, \cdots, x_n$ 算得统计量 T 的值为

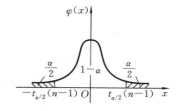

图 6-18

$$t = \frac{\overline{x} - \mu_0}{s/\sqrt{n}}.$$

若 t 落入拒绝域,即 $|t| > t_{\alpha/2}(n-1)$,则拒绝假设 H_0;若 $|t| \leqslant t_{\alpha/2}(n-1)$,则接受假设 H_0.

上述检验法称为 **t 检验法**.

例 43 在例 42 中假设 σ^2 未知,即维尼龙纤度 $X \sim N(1.38, \sigma^2)$,某日抽取 6 根纤维,测得其纤度为

$$1.38, \quad 1.41, \quad 1.48, \quad 1.44, \quad 1.43, \quad 1.53.$$

试问该天维尼纤度的均值有无显著的变化($\alpha = 0.05$)?

解 (1) 作出假设 $H_0 : \mu = \mu_0 = 1.38$.

(2) 构造统计量 $T = \dfrac{\overline{X} - 1.38}{S/\sqrt{6}}$. 当 H_0 成立时,有 $T \sim t(6-1) = t(5)$.

(3) 当 $\alpha = 0.05, n = 6$ 时,查 t 分布表(见附录 3),得 $t_{0.025}(5) = 2.571$,因而 H_0 的拒绝域为 $|T| > 2.571$.

(4) 由样本观测值得 $\overline{x} = 1.44, s = 0.0443$ 统计量 T 的值为

$$t = \frac{\overline{x} - 1.38}{s/\sqrt{6}} = \frac{1.44 - 1.38}{0.0443/\sqrt{6}} = 3.318.$$

因为 $|t| = 3.318 > 2.571$,所以拒绝原假设 H_0,即认为该天维尼纤度的均值在 $\alpha = 1.05$ 时有显著变化.

6.8.3 一个正态总体方差的假设检验

设总体 $X \sim N(\mu, \sigma^2)$, $X_1, X_2, \cdots, X_n$ 是取自总体 X 的样本,样本方差为 S^2,检验 $\sigma^2 = \sigma_0^2$.

检验步骤如下.

(1) 提出假设 $H_0 : \sigma^2 = \sigma_0^2$.

(2) 构造统计量 $\chi^2 = \dfrac{n-1}{\sigma_0^2} S^2$. 当假设 H_0 成立时,统计量

$$\chi^2 \sim \chi^2(n-1).$$

(3) 对给定的显著水平为 α,自由度为 $n-1$,查 χ^2 分布表(见附录 4)可得临界值 $\chi^2_{1-(\alpha/2)}(n-1)$ 和 $\chi^2_{\alpha/2}(n-1)$(见图 6-19),使

$$P\{\chi^2 > \chi^2_{\alpha/2}(n-1)\} = P\{\chi^2 \leqslant \chi^2_{1-(\alpha/2)}(n-1)\}$$

$$= \frac{\alpha}{2},$$

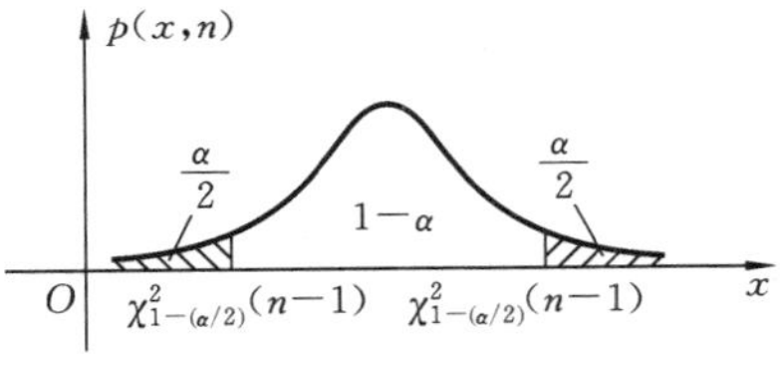

图 6-19

从而得到拒绝为

$$[0, \chi^2_{1-(\alpha/2)}(n-1)] \cup (\chi^2_{\alpha/2}(n-1), +\infty).$$

(4) 利用样本观测值求得统计量 χ^2 的值为

$$\chi^2 = \frac{n-1}{\sigma_0^2} s^2.$$

若 χ^2 落入拒绝域,则拒绝假设 H_0;否则,接受假设 H_0.

上述检验法称为 χ^2 检验法.

例 44 某工厂生产的仪表,已知其寿命服从正态分布,寿命方差经测定为 $\sigma_0^2 =$ 150. 现在由于新工人增多,对生产的一批产品进行检验,抽取 10 个样品测得其寿命(单位:h)为

$$1801,1758,1812,1792,1782,1795,1825,1787,1807,1792$$

问这批仪表的寿命方差是否显著($\alpha = 0.05$)?

解 (1)提出假设 H_0:$\sigma^2 = \sigma_0^2 = 150$.

(2)构造假设量 $\chi^2 = \dfrac{10-1}{150}S^2$. 当 H_0 成立时,$\chi^2 \sim \chi^2(10-1)$.

(3)对于 $\alpha = 0.05$,查 χ^2 分布表,得临界值

$$\chi_{1-0.05/2}^2(9) = 2.700, \quad \chi_{0.05/2}^2(9) = 19.023,$$

从而得拒绝域为 $[0,2.700) \bigcup (19.023, +\infty)$.

(4)由样本观测值,得 $s^2 = 182.04$,故

$$\chi^2 = \frac{10-1}{150}s^2 = \frac{9}{150} \times 182.4 = 10.94.$$

因为 $\chi^2 = 10.94$ 落入接受域 $[2.700, 19.023]$,所以可接受假设 H_0,即认为这批仪表的寿命方差无显著差异.

现将前面三种参数的假设检验,列表归纳于 6-14 中.

表 6-14

假设 H_0	检验法		选用统计量	分 布	拒 绝 域
$u = u_0$	σ^2 已知	μ	$U = \dfrac{\overline{X} - \mu_0}{\sigma/\sqrt{n}}$	$N(0,1)$	$(-\infty, -z_{\alpha/2}) \bigcup (z_{\alpha/2}, +\infty)$
	σ^2 未知	t	$T = \dfrac{\overline{X} - \mu_0}{S/\sqrt{n}}$	$N(n-1)$	$(-\infty, -t_{\alpha/2}(n-1)) \bigcup (t_{\alpha/2}(n-1), +\infty)$
$\sigma^2 = \sigma_0^2$	μ 未知	χ^2	$\chi^2 = \dfrac{(n-1)S^2}{\sigma_0^2}$	$\chi^2(n-1)$	$(0, \chi_{1-(\alpha/2)}^2(n-1) \bigcup (\chi_{\alpha/2}^2(n-1), +\infty)$

习 题 6.8

1. 根据以往资料分析,某种电子元件的使用寿命服从正态分布,$\sigma^2 = 11.25^2$. 现从某周内生产的一批电子元件中随机地抽取 9 只,测得其使用寿命(单位:h)为

2315,2360,2340,2325,2350,2320,2335,2325.

问这批电子元件的平均使用寿命可否认定为是 2350 h($\alpha=0.05$)?

2. 某厂生产的维尼纶在正常生产条件下纤维度服从正态分布 Q.某日抽取 5 根纤维测得其纤度为 1.32，1.55，1.36，1.40，1.44.问这天生产的维尼纶纤度的均值有无显著变化($\alpha=0.05$)?

3. 已知某种矿砂的含镍量 X 服从正态分布.现测定了 5 个样品,镍的质量分数(%)测定值为

$$3.25，3.27，3.24，3.26，3.24.$$

问在显著性水平 $\alpha=0.01$ 下能否认为这批矿砂的镍的质量分数是 3.25%?

4. 从切割机加工的一批金属棒中抽取 9 段,测得长度(单位:cm)如下:

$$49.6，49.3，49.7，50.3，50.6，49.8，49.7，50.0，50.2.$$

设金属棒长度服从正态分布,其标准长度为 50 cm.能否判断这台切割机加工的金属棒式合格的($\alpha=0.05$)?

5. 在正常情况下,某肉类加工生产的小包装精肉每包重量 X 服从正态分布,标准差 $\sigma=10$ g.某日抽取 12 包,测其重量(单位:g)为

$$501,497,483,492,510,503,478,494,483,496,502,513.$$

问该日生产的纯精肉每包质量的标准差是否正常($\alpha=0.10$)?

6. 某种轴料的椭圆度服从正态分布.现从一批改种轴料中抽取 15 件测量其椭圆度,计算得到样本标准差 $s=0.035$.试问这批轴料椭圆度的总体方差与规定方差 $\sigma_0^2=0.0004$ 有无显著差异($\alpha=0.05$)?

〜〜〜〜〜〜〜〜〜〜〜〜〜〜〜〜〜〜〜〜〜〜〜〜〜〜〜〜〜〜〜〜

【数学史话】

概率统计的发展史

17 世纪,正当研究必然性事件的数理关系获得较大发展的时候,一个研究偶然事件数量关系的数学分支开始出现,这就是概率论.

早在 16 世纪,赌博中的偶然现象就开始引起人们的注意.数学家卡丹诺(Cardano)首先觉察到,赌博输赢虽然是偶然的,但较大的赌博次数会呈现一定的规律性.

卡丹诺为此还写了一本《论赌博》的小册子,书中计算了掷两颗骰子或三颗骰子时,在一切可能的方法中有多少种方法得到某一点数.据说,曾与卡丹诺在三次方程发明权上发生争论的塔尔塔里亚,也曾做过类似的实验.

促使概率论产生的强大动力来自社会实践.首先是保险事业.文艺复兴后,随着航海事业的发展,意大利开始出现海上保险业务.16 世纪末,在欧洲不少国家已把保险业务扩大到其他工商业上,保险的对象都是偶然性事件.为了保证保险公司赢利,又使参加保险的人愿意参加保险,就需要根据对大量偶然现象规律性的分析,去创立

保险的一般理论. 于是,一种专门适用于分析偶然现象的数学工具也就成为十分必要的了.

不过,作为数学科学之一的概率论,其基础并不是在上述实际问题的材料上形成的. 因为这些问题的大量随机现象,常被许多错综复杂的因素所干扰,它便难以呈"自然的随机状态". 因此必须从简单的材料来研究随机现象的规律性,这种材料就是所谓的"随机博弈". 在近代概率论创立之前,人们正是通过对这种随机博弈现象的分析,注意到了它的一些特性,比如"多次实验中的频率稳定性"等,然后经加工提炼而形成了概率论.

荷兰数学家、物理学家惠更斯(Huygens)于 1657 年发表了关于概率论的早期著作《论赌博中的计算》. 在此期间,法国的费尔马(Fermat)与帕斯卡(Pascal)也在相互通信中探讨了随机博弈现象中所出现的概率论的基本定理和法则. 惠更斯等人的工作建立了概率和数学期望等主要概念,找出了它们的基本性质和演算方法,从而塑造了概率论的雏形.

18 世纪是概率论的正式形成和发展时期. 1713 年,伯努利(Bernoulli)的名著《推想的艺术》发表. 在这部著作中,伯努利明确指出了概率论最重要的定律之一——"大数定律",并且给出了证明,这使以往建立在经验之上的频率稳定性推测理论化了,从此概率论从对特殊问题的求解,发展到了一般的理论概括.

继伯努利之后,法国数学家棣谟佛(Abraham de Moiver)于 1781 年发表了《机遇原理》. 书中提出了概率乘法法则,以及"正态分布"和"正态分布律"的概念,为概率论的"中心极限定理"的建立奠定了基础.

1706 年法国数学家蒲丰(Comte de Buffon)的《偶然性的算术试验》完成,他把概率和几何结合起来,开始了几何概率的研究,他提出的"蒲丰问题"就是采取概率的方法来求圆周率 π 的尝试.

通过伯努利和棣谟佛的努力,使数学方法有效地应用于概率研究之中,这就把概率论的特殊发展同数学的一般发展联系起来,使概率论一开始就成为数学的一个分支.

概率论问世不久,就在应用方面发挥了重要的作用. 牛痘在欧洲大规模接种之后,曾因副作用引起争议. 这时伯努利的侄子丹尼尔·伯努利(Daniel Bernoulli)根据大量的统计资料,作出了种牛痘能延长人类平均寿命三年的结论,消除了一些人的恐惧和怀疑;欧拉(Euler)将概率论应用于人口统计和保险,写出了《关于死亡率和人口增长率问题的研究》,《关于孤儿保险》等文章;泊松(Poisson)又将概率应用于射击的各种问题的研究,提出了《打靶概率研究报告》. 总之,概率论在 18 世纪确立后,就充分地反映了其广泛的实践意义.

19 世纪概率论朝着建立完整的理论体系和更广泛的应用方向发展. 其中为之作

出较大贡献的有：法国数学家拉普拉斯（Laplace），德国数学家高斯（Gauss），英国物理学家、数学家麦克斯韦（Maxwell），美国数学家、物理学家吉布斯（Gibbs）等．概率论的广泛应用，使它于 18 和 19 两个世纪成为热门学科，几乎所有的科学领域，包括神学等社会科学都企图借助于概率论去解决问题，这在一定程度上造成了"滥用"的情况，因此到 19 世纪后半期时，人们不得不重新对概率进行检查，为它奠定牢固的逻辑基础，使它成为一门强有力的学科．

1917 年苏联科学家伯恩斯坦首先给出了概率论的公理体系．1933 年柯尔莫哥洛夫又以更完整的形式提出了概率论的公理结构，从此，更现代意义上的完整的概率论臻于完成．

相对于其他许多数学分支而言，数理统计是一个比较年轻的数学分支．多数人认为它的形成是在 20 世纪 40 年代克拉美（H. Carmer）的著作《统计学的数学方法》问世之时，它使得 1945 年以前的 25 年间英、美统计学家在统计学方面的工作与法、俄数学家在概率论方面的工作结合起来，从而形成数理统计这门学科．它是以对随机现象观测所取得的资料为出发点，以概率论为基础来研究随机现象的一门学科，它有很多分支，但其基本内容为采集样本和统计推断两大部分．发展到今天的现代数理统计学，又经历了各种历史变迁．

统计的早期开端大约是在公元前 1 世纪初的人口普查计算中，这是统计性质的工作，但还不能算作是现代意义下的统计学．到了 18 世纪，统计才开始向一门独立的学科发展，用于描述表征一个状态的条件的一些特征，这是由于受到概率论的影响．

高斯从描述天文观测的误差而引进正态分布，并使用最小二乘法作为估计方法，是近代数理统计学发展初期的重大事件，18 世纪到 19 世纪初期的这些贡献，对社会发展有很大的影响．例如，用正态分布描述观测数据后来被广泛地用到生物学中，其应用是如此普遍，以致在 19 世纪相当长的时期内，包括高尔顿（Galton）在内的一些学者，认为这个分布可用于描述几乎是一切常见的数据．直到现在，有关正态分布的统计方法，仍占据着常用统计方法中很重要的一部分．最小二乘法方面的工作，在 20 世纪初以来，又经过了一些学者的发展，如今成了数理统计学中的主要方法．

从高斯到 20 世纪初这一段时间，统计学理论发展不快，但仍有若干工作对后世产生了很大的影响．其中，如贝叶斯（Bayes）在 1763 年发表的《论有关机遇问题的求解》，提出了进行统计推断的方法论方面的一种见解，在这个时期中逐步发展成统计学中的贝叶斯学派（如今，这个学派的影响愈来愈大）．现在我们所理解的统计推断程序，最早的是贝叶斯方法，高斯和拉普拉斯应用贝叶斯定理讨论了参数的估计法，那时使用的符号和术语，至今仍然沿用．再如前面提到的高尔顿在回归方面的先驱性工作，也是这个时期中的主要发展，他在遗传研究中为了弄清父子两辈特征的相关关系，揭示了统计方法在生物学研究中的应用，他引进回归直线、相关系数的概念，创始了回归分析.

　　数理统计学发展史上极重要的一个时期是从 19 世纪到二次大战结束. 现在, 多数人倾向于把现代数理统计学的起点和达到成熟定为这个时期的始末. 这确是数理统计学蓬勃发展的一个时期, 许多重要的基本观点、方法, 统计学中主要的分支学科, 都是在这个时期建立和发展起来的. 以费歇尔 (R. A. Fisher) 和皮尔逊 (K. Pearson) 为首的英国统计学派, 在这个时期起了主导作用, 特别是费歇尔.

　　继高尔顿之后, 皮尔逊进一步发展了回归与相关的理论, 成功地创建了生物统计学, 并得到了"总体"的概念, 1891 年之后, 皮尔逊潜心研究区分物种时用的数据的分布理论, 提出了"概率"和"相关"的概念. 接着, 又提出标准差、正态曲线、平均变差、均方根误差等一系列数理统计基本术语. 皮尔逊致力于大样本理论的研究, 他发现不少生物方面的数据有显著的偏态, 不适合用正态分布去刻画, 为此他提出了后来以他的名字命名的分布族, 为估计这个分布族中的参数, 他提出了"矩法". 为考察实际数据与这族分布的拟合分布优劣问题, 他引进了著名"χ^2 检验法", 并在理论上研究了其性质. 这个检验法是假设检验最早、最典型的方法, 他在理论分布完全给定的情况下求出了检验统计量的极限分布. 1901 年, 他创办了《生物统计学》刊物, 使数理统计有了自己的阵地, 这是 20 世纪初叶数学的重大收获之一.

　　1908 年皮尔逊的学生戈赛特 (Gosset) 发现了 z 的精确分布, 创始了"精确样本理论". 他署名"Student"在《生物统计学》上发表文章, 改进了皮尔逊的方法. 他的发现不仅不再依靠近似计算, 而且能用所谓小样本进行统计推断, 并使统计学的对象由集团现象转变为随机现象. 现"Student 分布"已成为数理统计学中的常用工具, "Student 氏"也是一个常见的术语.

　　英国实验遗传学家兼统计学家费歇尔, 是将数理统计作为一门数学学科的奠基者, 他开创的试验设计法, 凭借随机化的手段成功地把概率模型带进了实验领域, 并建立了方差分析法来分析这种模型. 费歇尔的试验设计, 既把实践带入理论的视野内, 又促进了实践的进展, 从而大量地节省了人力、物力, 试验设计这个主题, 后来为众多数学家所发展. 费歇尔还引进了显著性检验的概念, 成为假设检验理论的先驱. 他考察了估计的精度与样本所具有的信息之间的关系而得到信息量概念, 他对测量数据中的信息, 压缩数据而不损失信息, 以及对一个模型的参数估计等贡献了完善的理论概念, 他把一致性、有效性和充分性作为参数估计量应具备的基本性质. 同时还在 1912 年提出了极大似然法, 这是应用上最广的一种估计法. 他在 20 世纪 20 年代的工作, 奠定了参数估计的理论基础. 关于 χ^2 检验, 费歇尔 1924 年解决了理论分布包含有限个参数情况, 基于此方法的列表检验, 在应用上有重要意义. 费歇尔在一般的统计思想方面也作出过重要的贡献, 他提出的"信任推断法", 在统计学界引起了相当大的兴趣和争论, 费歇尔给出了许多现代统计学的基础概念, 思考方法十分直观,他造就了一个学派,在纯粹数学和应用数学方面都建树卓越.

　　这个时期作出重要贡献的统计学家中,还应提到奈曼(J. Neyman)和皮尔逊(E. Pearson).他们在从 1928 年开始的一系列重要工作中,发展了假设检验的系列理论.奈曼-皮尔逊假设检验理论提出和精确化了一些重要概念.该理论对后世也产生了巨大影响,它是现今统计教科书中不可缺少的一个组成部分,奈曼还创立了系统的置信区间估计理论.早在奈曼工作之前,区间估计就已是一种常用形式,奈曼从 1934 年开始的一系列工作,把区间估计理论置于柯尔莫哥洛夫概率论公理体系的基础之上,因而奠定了严格的理论基础,而且他还把求区间估计的问题表达为一种数学上的最优解问题,这个理论与奈曼-皮尔逊假设检验理论,对于数理统计形成为一门严格的数学分支起了重大作用.

　　以费歇尔为代表人物的英国成为数理统计研究的中心时,美国在二战中发展也很快,有三个统计研究组在投弹问题上进行了 9 项研究,其中最有成效的哥伦比亚大学研究小组在理论和实践上都有重大建树,而最为著名的是首先系统地研究了"序贯分析",它被称为"30 年代最有威力"的统计思想."序贯分析"系统理论的创始人是著名统计学家沃德(Wald).他是原籍罗马尼亚的英国统计学家,他于 1934 年系统发展了早在 20 年代就受到注意的序贯分析法.沃德在统计方法中引进的"停止规则"的数学描述,是序贯分析的概念基础,并已证明是现代概率论与数理统计学中最富于成果的概念之一.

　　从二战后到现在,是统计学发展的第三个时期,这是一个在前一段发展的基础上,随着生产和科技的普遍进步,而使这个学科得到飞速发展的一个时期,同时,也出现了不少有待解决的大问题.这一时期的发展可总结如下.

　　一是在应用上愈来愈广泛,统计学的发展一开始就是应实际的要求,并与实际密切结合的.在二战前,已在生物、农业、医学、社会、经济等方面有不少应用,在工业和科技方面也有一些应用,而后一方面在战后得到了特别引人注目的进展.例如,归纳"统计质量管理"名目下的众多的统计方法,在大规模工业生产中的应用得到了很大的成功,目前已被认为是不可缺少的.统计学应用的广泛性,也可以从下述情况得到印证:统计学已成为高等学校中许多专业必修的内容;统计学专业的毕业生的人数,以及从事统计学的应用、教学和研究工作的人数的大幅度的增长;有关统计学的著作和期刊杂志的数量的显著增长.

　　二是统计学理论也取得重大进展.理论上的成就,综合起来大致有两个主要方面:一个方面与沃德提出的"统计决策理论",另一方面就是大样本理论.

　　沃德是 20 世纪对统计学面貌的改观有重大影响的少数几个统计学家之一.1950年,他发表了题为《统计决策函数》的著作,正式提出了"统计决策理论".沃德本来的想法,是要把统计学的各分支都统一在"人与大自然的博弈"这个模式下,以便作出统一处理. 不过, 往后的发展表明, 他最初的设想并未取得很大的成功, 但却有着两方面的重要影响: 一是沃德把统计推断的后果与经济上的得失联系起来, 这使统计方法更直接用到经济性决策的领域; 二是沃德理论中所引进的许多概念和问题的新提法, 丰富了以往的统计理论.

贝叶斯统计学派的基本思想, 源出于英国学者贝叶斯的一项工作, 发表于他去世后的 1763 年, 后世的学者把它发展为一整套关于统计推断的系统理论. 信奉这种理论的统计学者, 就组成了贝叶斯学派. 这个理论在两个方面与传统理论 (即基于概率的频率解释的那个理论) 有根本的区别: 一是否定概率的频率的解释, 这涉及与此有关的大量统计概念, 而提倡给概率以 "主观上的相信程度" 这样的解释; 二是 "先验分布" 的使用, 先验分布被理解为在抽样前对推断对象的知识的概括. 按照贝叶斯学派的观点, 样本的作用在于且仅在于对先验分布作修改, 而过渡到 "后验分布" —— 其中综合了先验分布中的信息与样本中包含的信息. 近几十年来其信奉者愈来愈多, 二者之间的争论, 是战后时期统计学的一个重要特点. 在这种争论中, 提出了不少问题促使人们进行研究, 其中有的是很根本性的. 贝叶斯学派与沃德统计决策理论的联系在于: 这二者的结合, 产生了 "贝叶斯决策理论", 它构成了统计决策理论在实际应用上的主要内容.

三是电子计算机的应用对统计学的影响. 这主要在以下几个方面. 首先, 一些需要大量计算的统计方法, 过去因计算工具不行而无法使用, 有了计算机后, 这一切都不成问题. 在二战后, 统计学应用愈来愈广泛, 这在相当程度上要归功于计算机, 特别是对高维数据的情况.

计算机的使用对统计学另一方面的影响是: 按传统数理统计学理论, 一个统计方法效果如何, 甚至一个统计方法如何付诸实施, 都有赖于决定某些统计量的分布, 而这常常是极其困难的. 有了计算机, 就提供了一个新的途径: 模拟. 为了把一个统计方法与其他方法比较, 可以选择若干组在应用上有代表性的条件, 在这些条件下, 通过模拟去比较两个方法的性能, 然后作出综合分析, 这避开了理论上难以解决的难题, 有极大的现实意义.

第7章 数学实验

7.1 实验一：级数

7.1.1 实验内容

1. 级数收敛的判定

对于常数项级数或函数项级数,若其和函数为一确定的常数或函数解析式,则说明该级数收敛;若其和为无穷或没有输出结果,则说明该级数发散.基本格式如下.

(1) 求和函数 $\sum\limits_{i=m}^{n} f(i)$: Sum[f(i),{i,m,n}].

(2) 求和函数 $\sum\limits_{i=1}^{\infty} f(i)$: Sum[f(i),{i,1,∞}] 和 Sum[f(i),{i,1,Infinity}].

2. 将函数展开为泰勒级数或傅里叶级数

Series 用于对给定的函数进行在已知点的泰勒展开,函数中可以含有自变量以外的参数,其命令格式为:

$$\text{Series[函数表达式,\{自变量名,展开点,次数 n\}]}$$

其输出格式为:函数的泰勒展开多项式 $+o((x-x_0)^n)$,要去掉余项,需要在整个命令前加上命令 Normal.

7.1.2 实验范例

例1 判定下列级数的敛散性.

(1) $\sum\limits_{n=1}^{\infty} \dfrac{1}{(2n-1)2n}$;   (2) $\sum\limits_{n=1}^{\infty} \dfrac{n(n+1)}{3^n}$;   (3) $\sum\limits_{n=1}^{\infty} \dfrac{n-1}{2n+1}$.

解　分别对三个级数输入相应的求和命令:

(1) Sum[1/((2n-1)2n),{n,1,Infinity}];

(2) Sum[n(n+1)/3ⁿ,{n,1,∞}];

(3) Sum[(n-1)/(2n+1),{n,1,Infinity}].

运行结果分别为 $\dfrac{\log[4]}{2}$; $\dfrac{9}{4}$; $\sum\limits_{n=1}^{\infty} \dfrac{n-1}{2n+1}$. 说明(1)和(2)分别收敛于 $\dfrac{\log[4]}{2}$ 和 $\dfrac{9}{4}$,

（3）的输出结果与原式相同，故（3）发散.

例 2　求下列幂级数的和函数.

（1）$\sum\limits_{n=1}^{\infty}(-1)^n\dfrac{x^{2n}}{(2n)!}$;　　　（2）$\sum\limits_{n=1}^{\infty}(-1)^{2n+1}\dfrac{x^{n+1}}{5n}$;　　　（3）$\sum\limits_{n=1}^{\infty}\dfrac{n(n+1)}{2}x^{(n-1)}$.

解　分别对三个级数输入相应的求和命令：

（1）Sum[(−1)^nx^(2n)/(2n)!,{n,1,∞}];

（2）Sum[(−1)^(2n+1)x^(n+1)/(5n),{n,1,∞}];

（3）Sum[n(n+1)x^(n−1)/2,{n,1,∞}].

运行结果分别为 $\sqrt{\dfrac{\pi}{2}}\left(-\sqrt{\dfrac{2}{\pi}}+\sqrt{\dfrac{2}{\pi}}\mathrm{Cos}[\mathrm{x}]\right)$; $\dfrac{1}{5}\mathrm{xlog}[1-\mathrm{x}]$; $-\dfrac{1}{(-1+\mathrm{x})^3}$. 说明 Mathematica 确实求出了所给三个幂级数在其收敛域内的和函数.

例 3　求函数 $y=\cos x$ 在点 $x=0$ 处的 10 阶泰勒展开式及在点 $x=5$ 处的 15 阶泰勒展开式.

解　输入命令，记展开式分别为 $f_1(x)$ 和 $f_2(x)$，并在同一坐标系内作出它们的图形（$\cos x$——黑色，$f_1(x)$——红色，$f_2(x)$——蓝色）.

$$f1[x\_]=Normal[Series[Cos[x],\{x,0,10\}]]$$
$$f2[x\_]=Normal[Series[Cos[x],\{x,5,15\}]]$$
$$Plot\{Cos[x],f1[x],f2[x]\},\{x,-3Pi,5Pi\},$$
$$Epilog\rightarrow\{Arrow[\{0,0\},\{16,0\}],Arrow[\{0,0\},\{0,4.3\}]\},$$
$$PlotStyle\rightarrow\{Thickness[0.008]\},$$
$$\{Thickness[0.008],RGBColor[1,0,0]\},$$
$$\{Thickness[0.008],RGBColor[0,0,1]\}$$

从图 7-1 可以看出，在 $x=0$ 附近 $f_1(x)$ 与 $\cos x$ 的图形逼近情况较好，而在 $x=$

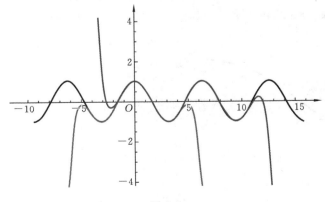

图 7-1

5 附近 $f_2(x)$ 与 $\cos x$ 的图形逼近情况较好.

例 4 将函数 $y = \arctan x$ 展开为 x 的幂级数,并观察幂级数对函数的收敛情况.

解 利用 Mathematica 命令及相关语句将函数展开为 x 的幂级数,并在同一坐标系内分别作出不同阶的幂级数和 $y = \arctan x$ 的图形,程序如下.

f[x_]=Normal[Series[ArcTan[x],{x,0,i}]];Print[f[x]];

For i=0,i≤45,i+=2,f[x_]=Normal[Series[ArcTan[x],{x,0,i}]];

Print[f[x]];

Plot{ArcTan[x],f[x]},{x,−i,i},

GridLines→{{−1,1},{−Pi/2,Pi/2}},

PlotRange→{{−2,2},{−Pi/2,Pi/2}},

PlotStyle→{Thickness[0.008]},

{Thickness[0.008],RGBColor[1,0,0]},

PlotLabel→(i−1)"阶泰勒展开式的图形";

部分运行结果如下:

$$x - \frac{x^3}{3} + \frac{x^5}{5} - \frac{x^7}{7} + \frac{x^9}{9} - \frac{x^{11}}{11} + \frac{x^{13}}{13} - \frac{x^{15}}{15} + \frac{x^{17}}{17} - \frac{x^{19}}{19} + \frac{x^{21}}{21} -$$

$$\frac{x^{23}}{23} + \frac{x^{25}}{25} - \frac{x^{27}}{27} + \frac{x^{29}}{29} - \frac{x^{31}}{31} + \frac{x^{33}}{33} - \frac{x^{35}}{35} + \frac{x^{37}}{37} - \frac{x^{39}}{39} + \frac{x^{41}}{41} - \frac{x^{43}}{43} + \frac{x^{45}}{45}$$

运行结果中给出了 $y = \arctan x$ 的 45 阶幂级数展开式,以及 3、9、23、41 阶幂级数的图形,分别如图 7-2、图 7-3、图 7-4、图 7-5 所示.从图形中可以看出:随着阶数的增加,展开幂级数的图形与 $y = \arctan x$ 图形的逼近效果越来越好,逼近的区域为 −1 至 1.而在 $x \leqslant -1$ 或 $x \geqslant 1$ 的区域上,函数 $y = \arctan x$ 均有意义,但幂级数并不收敛,这与理论分析中幂级数的收敛区域为 $(-1, 1)$ 是一致的.

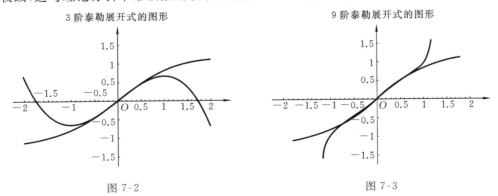

图 7-2   图 7-3

23 阶泰勒展开式的图形

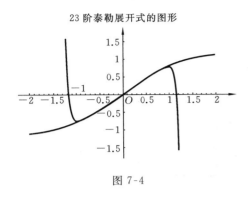

图 7-4

41 阶泰勒展开式的图形

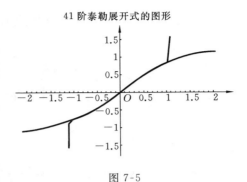

图 7-5

例 5　求以 2π 为周期的函数 $f(x)=\begin{cases}-1, & -\pi\leqslant x<0, \\ 1, & 0\leqslant x<\pi\end{cases}$ 的傅里叶级数展开式,并观察其敛散性.

解　将函数展开成傅里叶级数,在同一坐标系内分别作出不同次的傅里叶级数和 $f(x)$ 的图形(见图 7-6 至图 7-9),观察傅里叶级数的敛散性.程序及部分运行结果如下:

```
f[x_]:=Which x<-2Pi,-1,-2Pi≤x<-Pi,1,-Pi≤x<0,-1,
          0≤x<Pi,1,Pi≤x<2Pi,-1,2Pi≤x,1;
a[n_]=2(1-(-1)^n)/n/Pi;
For i=1,i<100,i+=5,fr1[x_]=Sum[a[n]*Sin[n*x],{n,1,i}];
          Plot{f[x],fr1[x]},{x,-3Pi,3Pi},
PlotStyle→{Thickness[0.005],RGBColor[1,0,0]},
          {Thickness[0.005],RGBColor[0,0,1]},
      Epilog→{Arrow[{0,0},{10,0}],Arrow[{0,0},{0,1.6}]},
```

6 次傅里叶展开式的图形

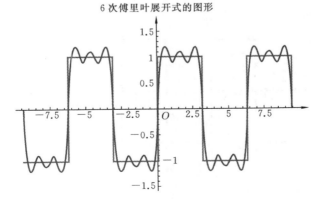

图 7-6

26 次傅里叶展开式的图形

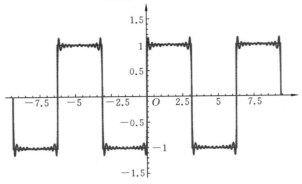

图 7-7

51 次傅里叶展开式的图形

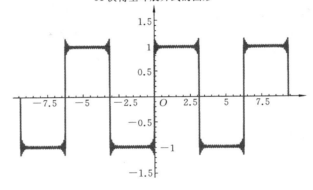

图 7-8

96 次傅里叶展开式的图形

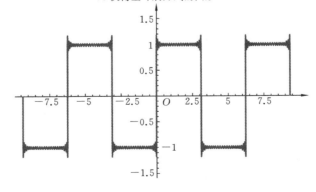

图 7-9

PlotRange→{−1,5,1.5},PlotLabel→"i 次傅里叶展开式的图形";

fr1[x]

$$\frac{4\sin[x]}{\pi}+\frac{4\sin[3x]}{3\pi}+\frac{4\sin[5x]}{5\pi}$$

$$\frac{4\sin[x]}{\pi}+\frac{4\sin[3x]}{3\pi}+\frac{4\sin[5x]}{5\pi}+\frac{4\sin[7x]}{7\pi}+\frac{4\sin[9x]}{9\pi}+\frac{4\sin[11x]}{11\pi}+\frac{4\sin[13x]}{13\pi}+$$

$$\frac{4\sin[15x]}{15\pi}+\frac{4\sin[17x]}{17\pi}+\frac{4\sin[19x]}{19\pi}+\frac{4\sin[21x]}{21\pi}+\frac{4\sin[23x]}{23\pi}+\frac{4\sin[25x]}{25\pi}$$

$$\frac{4\sin[x]}{\pi}+\frac{4\sin[3x]}{3\pi}+\frac{4\sin[5x]}{5\pi}+\frac{4\sin[7x]}{7\pi}+\frac{4\sin[9x]}{9\pi}+\frac{4\sin[11x]}{11\pi}+\frac{4\sin[13x]}{13\pi}+$$

$$\frac{4\sin[15x]}{15\pi}+\frac{4\sin[17x]}{17\pi}+\frac{4\sin[19x]}{19\pi}+\frac{4\sin[21x]}{21\pi}+\frac{4\sin[23x]}{23\pi}+\frac{4\sin[25x]}{25\pi}+$$

$$\frac{4\sin[27x]}{27\pi}+\frac{4\sin[29x]}{29\pi}+\frac{4\sin[31x]}{31\pi}+\frac{4\sin[33x]}{33\pi}+\frac{4\sin[35x]}{35\pi}+\frac{4\sin[37x]}{37\pi}+$$

$$\frac{4\sin[39x]}{39\pi}+\frac{4\sin[41x]}{41\pi}+\frac{4\sin[43x]}{43\pi}+\frac{4\sin[45x]}{45\pi}+\frac{4\sin[47x]}{47\pi}+\frac{4\sin[49x]}{49\pi}+\frac{4\sin[51x]}{51\pi}$$

$$\frac{4\sin[x]}{\pi}+\frac{4\sin[3x]}{3\pi}+\frac{4\sin[5x]}{5\pi}+\frac{4\sin[7x]}{7\pi}+\frac{4\sin[9x]}{9\pi}+\frac{4\sin[11x]}{11\pi}+\frac{4\sin[13x]}{13\pi}+$$

$$\frac{4\sin[15x]}{15\pi}+\frac{4\sin[17x]}{17\pi}+\frac{4\sin[19x]}{19\pi}+\frac{4\sin[21x]}{21\pi}+\frac{4\sin[23x]}{23\pi}+\frac{4\sin[25x]}{25\pi}+$$

$$\frac{4\sin[27x]}{27\pi}+\frac{4\sin[29x]}{29\pi}+\frac{4\sin[31x]}{31\pi}+\frac{4\sin[33x]}{33\pi}+\frac{4\sin[35x]}{35\pi}+\frac{4\sin[37x]}{37\pi}+$$

$$\frac{4\sin[39x]}{39\pi}+\frac{4\sin[41x]}{41\pi}+\frac{4\sin[43x]}{43\pi}+\frac{4\sin[45x]}{45\pi}+\frac{4\sin[47x]}{47\pi}+\frac{4\sin[49x]}{49\pi}+$$

$$\frac{4\sin[51x]}{51\pi}+\frac{4\sin[53x]}{53\pi}+\frac{4\sin[55x]}{55\pi}+\frac{4\sin[57x]}{57\pi}+\frac{4\sin[59x]}{59\pi}+\frac{4\sin[61x]}{61\pi}+$$

$$\frac{4\sin[63x]}{63\pi}+\frac{4\sin[65x]}{65\pi}+\frac{4\sin[67x]}{67\pi}+\frac{4\sin[69x]}{69\pi}+\frac{4\sin[71x]}{71\pi}+\frac{4\sin[73x]}{73\pi}+$$

$$\frac{4\sin[75x]}{75\pi}+\frac{4\sin[77x]}{77\pi}+\frac{4\sin[79x]}{79\pi}+\frac{4\sin[81x]}{81\pi}+\frac{4\sin[83x]}{83\pi}+\frac{4\sin[85x]}{85\pi}+$$

$$\frac{4\sin[87x]}{87\pi}+\frac{4\sin[89x]}{89\pi}+\frac{4\sin[91x]}{91\pi}+\frac{4\sin[93x]}{93\pi}+\frac{4\sin[95x]}{95\pi}$$

图 7-6 至图 7-9 分别给出了 6、26、51、96 次的傅里叶级数展开式及其对应图形与 $f(x)$ 之间的关系. 从图形可以看出,傅里叶级数展开式随着次数的增加与 $f(x)$ 逐渐逼近的情况越来越好.

习 题 7.1

1. 判定数项级数的敛散性.

(1) $\sum\limits_{n=1}^{\infty} \sin\dfrac{\pi}{n(n+1)}$;　　(2) $\sum\limits_{n=1}^{\infty} n\left(\dfrac{3}{4}\right)^n$;　　(3) $\sum\limits_{n=1}^{\infty}(-1)^{\frac{n(n+1)}{2}}\dfrac{1}{n}\dfrac{1}{\sqrt{n+1}}$.

2. 求下列幂级数的和函数.

(1) $\sum\limits_{n=1}^{\infty} nx^n$;　　(2) $\sum\limits_{n=1}^{\infty} \dfrac{x^{n+1}}{n+1}$;　　(3) $\sum\limits_{n=1}^{\infty}(-1)^{2n+1}\dfrac{x^{n+1}}{n(n+1)}$.

3. 给出函数 $f(x)=\mathrm{e}^x\sin x+2^x\cos x$ 在点 $x=0$ 处的 10 阶泰勒展开式以及其在点 $x=1$ 处的 5 阶泰勒展开式.

4. 将下列函数展开成傅里叶级数:

(1) $f(x)=a^2-x^2$　$(-\pi\leqslant x<\pi)$;　　(2) $f(x)=\mathrm{e}^x$　$(-\pi\leqslant x<\pi)$;

(3) $f(x)=x^2$　$(0<x<1)$.

7.2　实验二：微分方程及其应用

7.2.1　实验内容

用 Mathematica 命令解常微分方程.

在 Mathematica 中,用命令 Dsolve 可以解线性与非线性常微分方程,其调用格式如下.

Dsolve[微分方程,y[x],x]表示解以 y[x]为未知函数的微分方程,x 为自变量.

Dsolve[{微分方程 1,微分方程 2,…},{y₁[x],y₂[x], …},x]表示解微分方程组 {微分方程 1,微分方程 2,…},x 为自变量.

Dsolve[微分方程,y[0]＝C₀,y[x],x]表示求微分方程满足初始条件 y[0]＝C₀ 的特解.

NDsolve[微分方程,y[x],{x,x₁,x₂}]表示求解以 y[x]为未知函数的微分方程的近似解,x 的变化范围为{x₁,x₂}.

注意　微分方程中的函数 y 以完整形式 y[x]表示,以表明方程中的符号 y 是 x 的函数.

微分方程中出现的"＝"号应以"＝＝"的形式表示.

求解微分方程初值问题时,初始条件应与方程一起以方程列表（放在花括号内）的形式给出.

NDsolve 命令可在 Dsolve 求解微分方程失效时使用,若你只需要知道方程在某一范围内的解,且不必绝对精确,用 NDsolve 更合适.

7.2.2　实验范例

例 6　求微分方程 $xy'+y-\mathrm{e}^x=0$ 在初始条件 $y|_{x=1}=2\mathrm{e}$ 下的特解.

解　输入命令

$$\mathrm{Dsolve}[\{xy'[x]+y[x]-\mathrm{Exp}[x]==0,y[1]==2E\},y[x],x],$$

运行后输出结果为　　　　　　　　$\left\{\left\{y[x]\to\dfrac{e+e^x}{x}\right\}\right\}.$

这说明所求初值问题的特解为　　　$y=\dfrac{e+e^x}{x}.$

　　例 7　求微分方程 $y''+2y'+y=0$ 的通解.

　　解　输入命令

$$\mathrm{Dsolve}[y''[x]+2^*y'[x]+y[x]==0,y[x],x],$$

运行结果为　$\{\{y[x]\to e^{-x}C[1]+e^{-x}xC[2]\}\}$（其中 $C[1],C[2]$ 为任意常数）.

　　例 8　求微分方程 $y''-4y'+3y=0$ 满足初始条件 $y(0)=6,y'(0)=10$ 的特解.

　　解　输入命令

$$\mathrm{Dsolve}[\{y''[x]-4^*y'[x]+3^*y[x]==0,y[0]==6,y'[0]==10\},y[x],x]$$

运行结果为　　　　　　　　$\{\{y[x]\to 2e^x(2+e^{2x})\}\}.$

　　例 9　求微分方程 $x^2y''-4xy'+6y=x$ 的通解.

　　解　输入命令

$$\mathrm{Dsolve}[x^2{}^*y''[x]-4^*x^*y'[x]+6^*y[x]==x,y[x],x]$$

运行结果为 $\left\{\left\{y[x]\to\dfrac{x}{2}+x^2C[1]+x^3C[2]\right\}\right\}$（其中 $C[1],C[2]$ 为任意常数）.

<h2 style="text-align:center">习　　题　　7.2</h2>

1. 求微分方程 $(x^2-1)\dfrac{\mathrm{d}y}{\mathrm{d}x}+2xy-\sin x=0$ 的通解.

2. 求微分方程 $2y''+y'+\dfrac{1}{8}y=0$ 的通解.

3. 求微分方程 $4y''+4y'+y=0$ 满足初始条件 $y(0)=2,y'(0)=0$ 的特解.

4. 求微分方程 $y''-2y'+5y=e^x\sin 2x$ 的通解.

7.3　实验三:复变函数与积分变换

7.3.1　实验内容

用 Mathematica 命令作积分变换.

　　上述几节介绍的 Mathematica 函数,都可以通过输入函数和适当的参数而直接使用,这些函数称为系统的内部函数.还有一些系统扩展的功能不是作为系统的内部函数,而是以程序包的形式存储在系统内部,要使用它们来帮助我们实现某个目的时,必须事先用一定的方式打开这些程序包.

1. 有关傅里叶积分变换的命令

在使用傅里叶积分变换前要打开程序包 Fouriert. m. 命令格式为

$$<<Calculus\backslash fouriert. m$$

傅里叶积分变换的命令格式为 FourierTransform[f[t],t,s],它表示求函数 f[t] 以其中 t 作为变量的傅里叶积分变换,结果为以 s 作为自变量的函数——傅里叶积分变换. 傅里叶积分变换的逆变换的格式为

$$InverseFourierTransform[F[s],s,t]$$

2. 有关拉普拉斯积分变换的命令

拉普拉斯积分变换的命令格式为 LaplaceTransform[f[t],t,s],表示求函数 f[t] 以 t 作为变量的拉普拉斯积分变换,结果为以 s 作为自变量的拉普拉斯积分变换. 求拉普拉斯积分变换的逆变换命令为 InverseLaplaceTransform[L[s],s,t]

进行拉普拉斯积分变换与拉普拉斯积分逆变换需打开程序包 Laplacet. m. 其命令格式为

$$<<Calculus\backslash laplacet. m$$

7.3.2   实验范例

例 10   求函数 $f(x)=\sin kt$ 的傅里叶积分变换,并对结果求傅里叶积分逆变换.

解   输入以下命令语句:

$<<Calculus\backslash$ fouriert. m

F[s]=FourierTransform[Sin[kt],t,s]

InverseFourierTransform[F[s],s,t]

输出结果为

$$i\sqrt{\frac{\pi}{2}}DiracDelta[k-s]-i\sqrt{\frac{\pi}{2}}DiracDelta[k+s]$$

$$-\frac{1}{2}ie^{-ikx}(-1+e^{2ikx})$$

其中,$-\dfrac{1}{2}ie^{-ikx}(-1+e^{2ikx})$ 为 $\sin kx$ 的复数形式,确实还原为原来的函数.

例 11   求函数 $f(t)=t^2 e^t$ 的拉普拉斯积分变换,并用拉普拉斯积分逆变换验证其正确性.

解   输入以下命令:

$<<Calculus\backslash$ laplacet. m

L[s]＝LaplaceTransform[t＊t＊Exp[t],t,s]

InverseLaplaceTransform[L[s],s,t]

输出结果为 $\dfrac{2}{(-1+s)^3}$ 和 $e^t t^2$.

例 12　用拉普拉斯变换法解微分方程

$$y''-3y'+2y=t^2,\quad y'(0)=1,\quad y(0)=2.$$

解　首先计算微分方程两边的拉普拉斯变换. 输入如下命令:

eq＝$y''-3y'+2y==t^2$

fc1＝LaplaceTransform[eq,t,s]

输出结果为

$$2\text{LaplaceTransform}[y[t],t,s]+s^2\,\text{LaplaceTransform}[y[t],t,s]-$$

$$3\,s\,\text{LaplaceTransform}[y[t],t,s]-y[0]-sy[0]-y[0]==\dfrac{2}{s^3}$$

求解满足初始条件时拉普拉斯变换的表达式.

fc2＝Solve[fc1,LaplaceTransform[y[t],t,s]]/.{y'[0]->1,y[0]->2}

运行后输出结果为

$$\left\{\left\{\,\text{LaplaceTransform}[y[t],t,s]->-\dfrac{5-\dfrac{2}{s^3}-2s}{2-3s+s^2},\right\}\right\}$$

从中取出 s 的函数并求拉普拉斯逆变换, 即

$$\text{InverseLaplaceTransform}\left[-\dfrac{5-\dfrac{2}{s^3}-2s}{2-3s+s^2},s,t\right]$$

求得方程的解为

$$\dfrac{1}{4}(7+4e^t-3e^{2t}+6t+2t^2).$$

习　题　7.3

1. 求下列函数的拉普拉斯变换.

(1) $\dfrac{1}{\sqrt{3}}\sin 2t$;　　　(2) $8\sin^2 3t$;　　　(3) $e^{\frac{1}{2}}-2e^{-2t}$;　　　(4) $t\cos at$.

2. 求下列象函数的拉普拉斯逆变换.

(1) $\mathscr{L}(s)=\dfrac{5}{s+2}$;　(2) $\mathscr{L}(s)=\dfrac{2s-5}{s^2}$;　(3) $\mathscr{L}(s)=\dfrac{s+3}{s^2+3s+2}$;　(4) $\mathscr{L}(s)=\dfrac{s}{(s^2+1)(s^2+4)}$.

3. 利用拉普拉斯变换求解下列微分方程.

(1) $y''+4y'+3y=e^{-t}$,　　　　　$y(0)=y'(0)=1$;

(2) $y'' - 2y' + 2y = 2e^t \cos t$,　　　　$y(0) = y'(0) = 0$;

(3) $y''' + 3y'' + 3y' + y = 6e^{-t}$,　　　　$y(0) = y'(0) = y''(0) = 0$.

7.4　实验四:矩阵与行列式

$m \times n$ 矩阵是一个 m 行 n 列的数表,可用 m 个长度为 n 的 Mathematica 子表组成的二层表表示,因此表

$$aa = \{\{a_{11}, a_{12}, a_{13}\}, \{a_{21}, a_{22}, a_{23}\}\}$$

表示一个矩阵,命令 MatrixForm[aa]给出的是其矩阵形式.

　　1) 矩阵的加减运算

设 $bb = \{\{b_{11}, b_{12}, b_{13}\}, \{b_{21}, b_{22}, b_{23}\}\}$,输入命令

aa+bb

MatrixForm[aa+bb]

则运行结果分别为

$$\{\{a11+b11, a12+b12, a13+b13\}, \{a21+b21, a22+b22, a23+b23\}\}$$

$$\begin{bmatrix} a11+b11 & a12+b12 & a13+b13 \\ a21+b21 & a22+b22 & a23+b23 \end{bmatrix}$$

　　2) 矩阵的乘法

根据矩阵相乘的条件,可知上述矩阵 aa 与 bb 不能按矩阵乘法相乘,用矩阵乘法("."号)试试,得到一系列错误信息. 若用乘号"*"试试,输入命令 MatrixForm[aa*bb],运行结果为

$$\begin{bmatrix} a11b11 & a12b12 & a13b13 \\ a21b21 & a22b22 & a23b23 \end{bmatrix}$$

其结果为两矩阵对应元素相乘所得的矩阵,其规则与加法相似,也不是矩阵相乘的结果. 设矩阵

$$cc = \{\{c_{11}, c_{12}\}, \{c_{21}, c_{22}\}, \{c_{31}, c_{32}\}\}$$

输入命令 aa.cc 及 MatrixForm[aa.cc],则运行结果分别为

$$\{\{a11c11+a12c21+a13c31, a11c12+a12c22+a13c32\},$$
$$\{a21c11+a22c21+a23c31, a21c12+a22c22+a23c32\}\}$$

和

$$\begin{bmatrix} a11c11+a12c21+a13c31 & a11c12+a12c22+a13c32 \\ a21c11+a22c21+a23c31 & a21c12+a22c22+a23c32 \end{bmatrix}$$

以上结果正是正规意义下矩阵乘积的结果.

　　3) 矩阵的转置

可用命令 Transpose 直接求得. 例如,求矩阵 aa = $\{\{a_{11}, a_{12}, a_{13}, a_{14}\}, \{a_{21}, a_{22}, a_{23}, a_{24}\}, \{a_{31}, a_{32}, a_{33}, a_{34}\}\}$的转置,输入命令

Transpose[aa]

MatrixForm[Transpose[aa]]

运行结果为

$$\{\{a_{11},a_{21},a_{31}\},\{a_{12},a_{22},a_{32}\},\{a_{13},a_{23},a_{33}\},\{a_{14},a_{24},a_{34}\}\}$$

和

$$\begin{bmatrix} a_{11} & a_{21} & a_{31} \\ a_{12} & a_{22} & a_{32} \\ a_{13} & a_{23} & a_{33} \\ a_{14} & a_{24} & a_{34} \end{bmatrix}$$

4）矩阵的秩（行秩与列秩）

矩阵的秩就是用初等行变换将矩阵化为阶梯形矩阵中非零行的个数,也是化为行最简阶梯形矩阵中非零行的个数,其命令为 RowReduce.

例 13　求矩阵 $\begin{bmatrix} 1 & 2 & 3 & 4 \\ 2 & 3 & 4 & 1 \\ 3 & 4 & 1 & 2 \\ 4 & 1 & 2 & 3 \end{bmatrix}$ 的秩.

解　先用双层表表示所给矩阵,然后用命令 RowReduce[A]给出矩阵的行最简形,并用 MatrixForm 命令将其转化为标准的矩阵形式,从中观察出所给矩阵的秩.

输入命令

aa＝{{1,2,3,4},{2,3,4,1},{3,4,1,2},{4,1,2,3}}

RowReduce[aa]

MatrixForm[RowReduce[aa]]

运行结果为

$$\{\{1,2,3,4\},\{2,3,4,1\},\{3,4,1,2\},\{4,1,2,3\}\}$$

$$\{\{1,0,0,0\},\{0,1,0,0\},\{0,0,1,0\},\{0,0,0,1\}\}$$

$$\begin{bmatrix} 1 & 0 & 0 & 0 \\ 0 & 1 & 0 & 0 \\ 0 & 0 & 1 & 0 \\ 0 & 0 & 0 & 1 \end{bmatrix}$$

从以上结果可以看出所给矩阵的秩为 4,即为满秩.

5）向量的线性相关性

将 m 个 n 维向量 $a_1,a_2,\cdots,a_m$ 按行排成一个 $m \times n$ 矩阵 A,记矩阵 A 的秩为 r,若 $r < m$,则向量组 $a_1,a_2,\cdots,a_m$ 线性相关.否则,向量组 $a_1,a_2,\cdots,a_m$ 线性无关.另外,r 个非零行对应的原向量组中向量组成的向量组（秩为 r）为所给向量组 a_1,

$a_2, \cdots, a_m$ 的一个极大无关组.

例 14 求向量组 $a_1 = \{1,2,3,4\}, a_2 = \{0,-1,2,3\}, a_3 = \{2,3,8,11\}, a_4 = \{2,3,6,8\}$ 的秩,并求向量组的一个极大无关组.

解 将向量 a_1, a_2, a_3, a_4 按行排成一个矩阵,记为 A,即

$A = \{a_1, a_2, a_3, a_4\}$,

然后用 RowReduce[A] 及 MatrixForm[RowReduce[A]] 命令求出矩阵的秩并给出其矩阵形式.

A = { a₁, a₂, a₃, a₄ };

RowReduce[A]

MatrixForm[RowReduce[A]]

运行结果为 $\left\{ \left\{ 1,0,0,-\dfrac{1}{2} \right\}, \{0,1,0,0\}, \left\{ 0,0,1,\dfrac{3}{2} \right\}, \{0,0,0,0\} \right\}$

$$\begin{bmatrix} 1 & 0 & 0 & -\dfrac{1}{2} \\ 0 & 1 & 0 & 0 \\ 0 & 0 & 1 & \dfrac{3}{2} \\ 0 & 0 & 0 & 0 \end{bmatrix}$$

由以上输出结果知,向量组 a_1, a_2, a_3, a_4 的秩为 $3, a_1, a_2, a_3$ 即是其一个极大无关组.

6) 方阵的逆

根据矩阵 A 可逆的充分必要条件($|A| \neq 0$),只要用命令 Det[A] 判断其行列式是否为 0,然后即可用命令 Inverse[A] 求出其逆矩阵.由于命令 RowReduce[A] 给出的是矩阵 A 的行最简形式,故也可由其判断行列式是否可逆.

用 Inverse 命令不判断矩阵是否可逆而直接求逆时,若给出错误信息,且执行结果仍为输入的表达式,则可以断言矩阵不可逆;若给出了一个矩阵(二层表),则可以肯定矩阵可逆,且给出的矩阵就是其逆矩阵.

例 15 判断矩阵 $A = \begin{bmatrix} 1 & 2 & 0 & 4 \\ 0 & -1 & 2 & 3 \\ 2 & 3 & 8 & 11 \\ 2 & 3 & 6 & 8 \end{bmatrix}$ 是否可逆,若可逆,求出其逆矩阵.

解 用命令 Det[A] 或 RowReduce[A] 可判断矩阵 A 是否可逆,也可通过复合命令 MatrixForm[RowReduce[A]] 给出矩阵的行最简形式,从而更直观地观察其是否可逆.输入命令

A＝{{1,2,0,4},{0,−1,2,3},{2,3,8,11},{2,3,6,8}};

Det[A]

RowReduce[A]

MatrixForm[RowReduce[A]]

运行结果为

18

{{1,0,0,0},{0,1,0,0},{0,0,1,0},{0,0,0,1}}

$$\begin{bmatrix} 1 & 0 & 0 & 0 \\ 0 & 1 & 0 & 0 \\ 0 & 0 & 1 & 0 \\ 0 & 0 & 0 & 1 \end{bmatrix}$$

从以上均可判断矩阵 **A** 可逆.

　直接输入命令

A＝{{1,2,0,4},{0,−1,2,3},{2,3,8,11},{2,3,6,8}}

Inverse[A]

MatrixForm[Inverse[A]]

运行结果为

$$\left\{ \left\{ \frac{1}{9}, \frac{14}{9}, -\frac{26}{9}, \frac{10}{3} \right\}, \{0,-1,1,-1\}, \left\{ -\frac{1}{3}, -\frac{1}{6}, \frac{1}{6}, 0 \right\}, \left\{ \frac{2}{9}, \frac{1}{9}, \frac{2}{9}, -\frac{1}{3} \right\} \right\}$$

$$\begin{bmatrix} \frac{1}{9} & \frac{14}{9} & -\frac{26}{9} & \frac{10}{3} \\ 0 & -1 & 1 & -1 \\ -\frac{1}{3} & -\frac{1}{6} & \frac{1}{6} & 0 \\ \frac{2}{9} & \frac{1}{9} & \frac{2}{9} & -\frac{1}{3} \end{bmatrix}$$

上述结果不仅说明矩阵 **A** 可逆,而且求出了其逆矩阵.

　如果线性方程组的系数均为已知,求解方程组可用命令 Solve[A. xx＝＝bb,xx]或 Reduce [A. xx＝＝bb,xx];若线性方程组中含有参数或未知常数(如 a、b、c 等),则必须用命令 Reduce[A. xx＝＝bb,xx]进行求解.

　　例 16　解线性方程组 $\begin{cases} 2x_1+2x_2-x_3+x_4=4, \\ 4x_1+3x_2-x_3+2x_4=6, \\ 8x_1+3x_2-3x_3+4x_4=12, \\ 3x_1+3x_2-2x_3-2x_4=6. \end{cases}$

　　解　输入命令

Solve[{2x₁+2x₂−x₃+x₄==4,4x₁+3x₂−x₃+2x₄==6,

8x₁+3x₂−3x₃+4x₄==12,3x₁+3x₂−2x₃−2x₄==6},{x₁,x₂,x₃,x₄}]

或 Reduce[{2x₁+2x₂−x₃+x₄==4,4x₁+3x₂−x₃+2x₄==6,

8x₁+3x₂−3x₃+4x₄==12,3x₁+3x₂−2x₃−2x₄==6},{x₁,x₂,x₃,x₄}]

运行结果分别为 $\left\{\left\{x_1 \to \dfrac{9}{14}, x_2 \to \dfrac{1}{2}, x_3 \to -\dfrac{3}{2}, x_4 \to \dfrac{3}{14}\right\}\right\}$

或 $x_1 == \dfrac{9}{14} \,\&\&\, x_2 == \dfrac{1}{2} \,\&\&\, x_3 == -\dfrac{3}{2} \,\&\&\, x_4 == \dfrac{3}{14}$

以上两种形式的结果均表示求出了方程组的精确解.

例 17 给定带有参数的线性方程组 $\begin{cases} \lambda x_1 + x_2 + x_3 = 1, \\ x_1 + \lambda x_2 + x_3 = \lambda, \\ x_1 + x_2 + \lambda x_3 = \lambda^2, \end{cases}$ 确定 λ 为何值时,方程

组有解? 无解? 有无穷多解?

解 1 输入命令

Solve[{λx₁+x₂+x₃==1,x₁+λx₂+x₃==λ,x₁+x₂+λx₃==λ²},{x₁,x₂,x₃}]

运行结果为

$$\left\{\left\{x_1 \to -\frac{1+\lambda}{2+\lambda}, x_2 \to \frac{1}{2+\lambda}, x_3 \to -\frac{-1-2\lambda-\lambda^2}{2+\lambda}\right\}\right\}$$

以上结果表明在 $\lambda \neq -2$ 时,方程组有唯一解;$\lambda = -2$ 时,方程组无解;其他情况无法从以上结果中看出.

解 2 输入命令

Reduce[{λx₁+x₂+x₃==1,x₁+λx₂+x₃==λ,x₁+x₂+λx₃==λ²},

{x₁,x₂,x₃}]

运行结果为

λ==1&&x₁==1−x₂−x₃

$x_1 == \dfrac{-1-\lambda}{2+\lambda} \,\&\&\, x_2 == \dfrac{1}{2+\lambda} \,\&\&\, x_3 == \dfrac{1+2\lambda+\lambda^2}{2+\lambda} \,\&\&\, -1+\lambda \neq 0 \,\&\&\, 2+\lambda \neq 0$

由求出的结果可知当 $\lambda=1$ 时,方程组有无穷多组解,其表达形式为

$$x_1 = 1 - x_2 - x_3,$$

其中 x_2, x_3 为自由未知量.

当 $\lambda \neq 1$ 且 $\lambda \neq -2$ 时,方程组有唯一解

$$x_1 = \frac{-1-\lambda}{2+\lambda}, \quad x_2 = \frac{1}{2+\lambda}, \quad x_3 = \frac{1+2\lambda+\lambda^2}{2+\lambda}.$$

当 $\lambda = -2$ 时,方程组无解.

习　题　7.4

1. 已知 $A=\begin{bmatrix} 1 & -1 & 2 \\ 2 & 3 & -2 \\ 4 & 1 & 3 \end{bmatrix}$，$B=\begin{bmatrix} 0 & 1 & 3 \\ -1 & 2 & 0 \\ 5 & 2 & 1 \end{bmatrix}$，求 (1) $3A-2B$；(2) $2A+\dfrac{1}{2}B$；(3) $|A|$.

2. 设 $A=\begin{bmatrix} 0 & 10 & 6 \\ 1 & -3 & -3 \\ -2 & 10 & 8 \end{bmatrix}$，$B=\begin{bmatrix} 2 & 2 & 3 \\ 1 & -1 & 0 \\ 1 & 2 & 1 \end{bmatrix}$，求 (1) B^{-1}；(2) $B^{-1}A$.

3. 求下列矩阵的秩.

(1) $\begin{bmatrix} 1 & 2 & 0 \\ 0 & 1 & 1 \\ -1 & 2 & 3 \end{bmatrix}$；(2) $\begin{bmatrix} 1 & 0 & 0 & 1 & 4 \\ 0 & 1 & 0 & 2 & 5 \\ 0 & 0 & 1 & 3 & 6 \\ 1 & 2 & 3 & 14 & 32 \\ 4 & 5 & 6 & 32 & 77 \end{bmatrix}$.

4. 解方程组 $\begin{cases} x_1+2x_2+3x_3=-6, \\ 2x_1+2x_2+x_3=12, \\ 3x_1+4x_2+3x_3=18. \end{cases}$

5. 讨论齐次线性方程组 $\begin{cases} kx+y-z=0, \\ x+ky-z=0, \\ 2x-y+z=0 \end{cases}$，解的情况.

7.5　实验五：线性规划

7.5.1　实验内容

用 Mathematica 命令解线性规划.

在 Mathematica 中，解线性规划问题有以下两种命令方式.

(1) ConstrainedMin[目标函数,{约束条件},{变量列表}]，在约束条件的定义域内计算目标函数的最小值，变量都是非负的，计算结果表示为{目标函数最小值，{x—>x_0,y—>y_0,…}}；ConstrainedMax[目标函数,{约束条件},{变量列表}]，在约束条件的定义域内计算目标函数的最大值，变量都是非负的，计算结果表示为{目标函数最大值,{x—>x_0,y—>y_0,…}}.

(2) LinearProgramming[c,m,b]，其中 m 为约束条件的系数矩阵，c 为目标函数的系数矩阵，b 为变量的系数矩阵，解出向量 x，使满足条件 mx≫b,x≫0,c＊x 最小.

7.5.2　实验范例

例18　求解线性规划问题：

$$\max z = 3x + 4y,$$

$$\text{s. t.} \begin{cases} 8x + 4y \leqslant 160, \\ 2x + 6y \leqslant 60, \\ x \geqslant 0, y \geqslant 0. \end{cases}$$

解　输入命令

ConstrainedMax[3x+4y,{8x+4y<=160,2x+6y<=60,x>=0,y>=0},{x,y}]

运行结果为{70,{x→18,y→4}}，

即当 $x=18,y=4$ 时，z 取得最大值 70.

也可以矩阵的向量形式输入命令

LinearProgramming[{3,4},{{−8,−4},{−2,−6},{1,0},{0,1}},{−160,−60,0,0}]，

其运行结果相同.

例19（配料问题）　某炼油厂采购两种不同的配料，在每个周期中的投入和产出如下表：

配料过程	投　　入		产　　出	
	甲种原油	乙种原油	一级汽油	二级汽油
Ⅰ	3	4	1	2
Ⅱ	2	5	3	1

该厂现有甲种原油 60 个单位，乙种原油 100 个单位；且按合同至少向市场提供一级汽油 30 个单位，二级汽油 20 个单位，并且配料过程Ⅰ和Ⅱ依次在每一周期中利润分别为 1000 元和 2000 元.试确定两种配料过程的生产周期，以获得最大利润.

解　设两种配料过程的生产周期数分别为 x,y，因为确定两种配料过程的生产周期数的原则是使获得利润最大，所以在生产周期中，对应的利润函数和约束条件下的线性规划问题为

$$\max z = 1000x + 2000y,$$

$$\text{s. t.} \begin{cases} 3x + 2y \leqslant 60, \\ 4x + 5y \leqslant 100, \\ x + 3y \geqslant 30, \\ 2x + y \geqslant 20, \\ x \geqslant 0, y \geqslant 0. \end{cases}$$

输入命令

ConstrainedMax[1000 x+2000 y,{3 x+2 y<=60,4 x+5 y<=100,x+3 y>=30,2 x+y>=20,x>=0,y>=0},{x,y}]

运行结果为

{40000,{x→0,y→20}},

即当 $x=0$ 且 $y=20$ 时，z 取得最大值 40000.

例 20　解下列线性规划问题:

$$\max u = x+2y+3z+4w,$$

$$\text{s. t.} \begin{cases} x+2y+2z+3w \leqslant 20, \\ 2x+y+3z+2w \leqslant 20, \\ x \geqslant 0, y \geqslant 0, z \geqslant 0, w \geqslant 0. \end{cases}$$

解　输入命令

ConstrainedMax[x+2y+3z+4w,{x+2y+2z+3w<=20,2x+y+3z+2w<=20,x>=0,y>=0,z>=0,w>=0},{x,y,z,w}]

运行结果为

$$\{28,\{x→0,y→0,z→4,w→4\}\}.$$

习　题　7.5

1. 解下列线性规划问题.

(1) $\min z = -x+2y,$

$$\text{s. t.} \begin{cases} x-y \geqslant -2, \\ x-2y \leqslant 6, \\ x,y \geqslant 0; \end{cases}$$

(2) $\max z = -x+2y,$

$$\text{s. t.} \begin{cases} x-y \geqslant -2, \\ x+2y \leqslant 6, \\ x,y \geqslant 0; \end{cases}$$

(3) $\min z = 2x+3y,$

$$\text{s. t.} \begin{cases} 2x+3y \leqslant 30, \\ x+2y \geqslant 10, \\ x-y \geqslant 0, \\ x \geqslant 5, y \geqslant 0; \end{cases}$$

(4) $\min z = -5x-7y-2z,$

$$\text{s. t.} \begin{cases} x+2y+3z \leqslant 35, \\ 2x+y+z \leqslant 40, \\ x+2y+z \leqslant 50, \\ x,y,z \geqslant 0. \end{cases}$$

2. 某养鸡场有 1 万只鸡,用动物饲料和谷物饲料混合喂养,每天每只鸡平均吃混合饲料 0.5 kg,其中动物饲料占的比例不得少于 1/5,动物饲料每 500 g 1 元,谷物饲料 0.8 元,饲料公司每周只保证供应谷物饲料 25000 kg,问饲料如何混合,才能使成本最低?

7.6 实验六:概率统计

用 Mathematica 命令解概率统计问题.

1. 分布函数中参数对分布图形的影响

例 21 服从正态分布的随机变量的概率密度函数表达式为

$$f(x)=\frac{1}{\sqrt{2\pi}\sigma}\exp\left[-\frac{1}{2}\left(\frac{x-\mu}{\sigma}\right)^2\right], x\in\mathbf{R}$$

其均值与方差分别为 μ 和 σ^2,当均值 μ 与标准差 σ 分别变化时,概率分布如何变化呢?

    解 令 $\mu=0$,并取标准差 σ 分别为 $1,1.2,1.4,1.6,\cdots,3.0$.

输入命令

f[x_]=1/(Sqrt[2Pi]sigma)Exp[-1/2((x-mu)/sigma)²];

mu=0;

For [i=0,i≤10,i++,sigma=1+0.2i;

Plot[f[x_],{x,mu-3 * sigma,mu+3 * sigma},PlotRange->{{-5,5},{0,0.4}}]]

由所画出的图形可以看出,当 i 值增大即标准差 σ 增大时,对应概率密度函数的曲线图形逐渐变得平缓,钟口逐渐变大,而均值(对称轴)保持不变.即随机变量的取值随标准差 σ 的增大而逐渐分散.

再令标准差 $\sigma=1$,并让均值分别取值为 $1,1.2,1.4,1.6,\cdots,3.0$.

sigma=1;

For [i=0,i≤20,i++,mu=1+i/5;

Plot[f[x_],{x,mu-3 * sigma,mu+3 * sigma},PlotRange->{{-10,10},{0,0.7}}]]

由所画出的图形容易看出,当 i 值增大即均值 μ 增大时,对应概率密度函数的曲线图形逐渐向右平移,而钟口则保持不变.即随机变量的取值随均值 μ 的增大而逐渐向右平移.

同理,可以察看指数分布、χ^2 分布、t 分布、F 分布等的分布函数图形随其中参数的变化情况.

2. 随机变量的数字特征——均值与方差的计算

(1) 连续型随机变量的均值与方差 用随机变量的均值与方差定义及积分命令 Integrate,可以求随机变量的均值与方差.

(2) 离散型随机变量的均值与方差 离散型随机变量的均值与方差都是由无穷

和式定义的,因此用 Mathematica 的命令 Sum 可以直接求出这类随机变量的均值与方差.

例 22　求分布率为 $P\{X=k\}=\dfrac{\lambda^k e^{-\lambda}}{k!}$ $(k=0,1,2,\cdots;\lambda>0)$ 的泊松分布的期望与方差.

解　只要输入表达式

$$\sum_{k=0}^{\infty}\left(k*\frac{\lambda^k e^{-\lambda}}{k!}\right) \text{ 或命令 Sum[n*λ^n*(E^-λ)/n!,\{n,0,∞\}]},$$

运行后输出结果均为期望 λ.

根据方差公式 $D(X)=\sum_{k=1}^{\infty}[x_k-E(X)]^2 p_k$,求方差的命令为

$$\sum_{k=0}^{\infty}(n-\lambda)^2\frac{\lambda^k e^{-\lambda}}{k!} \quad \text{或} \quad \text{Sum[(n-λ)^2*λ^n*(E^-λ)/n!,\{n,0,∞\}]}$$

3. 统计分析的有关计算

1) 区间估计

要进行区间估计,需要首先调入 Mathematica 程序包.

<<Statistica\Confidenen.m

执行后即可进行区间估计的有关计算.有关命令将在举例的同时加以介绍.

例 23　有一批产品,现从中随机地取出 16 个,测量的长度(单位:mm)如下:

506	508	499	503	504	510	497	512	514	505	493	496	506	502	509	496

设该种产品的长度近似地服从正态分布,试求总体均值 μ 的置信区间与总体方差 σ^2 的置信区间(置信度分别为 0.95,0.9 与 0.99).

解　首先输入样本数据,并将样本数据组成的表记为

ss1＝{506,508,499,503,504,510,497,512,514,505,493,
　　 596,506,502,509,496}

现在可求样本 ss1 的总体均值 μ 的置信度为 0.95 的置信区间,输入命令

MeanCI[ss1]

运行结果为{500.445,507.055}.即方差未知时,由 t 分布求出的置信度为 0.95 的置信区间.输入命令

MeanCI[ss1,ConfidenceLevel－>0.90]

MeanCI[ss1,ConfidenceLevel－>0.99]

运行结果分别为{501.032,506.468}和{499.181,508.319}.即方差未知时,由 t 分布求出的置信度为 0.90 和 0.99 的置信区间.比较不同置信度下的结果可知,置信度越大,得到的置信区间越大.

下面求总体方差的置信区间,输入命令

VarianceCI[ss1]

得置信区间为{20.9907,92.1411}.与 MeanCI 命令一样,选项 ConfidenceLevel 缺省时,表示求置信度为 0.95 的置信区间,这里所求出的结果为均值未知时,利用 χ^2 分布作出的置信度为 0.95 的置信区间.再分别求置信度为 0.90 和 0.99 的置信区间,输入命令

VarianceCI[ss1,ConfidenceLevel—>0.90]

VarianceCI[ss1,ConfidenceLevel—>0.99]

运行结果分别为{23.0839,79.4663}和{17.5908,125.41}.可见,对于总体方差的区间估计而言,置信度越大,所得出的置信区间越大.

另外,利用这一问题,再看下一命令的输出

Variance[ss1]

得所给样本的方差为 38.4667,将这一方差指定为已知方差,输入命令

MeanCI[ss1,KnownVariance—>38.4667]

运行结果为{500.711,506.789}.即方差已知时,由正态分布构造的置信度为 0.95的置信区间.与前面的结果相比可知,在相同的置信度下,总体方差指定为所给样本的方差要比直接由方差未知时得到的置信区间要小一些.

2) 假设检验

进行假设检验前,需要先调入相应的程序包

<<Statistics\HypothesisTests.m

执行后即可进行假设检验的有关计算.

例 24　　某化肥厂采用自动流水生产线,装袋记录表明,实际包重(单位:kg)$X\sim N(100,2^2)$,打包机必须定期进行检查,确定机器是否需要调整,以确保所打的包不致过轻或过重,现随机抽取 9 包,测得各包重量如下:

100,　101,　102,　99,　103,　102,　100,　100.5,　101.5.

若要求完好率为 95%,问机器是否需要调整?

解　我们自然希望 机器不需要调整,选取零假设 $H_0:\mu=100$. 输入样本

ss2={100,101,102,99,103,102,100,100.5,101.5}

注意这一问题是希望样本均值在以 100 为中心的一个置信区间内,为双边检验问题,且方差已知为 4,输入命令

MeanTest [ss2,100,TwoSided—>True,KnownVariance—>4,

　　　　　　SignificanceLevel—>0.05,FullReport—>True]

输出结果为

〈FullReport－＞Mean TestStat，NormalDistribution，

　　　　　　　 101　　　1.5

TwoSidePValue－＞0.133614,Accept null hypothesis at significance level
－＞0.05}

　　说明参数样本的均值为 101，用正态分布进行检验，得到双边概率值为
0.133614,在置信度为 0.05 下接受零假设.

习　题　7.6

1. 从自动车床加工的同类零件中抽取 16 件,测得长度值(单位:cm)为

　　　　　　　12.15，12.12，12.01，12.28，12.09，12.16，12.03，12.01，

　　　　　　　12.06，12.13，12.07，12.11，12.08，12.01，12.03，12.06.

　　设零件长度服从正态分布,求方差的置信区间(取置信度为 0.05).

2. 有一大批袋装化肥,现从中随机地抽取 16 袋,秤得重量(单位:kg)为

　　　　　　　50.6，50.8，49.9，50.3，50.4，51.0，49.7，51.2，

　　　　　　　51.4，50.5，49.3，49.6，50.6，50.2，50.9，49.6.

　　设袋装化肥的重量近似地服从正态分布,试求总体均值 μ 的置信区间与总体方差 σ^2 的置信区
间(置信度分别取 0.95 和 0.90).

3. 两台车床加工同一种零件,分别取 6 个和 9 个零件,测量其长度得二者的样本方差 $S_1^2 = 0.345$,
$S_2^2 = 0.357$,假设零件服从正态分布,问是否可以认为两台车床加工零件的长度的方差无明显差
异(取置信度为 0.05)?

【数学史话】

数学实验的产生和发展

　　计算机科学的迅速发展对数学科学产生了巨大的冲击,对数学学习和研究的观
念及方法产生了深刻的影响.引发这场冲击波的主要事件是 1976 年,美国伊利诺伊
大学的两位数学家 K. Appel 和 W. Haken 利用计算机解决了困扰数学界长达近 200
年之久的著名的"四色猜想".这一成果震惊了整个数学界,因为两位数学家的论证有
很大部分并且关键的部分是由计算机完成的,这就意味着"数学证明"的概念发生了
突变.经过近 30 多年的发展,数学科学中的一个新的重要分支——计算机数学得到
了人们的广泛关注并有了长足的发展.而计算机数学的发展又引发了现代数学实验
的兴起与发展.

　　所谓数学实验,简单地说,就是用计算机代替笔和纸及人的部分脑力劳动进行科学计算、数学推理、猜想的证明及智能化文字处理等.

　　科学计算包括两类:一类是纯数值的计算,例如求函数值、方程的数值解等;另一类是符号计算,又称代数运算,这是一种智能化的计算,处理的是符号,符号可以代表整数、有理数、实数和复数,也可以代表多项式、函数,还可以代表数学结构如集合、群等.

　　20 世纪 80 年代以来,用计算机进行代数运算的研究在国内外发展非常迅速,涉及的数学领域不断地扩大,出现了多种符号运算方法、计算程序和系统,并逐渐形成了一个新的数学分支——计算机数学.这是一个以构造性数学为核心,以计算机实现为目标,以实用的算法为研究内容,以实用程序或软件为成果的研究领域.计算机数学的发展逐步产生了一些独立的计算机程序库,称为计算机代数系统.一部分计算机代数系统发展成为完整的专用或通用的数学软件,如美国的 Mathematica、Matlab,加拿大的 Maple,以及我国具有自主知识产权的数学机械化平台 MMP 等.

　　现代数学实验是指以计算机和数学软件为实验手段,以图形演示、数值计算、符号变换等作为实验内容,以数学理论作为实验原理,以实例分析、模拟仿真、归纳发现等作为主要实验形式,旨在探索数学现象、发现数学规律、验证数学结论或辅助做数学、学数学、用数学的学习与研究的实践活动.

　　由于计算机代数系统的方便、快捷及不易出错的特点,学生可从大量烦琐的计算中解放出来,把更多的时间用在数学思想、方法和技巧的理解及应用上,通过数学实验课程中"做数学"的体验,更能够激发学生的兴趣,增强学习的积极性,能给学生提供更多动手的机会,尤其是计算机的人机交互功能,为实现教学的"个别化"创设了理想环境.

　　随着经济和科学技术的进步,尤其是计算机技术的飞速发展,数学对于当代科学乃至整个社会的影响和推动作用日益显著.数学成为科学研究的主要支柱,数学方法及计算已经与理论研究和科学实验同样成为科研中不可缺少的有效手段.同时,现代数学几乎已经渗透包括自然科学、工程技术、经济管理以致人文社会科学的所有学科和应用领域中,从宇宙飞船到家用电器、从质量控制到市场营销,通过建立数学模型、应用数学理论和方法并结合计算机来解决实际问题已成为十分普遍的模式.这种掌握数学知识并应用计算机来从事研究或解决实际问题的本领说明形势对科学技术人才的数学素质和能力已经提出了更新更高的要求.

　　数学实验课的设立,首先是改变了数学课程那种仅仅依赖"一支笔、一张纸",由教师单向传输知识的模式.它提高了学生在教学过程中的参与程度,学生的主观能动性在实验中能得到了相当充分的发挥.好的实验会引起学生学习数学知识和方法的强烈兴趣并激发他们自己去解决相关实际问题的欲望,因此 数学实验有助于促进独立思考和创新意识的培养.

其次,数学实验让学生了解和初步实践应用数学知识和方法解决实际问题的全过程,并通过计算机和数学软件进行实验,实验的结果不仅仅是公式定理的推导、套用和手工计算的结论,它还反映了学生对数学原理、数学方法、建模方法、计算机操作和软件使用等多方面内容的掌握程度和应用的能力.因此 数学实验有助于促进在实际工作中非常需要的综合应用能力的培养.

另外,数学实验必须使用计算机及应用软件,将先进技术工具引进教学过程,不止是作为一种教学辅助手段,而且是作为解决实验中问题的主要途径.因此数学实验有助于促进数学教学手段现代化和让学生掌握先进的数学工具.

以"数学建模、数值计算、数据处理"为核心的数学实验技术进入教学过程和学生课堂是实施以数学素质教育为中心的数学教学改革的重要组成部分.只有真正把数学实验思想融入数学类主干课程,力争与已有的教学内容有机结合,才能充分体现数学实验思想的引领作用,才能真正实现"做数学"、"用数学"的教学目标.

附 录 1　泊 松 分 布 表

$$P(\xi \leqslant m) = \sum_{k=0}^{m} \frac{\lambda^k}{k!} e^{-\lambda}$$

m ＼ λ	0.1	0.2	0.3	0.4	0.5	0.6	0.7	0.8	0.9	1.0
0	0.9048	0.8187	0.7408	0.6703	0.6065	0.5488	0.4966	0.4493	0.4066	0.3679
1	0.9953	0.9825	0.9631	0.9384	0.9098	0.8781	0.8442	0.8088	0.7725	0.7358
2	0.9998	0.9989	0.9964	0.9921	0.9856	0.9769	0.9659	0.9526	0.9371	0.9197
3	1	0.999	0.9997	0.9992	0.9982	0.9966	0.9942	0.9909	0.9865	0.9810
4		1	1	0.999	0.9998	0.9996	0.9992	0.9986	0.9977	0.9963
5				1	1	1	0.9999	0.9998	0.9997	0.9994
6								1	1	1	0.9999

m ＼ λ	1.2	1.4	1.6	1.8	2.0	2.5	3.0	3.5	4.0	4.5
0	0.3012	0.2466	0.2019	0.1653	0.1353	0.0820	0.0498	0.0302	0.0183	0.0111
1	0.6626	0.5918	0.5249	0.4628	0.4060	0.2873	0.1992	0.1359	0.0916	0.0611
2	0.8795	0.8335	0.7834	0.7306	0.6767	0.5438	0.4232	0.3209	0.2381	0.1736
3	0.9662	0.9463	0.9212	0.8913	0.8571	0.7576	0.6472	0.5366	0.4335	0.3523
4	0.9923	0.9858	0.9763	0.9636	0.9474	0.8912	0.8153	0.7254	0.6288	0.5421
5	0.9985	0.9968	0.9940	0.9896	0.9834	0.9580	0.9161	0.8576	0.7851	0.7029
6	0.9998	0.9994	0.9987	0.9974	0.9955	0.9858	0.9665	0.9347	0.8893	0.8311
7	1	0.9999	0.9997	0.9994	0.9989	0.9958	0.9881	0.9733	0.9489	0.9134
8	1	1	1	0.999	0.9998	0.9989	0.9962	0.9901	0.9786	0.9597
9	1	1	1	1	1	0.9997	0.9989	0.9967	0.9919	0.9829
10	1	1	1	1	1	0.9994	0.9997	0.9990	0.9972	0.9933

附录2 标准正态分布表

$$\Phi(x) = \frac{1}{\sqrt{2\pi}} \int_{-\infty}^{x} e^{-t^2/2} dt$$

x	0.00	0.01	0.02	0.03	0.04	0.05	0.06	0.07	0.08	0.09
0.0	0.5000	0.5040	0.5080	0.5120	0.5160	0.5199	0.5239	0.5279	0.5319	0.5359
0.1	0.5398	0.5438	0.5478	0.5517	0.5557	0.5596	0.5636	0.5675	0.5714	0.5753
0.2	0.5793	0.5832	0.5871	0.5910	0.5948	0.5987	0.6026	0.6064	0.6103	0.6141
0.3	0.6179	0.6217	0.6255	0.6293	0.6331	0.6368	0.6406	0.6443	0.6480	0.6517
0.4	0.6554	0.6591	0.6628	0.6664	0.6700	0.6736	0.6772	0.6808	0.6844	0.6879
0.5	0.6915	0.6950	0.6985	0.7019	0.7054	0.7088	0.7123	0.7157	0.7190	0.7224
0.6	0.7257	0.7291	0.7324	0.7357	0.7389	0.7422	0.7454	0.7486	0.7517	0.7549
0.7	0.7580	0.7611	0.7642	0.7673	0.7704	0.7734	0.7764	0.7794	0.7823	0.7852
0.8	0.7881	0.7910	0.7939	0.7967	0.7995	0.8023	0.8051	0.8078	0.8106	0.8133
0.9	0.8159	0.8186	0.8212	0.8238	0.8264	0.8289	0.8315	0.8340	0.8365	0.8389
1.0	0.8413	0.8438	0.8461	0.8485	0.8508	0.8531	0.8554	0.8577	0.8599	0.8621
1.1	0.8643	0.8665	0.8686	0.8708	0.8729	0.8749	0.8770	0.8790	0.8810	0.8830
1.2	0.8849	0.8869	0.8888	0.8907	0.8925	0.8944	0.8962	0.8980	0.8997	0.9015
1.3	0.9032	0.9049	0.9066	0.9082	0.9099	0.9115	0.9131	0.9147	0.9162	0.9177
1.4	0.9192	0.9207	0.9222	0.9236	0.9251	0.9265	0.9279	0.9292	0.9306	0.9319
1.5	0.9332	0.9345	0.9357	0.9370	0.9382	0.9394	0.9406	0.9418	0.9429	0.9441
1.6	0.9452	0.9463	0.9474	0.9484	0.9495	0.9505	0.9515	0.9525	0.9535	0.9545
1.7	0.9554	0.9564	0.9573	0.9582	0.9591	0.9599	0.9608	0.9616	0.9625	0.9633
1.8	0.9641	0.9648	0.9656	0.9664	0.9671	0.9678	0.9686	0.9693	0.9699	0.9706
1.9	0.9713	0.9719	0.9726	0.9732	0.9738	0.9744	0.9750	0.9756	0.9761	0.9767
2.0	0.9772	0.9778	0.9783	0.9788	0.9793	0.9798	0.9803	0.9808	0.9812	0.9817
2.1	0.9821	0.9826	0.9830	0.9834	0.9838	0.9842	0.9846	0.9850	0.9854	0.9857
2.2	0.9861	0.9864	0.9868	0.9871	0.9875	0.9878	0.9881	0.9884	0.9887	0.9890
2.3	0.9893	0.9896	0.9898	0.9901	0.9904	0.9906	0.9909	0.9911	0.9913	0.9916
2.4	0.9918	0.9920	0.9922	0.9925	0.9927	0.9929	0.9931	0.9932	0.9934	0.9936
2.5	0.9938	0.9940	0.9941	0.9943	0.9945	0.9946	0.9948	0.9949	0.9951	0.9952

续表

x	0.00	0.01	0.02	0.03	0.04	0.05	0.06	0.07	0.08	0.09
2.6	0.9953	0.9955	0.9956	0.9957	0.9959	0.9960	0.9961	0.9962	0.9963	0.9964
2.7	0.9965	0.9966	0.9967	0.9968	0.9969	0.9970	0.9971	0.9972	0.9973	0.9974
2.8	0.9974	0.9975	0.9976	0.9977	0.9977	0.9978	0.9979	0.9979	0.9980	0.9981
2.9	0.9981	0.9982	0.9982	0.9983	0.9984	0.9984	0.9985	0.9985	0.9986	0.9986
3.0	0.9987	0.9987	0.9987	0.9988	0.9988	0.9989	0.9989	0.9989	0.9990	0.9990
3.1	0.9990	0.9991	0.9991	0.9991	0.9992	0.9992	0.9992	0.9992	0.9993	0.9993
3.2	0.9993	0.9993	0.9994	0.9994	0.9994	0.9994	0.9994	0.9995	0.9995	0.9995
3.3	0.9995	0.9995	0.9995	0.9996	0.9996	0.9996	0.9996	0.9996	0.9996	0.9997
3.4	0.9997	0.9997	0.9997	0.9997	0.9997	0.9997	0.9997	0.9997	0.9997	0.9998

x	1.282	1.645	1.960	2.326	2.576	3.090	3.291	3.891	4.417
$\Phi(x)$	0.90	0.95	0.975	0.99	0.995	0.999	0.9995	0.99995	0.999995
$2[1-\Phi(x)]$	0.20	0.10	0.05	0.02	0.01	0.002	0.001	0.0001	0.00001

附 录 3 t 分 布 表

$$P\{t(n) > t_a(n)\} = \alpha$$

n	$\alpha=0.25$	0.10	0.05	0.025	0.01	0.005
1	1.0000	3.0777	6.3138	12.7062	31.8207	63.6574
2	0.8165	1.8856	2.9200	4.3027	6.9646	9.9248
3	0.7649	1.6377	2.3534	3.1824	4.5407	5.8409
4	0.7407	1.5332	2.1318	2.7764	3.7469	4.6041
5	0.7267	1.4759	2.0150	2.5706	3.3649	4.0322
6	0.7176	1.4398	1.9432	2.4469	3.1427	3.7074
7	0.7111	1.4149	1.8946	2.3646	2.9980	3.4995
8	0.7064	1.3968	1.8595	2.3060	2.8965	3.3554
9	0.7027	1.3830	1.8331	2.2622	2.8214	3.2498
10	0.6998	1.3722	1.8125	2.2281	2.7638	3.1693
11	0.6974	1.3634	1.7959	2.2010	2.7181	3.1058
12	0.6955	1.3562	1.7823	2.1788	2.6810	3.0545
13	0.6938	1.3502	1.7709	2.1604	2.6503	3.0123
14	0.6924	1.3450	1.7613	2.1448	2.6245	2.9768
15	0.6912	1.3406	1.7531	2.1315	2.6025	2.9467
16	0.6901	1.3368	1.7459	2.1199	2.5835	2.9208
17	0.6892	1.3334	1.7396	2.1098	2.5669	2.8982
18	0.6884	1.3304	1.7341	2.1009	2.5524	2.8784
19	0.6876	1.3277	1.7291	2.0903	2.5395	2.8609
20	0.6870	1.3253	1.7247	2.0860	2.5280	2.8453
21	0.6864	1.3232	1.7207	2.0796	2.5177	2.8314
22	0.6858	1.3212	1.7171	2.0739	2.5083	2.8188
23	0.6853	1.3195	1.7139	2.0687	2.4999	2.8073
24	0.6848	1.3178	1.7109	2.0639	2.4922	2.7969
25	0.6844	1.3163	1.7081	2.0595	2.4851	2.7874
26	0.6840	1.3150	1.7058	2.0555	2.4786	2.7787

n	$\alpha=0.25$	0.10	0.05	0.025	0.01	0.005
27	0.6837	1.3137	1.7033	2.0518	2.4727	2.7707
28	0.6834	1.3125	1.7011	2.0484	2.4671	2.7633
29	0.6830	1.3114	1.6991	2.0452	2.4620	2.7564
30	0.6828	1.3104	1.6973	2.0423	2.4573	2.7500
31	0.6825	1.3095	1.6955	2.0395	2.4528	2.7440
32	0.6822	1.3086	1.6939	2.0369	2.4487	2.7385
33	0.6820	1.3077	1.6924	2.0345	2.4448	2.7333
34	0.6818	1.3070	1.6909	2.0322	2.4411	2.7284
35	0.6816	1.3062	1.6896	2.0301	2.4377	2.7238
36	0.6814	1.3055	1.6883	2.0281	2.4345	2.7195
37	0.6812	1.3049	1.6871	2.0262	2.4314	2.7154
38	0.6810	1.3042	1.6860	2.0244	2.4286	2.7116
39	0.6808	1.3036	1.6849	2.0227	2.4258	2.7079
40	0.6807	1.3031	1.6839	2.0211	2.4233	2.7045

附录 4 χ^2 分布表

$$P\{\chi^2(n) > \chi^2_\alpha(n)\}$$

n	$\alpha=0.995$	0.99	0.975	0.95	0.90	0.75	0.25	0.10	0.05	0.025
1	—	—	0.001	0.004	0.016	0.102	1.323	2.706	3.841	5.024
2	0.010	0.020	0.051	0.103	0.211	0.575	2.773	4.605	5.991	7.378
3	0.072	0.115	0.216	0.352	0.584	1.213	4.108	6.251	7.815	9.348
4	0.207	0.297	0.484	0.711	1.064	1.923	5.385	7.779	9.488	11.143
5	0.412	0.554	0.831	1.145	1.610	2.675	6.626	9.236	11.071	12.833
6	0.676	0.872	1.237	1.635	2.204	3.455	7.841	10.645	12.592	14.449
7	0.989	1.239	1.690	2.167	2.833	4.255	9.037	12.017	14.067	16.013
8	1.344	1.646	2.180	2.733	3.490	5.071	10.219	13.362	15.507	17.535
9	1.735	2.088	2.700	3.325	4.168	5.899	11.389	14.684	16.919	19.023
10	2.156	2.558	3.247	3.940	4.865	6.737	12.549	15.987	18.307	20.483
11	2.603	3.053	3.816	4.575	5.578	7.584	13.701	17.275	19.675	21.920
12	3.074	3.571	4.404	5.226	6.304	8.438	14.845	18.549	21.026	23.337
13	3.565	4.107	5.009	5.892	7.042	9.299	15.984	19.812	22.362	24.736
14	4.075	4.660	5.629	6.571	7.790	10.165	17.117	21.064	23.685	26.119
15	4.601	5.229	6.262	7.261	8.547	11.037	18.245	22.307	24.996	27.488
16	5.142	5.812	6.908	7.962	9.312	11.912	19.369	23.542	26.296	28.845
17	5.697	6.408	7.564	8.672	10.085	12.792	20.489	24.769	27.587	30.191
18	6.265	7.015	8.231	9.390	10.865	13.675	21.605	25.989	28.869	31.526
19	6.844	7.633	8.907	10.117	11.651	14.562	22.718	27.204	30.144	32.852
20	7.434	8.260	9.591	10.851	12.443	15.452	23.828	28.412	31.410	34.170
21	8.034	8.897	10.283	11.591	13.240	16.344	24.935	29.615	32.671	35.479
22	8.643	9.542	10.982	12.338	14.042	17.240	26.039	30.813	33.924	36.781
23	9.260	10.196	11.689	13.091	14.848	18.137	27.141	32.007	35.172	38.076
24	9.886	10.856	12.401	13.848	15.659	19.037	28.241	33.196	36.415	39.364
25	10.520	11.524	13.120	14.611	16.473	19.939	29.339	34.382	37.652	40.646
26	11.160	12.198	13.844	15.379	17.292	20.843	30.345	35.563	38.883	41.923
27	11.808	12.879	14.573	16.151	18.114	21.749	31.528	36.741	40.113	43.194
28	12.461	13.565	15.308	16.928	18.939	22.657	32.620	37.916	41.337	44.461
29	13.121	14.257	16.047	17.708	19.768	23.567	33.711	39.087	42.557	45.722
30	13.787	14.954	16.791	18.493	20.599	24.478	34.800	40.256	43.773	46.979
31	14.458	15.655	17.539	19.281	21.434	25.390	35.887	41.422	44.985	48.232
32	15.134	16.362	18.291	20.072	22.271	26.304	36.973	42.585	46.194	49.480
33	15.815	17.074	19.047	20.867	23.110	27.219	38.053	43.745	47.400	50.725
34	16.501	17.789	19.806	21.664	23.952	28.136	39.141	44.903	48.602	51.966
35	17.192	18.509	20.569	22.465	24.797	29.054	40.223	46.059	49.802	53.203
36	17.887	19.233	21.336	23.269	25.643	29.973	41.304	47.212	50.998	54.437
37	18.856	19.960	22.106	24.075	26.492	30.893	42.383	48.363	52.192	55.668
38	19.289	20.691	22.878	24.884	27.343	31.815	43.462	49.513	53.384	56.896
39	19.996	21.426	23.654	25.695	28.196	32.737	44.539	50.660	54.572	58.120
40	20.707	22.164	24.433	26.509	29.051	33.660	45.616	51.805	55.758	59.342
41	21.421	22.906	25.215	27.326	29.907	34.585	46.692	52.949	56.942	60.561

附录 5　傅里叶变换简表

序号	象原函数 $f(t)=\mathscr{F}^{-1}\left[F(\omega)\right]$	象函数 $F(\omega)=\mathscr{F}\left[f(t)\right]$
	一般函数 $f(t)$	$F(\omega)=\displaystyle\int_{-\infty}^{+\infty}f(t)\mathrm{e}^{-\mathrm{i}\omega t}\,\mathrm{d}t$
1	矩形单脉冲函数: $f(t)=\begin{cases}E,&\lvert t\rvert<\dfrac{\tau}{2}\\[2mm]0,&\lvert t\rvert>\dfrac{\tau}{2}\end{cases}$	$F(\omega)=\dfrac{2E}{\omega}\sin\dfrac{\omega\tau}{2}$
2	指数衰减函数: $f(t)=\begin{cases}\mathrm{e}^{-\beta t},&t>0,\\0,&t<0\end{cases}\ (\beta>0)$	$F(\omega)=\dfrac{1}{\beta+\mathrm{i}\omega}$
3	钟形脉冲函数: $f(t)=A\mathrm{e}^{-\beta t^2}\quad(\beta>0)$	$F(\omega)=A\sqrt{\dfrac{\pi}{\beta}}\,\mathrm{e}^{-\frac{\omega^2}{4\beta}}$
4	单位脉冲函数: $f(t)=\delta(t)$	$F(\omega)=1$
5	$f(t)=\cos\omega_0 t$	$F(\omega)=\pi\left[\delta(\omega+\omega_0)+\delta(\omega-\omega_0)\right]$
6	$f(t)=\sin\omega_0 t$	$F(\omega)=\mathrm{i}\pi\left[\delta(\omega+\omega_0)-\delta(\omega-\omega_0)\right]$
7	单位阶跃函数: $f(t)=u(t)=\begin{cases}1,&t\geqslant 0\\0,&t<0\end{cases}$	$F(\omega)=\dfrac{1}{\mathrm{i}\omega}+\pi\delta(\omega)$
8	$f(t)=u(t-c)$	$F(\omega)=\dfrac{1}{\mathrm{i}\omega}\mathrm{e}^{-\mathrm{i}\omega c}+\pi\delta(\omega)$
9	$f(t)=tu(t)$	$F(\omega)=-\dfrac{1}{\omega^2}+\pi\mathrm{i}\delta'(\omega)$
10	$f(t)=u(t)\sin at$	$F(\omega)=\dfrac{a}{a^2-\omega^2}+\dfrac{\pi\mathrm{i}}{2}\left[\delta(\omega+a)-\delta(\omega-a)\right]$
11	$f(t)=u(t)\cos at$	$F(\omega)=\dfrac{\mathrm{i}\omega}{a^2-\omega^2}+\dfrac{\pi}{2}\left[\delta(\omega+a)+\delta(\omega-a)\right]$
12	$f(t)=u(t)\mathrm{e}^{\mathrm{i}at}$	$F(\omega)=\dfrac{1}{\mathrm{i}(\omega-a)}+\pi\delta(\omega-a)$
13	$f(t)=u(t-c)\mathrm{e}^{\mathrm{i}at}$	$F(\omega)=\dfrac{1}{\mathrm{i}(\omega-a)}\mathrm{e}^{-\mathrm{i}(\omega-a)}+\pi\delta(\omega-a)$
14	$f(t)=t^n u(t)\mathrm{e}^{\mathrm{i}at}$	$F(\omega)=\dfrac{n!}{\left[\mathrm{i}(\omega-a)\right]^{n+1}}+\pi\mathrm{i}^n\delta^{(n)}(\omega-a)$

序号	象原函数 $f(t) = \mathscr{F}^{-1}[F(\omega)]$	象函数 $F(\omega) = \mathscr{F}[f(t)]$
	一般函数 $f(t)$	$F(\omega) = \displaystyle\int_{-\infty}^{+\infty} f(t)\mathrm{e}^{-\mathrm{i}\omega t}\,\mathrm{d}t$
15	$f(t) = \mathrm{e}^{a\lvert t\rvert}$　（$\mathrm{Re}\,a<0$）	$F(\omega) = -\dfrac{2a}{\omega^2 + a^2}$
16	$f(t) = \delta(t - c)$	$F(\omega) = \mathrm{e}^{-\mathrm{i}\omega c}$
17	$f(t) = \delta'(t)$	$F(\omega) = \mathrm{i}\omega$
18	$f(t) = 1$	$F(\omega) = 2\pi\delta(\omega)$
19	$f(t) = t^n$	$F(\omega) = 2\pi \mathrm{i}^n \delta^{(n)}(\omega)$
20	$f(t) = \mathrm{e}^{\mathrm{i}at}$	$F(\omega) = 2\pi\delta(\omega - a)$
21	$f(t) = \dfrac{1}{a^2 + t^2}$　（$\mathrm{Re}\,a<0$）	$F(\omega) = -\dfrac{\pi}{a}\mathrm{e}^{a\lvert \omega\rvert}$
22	$f(t) = \dfrac{\cos bt}{a^2 + t^2}$　（b 为实数，$\mathrm{Re}\,a<0$）	$F(\omega) = -\dfrac{\pi}{2a}(\mathrm{e}^{a\lvert\omega-b\rvert} + \mathrm{e}^{a\lvert\omega+b\rvert})$
23	$f(t) = \dfrac{\sin bt}{a^2 + t^2}$　（b 为实数，$\mathrm{Re}\,a<0$）	$F(\omega) = \dfrac{\pi\mathrm{i}}{2a}(\mathrm{e}^{a\lvert\omega-b\rvert} - \mathrm{e}^{a\lvert\omega+b\rvert})$
24	$f(t) = \dfrac{\mathrm{e}^{\mathrm{i}bt}}{a^2 + t^2}$　（b 为实数，$\mathrm{Re}\,a<0$）	$F(\omega) = -\dfrac{\pi}{a}\mathrm{e}^{a\lvert\omega-b\rvert}$
25	$f(t) = \lvert t\rvert$	$F(\omega) = -\dfrac{2}{\omega^2}$
26	$f(t) = \dfrac{1}{\lvert t\rvert}$	$F(\omega) = \sqrt{\dfrac{2\pi}{\lvert\omega\rvert}}$

附录6 拉普拉斯变换主要公式表

序号	$f(t)$	$F(s)=\int_0^{+\infty}f(t)\mathrm{e}^{-st}\mathrm{d}t$
1	$a_1f_1(t)+a_2f_2(t)$	$a_1F_1(t)+a_2F_2(t)$，a_1 和 a_2 为常数
2	$f(at)$	$\dfrac{1}{a}F\left(\dfrac{s}{a}\right)$，$a>0$
3	$f(t-t_0)u(t-t_0)$	$\mathrm{e}^{-st_0}F(s)$，$t_0>0$
4	$\mathrm{e}^{s_0t}f(t)$	$F(s-s_0)$
5	$f^{(n)}(t)$	$s^nF(s)-s^{n-1}f(0^+)-\cdots-f^{(n-1)}(0^+)$，要求 $f^{(m)}(t)(m=1,2,\cdots,n-1)$ 是象原函数
6	$(-t)^nf(t)$	$F^{(n)}(s)$
7	$\dfrac{1}{t}f(t)$	$\displaystyle\int_s^\infty F(s)\mathrm{d}s$
8	$\displaystyle\int_0^t f(t)\mathrm{d}t$	$\dfrac{1}{s}F(s)$
9	$\displaystyle\int_0^t f_1(\tau)f_2(t-\tau)\mathrm{d}\tau$	$F_1(s)F_2(s)$
10	$f(t)=f(t+T)$	$\dfrac{\displaystyle\int_0^T f(t)\mathrm{e}^{-st}\mathrm{d}t}{1-\mathrm{e}^{-Ts}}$
11	$\displaystyle\lim_{t\to0}f(t)=\lim_{s\to\infty}sF(s)$	—
12	$\displaystyle\lim_{t\to\infty}f(t)=\lim_{s\to0}sF(s)$	要求 $\displaystyle\lim_{t\to+\infty}f(t)$ 存在，$sF(s)$ 的奇点在 $\mathrm{Re}(s)>\sigma_0$ 内

附录7 拉普拉斯变换简表

序号	$f(t)=\mathscr{L}^{-1}[F(s)]$	$F(s)=\mathscr{L}[f(t)]$
	一般函数 $f(t)$	$F(s)=\displaystyle\int_0^{+\infty} f(t)\mathrm{e}^{-st}\,\mathrm{d}t$
1	1	$\dfrac{1}{s}$
2	e^{at}	$\dfrac{1}{s-a}$
3	$t^m \quad (m>-1)$	$\Gamma(m+1)/s^{m+1}$
4	$t^m \mathrm{e}^{at} \quad (m>-1)$	$\Gamma(m+1)/(s-a)^{m+1}$
5	$\sin at$	$a/(s^2+a^2)$
6	$\cos at$	$s/(s^2+a^2)$
7	$\mathrm{sh}\,at$	$a/(s^2-a^2)$
8	$\mathrm{ch}\,at$	$s/(s^2-a^2)$
9	$t\sin at$	$2as/(s^2+a^2)^2$
10	$t\cos at$	$(s^2-a^2)/(s^2+a^2)^2$
11	$\mathrm{e}^{-bt}\sin at$	$a/[(s+b)^2+a^2]$
12	$\mathrm{e}^{-bt}\cos at$	$(s+b)/[(s+b)^2+a^2]$
13	$\mathrm{e}^{-bt}\sin(at+c)$	$\dfrac{(s+b)\sin c+a\cos c}{(s+b)^2+a^2}$
14	$\mathrm{e}^{-bt}\cos(at+c)$	$\dfrac{(s+b)\cos c-a\sin c}{(s+b)^2+a^2}$
15	$\sin^2 at$	$\dfrac{2a^2}{s(s^2+4a^2)}$
16	$\cos^2 at$	$\dfrac{s^2+2a}{s(s^2+4a^2)}$
17	$\sin at\sin bt$	$\dfrac{2abs}{[s^2+(a+b)^2][s^2+(a-b)^2]}$
18	$\mathrm{e}^{at}-\mathrm{e}^{bt}$	$(a-b)/[(s-a)(s-b)]$

序号	$f(t)=\mathscr{L}^{-1}\big[F(s)\big]$	$F(s)=\mathscr{L}\big[f(t)\big]$
	一般函数 $f(t)$	$F(s)=\displaystyle\int_0^{+\infty}f(t)\mathrm{e}^{-st}\,\mathrm{d}t$
19	$a\mathrm{e}^{at}-b\mathrm{e}^{bt}$	$s(a-b)/[(s-a)(s-b)]$
20	$\dfrac{1}{a}\sin at-\dfrac{1}{b}\sin bt$	$(b^2-a^2)/[(s^2+a^2)(s^2+b^2)]$
21	$\cos at-\cos bt$	$(b^2-a^2)s/[(s^2+a^2)(s^2+b^2)]$
22	$\dfrac{1}{a^2}(1-\cos at)$	$\dfrac{1}{s(s^2+a^2)}$
23	$\dfrac{1}{a^2}(at-\sin at)$	$\dfrac{1}{s^2(s^2+a^2)}$
24	$\dfrac{t}{2a}\sin at$	$\dfrac{s}{(s^2+a^2)^2}$
25	$\left(t-\dfrac{a}{2}t^2\right)\mathrm{e}^{-at}$	$\dfrac{s}{(s+a)^3}$
26	$\dfrac{1}{ab}+\dfrac{1}{b-a}\left(\dfrac{\mathrm{e}^{-bt}}{b}-\dfrac{\mathrm{e}^{-at}}{a}\right)$	$\dfrac{1}{s(s+a)(s+b)}$
27	$\dfrac{\mathrm{e}^{-at}}{(b-a)(c-a)}+\dfrac{\mathrm{e}^{-bt}}{(a-b)(c-b)}+\dfrac{\mathrm{e}^{-ct}}{(a-c)(b-c)}$	$\dfrac{1}{(s+a)(s+b)(s+c)}$
28	$\dfrac{a\mathrm{e}^{-at}}{(c-a)(a-b)}-\dfrac{b\mathrm{e}^{-bt}}{(a-b)(b-c)}+\dfrac{c\mathrm{e}^{-ct}}{(b-c)(c-a)}$	$\dfrac{s}{(s+a)(s+b)(s+c)}$
29	$\dfrac{\mathrm{e}^{-at}-\mathrm{e}^{-bt}\big[1-(a-b)t\big]}{(a-b)^2}$	$\dfrac{1}{(s+a)(s+b)^2}$
30	$\sin at\,\mathrm{ch}\,at-\cos at\,\mathrm{sh}\,at$	$\dfrac{4a^3}{s^4+4a^4}$
31	$\dfrac{1}{2a^2}\sin at\,\mathrm{sh}\,at$	$\dfrac{s}{s^4+4a^4}$
32	$\dfrac{1}{2a^3}(\mathrm{sh}\,at-\sin at)$	$\dfrac{1}{s^4-a^4}$
33	$\dfrac{1}{2a^3}(\mathrm{ch}\,at-\cos at)$	$\dfrac{s}{s^4-a^4}$
34	$\dfrac{1}{\sqrt{\pi t}}$	$\dfrac{1}{\sqrt{s}}$
35	$2\sqrt{\dfrac{t}{\pi}}$	$\dfrac{1}{s\sqrt{s}}$

续表

序号	$f(t)=\mathscr{L}^{-1}[F(s)]$ 一般函数 $f(t)$	$F(s)=\mathscr{L}[f(t)]$ $F(s)=\displaystyle\int_{0}^{+\infty}f(t)\mathrm{e}^{-st}\,\mathrm{d}t$
36	$\dfrac{1}{\sqrt{\pi t}}\mathrm{e}^{at}(1+2at)$	$\dfrac{s}{(s-a)\sqrt{s-a}}$
37	$\dfrac{1}{2\sqrt{\pi t^3}}(\mathrm{e}^{bt}-\mathrm{e}^{at})$	$\sqrt{s-a}-\sqrt{s-b}$
38	$\delta(t)$	1
39	$\dfrac{1}{\sqrt{\pi t}}\mathrm{ch}2\sqrt{at}$	$\dfrac{1}{\sqrt{s}}\mathrm{e}^{\frac{a}{s}}$
40	$\dfrac{1}{\sqrt{\pi t}}\cos2\sqrt{at}$	$\dfrac{1}{\sqrt{s}}\mathrm{e}^{-\frac{a}{s}}$
41	$\dfrac{1}{\sqrt{\pi t}}\sin2\sqrt{at}$	$\dfrac{1}{s\sqrt{s}}\mathrm{e}^{-\frac{a}{s}}$
42	$\dfrac{1}{\sqrt{\pi t}}\mathrm{sh}2\sqrt{at}$	$\dfrac{1}{s\sqrt{s}}\mathrm{e}^{\frac{a}{s}}$
43	$\dfrac{1}{t}(\mathrm{e}^{bt}-\mathrm{e}^{at})$	$\ln\dfrac{s-a}{s-b}$
44	$\dfrac{2}{t}(1-\cos at)$	$\ln\dfrac{s^2+a^2}{s^2}$
45	$\dfrac{2}{t}(1-\mathrm{ch}at)$	$\ln\dfrac{s^2-a^2}{s^2}$
46	$\dfrac{1}{a}(1-\mathrm{e}^{at})$	$\dfrac{1}{s(s+a)}$
47	$\dfrac{1}{t}\sin at$	$\arctan\dfrac{a}{s}$
48	$\dfrac{1}{2a^3}(\sin at-at\cos at)$	$\dfrac{1}{(s^2+a^2)^2}$
49	$u(t)$	$\dfrac{1}{s}$
50	$tu(t)$	$\dfrac{1}{s^2}$
51	$t^m u(t)(m>-1)$	$\dfrac{1}{s^{m+1}}\Gamma(m+1)$

参 考 答 案

习题 1.1

1. (1) $\dfrac{(-1)^{n+1}(n+1)}{n}(n=1,2,\cdots)$；　(2) $(2n-1)+\dfrac{1}{2n}$；　(3) $\dfrac{2n-1}{n^2+1}$；　(4) $\dfrac{(-1)^{n+1}(\sqrt{x})^n}{2n+1}$；

(5) $\dfrac{1}{n\ln(n+1)}$；　(6) $\dfrac{(-1)^{n+1}a^{n+1}}{2n+1}$.

2. (1) 收敛；　(2) 发散.

习题 1.2

1. (1) 收敛；　(2) 收敛；　(3) 发散；　(4) 发散；　(5) 收敛；　(6) 发散.

2. (1) 收敛；　(2) 发散；　(3) 发散；　(4) 收敛；　(5) 发散；　(6) 收敛.

3. (1) 发散；　(2) 发散；　(3) 发散；　(4) 收敛.

4. (1) 绝对收敛；　(2) 绝对收敛；　(3) 绝对收敛；　(4) 条件收敛；　(5) 条件收敛；

(6) 绝对收敛.

5. 略.

习题 1.3

1. (1) $R=1$,收敛区间$(-1,1)$；　(2) $R=1$,收敛区间$[-1,1]$；　(3) $R=2$,收敛区间$[-2,2]$；

(4) $R=+\infty$,收敛区间$(-\infty,+\infty)$；　(5) $R=0$,$x=0$；

(6) $R=\dfrac{1}{2}$,收敛区间$\left[-\dfrac{1}{2},\dfrac{1}{2}\right]$；　(7) $R=+\infty$,收敛区间$(-\infty,+\infty)$；

(8) $R=\dfrac{1}{2}$,收敛区间$\left[\dfrac{1}{2},\dfrac{3}{2}\right)$；　(9) $R=2$,收敛区间$[-4,0)$；

(10) $R=3$,收敛区间$(-\sqrt{3},\sqrt{3})$；　(11) $R=+\infty$,收敛区间$(-\infty,+\infty)$.

2. (1) $s(x)=\dfrac{2x-x^2}{(1-x)^2}$；　(2) $s(x)=\dfrac{1}{2}\ln\dfrac{1+x}{1-x}$；　(3) $s(x)=\dfrac{2x}{(1-x^2)^2}$；

(4) $s(x)=-\ln(1-x)$,$\ln\dfrac{3}{2}$.

习题 1.4

1. (1) $\ln 2-\displaystyle\sum_{n=1}^{\infty}\dfrac{x^n}{n\cdot 2^n}$,$x\in[-2,2)$；　(2) $1+\displaystyle\sum_{n=1}^{\infty}(-1)^n\dfrac{2^{2n-1}}{(2n)!}x^{2n}$,$x\in(-\infty,+\infty)$；

(3) $\displaystyle\sum_{n=0}^{\infty}\dfrac{x^{n+1}}{n!}$,$x\in(-\infty,+\infty)$；　(4) $\displaystyle\sum_{n=0}^{\infty}(-1)^n(n+1)x^n$,$x\in(-1,1)$；

(5) $\displaystyle\sum_{n=0}^{\infty}(-1)^n\dfrac{1}{2n+1}x^{2n+1}$,$x\in[-1,1]$；　(6) $2\displaystyle\sum_{n=0}^{\infty}\dfrac{x^{2n+1}}{2n+1}$,$x\in(-1,1)$.

2. 当 $x=0$,$f(x)=\displaystyle\sum_{n=0}^{\infty}(-1)^n\dfrac{x^n}{2^{n+1}}$,$x\in(-2,2)$；

当 $x=2$,$f(x)=\displaystyle\sum_{n=0}^{\infty}(-1)^n\dfrac{(x-2)^n}{4^{n+1}}$,$x\in(-2,6)$.

3. (1) 1.649; (2) 0.9461.

习题 1.5

1. (1) $f(x) = 2\sum_{n=1}^{\infty} \frac{(-1)^{n+1}}{n}\sin x \ (-\infty < x < +\infty, x \neq (2k-1)\pi, k = 0, \pm 1, \pm 2, \cdots);$

(2) $f(x) = \frac{\pi}{2} - \frac{4}{\pi}\sum_{n=1}^{\infty} \frac{1}{(2n-1)^2}\cos(2n-1)x \ (-\infty < x < +\infty);$

(3) $f(x) = \frac{3\pi}{4} - \frac{2}{\pi}\sum_{n=1}^{\infty} \frac{1}{(2n-1)^2}\cos(2n-1)x - \sum_{n=1}^{\infty} \frac{\sin nx}{n}$

$\quad (-\infty < x < +\infty, x \neq 2k\pi, k = 0, \pm 1, \pm 2, \cdots);$

(4) $f(x) = -\frac{1}{2} + \frac{2}{\pi}\sum_{n=1}^{\infty} \frac{1}{2n-1}\sin(2n-1)x \ (-\infty < x < +\infty, x \neq k\pi, k = 0, \pm 1, \pm 2, \cdots);$

(5) $f(x) = \frac{1}{2} + \frac{2}{\pi}\sum_{n=1}^{\infty} \frac{(-1)^{n-1}}{2n-1}\cos(2n-1)x \ \left(-\infty < x < +\infty, x \neq 2k\pi \pm \frac{\pi}{2}, k = 0, \pm 1,\right.$

$\left. \pm 2, \cdots\right).$

2. (1) $f(x) = \frac{\pi}{4} - \frac{2}{\pi}\sum_{n=1}^{\infty} \frac{1}{(2n-1)^2}\cos(2n-1)x + \sum_{n=1}^{\infty} \frac{(-1)^n}{n}\sin x, \ x \in (-\pi, \pi);$

(2) $f(x) = \frac{8}{\pi}\sum_{n=1}^{\infty} \frac{1}{2n-1}\sin(2n-1)x, \ x \in (-\pi, 0) \bigcup (0, \pi).$

3. $f(x) = \frac{4}{\pi}\sum_{n=1}^{\infty} \left\{ \frac{\pi^2}{n}(-1)^{n+1} - \frac{2}{n^3}[1-(-1)^n] \right\}\sin nx, \ x \in [0, \pi).$

4. $f(x) = (\pi+3) - \frac{8}{\pi}\sum_{n=1}^{\infty} \frac{1}{(2n-1)^2}\cos(2n-1)x, \ x \in [0, \pi].$

5. 正弦级数为 $f(x) = \sum_{n=1}^{\infty} \frac{2}{n\pi}\left[\cos\frac{n\pi}{2} - (-1)^n\right]\sin nx, \ x \in \left(0, \frac{\pi}{2}\right) \bigcup \left(\frac{\pi}{2}, \pi\right);$

余弦级数为 $f(x) = \frac{1}{2} - \sum_{n=1}^{\infty} \frac{2}{n\pi}\sin\frac{n\pi}{2}\cos n\pi, \ x \in \left(0, \frac{\pi}{2}\right) \bigcup \left(\frac{\pi}{2}, \pi\right).$

6. $f(x) = \frac{2}{\pi}\sum_{n=1}^{\infty} \frac{(-1)^{n+1}}{n}\sin(n\pi x), \ x \in (-1, 1).$

7. $f(x) = \frac{1}{2} + \frac{1}{\pi}\sum_{n=1}^{\infty} \frac{1}{n}[1-3(-1)^n]\sin(n\pi x), \ x \in (-1, 0) \bigcup (0, 1).$

8. $f(x) = \frac{11}{12} + \frac{1}{\pi^2}\sum_{n=1}^{\infty} \frac{1}{n^2}(-1)^{n+1}\cos(2n\pi x), \ x \in \left[-\frac{1}{2}, \frac{1}{2}\right].$

习题 2.1

1. (1) 是; (2) 不是; (3) 是; (4) 不是; (5) 是; (6) 是.

2. 略.

3. (1) $y = \sqrt{x^2+25}$; (2) $y = xe^{2x}$; (3) $y = (-1)^k\sin\left(x - \frac{\pi}{2} - k\pi\right), k \in \mathbf{Z}.$

4. $y = -\cos x + 1.$ **5.** $v'(t) + \frac{kv}{m} = g, v(0) = 0.$ **6.** $s(t) = 2\sin t + 10 - \sqrt{2}.$

习题 2.2

1. (1) $\ln y = C\mathrm{e}^{\arctan x}$；　(2) $(\mathrm{e}^x+1)(\mathrm{e}^y-1)=C$；　(3) $y=C\mathrm{e}^{\sqrt{4-x^2}}$；　(4) $\tan^2 x-\cot^2 y=C$；

(5) $y^2=x^2$；　(6) $\ln y=2\ln 2\sin x/\sin 1$.

2. (1) $y=-x\ln x+Cx$；　(2) $y^2=2x^2\ln x$.

3. (1) $y=\mathrm{e}^{-x}(x+C)$；　(2) $y=\dfrac{1}{\sin x}(1-5\mathrm{e}^{\cos x})$；

(3) $y=x^2\left(-\dfrac{1}{3}\cos 3x+C\right)$；　(4) $s=(1+t^2)(t+C)$；

(5) $y=\dfrac{\sin x-\cos x+\mathrm{e}^x}{2}$；　(6) $y=\dfrac{1}{x}(\mathrm{e}^x+ab-\mathrm{e}^a)$.

4. $y=\mathrm{e}^x$.　　**5.** $y=-6x^2+5x+1$.

习题 2.3

1. (1) $y=C_1\mathrm{e}^{-2x}+C_2\mathrm{e}^x$；　(2) $y=C_1\mathrm{e}^{3x}+C_2\mathrm{e}^{-3x}$；　(3) $y=C_1+C_2\mathrm{e}^{4x}$；

(4) $y=C_1\cos x+C_2\sin x$；　(5) $y=\mathrm{e}^{-3x}(C_1\cos 2x+C_2\sin 2x)$；　(6) $y=(C_1+C_2 x)\mathrm{e}^x$；

(7) $y=C_1\mathrm{e}^{(1+a)x}+C_2\mathrm{e}^{(1-a)x}$；　(8) $y=\mathrm{e}^{2x}(C_1\cos x+C_2\sin x)$.

2. (1) $y^*=-2\mathrm{e}^{-2x}+3\mathrm{e}^{-x}$；　(2) $y^*=\mathrm{e}^{-\frac{x}{2}}\left(2\cos\dfrac{\sqrt{5}}{2}x+\dfrac{2\sqrt{5}}{5}\sin\dfrac{\sqrt{5}}{2}x\right)$；　(3) $y^*=2\mathrm{e}^{2x}-\mathrm{e}^{-3x}$；

(4) $s=\mathrm{e}^{-t}(4+6t)$；　(5) $y^*=2\cos 5x+\sin 5x$；　(6) $y^*=3\mathrm{e}^{2x}\cos 3x$.

3. (1) $y=\mathrm{e}^{-x}(C_1\cos 2x+C_2\sin 2x)+x$；　(2) $y=C_1\mathrm{e}^{-x}+C_2\mathrm{e}^{\frac{x}{2}}+\mathrm{e}^x$；

(3) $y=C_1\cos\sqrt{3}x+C_2\sin\sqrt{3}x+\sin x$；　(4) $y=C_1+C_2\mathrm{e}^{5x}-(7/5)x$；

(5) $y=(C_1-2x)\cos 2x+C_2\sin 2x$；　(6) $y=(C_1+C_2 x+x^2/2)\mathrm{e}^{3x}$.

4. (1) $y=\mathrm{e}^{2x}+\mathrm{e}^{-2x}-1$；　(2) $y=\mathrm{e}^x$；　(3) $y=-\cos x-\dfrac{1}{3}\sin x+\dfrac{1}{3}\sin 2x$；

(4) $y=(12+x)\mathrm{e}^{(-3/2)x}-9\mathrm{e}^{(-5/2)x}$；　(5) $y=(5/3)\mathrm{e}^x-(7/6)\mathrm{e}^{-2x}-x-1/2$；

(6) $y=2\cos t+t\sin t$.

5. $y^*=x^2 Q_n(x)$，其中 $Q_n(x)$ 与 $P_n(x)$ 同是 n 次多项式.

习题 2.4

1. $v=\dfrac{mg}{k}(1-\mathrm{e}^{-\frac{k}{m}t})$.　　**2.** 0.2634 m/s.

3. 0.0599%.　　**4.** $v=\dfrac{k_1}{k_2}\left(t-\dfrac{m}{k_2}+\dfrac{m}{k_2}\mathrm{e}^{-\frac{k}{m}t}\right)$.

5. $i(t)=\mathrm{e}^{-5t}+\sin 5t-\cos 5t$.　　**6.** $y(t)=\dfrac{mgt}{k}-\dfrac{m^2 g}{k^2}(1-\mathrm{e}^{-\frac{k}{m}t})$.

7. $s=\dfrac{F-a}{b}\left(t-\dfrac{m}{b}+\dfrac{m}{b}\mathrm{e}^{-\frac{b}{m}t}\right)$.　　**8.** $s=\mathrm{e}^{-6t}\left(\dfrac{5}{12}\cos 8t+\dfrac{5}{16}\sin 8t\right)-\dfrac{5}{12}\cos 10t$.

9. $i=-0.1238\mathrm{e}^{-t}+0.5000\mathrm{e}^{-5t}-0.3762\cos 10t+0.2376\sin 10t$.

习题 3.1

1. (1) $2,\dfrac{\pi}{6},\sqrt{3}-\mathrm{i}$，图略；　(2) $\sqrt{2},\dfrac{5\pi}{4},-1+\mathrm{i}$，图略.

2. (1) $2\sqrt{2}\left(\cos\dfrac{\pi}{4}+\mathrm{isin}\,\dfrac{\pi}{4}\right)=2\sqrt{2}\mathrm{e}^{\frac{\pi}{4}\mathrm{i}}$； (2) $2\left[\cos\left(-\dfrac{\pi}{3}\right)+\mathrm{isin}\left(-\dfrac{\pi}{3}\right)\right]=2\mathrm{e}^{-\frac{\pi}{3}\mathrm{i}}$；

(3) $3\left(\cos\dfrac{\pi}{2}+\mathrm{isin}\,\dfrac{\pi}{2}\right)=3\mathrm{e}^{\frac{\pi}{2}\mathrm{i}}$； (4) $\cos\pi+\mathrm{isin}\,\pi=\mathrm{e}^{\pi\mathrm{i}}$.

3. $x=-\dfrac{4}{11}, y=\dfrac{5}{11}$.

4. (1) $0,-1,1$； (2) $0,-1,1$； (3) $2(1-\sqrt{3}),4+\sqrt{3},\sqrt{35}$； (4) $-\dfrac{3}{\sqrt{10}},\dfrac{1}{\sqrt{10}},1$；

(5) $-1,\sqrt{3},2$.

5. (1) 32； (2) -4； (3) $\sqrt[8]{2}\,\mathrm{ei}\left(\dfrac{\pi}{16}+\dfrac{2k\pi}{4}\right)\ (k=0,1,2,3)$；

(4) $\sqrt[6]{2}\left[\cos\dfrac{-\dfrac{\pi}{2}+2k\pi}{6}+\mathrm{isin}\dfrac{-\dfrac{\pi}{2}+2k\pi}{6}\right]\ (k=0,1,\cdots,5)$.

6. $w_0=\dfrac{3}{2}+\dfrac{3\sqrt{3}}{2}\mathrm{i}, w_1=-3, w_2=\dfrac{3}{2}-\dfrac{3\sqrt{3}}{2}\mathrm{i}$. **7.** 略.

8. (1) 不包括实轴的下半平面,是区域； (2) 以 i 为起点的射线 $y=x+1\ (x>0)$；

(3) 以 i 为圆心、半径为 2 的圆内部,是开区域； (4) $3\leqslant x<4$ 的带形区域； (5) 虚轴；

(6) $x<2$ 的半平面,是区域 $|z|<|z-4|$； (7) $y^2<-2\left(x-\dfrac{1}{2}\right)$ 的抛物线的内部,是区域；

(8) 由 $x^2+y^2=4$ 与 $x^2+y^2=9$ 所围的圆环(包括圆周).

9. (1) $(x+3)^2+y^2=16z=-3+4\mathrm{e}^{\mathrm{i}t}$； (2) $y=x$； (3) $\dfrac{x^2}{a^2}+\dfrac{y^2}{b^2}=1$.

10. (1) $2\cos t+\mathrm{i}(1+2\sin t),0\leqslant t\leqslant 2\pi$； (2) $t+5\mathrm{i},-\infty<t<+\infty$； (3) $3+\mathrm{i}t,-\infty<t<+\infty$；

(4) $t+(1+t)\mathrm{i},-\infty<t<+\infty$.

习题 3.2

1. (1) $\dfrac{x}{x^2+y^2},-\dfrac{y}{x^2+y^2}$； (2) $x^3-3xy^2-2y,3x^2y-y^3+2x$；

(3) $\dfrac{x^2+y^2-1}{(x+1)^2+y^2},\dfrac{2y}{(x+1)^2+y^2}$.

2. (1) 定义域是复平面,连续； (2) 定义域是复平面除去 $z=2$ 一点,连续.

3. (1) $5(z-1)^4$； (2) $3z^2+2\mathrm{i}$； (3) $\dfrac{-2z}{(z^2-1)^2}(z\neq\pm1)$； (4) $1-2z$； (5) $\dfrac{2}{(1-z)^2}$.

习题 3.3

1. (1) 在直线 $x=\dfrac{1}{2}$ 上可导,但在复平面上处处不解析；

(2) 在 $6x+3y=0$ 和 $6x-3y=0$ 上可导,处处不解析；

(3) 处处可导,处处解析.

2. (1) 复平面上满足 C-R 条件； (2) 复平面上除原点 $z=0$ 均满足 C-R 条件；

(3) 复平面上处处不满足 C-R 条件；　(4) 复平面上只有 $z=0$ 才满足 C-R 条件.

3. (1) 在复平面上处处解析，$f'(z)=9z^2-2zi+5$；　(2) 在复平面上处处解析，$f'(z)=2(z+3i)$；

　　(3) 在复平面上除点 $z=i$ 及 $z=-i$ 外都解析，且 $f'(z)=-\dfrac{2z}{(z^2+1)^2}$.

4. (1) $z=0,z=2i,z=-2i$；　(2) $z=1,z=3i,z=-3i$.

5. (1) $u=2x^3-6xy^2-3y,v=6x^2y-2y^3+3x$,满足 C-R 条件,在复平面上处处解析；

　　(2) $u=x\sqrt{x^2+y^2},v=y\sqrt{x^2+y^2}$,在点 $z=0$ 处可导,其他点都不可导,在复平面上处处不解析；

　　(3) $u=x^2-y^2-2x+1,v=0$,只有在点 $z=1$ 处可导,在复平面上处处不解析.

6. $a=2,b=-1,c=-1,d=2$.

7. (1) $-ie$；　(2) $\dfrac{1}{2}e^{\frac{2}{3}}(1-\sqrt{3}i)$；　(3) $\dfrac{e^2-1}{2e}i$；　(4) $-ch5$；　(5) πi；　(6) $1+\dfrac{\pi}{2}i$；

　　(7) $\ln2+i\left(\dfrac{\pi}{3}+2k\pi\right)$ $(k=0,\pm1,\pm2,\cdots)$.

8. $v(x,y)=-3xy^2+x^3+C,f(z)=iz^3+1$.

习题 3.4

1. (1) $F(\omega)=\dfrac{4}{i\omega}(1-e^{-2i\omega})$；　(2) $F(\omega)=\dfrac{2(1-\cos\omega)}{\omega^2}$.　　**2.** $F(\omega)=\dfrac{2\beta}{\beta^2+\omega^2}$.　　**3.** $2\cos\omega_0 t$.

习题 3.5

1. $F(\omega)=\dfrac{i\pi}{4}\left[\delta(\omega-3)-3\delta(\omega-1)+3\delta(\omega+1)-\delta(\omega+3)\right]$.

2. $F(\omega)=\dfrac{\pi}{2}\left[(\sqrt{3}+i)\delta(\omega+5)+(\sqrt{3}-i)\delta(\omega-5)\right]$.　　**3.** $F(\omega)=-\dfrac{2i}{\omega}$.

习题 3.6

1. 频谱函数为 $F(\omega)=\dfrac{2\pi E}{(2\pi-T)\omega^2}\left[e^{-i\omega\frac{T}{2}}+1\right]$.

2. 频谱函数为 $F(\omega)=\dfrac{2a}{a^2+\omega^2}$,幅度谱为 $|F(\omega)|=\dfrac{2a}{a^2+\omega^2}$,相位谱为 $\varphi(\omega)=0$.

习题 3.7

1. (1) $\dfrac{1}{s+4}$；　(2) $\dfrac{2}{s^3}$；　(3) $\dfrac{\omega}{s^2+\omega^2}\cos\varphi+\dfrac{s}{s^2+\omega^2}\sin\varphi f(t)$；　(4) $\dfrac{2}{s}e^{-4s}-\dfrac{1}{s}$；

　　(5) $-\dfrac{1}{s}\left[e^{-4s}-e^{-2s}\right]$.

2. 略.

习题 3.8

1. (1) $\dfrac{10-3s}{s^2+4}$；　(2) $4\left(\dfrac{1}{s}-\dfrac{s}{s^2+36}\right)$；　(3) $\dfrac{4}{(s-3)^2+16}$；

　　(4) $\dfrac{1}{2}\left[\dfrac{5}{(s+4)^2+25}+\dfrac{1}{(s+4)^2+1}\right]$；　(5) $\dfrac{2}{(s+2)^3}$.

2. $F(s) = \dfrac{2as}{(s^2 + a^2)^2}$（微分性质）．　　　**3.** 略．

4. (1) $\dfrac{1}{6}t^3$；　(2) $e^t - t - 1$；　(3) $\dfrac{1}{2}t\sin kt$．

习题 3.9

(1) $2e^{3t}$；　(2) $\dfrac{1}{3}e^{-\frac{5}{3}t}$；　(3) $\sin 4t$；　(4) $\dfrac{1}{6}\sin\dfrac{3}{2}t$；　(5) $2\cos 6t - \dfrac{4}{3}\sin 6t$；

(6) $-\dfrac{3}{2}e^{-3t} + \dfrac{5}{2}e^{-5t}$；　(7) $\dfrac{4}{\sqrt{6}}e^{-2t}\sin\sqrt{6}t$；　(8) $\sin t - \dfrac{1}{\sqrt{2}}\sin\sqrt{2}t$．

习题 3.10

1. (1) $i(t) = 5(e^{-3t} - e^{-5t})$；　(2) $y(t) = \sin\omega t$；　(3) $y(t) = 2 - 5e^t + 3e^{2t}$；

(4) $y(t) = 2t + 3\cos 4t - \sin 4t$．

2. $x(t) = -e^{-2t}\cos 2t - 3e^{-2t}\sin 2t + \cos 2t + 2\sin 2t$．

3. $G(s) = \dfrac{1}{Ts+1}, g(t) = \dfrac{1}{T}e^{-\frac{1}{T}t}, G(i\omega) = \dfrac{1}{Ti\omega + 1}$．

习题 4.1

1. (1) $\begin{bmatrix} -1 & 0 & 1 \\ 2 & -1 & 4 \end{bmatrix}$；　(2) $\begin{bmatrix} -1 & 3 & 4 \\ 4 & 2 & 9 \end{bmatrix}$；　(3) $\begin{bmatrix} 2 & 0 & 4 \\ 3 & 2 & 5 \end{bmatrix}$；　(4) $\begin{bmatrix} -9 & 8 & -3 \\ 0 & -1 & 6 \end{bmatrix}$．

2. (1) $\begin{bmatrix} 4 & -2 & 7 \\ 7 & -1 & 6 \end{bmatrix}$；　(2) $\begin{bmatrix} 1 & 8 \\ 5 & 5 \\ 2 & 6 \end{bmatrix}$；　(3) $\begin{bmatrix} 5 & 5 \\ 5 & 10 \end{bmatrix}$；　(4) $\begin{bmatrix} 5 & 1 & 0 \\ 4 & -2 & 7 \\ 4 & 0 & 2 \end{bmatrix}$；　(5) $\begin{bmatrix} -3 & 8 \\ -2 & 8 \end{bmatrix}$．

3. (1) $\begin{bmatrix} 3 & 2 & 1 \\ 6 & 4 & 2 \\ 9 & 6 & 3 \end{bmatrix}$；　(2) $[10]$；　(3) $\begin{bmatrix} 10 & 4 & -1 \\ 4 & -3 & -1 \end{bmatrix}$；　(4) $\begin{bmatrix} 1 & \sin 2\theta \\ \sin 2\theta & 1 \end{bmatrix}$；

(5) $\begin{bmatrix} x_2 + 2x_2 + 3x_3 \\ 4x_1 + 5x_2 + 6x_3 \\ x_1 + 4x_2 + 3x_3 \end{bmatrix}$；　(6) $\begin{bmatrix} -2 & 0 \\ 1 & 0 \\ -3 & 0 \end{bmatrix}$．

4. 略．　　**5.** $\begin{bmatrix} 5 & 1 & 3 \\ 8 & 0 & 3 \\ -2 & 1 & -2 \end{bmatrix}$．

习题 4.2

1. (1) $A_{31} = \begin{vmatrix} y & z \\ 2 & 2 \end{vmatrix}, A_{22} = \begin{vmatrix} x & z \\ 2 & 1 \end{vmatrix}, A_{12} = -\begin{vmatrix} 1 & 2 \\ 2 & 1 \end{vmatrix}$；

(2) $A_{31} = \begin{vmatrix} t & u & v \\ 1 & 1 & 1 \\ 1 & 4 & 1 \end{vmatrix}, A_{22} = \begin{vmatrix} s & u & v \\ 1 & 1 & 1 \\ 1 & 4 & 1 \end{vmatrix}, A_{12} = -\begin{vmatrix} 2 & 1 & 1 \\ 1 & 1 & 1 \\ 1 & 4 & 1 \end{vmatrix}$．

2. (1) -10；　(2) $a^2(c-b) + b^2(a-c) + c^2(b-a)$；　(3) 48；　(4) -3．

3. (1) 4； (2) 0； (3) 1； (4) -8； (5) -24.

习题 4.3

1. (1) $\boldsymbol{A}^{-1} = \begin{bmatrix} \dfrac{2}{5} & -\dfrac{1}{5} \\ \dfrac{3}{10} & \dfrac{1}{10} \end{bmatrix}$； (2) $\boldsymbol{A}^{-1} = \begin{bmatrix} \dfrac{1}{2} & -\dfrac{1}{4} & \dfrac{3}{4} \\ \dfrac{1}{2} & -\dfrac{1}{4} & -\dfrac{1}{4} \\ -\dfrac{1}{2} & \dfrac{3}{4} & -\dfrac{5}{4} \end{bmatrix}$.

2. (1) $\begin{bmatrix} 3 & -5 \\ -1 & 2 \end{bmatrix}$； (2) $\begin{bmatrix} 1 & 0 & 0 \\ 0 & \dfrac{1}{2} & 0 \\ 0 & 0 & \dfrac{1}{3} \end{bmatrix}$； (3) $\begin{bmatrix} 1 & 5 & -7 \\ 0 & -1 & 2 \\ 0 & 1 & -1 \end{bmatrix}$.

习题 4.4

1. (1) 3； (2) 2.

2. 略.

3. (1) $\begin{bmatrix} \dfrac{1}{13} & \dfrac{8}{13} & -\dfrac{3}{13} \\ \dfrac{1}{13} & -\dfrac{5}{13} & -\dfrac{3}{13} \\ \dfrac{3}{13} & -\dfrac{2}{13} & \dfrac{4}{13} \end{bmatrix}$； (2) $\begin{bmatrix} 1 & 0 & 0 & 0 \\ -\dfrac{1}{2} & \dfrac{1}{2} & 0 & 0 \\ -\dfrac{1}{2} & -\dfrac{1}{6} & \dfrac{1}{3} & 0 \\ \dfrac{1}{8} & -\dfrac{5}{24} & -\dfrac{1}{12} & \dfrac{1}{4} \end{bmatrix}$.

习题 4.5

1. (1) $x=10, y=8, z=6$； (2) $x_1=1, x_2=0, x_3=-1, x_4=0$.

2. (1) $x_1=-1, x_2=3, x_3=-2$； (2) $x_1=-\dfrac{2}{5}, x_2=\dfrac{37}{25}, x_3=\dfrac{4}{25}$.

3. (1) $\begin{bmatrix} 4 & \dfrac{9}{2} & -\dfrac{1}{2} \\ -1 & -\dfrac{3}{2} & \dfrac{1}{2} \end{bmatrix}$； (2) $\begin{bmatrix} -2 & 2 & 1 \\ -\dfrac{8}{3} & 5 & -\dfrac{2}{3} \end{bmatrix}$； (3) $\begin{bmatrix} -\dfrac{3}{7} & \dfrac{5}{14} \\ \dfrac{2}{7} & -\dfrac{1}{14} \end{bmatrix}$.

4. (1) $x_1=\dfrac{19}{2}, x_2=-\dfrac{3}{2}, x_3=\dfrac{1}{2}$； (2) $x_1=2, x_2=1, x_3=-3, x_4=1$.

5. $\lambda=-2$ 或 1.

6. 当 $\lambda \neq 1$ 且 $\lambda \neq -2$ 时，有唯一解；当 $\lambda=1$ 时，有无穷多组解；当 $\lambda=-2$ 时，无解.

7. (1) 当 $\lambda \neq 1$ 且 $\lambda \neq -2$ 时，无解；

(2) 当 $\lambda=\pm 1$ 时，有无穷多组解，$x_1=3+2c_1, x_2=1-c_1-3c_2, x_3=c_1, x_4=c_2$.

习题 5.1

1. 设需要蔬菜 A 和 B 各 x_1 和 $x_2 (10^2 \text{ kg})$，则数学模型为

$$\min z = 33x_1 + 24x_2,$$

$$\text{s. t.} \begin{cases} 10x_1 + 2x_2 \geqslant 20, \\ 3x_1 + 3x_2 \geqslant 18, \\ 4x_1 + 9x_2 \geqslant 36, \\ x_1, x_2 \geqslant 0. \end{cases}$$

2. 设生产 A_1，A_2 各 x_1，x_2 万件，则数学模型为

$$\max z = 8000x_1 + 3000x_2,$$

$$\text{s. t.} \begin{cases} 5x_1 + 3x_2 \leqslant 500, \\ 308x_1 + 80x_2 \leqslant 20000, \\ 12x_1 + 4x_2 \leqslant 900, \\ x_1, x_2 \geqslant 0. \end{cases}$$

3. $\max z' = -3x_1 - 4x_2 + 0s_1 + 0s_2 + 0s_3,$

$$\text{s. t} \begin{cases} x_1 + 2x_2 - s_1 = 5, \\ 2x_1 + x_2 - s_2 = 10, \\ 4x_1 + 9x_2 - s_3 = 7, \\ x_1, x_2, s_1, s_2, s_3 \geqslant 0. \end{cases}$$

习题 5.3

(1) $x_1 = \dfrac{10}{3}$，$x_2 = \dfrac{4}{3}$，$\min z = 8$； (2) $x_1 = \dfrac{2}{3}$，$x_2 = \dfrac{8}{3}$，$\min z = -4$；

(3) 最优解在 $x_1 + 2x_2 = 6 \left(\dfrac{2}{3} \leqslant x \leqslant 6 \right)$ 上，$\max z = 18$； (4) 无可行解；

(5) $x_1 = 0$，$x_2 = 5$，$\max z = 25$.

习题 5.4

(1) $x_1 = \dfrac{28}{11}$，$x_2 = \dfrac{15}{11}$，$\max z = \dfrac{43}{11}$； (2) 无最优解； (3) $x_1 = 0$，$x_2 = 3$，$x_3 = 0$，$\max z = 15$.

习题 6.1

1. (1) $\Omega = \{HHH, HHT, HTH, THH, HTT, THT, TTH, TTT\}$； (2) $\Omega = \{0, 1, 2, 3\}$；

(3) $\Omega = \{(1,2), (1,3), (2,3)\}$； (4) $\Omega = \{(1,2), (1,3), (2,1), (2,3), (3,1), (3,2)\}$；

(5) $\Omega = \{2, 3, 4, 5, 6, 7, 8, 9, 10, 11, 12\}$.

2. (1) $\overline{A}\overline{B}C$； (2) $A\overline{B}\overline{C}$； (3) $A \cup B \cup C$； (4) $AB\overline{C} \cup \overline{A}BC \cup A\overline{B}C$； (5) $\overline{A}\overline{B}\overline{C}$；

(6) $\overline{A}BC \cup A\overline{B}C \cup AB\overline{C} \cup ABC$； (7) $\overline{A} \cup \overline{B} \cup \overline{C}$； (8) Ω.

3. (1) $\{a, c, d, f, g\}$； (2) $\{a\}$； (3) $\{a, b, e, f, g\}$.

4. $\overline{A}$ 表示"3 件都是正品"；$A \cup B$ 表示"3 件中至少有一件是次品"；$AC = \varnothing$.

5. (1) 0.09596； (2) 0.098. **6.** (1) 0.5； (2) 0.5； (3) 2/3. **7.** (1) 0.25； (2) 0.5.

习题 6.2

1. (1) 0.48； (2) 0.83. **2.** 0.72. **3.** 0.667. **4.** 1/3. **5.** 略. **6.** 84%.

7. (1) 0.657； (2) 0.343； (3) 0.005.

习题 6.3

1. 0.9,0.7,0.6.　　**2.** $2p^2-p^4$.　　**3.** (1) 0.56； (2) 0.94.　　**4.** 0.6.

5. 0.1772.　　**6.** 0.014.　　**7.** (1) 0.2852； (2) 0.6083.

习题 6.4

1. 略.　**2.** (1)

ε	0	1	2	3
p	1/35	12/35	18/35	4/35

； (2) 31/35.

3. (1)

ε	0	1	2	3	4
p	0.7	0.21	0.063	0.0189	0.0081

； (2) 0.91； (3) 0.0819.

4. (1) $F(x)=\begin{cases} 0, & x<-1, \\ 1/3, & -1\leqslant x<0, \\ 1/2, & 0\leqslant x<1, \\ 1, & x\geqslant 1; \end{cases}$ (2) $\dfrac{1}{6}$； (3) $\dfrac{1}{2}$.

5. $C=1/3$($C=2/3$ 不合题意).　　**6.** (1) 0.0729； (2) 0.00856； (3) 0.9954； (4) 0.40951.

7. (1) 1； (2) 0.4； (3) $p(x)=\begin{cases} 2x, & 0<x<1. \\ 0, & 其他. \end{cases}$

8. (1) 0.02997； (2) 0.00284.

9. (1) $p(x)=\begin{cases} 1/5, & 0\leqslant x\leqslant 5, \\ 0, & 其他; \end{cases}$　(2) $F(x)=\begin{cases} 0, & x<0, \\ \dfrac{1}{5}x, & 0\leqslant x\leqslant 5, \\ 1, & x>5; \end{cases}$ (3) 0.4.

10. (1) e^{-2}； (2) $e^{-2}-e^{-4}$.　　**11.** 0.448.

12. (1) 0.98610； (2) 0.20997； (3) 0.06681； (4) 0.86638.

13. (1) 0.5328； (2) 0.9973； (3) 0.69771； (4) 0.5； (5) 3.　　**14.** 0.0455.

15. (1) 0.8665； (2) 合格.　　**16.** (1) 6.681%； (2) 15.87%.

习题 6.5

1. (1) 1.2； (2) 0.36.　　**2.** 甲质量比乙质量好.　　**3.** 3/2；2；3/20.

4. $a=0.4$；$b=1.2$.　　**5.** 4.　　**6.** 11/36.　　**7.** $a=1,b=7$.　　**8.** 甲质量比较稳定.

习题 6.6

1. (1) 是； (2) 不是； (3) 是； (4) 是； (5) 是； (6) 不是.

2. $\bar{x}=1.57$；$s=0.254$；$s^2=0.0646$.　　**3.** 略.

4. (1) 1.645，1.96，-1.29； (2) 9.236，1.610，12.833，0.831； (3) 1.812，2.228.

5. (1) $\bar{X}\sim N(1,0.05^2)$； (2) 0.6826； (3) 1.08.

习题 6.7

1. $\hat{u}=1049$，$\hat{\sigma}^2=551.5$.　　**2.** $3\bar{X}$，1.8.　　**3.** $2\bar{X}-1$.

4. $\hat{u}=1196$, $\hat{\sigma}=187.02$, $P\{X>1100\}=0.6965$.　　**5.** (1) 0.625;　(2) 0.588.

6. T_1 更有效.　　**7.** (4.413,4.555).　　**8.** (2.690,2.720).

9. (1) (1.377,1.439);　(2) (1.367,1.449).　　**10.** (264.62,637.22).

习题 6.8

1. $|u|=4.30$,不能认为这批电子元件的平均寿命是 2350 h.

2. $|u|=0.419$,无显著变化.

3. $|t|=0.866$,$t_{0.005}(4)=4.604$,能认为这批矿砂的镍的质量分数是 3.25%.

4. $|t|=0.12$,$t_{0.005}(8)=2.306$,可以认为这批金属棒是合格的.

5. $\chi^2=12.78$,$\chi^2_{0.95}(11)=4.575$,$\chi^2_{0.05}(11)=19.675$,每包重量的标准差属正常.

6. $\chi^2=42.875$,$\chi^2_{0.025}(14)=26.119$,$\chi^2_{0.975}(14)=5.629$,有显著差异.

习题 7.1

1. (1) 收敛于 2.54325;　(2) 收敛于 12;　(3) 收敛.

2. (1) $\dfrac{x}{(-1+x)^2}$;　(2) $-x-\ln(1-x)$;　(3) $-x+(x-1)\ln(1-x)$.

3. 分别输入命令 Normal[Series[Exp[x] * Sin[x]+2^x * Cos[x],{x,0,10}]]和 Normal[Series [Exp[x] * Sin[x]+2^x * Cos[x],{x,1,5}]]即可.

4. 略.

习题 7.2

1. $y=\dfrac{C-\cos x}{x^2-1}$.　　**2.** $y=(C_1+C_2x)\mathrm{e}^{-\frac{1}{4}x}$.　　**3.** $y=(2+x)\mathrm{e}^{-\frac{1}{2}x}$.

4. $y=\mathrm{e}^x\left[C_1\cos2x+C_2\sin2x-\dfrac{1}{16}(4x\cos2x+\cos4x\sin2x-\cos2x\sin4x)\right]$.

习题 7.3

1. (1) $\dfrac{2}{\sqrt{3}(4+s^2)}$;　(2) $\dfrac{144}{36s+s^3}$;　(3) $\dfrac{\sqrt{\mathrm{e}}}{s}-\dfrac{2}{s+2}$;　(4) $\dfrac{s^2-a^2}{(s^2+a^2)^2}$.

2. (1) $5\mathrm{e}^{-2t}$;　(2) $2-5t$;　(3) $\mathrm{e}^{-2t}(-1+2\mathrm{e}^t)$;　(4) $\dfrac{1}{3}(\cos t-\cos2t)$.

3. (1) $\dfrac{1}{4}(7+2t)\mathrm{e}^{-t}-\dfrac{3}{4}\mathrm{e}^{-3t}$;　(2) $-\dfrac{1}{2}\mathrm{i}\mathrm{e}^{(1-\mathrm{i})t}(-1+\mathrm{e}^{2\mathrm{i}t})t$;　(3) $\mathrm{e}^{-t}t^3$.

习题 7.4

1. (1) $\begin{bmatrix} 3 & -5 & 0 \\ 8 & 5 & -6 \\ 2 & -1 & 7 \end{bmatrix}$;　(2) $\begin{bmatrix} 2 & -\dfrac{3}{2} & \dfrac{11}{2} \\ \dfrac{7}{2} & 7 & -4 \\ \dfrac{21}{2} & 3 & \dfrac{13}{2} \end{bmatrix}$;　(3) 5.

2. (1) $\begin{bmatrix} -\dfrac{1}{5} & \dfrac{4}{5} & \dfrac{3}{5} \\[2mm] -\dfrac{1}{5} & -\dfrac{1}{5} & \dfrac{3}{5} \\[2mm] \dfrac{3}{5} & -\dfrac{2}{5} & -\dfrac{4}{5} \end{bmatrix}$;　(2) $\begin{bmatrix} 0 & 8 & \dfrac{18}{5} \\[2mm] -\dfrac{1}{5} & \dfrac{3}{5} & -\dfrac{9}{5} \\[2mm] \dfrac{12}{5} & -\dfrac{2}{5} & -\dfrac{12}{5} \end{bmatrix}$.

3. (1) 3；　(2) 3.

4. $\left\{ x_1 \to \dfrac{6}{5}, x_2 \to \dfrac{36}{5}, x_3 \to -\dfrac{24}{5} \right\}$.

5. 当 $\lambda = -2$ 时 $x_2 = x_1, x_3 = -x_1$，其中 x_1 是自由未知量；当 $\lambda = 1$ 时，$x_1 = 0, x_3 = x_2$；当 $\lambda \neq -2$ 且 $\lambda \neq 1$ 时，$x_1 = x_2 = x_3 = 0$.

习题 7.5

1. (1) $\{-6, \{x \to 6, y \to 0\}\}$;　(2) $\left\{ \dfrac{14}{3}, \left\{ x \to \dfrac{2}{3}, y \to \dfrac{8}{3} \right\} \right\}$;　(3) $\left\{ \dfrac{35}{2}, \left\{ x \to 5, y \to \dfrac{5}{2} \right\} \right\}$;

　　(4) $\{-145, \{x \to 15, y \to 10, z \to 0\}\}$.

2. $\min z = 2x + 1.6y$,

s. t. $\begin{cases} x + y \geq 5000, \\[1mm] x \geq \dfrac{1}{5}(x + y), \\[1mm] 7y \leq 25000, \\[1mm] x \geq 0, y \geq 0. \end{cases}$

$\{8571.43, \{x \to 1428.57, y \to 3571.43\}\}$.

习题 7.6

略.

参 考 文 献

[1] 韩新社.高等数学[M].合肥:中国科学技术大学出版社,2005.

[2] 方晓华.高等数学[M].北京:机械工业出版社,2004.

[3] 同济大学数学教学研究室.高等数学(下册)[M].第 6 版.北京:高等教育出版社,2007.

[4] 陈洪,贾积身,王杰.复变函数与积分变换[M].北京:高等教育出版社,2002.